Dieter Hochstädter

Einführung in die statistische Methodenlehre

D1719568

Dieter Hochstädter

Einführung in die
statistische Methodenlehre

Peter Lang
Frankfurt am Main · Bern · Las Vegas

ISBN 3-261-02263-9

Auflage 300 Ex.

© Verlag Peter Lang, Frankfurt am Main 1977

Druck: Fotokop Wilhelm Weihert KG, Darmstadt
Titelsatz: Fotosatz Aragall, Wolfsgangstraße 92, Frankfurt am Main

VORWORT

Statistische Erhebungen von Beobachtungsdaten und ihre Aus-
wertungen bilden eine wesentliche Grundlage vieler mikro-
und makroökonomischer Untersuchungen. Die methodischen Grundlagen, die für die Auswertung und Interpretation des erhobenen
Datenmaterials benötigt werden, gehören zu den Grundkenntnis-
sen, die sowohl Studenten der Wirtschaftswissenschaften als
auch Praktiker besitzen sollten, die sich mit diesen Untersuchungen beschäftigen müssen.

Das vorliegende Buch ist in erster Linie als Arbeitsgrundlage
einer zweisemestrigen Vorlesung für Studenten der Wirtschaftswissenschaften im Rahmen des Grundstudiums gedacht. Der Aufbau
und die Darstellung des Stoffes sind allerdings so gestaltet,
daß dieses Buch auch zum Selbststudium geeignet erscheint.

Meinem früheren Mitarbeiter, Herrn Diplom-Kaufmann Gerhard
Creutz, und meinem jetzigen Mitarbeiter, Herrn Diplom-Kaufmann Axel Jahn, am Statistischen Seminar der Johann Wolfgang
Goethe Universität Frankfurt, möchte ich an dieser Stelle für
wertvolle Diskussionen und Anregungen danken, die zur Erstellung dieses Textes beigetragen haben. Viele der in diesem
Buch angegebenen Beispiele und Aufgaben wurden von Frl. Christa
Wendland formuliert und durchgerechnet. Schließlich gebührt
meiner Sekretärin ein besonderer Dank für die mühevolle Klein-
arbeit bei der Erstellung und Korrektur des druckreifen Manus-
kriptes. Dem Verlag sei für das Entgegenkommen gedankt, mit
der er die Herausgabe dieses Buches ermöglicht hat.

Für die Fehler, die im Text enthalten sein sollten, trage ich
selbst die Verantwortung.

Frankfurt, im Februar 1977   Dieter Hochstädter

INHALTSVERZEICHNIS

VI

VIII

1. Einführung: Was versteht man unter Statistik?

In der landläufigen Meinung wird dem Begriff 'Statistik' oft
nur eine vage Bedeutung zugeordnet, die häufig mit der
Aufzählung von mehr oder weniger wichtigen Zahlenkolonnen in
Verbindung gebracht wird. Besonders kluge Mitbürger wissen
dann bestenfalls noch zu berichten, daß sich mit Hilfe eben
dieser 'Statistik' alles beweisen lasse, was gerade erwünscht
werde, oder sich als notwendig erweise.
Zieht man zur Information ein Lexikon zu Rate, so findet man
als Erklärung, daß die Statistik eine methodische Hilfswis-
senschaft sei, die dazu diene, Massenerscheinungen zahlen-
mäßig zu erfassen und einer Untersuchung zugänglich zu machen.
Diese Erklärung trifft aber nur teilweise zu. Allerdings besteht ein Aufgabengebiet der Statistik darin, durch Zählungen
und Messungen die quantitativen Aspekte von Massenerscheinungen
numerisch zu beschreiben.

In diesem Sinne ist etwa die jährlich veröffentlichte Statistik
einer abgelaufenen Bundesliga-Saison im Fußball zu verstehen.
Hier werden Angaben veröffentlicht über die Zahl der zahlenden
Zuschauer, der verhängten und verwandelten Strafstöße, der verteilten roten und gelben Verwarnungskarten und so weiter.
Bezüglich der Bereiche des öffentlichen Lebens, etwa der Bevöl-
kerungsbewegung oder der wirtschaftlichen Entwicklung, bilden
die jährlich herausgegebenen Statistischen Jahrbücher eines
Landes eine typische und hervorragende Sammlung von einzelnen
'Statistiken'. Werden diese Zählungen und Erhebungen durch
amtliche Stellen durchgeführt, dann spricht man von der amtlichen Statistik.
Ihre Ergebnisse werden von den zuständigen Ämtern, dem Statistischen Bundesamt, den Statistischen Landesämtern und den
städtischen statistischen Ämtern veröffentlicht. Daneben existieren aber auch private Statistiken. Zu ihnen zählen die Be-
triebsstatistiken einzelner Unternehmungen und die Statistiken
von Verbänden, von denen besonders die letzteren außerordent-
lich wichtig sind, um Aussagen über die Entwicklung des Wirt-
schaftslebens eines Landes zu erhalten.

Aber die Statistik umfaßt nicht nur eine solche Aufzählung
von numerischen Tatsachen. Sie beinhaltet vor allem eine Sammlung von Methoden, mit deren Hilfe solche numerischen Tatsachen
erfaßt und ausgewertet werden können. Eine Einführung in die
Statistik muß daher eine Übersicht über diese Methoden liefern.

Am Beginn der statistischen Untersuchung einer Massenerscheinung,
d.h. einer Anzahl von Objekten, die sich unter einem gemeinsamen
Oberbegriff zusammenfassen lassen, steht zunächst das Problem
der Erhebung des benötigten Datenmaterials. Dazu muß man zunächst aus der Menge aller möglichen Objekte das Erhebungsfeld
abgrenzen. Damit will man absichern, daß man nur diejenigen Objekte erfaßt, die für die betreffende Untersuchung relevant sind.
Man bezeichnet die Menge dieser Objekte als statistische Masse
und ihre einzelnen Objekte als Elemente. Man erhält die Elemente
der statistischen Masse durch Definition einer Reihe von Unter-
scheidungsmerkmalen, die an sämtlichen Elementen der Grundgesamtheit festgestellt werden können. Ein Beispiel für eine statistische Masse bilden etwa alle weiblichen Arbeitnehmer in der
BRD, die zu einem bestimmten Zeitpunkt arbeitslos waren. Diese
statistischen Massen bilden den Untersuchungsgegenstand der Statistik.

Nach der Definition der statistischen Masse kann man mit der
Erhebung des Zahlenmaterials beginnen. Das Ergebnis ist das
sogenannte Urmaterial. Dieses Urmaterial ist in der Regel für
eine Weiterverarbeitung noch nicht geeignet, da es zu umfangreich und oftmals auch zu unübersichtlich ist. Man muß daher
dieses Urmaterial noch aufbereiten, d.h. man wird entweder
für die gesamte statistische Masse oder für Teilmassen davon
bestimmte Maßzahlen berechnen, und diese in sogenannten Aufbe-
reitungstabellen darstellen. Obwohl auf dieser Stufe noch
recht detaillierte Angaben erfolgen, wird das Urmaterial bereits konzentriert dargestellt. Diese verdichtete Darstellung
wird allerdings durch einen Informationsverlust erkauft. Je
konzentrierter die Darstellung erfolgt, desto größer ist dabei
auch der Informationsverlust. Um die so verdichteten Ergebnisse für bestimmte Untersuchungszwecke

2

nutzbar zu machen, bedarf es meistens noch einer weiteren In-
formationsverdichtung. Dieser Schritt wird als Auswertung bezeichnet. Er liefert Informationen in Form von Zahlenangaben
über den Umfang, die Struktur und bestimmte quantitative Eigenschaften der untersuchten statistischen Masse.

Bei den bisherigen Überlegungen wurde unterstellt, daß es möglich sei, alle Einheiten der zu untersuchenden statistischen
Masse vollständig zu erfassen. Man spricht in diesem Zusammenhang von einer Vollerhebung. Oftmals ist aber eine solche nicht
durchführbar, entweder weil die damit verbundenen Kosten zu
hoch sind, die zur Verfügung stehende Zeit nicht ausreicht,oder
erhebungstechnische Schwierigkeiten eine Erfassung aller Einheiten der statistischen Masse unmöglich machen. Man begnügt
sich in einem solchen Fall mit der Erhebung eines ausgewählten
Teils der Einheiten der statistischen Masse. Man spricht dann
von einer Teilerhebung. In einem solchen Fall ist es notwendig,
daß die Statistik aufgrund der Kenntnisse über die ausgewählten
Einheiten auch Informationen bezüglich aller Einheiten der statistischen Masse liefert. Dies ist allerdings nur dann möglich,
wenn die ausgewählten Einheiten zufällig aus der Menge der Einheiten der statistischen Masse ausgewählt wurden. Die benötigten theoretischen Grundlagen werden von der Wahrscheinlichkeitsrechnung zur Verfügung gestellt.

Es ist üblich, die Gewinnung von statistischer Information ohne
Verwendung der Wahrscheinlichkeitsrechnung als 'beschreibende
Statistik', diejenige mit ihrer Verwendung als 'schließende
Statistik' zu bezeichnen. Andererseits erscheint eine solche
starre Abgrenzung nicht immer möglich zu sein.

Man kann eine andere Unterteilung der Statistik nach ihren Ziel-
setzungen vornehmen. Soll die Statistik nur dazu dienen, um bestimmte räumliche und/oder zeitlich fixierte Tatsachen zu beschreiben, dann spricht man von statistischer Deskription. Will
man dagegen die Erhebungsdaten verwenden, um allgemeine Regel-

mäßigkeiten zu erkennen, die nicht nur für die speziellen Erhebungsfälle gelten, sondern allgemeine Gültigkeit besitzen, dann spricht man von statistischer Inferenz. Zur Gewinnung von Inferenzaussagen bedient man sich in der Regel der Methoden der schließenden Statistik. Man interpretiert das beobachtete empirische Zahlenmaterial als Stichprobe aus einer hypothetischen, unendlich großen statistischen Masse, in der die behauptete Aussage allgemeine Gültigkeit besitzt. Aus diesem Grund werden schließende Statistik und statistische Inferenz in der Literatur oft als gleichbedeutende Begriffe verwendet.

2. Statistische Massen und ihre Einheiten, statistische Merkmale

2.1 Statistische Massen und ihre Einheiten

Die Statistik beschäftigt sich mit der Untersuchung von Massenerscheinungen. Ihr Ziel besteht in der Gewinnung von zahlen-
mäßigen Aussagen über diese. Damit derartige Informationen über
den gewünschten Untersuchungsgegenstand durch gezielte Beobachtung gewonnen werden können, ist eine genaue Abgrenzung der
statistischen Masse erforderlich.

Unter einer statistischen Masse versteht man ein Kollektiv von
wohlunterschiedenen, gleichartigen Einheiten, die man auch als
statistische Einheiten bezeichnet. Ihre Anzahl bezeichnet man
als den Umfang der betreffenden statistischen Masse. Er stellt
eine nicht-negative ganze Zahl dar, der auch den Wert Null annehmen kann. Für die Existenz einer statistischen Masse ist es
somit unerheblich, ob sie mindestens ein Element enthält oder
leer ist. So kann beispielsweise die statistische Masse 'Zahl
der Geburten an einem bestimmten Tag an einem bestimmten Ort'
durchaus leer sein, d.h. keine statistische Einheit enthalten.
Jede Teilmenge von Elementen einer statistischen Masse bildet
wiederum eine statistische Masse.

Die statistischen Einheiten stellen die Merkmalsträger der Untersuchung dar, d.h. die Objekte, deren Eigenschaften festgestellt werden sollen. Bei den Einheiten muß es sich um reale,
klar voneinander abgrenzbare und damit auch abzählbare Einzel-
fälle handeln. Statistische Einheiten können somit unter anderem Personen, Institutionen, Ereignisse und Vorgänge sein,
deren Merkmale betrachtet werden sollen. Solche Erhebungsmerkmale können etwa das Alter oder Geschlecht von bestimmten
Personen, die Beschäftigtenzahl in Betrieben oder auch der
Preis von getätigten Verkäufen sein. Es ist allerdings auch
möglich, daß man eine hypothetische Gesamtheit als statistische
Masse definiert. Deren Einheiten sind dann nur gedachte Elemente,
die real nicht existieren müssen, deren Vorhandensein aber mög-

lich sein kann. Diejenigen statistischen Einheiten, die in einer statistischen Masse zusammengefaßt werden, müssen gegeneinander exakt abgegrenzt sein, andererseits sollen sie aber auch gleichartig sein.

Die Forderung nach Wohlunterschiedenheit bedeutet, daß die Einheiten eindeutig gegeneinander abgegrenzt sein müssen. Insbesondere darf nicht eine Einheit eine andere ganz oder teilweise enthalten. Die Bedingung der Gleichartigkeit verlangt, daß sämtliche Einheiten unter einen gemeinsamen Oberbegriff fallen. Dies wird dadurch erreicht, daß man bestimmte räumliche, zeitliche und sachliche Merkmale festlegt und verlangt, daß alle Einheiten hinsichtlich dieser Merkmale übereinstimmen. Diese Abgrenzungen erfolgen mit Hilfe von Definitionsmerkmalen (Begriffsmerkmale, kollektivbestimmende Merkmale). Alle statistischen Einheiten einer statistischen Masse unterscheiden sich bezüglich dieser Definitionsmerkmale nicht. Sie können sich jedoch bezüglich anderer Merkmale unterscheiden, von denen einige beobachtet werden sollen (Untersuchungsmerkmale) und andere in dem betreffenden Untersuchungszusammenhang überhaupt nicht interessieren.

Die geographische (räumliche) und zeitliche Abgrenzung ist erforderlich, weil sonst die Gesamtheit der zu erhebenden Einheiten unbestimmt bleibt (z.B. Befragung der Weltbevölkerung über alle Zeiten). In einer Volkszählung sind z.B. das Gebiet (1.Wohnsitz im Gebiet der BRD) und ein Stichtag (z.B. 27.5.7o) als Definitionsmerkmale festzulegen. Damit haben alle Ergebnisse eine räumlich und zeitlich begrenzte Gültigkeit. Die Wahl der räumlichen und zeitlichen Abgrenzung muß mit dem Untersuchungsziel abgestimmt sein.

Bei der sachlichen Abgrenzung tritt das Problem auf, daß die von den Fachwissenschaften gelieferten Begriffe zur Definition der zu untersuchenden Objekte oft einen so hohen Abstraktionsgrad aufweisen, daß sie zur Abgrenzung der statistischen Masse nicht verwendet werden können. Sie besitzen einen idealtypi-

schen Charakter. Der Statistiker ist deshalb gezwungen, einen
operationalen Begriff zu finden, der einerseits von dem ideal-
typischen Begriff der Fachwissenschaft nicht stark abweicht
und andererseits praktikabel genug ist, um eine Erhebung der
Merkmalsausprägungen der statistischen Einheiten zu ermöglichen.
Diese Schwierigkeit wird als das für die sozialwissenschaftli-
che Statistik charakteristische Adäquationsproblem bezeichnet.
Beispielsweise wird in der Wirtschaftstheorie als Haushalt diejenige Wirtschaftseinheit definiert, die einen einheitlichen
Verbrauchsplan aufstellt. In der Realität wird jedoch nur selten
eine Gruppe von Personen, die in einem Haushalt vereinigt sind,
alle Kaufentscheidungen gemeinsam treffen. Somit erscheint diese Definition des Haushaltes wenig praktikabel. In der Statistik werden, etwa bei einer Volkszählung, alle diejenigen Personen als zu einem Haushalt gehörig gezählt, die in der gleichen Wohnung leben und ihren Lebensunterhalt überwiegend gemeinsam bestreiten.

Bei der Definition von statistischen Massen sind zeitliche,
geographische und sachliche Abgrenzungen erforderlich. Bezüglich der zeitlichen Abgrenzung sind zwei verschiedene Formen
denkbar. Die statistische Masse kann entweder für einen bestimmten Zeitpunkt oder für einen Zeitraum definiert sein. Entsprechend unterscheidet man zwischen Bestandsmasse und einer
Bewegungsmasse.

Eine Bestandsmasse ist jeweils nur für einen bestimmten Zeitpunkt definiert, etwa die Wohnbevölkerung in der BRD am 27.5.7o
oder die Zahl der in der BRD am 1.1.73 zugelassenen PKW. Bestandsmassen lassen sich natürlich auch für verschiedene Zeitpunkte erfassen. Auf diese Weise erhält man ein Bild von der
zeitlichen Entwicklung des zu untersuchenden Merkmals. Verschieden von den Bestandsmassen sind die Bewegungsmassen, diese
sind für einen Zeitraum definiert.

Beispiele für Bewegungsmassen, die auch Ereignismassen genannt
werden, sind Geburten, Sterbefälle, Eheschließungen oder Ge-

richtsurteile im Jahre 197o in der BRD. Korrespondierende Be-
stands- und Bewegungsmassen können benutzt werden, um den Bewe-
gungsablauf einer bestimmten Erscheinung von zeitlicher Dauer
besser als durch eine Folge von Bestandsmassen an bestimmten
Stichtagen zu beschreiben. Eine Bestandsmasse zum Zeitpunkt
$t = 0$, $B(t_o)$, läßt sich mit Hilfe der Bewegungsmassen für Zugänge (Z) und Abgänge (A) auf den Zeitpunkt $t > t_o$, $B(t)$,
fortschreiben mittels der Beziehung

$$B(t) = B(t_o) + Z(t) - A(t).$$

Dabei wurden die Zu- bzw. Abgangsmengen für das Intervall $(t_o, t]$
mit $Z(t)$ bzw. $A(t)$ bezeichnet. Man bezeichnet diesen Vorgang
als Bestandsfortschreibung.

2.2 Statistische Merkmale und ihre Ausprägungen

Die Merkmale der statistischen Einheiten dienen einerseits zur
Abgrenzung der statistischen Masse, zum anderen zur Gewinnung
von Informationen über diese Einheiten bezüglich des Untersu-
chungsgegenstandes. Die Merkmale, die zur Abgrenzung einer
statistischen Masse dienen, werden Begriffsmerkmale genannt.
Alle anderen Merkmale, die ebenfalls erhoben werden, bezeichnet man als Erhebungsmerkmale.

Sodann muß man zwischen Merkmal und Merkmalsausprägung unterscheiden. Jedes Merkmal besitzt in der Regel mehrere Merkmalsausprägungen. Dabei muß aber die für die Untersuchung relevante
Ausprägung auch feststellbar sein.

Als statistische Einheit werde der Haushalt betrachtet. Dann
ist ein Merkmal die Haushaltsgröße und die Merkmalsausprägungen
können "1 Person", "2 Personen", "3 Personen", "4 und mehr Personen" sein. Betrachtet man als statistische Masse den Bestand
an PKW in der BRD an einem bestimmten Stichtag, dann kann ein
Merkmal die Ausstattung mit Sicherheitsgurten sein. Die Merk-

malsausprägungen sind dann vorhanden bzw. nicht vorhanden. Sei
die Wohnbevölkerung in der BRD am 27.5.7o die statistische
Masse, dann besitzt diese beispielsweise das Merkmal "Geschlecht"
mit den Ausprägungen "männlich" und "weiblich" oder das Merkmal "Alter" mit der Ausprägung "Alter nach Jahren".

Durch ein Merkmal wird eine statistische Masse in Teilmengen
zerlegt. Die Einheiten, denen eine bestimmte Merkmalsausprägung
zugeordnet werden kann, bilden eine Teilmenge der ursprünglichen statistischen Masse. Das System aller Teilmengen, das
durch die Betrachtung aller Merkmalsausprägungen eines Merkmals erzeugt wird, bildet eine Zerlegung der ursprünglichen
statistischen Masse. Jede Einheit kommt in einer Teilmenge vor
und verschiedene Teilmengen haben keine Einheit gemeinsam. Man
spricht auch von einer Klasseneinteilung der Einheiten der statistischen Masse.

Die Forderung, daß die Einteilung der statistischen Masse er-
schöpfend sein soll, bedingt in der Praxis die Einführung von
sog."Restgruppen" bei den Merkmalsausprägungen. Betrachtet man
etwa das Merkmal "Religionszugehörigkeit", dann wird man neben
den Hauptgruppen röm.-kath., evangelisch, ... zweckmäßig viele
weitere kleinere Gemeinschaften zur Gruppe "sonstige" zusammenfassen. Ferner wird man die Gruppen "ohne Rel.Bekenntnis" und
"Rel.Bekenntnis unbekannt" einführen, um tatsächlich alle Personen der betreffenden statistischen Masse zu erfassen.

Eine Teilmenge wäre etwa die Teilmenge der "erwerbstätigen Personen", die durch das Merkmal "Erwerbskonzept" aus der statistischen Masse "Wohnbevölkerung" ausgesondert wird. Eine solche
Teilmenge kann nun selbst wieder als statistische Masse aufgefaßt werden, die etwa nach dem Merkmal "Beruf" weiter aufgegliedert werden kann.

2.3 Klassifizierung der Merkmale

Die statistischen Merkmale lassen sich in verschiedener Hin-
sicht klassifizieren. Eine mögliche Einteilung ist:

räumliche Merkmale,

zeitliche Merkmale,

(sachlich-)qualitative Merkmale,

(sachlich-)quantitative Merkmale.

Räumliche Merkmale dienen zur räumlichen (geographischen) Abgrenzung der Einheiten (Beispiel: an einem bestimmten Stichtag immatrikulierte Studenten an der Universität Frankfurt). Sie können allerdings auch Erhebungsmerkmale sein (Beispiel: Geburtsort dieser Studenten). Analoges gilt für zeitliche Merkmale.

Qualitative Merkmale, die ebenfalls notwendig sind zur Abgrenzung einer statistischen Masse, dienen vorwiegend zur Aufgliederung nach vielen Gesichtspunkten.
Beispiel für qualitative Merkmale sind: - Geschlecht
- Familienstand
- Beruf
- Betriebsart
- Warenart
- Automarke.

Kennzeichnend für qualitative Merkmale ist, daß sie außer der Klasseneinteilung, die ja jedes Merkmal induziert, keine weiteren Relationen unter den Elementen der Grundgesamtheit anzeigen. Grundsätzlich ist durch die Angabe der Liste der Merkmalsausprägungen alles wesentliche gesagt.
Eine zu einem qualitativen Merkmal gehörige Liste von Merkmalsausprägungen nennt man Systematik. Die Konstruktion von geeigneten Systematiken ist eine der schwierigsten Aufgaben der praktischen Statistik.
Sind nur zwei Ausprägungen vorhanden, sei es von der Natur der Sache (Geschlecht: männlich - weiblich) oder aufgrund von begrifflichen Festlegungen (Beispiel Klausurergebnisse: bestanden - nicht bestanden) so spricht man von Alternativmerkmalen.
Eine weitere Kennzeichnung qualitativer Merkmale erfolgt durch die Unterscheidung in häufbare und nicht häufbare Merkmale.

Beispiel:

häufbares Merkmal   : Beruf, Wohnsitz,

nicht häufbares Merkmal: Geschlecht, Religionszugehörigkeit.

Bei häufbaren Merkmalen kann eine statistische Einheit gleichzeitig mehrere Ausprägungen eines Merkmals besitzen.

Quantitative Merkmale sind solche, deren Ausprägungen reelle
Zahlen sind (Beispiele: Umsatzhöhe, Haushaltsgröße, Einkommen,
Produktionsmenge). Quantitative Merkmale sind somit nicht häuf-
bar. Quantitative Merkmale können dazu dienen, die statistischen Einheiten nach der Größe der Merkmalsausprägung anzuordnen und Einheiten zu gruppieren. Ferner kann man Merkmalssummen
bilden, sowie Mittelwerte, Streuungsmaße und andere Maßzahlen
berechnen. Ist ein quantitatives Merkmal einmal genau definiert
(z.B. das Einkommen), treten Abgrenzungsschwierigkeiten zwischen
den möglichen Ausprägungen, wie sie bei den qualitativen Merkmalen existieren, nicht auf.

Die Zahlen, die bei quantitativen Merkmalen als Ausprägungen
möglich sind, können solche mit verschieden hohem Informationsgehalt sein, nämlich nominale, ordinale oder metrische Zahlen.

Bei metrischen Zahlen ist eine bestimmte Skaleneinteilung gegeben, und gleiche absolute Zahlenunterschiede haben die gleiche
sachliche Bedeutung (Beispiel: der Unterschied zwischen 1oo DM
und 2oo DM ist genauso groß wie der Unterschied zwischen 8oo DM
und 9oo DM).

Im Gegensatz zu den metrischen Zahlen besagen die ordinalen
Zahlen nur etwas über die Rangfolge der Ausprägungen. Die Ab-
stände zwischen den Zahlen sind ohne Aussagekraft (Beispiel:
Tabellenplatz in der Bundesliga).

Nominale Zahlen geben schließlich nicht einmal eine Rangordnung
an. Sie geben nur Auskunft über die Zugehörigkeit zu einer bestimmten Gruppe. Sie sind in das System der natürlichen Zahlen
transformierte Arten von Ausprägungen qualitativer Merkmale
(Beispiel: männlich = O, weiblich = 1).

Eine andere, wichtige Art der Unterteilung quantitativer Merkmale ist diejenige in diskrete, stetige und quasi-stetige (oder approximativ-stetige).

Diskrete Merkmale sind solche, bei denen sich die einzelnen Ausprägungen immer um ganze, nicht mehr teilbare Größen unterscheiden (Beispiele: Kinderzahl pro Familie, Beschäftigte je Betrieb).

Stetige Merkmale sind solche, bei denen die Ausprägungen in einem gewissen Bereich (Intervall) alle reellen Zahlen annehmen kann, gleichgültig ob die Meßgenauigkeit ausreicht oder nicht (Beispiele: Körpergröße, Körpergewicht, Lebensalter).

Quasi-stetige Merkmale liegen dann vor, wenn quantitative Merkmale zahlreiche mögliche Ausprägungen in einem relativ begrenzten Intervall besitzen (Beispiel: Geldgrößen werden oft wie stetige Merkmale behandelt).

3. Die statistische Erhebung

Die Erhebung ist der erste Schritt zur Gewinnung von statistischem Zahlenmaterial. Wert und Aussagefähigkeit dieses Zahlenmaterials hängen wesentlich von der Güte der Planung und Durchführung der Erhebung ab.

3.1 Erhebungsarten

Man unterscheidet primärstatistische und sekundärstatistische Erhebungen, Einzel- und Mehrzweckerhebungen, Voll- und Teilerhebungen.

Primärstatistische Erhebungen sind solche, bei denen die Erfassung der Einheiten und die Feststellung der Ausprägungen der Erhebungsmerkmale unmittelbar und ausschließlich zu statistischen Zwecken erfolgt.

Sekundärstatistische Erhebungen sind solche, bei denen bereits vorhandene, zunächst für andere, überwiegend nicht-statistische, Zwecke gesammelte Daten, etwa für die Einkommenssteuer, nachträglich für statistische Zwecke ausgewertet werden. Hier werden allerdings die begrifflichen Abgrenzungen vom primären (ursprünglichen) Erfassungszweck bestimmt.

Je nachdem, ob sich die statistische Erhebung auf ein oder mehrere Untersuchungsziele erstreckt, unterscheidet man Einzel- und Mehrzweckerhebungen. Bei einer primärstatistischen Einzweckerhebung gelingt es eher, die statistischen Einheiten und ihre Merkmale dem Untersuchungsziel entsprechend abzugrenzen als bei Mehrzweckerhebungen und bei sekundärstatistischen Erhebungen. Die begrifflichen Abgrenzungen und das Frageprogramm sind in diesen Fällen nicht oder nur teilweise auf das bestimmte statistische Untersuchungsziel ausgerichtet, so daß sich daraus erhebliche Schwierigkeiten für die Auswertung ergeben können. Allerdings liegen die Kosten einer sekundärstatistischen Erhebung in vielen Fällen unter denen einer entsprechenden primärstatistischen. Dies gilt besonders bei der Erhebung von Bewe-

gungsmassen, etwa bei den Geburten, den Sterbefällen und den
Unfalltoten, deren laufende primärstatistische Erhebung zu
hohe Kosten verursachen würde. Man verwendet daher in diesen
Fällen Daten aus sekundärstatistischen Erhebungen. Dagegen
werden bei der Erhebung von Bestandsmassen oft primärstatistische Erhebungen bevorzugt.

Unter einer Vollerhebung versteht man die Erfassung aller Einheiten der statistischen Masse, dagegen unter einer Teilerhebung nur die Erfassung eines Teils ihrer Finheiten. Bei einer
Teilerhebung sollen im allgemeinen Informationen über wenige
Einheiten der statistischen Masse zu Aussagen über die Grundgesamtheit führen. Zu diesem Zweck ist es allerdings erforderlich, daß die Teilerhebung bezüglich der Gesamtheit "repräsentativ" ist, d.h. ein möglichst gutes Abbild der Gesamtheit
darstellt. Eine ausführliche Behandlung von Teilerhebungen, insbesondere von Stichprobenerhebungen folgt in einem späteren Abschnitt.
Ob eine Voll- oder Teilerhebung durchgeführt werden soll, rich-
tet sich u.a. nach Art und Umfang der statistischen Masse und
der zu erhebenden Merkmale, sowie nach den maximal zulässigen
Kosten der Erhebung.

3.2 Erhebungstechnik

Da die Vollerhebung den Grenzfall einer Teilerhebung darstellt,
wird im folgenden von einer primärstatistischen Teilerhebung
ausgegangen. Die Feststellung der Merkmalsausprägungen der
Erhebungseinheiten erfolgt durch Beobachtung (z.B. in der
Qualitätskontrolle) bzw. durch mündliche oder schriftliche Befragung (insbesondere in den Wirtschafts- und Sozialwissenschaften). Die Qualität des Erhebungsmaterials hängt von der
sorgfältigen Planung und Überwachung der Erhebungsarbeit ab.
Vor der Durchführung der eigentlichen Erhebung müssen drei
Probleme gelöst werden:

(i)   Die eindeutige und adäquate Abgrenzung der Untersuchungs-
      einheiten (statistische Einheiten). Hierzu gehört auch
      die Erstellung einer Erhebungsgrundlage, z.B. ein Stadt-
      plan, eine Einwohnerkartei, eine Beschäftigtenkartei,
      eine Studentenkartei, eine Adressenkartei aus früheren
      Erhebungen oder dergleichen.

(ii) Die eindeutige und adäquate Wahl und Abgrenzung der zu
      erhebenden Merkmalsausprägungen.

(iii) Die Wahl der richtigen Erhebungs- (Befragungs-)methode
      sowie die textliche Klarheit der Erhebungsformulare bzw.
      Fragebögen.

Hierbei sind folgende Regeln zu beachten:

1. Umfang und Übersichtlichkeit sind so zu wählen, daß
   Aussicht auf eine hohe Antwortquote besteht. (Einma-
   lige Befragungen gestatten größeren Fragenumfang als
   mehrmalige Befragungen; je mehr Befragte, desto weniger Fragen; bei Beantwortungszwang sind mehr Fragen
   möglich). Um eine hohe Antwortquote zu erreichen,
   sollte man auf den Zweck der Untersuchung hinweisen
   und den Auskunftsschutz zusichern.

2. Die Identifizierung der Einheiten für Rückfragen muß
   möglich sein.

3. Fragen nach leicht feststellbaren Tatsachen ergeben
   zuverlässigere Antworten als Fragen nach Meinungen
   und Wünschen. Meinungsfragen können eventuell ge-
   streute Erfahrungen liefern.

4. Kontrollfragen sind häufig nützlich.

5. Es muß entschieden werden, ob offene oder geschlossene
   Fragen gestellt werden sollen. Bei der offenen Frage
   ist der Befragte in der Gestaltung seiner Antwort frei.
   Bei der geschlossenen Frage werden dem Befragten eine
   Reihe von Antwortmöglichkeiten vorgegeben, von denen
   er eine oder mehrere kennzeichnen soll. Vor allem,
   wenn man noch wenig über die Antwortmöglichkeiten weiß,

15

ist die offene Frage von Vorteil. Schwierigkeiten bereitet jedoch oft die Aufbereitung.

Die geschlossene Frage verlangt mehr Vorbereitungszeit. Es muß eine eindeutige Zuordnung zwischen allen in Wirklichkeit vorkommenden Modalitäten und denen im Fragebogen vorgesehenen bestehen. Die geschlossene Frage erleichtert dann jedoch einmal dem Befragten die Beantwortung (Erhöhung der Antwortquote!), zum anderen auch ganz erheblich die Auswertung.

6. Die mündliche Befragung erlaubt schwierige Fragen und eine bessere Beurteilung des Wahrheitsgehaltes der Antworten als die schriftliche Befragung. Die mündliche Befragung liefert meist auch höhere Antwortquoten, obwohl auch die Gefahr der Verzerrung der Antworten durch Interviewerbeeinflussung besteht (Interviewer-Bias). Der große Nachteil der mündlichen Befragung sind die erheblich höheren Kosten. Sie ist deshalb praktisch nur bei Teilerhebungen in Betracht zu ziehen.

Das Ergebnis einer statistischen Erhebung ist das sog. Urmaterial. Es besteht entweder aus der Menge der ausgefüllten Fragebögen (Primärstatistik) oder aus der Menge der ausgefüllten Zählblätter (Sekundärstatistik). Dieses Urmaterial muß nun zur Verwendung für statistische Zwecke aufgearbeitet werden.

4. Die statistische Aufbereitung

4.1 Technik der Aufbereitung

Die Aufbereitung ist derjenige Verfahrensabschnitt, der vom Urmaterial (individuelle Fragebögen oder individuelle Zählblätter) zu den Ergebnistabellen führt. Sie besteht im allgemeinen aus den folgenden vier Verfahrensabschnitten:

(i)   Prüfen des Urmaterials auf Vollständigkeit und Glaubwürdigkeit,

(ii) Verschlüsseln von qualitativen Merkmalsausprägungen (Signieren),

(iii) Übertragen von Informationen auf Datenträger, z.B. Lochkarten und/oder Magnetband,

(iv) Sortieren des Urmaterials nach Maßgabe der Merkmalsausprägungen (Gruppenbildung) und Auszählen der Elemente sowie ggfls. Aufsummieren von quantitativen Merkmalen.

Die Besetzungszahlen (Häufigkeiten) aller gebildeten Gruppen (einschl. Kombinationsgruppen) und ggfls. die gewonnenen Merkmalssummen werden in Tabellenform präsentiert. Bei einer großen Zahl von Merkmalen und bei vielen Merkmalsausprägungen einzelner Merkmale ist es praktisch nicht möglich, neben allen einfachen auch alle denkbaren Kombinationsgruppen zu bilden. Es muß deshalb im Zuge der Aufbereitung entschieden werden, für welche Kombinationsgruppen Ergebnisse bereit gestellt werden sollen. In einer Tabelle lassen sich bis zu vier Merkmale kombinieren. Oft wird eine Verminderung des Aufwandes dadurch erzielt, daß in einzelnen Tabellen die originären Ausprägungen eines Merkmals teilweise zusammengefaßt werden. So kann man z.B. Altersjahre zu Altersjahrzehnten zusammenfassen. Dabei ist jedoch zu bedenken, daß eine nachträgliche Feststellung von Besetzungszahlen oder Merkmalssummen für nicht in die Aufbereitung einbezogene Gruppen nicht mehr ohne weiteres, sondern nur unter Rückgriff auf das Urmaterial möglich ist.

Einige Hinweise zur Tabellentechnik:

(i)   Jede Tabelle sollte eine ausreichend informierende Über-
      schrift haben.

(ii) Kopfzeile und Vorspalte enthalten die zur Gruppenbildung
      verwendeten Merkmalsausprägungen. Die Anordnung der in
      der Tabelle kombinierten Merkmale ist für die Interpre-
      tation der Tabelle gleichgültig.

(iii) Es sollten möglichst alle Zwischensummen gebildet werden.

(iv) Kein Tabellenfeld darf leer bleiben.

4.2 Gruppenbildung

4.2.1 Allgemeines

Jede Zusammenfassung des Urmaterials in Gruppen ist mit einem
Informationsverlust verbunden, der darin besteht, daß die in
einer Gruppe zusammengefaßten statistischen Einheiten nicht
mehr unterschieden werden können. Jedoch gewinnt gruppiertes
Material an Übersichtlichkeit bezüglich der Darstellung. Als
Grundsatz jeder Gruppenbildung gilt:
Gleichartige Einheiten sollen in einer Gruppe (Klasse) zusammengefaßt werden, verschiedenartige Einheiten sollen unterschiedlichen Gruppen zugeordnet werden. Die Definition von
Gleichartigkeit sollte sich aus der fachwissenschaftlichen Fragestellung ergeben.

Die Aufgliederung in Teilmassen erlaubt die Heraushebung von
sachlich bedeutsamen Zusammenhängen. Dies gelingt umso besser,
je homogener die gebildeten Teilmassen bezüglich des Untersu-
chungszieles sind. Möchte man beispielsweise die Sterbeverhältnisse der Bevölkerung eines Landes untersuchen, so erscheint
eine Gruppenbildung bezüglich des ausgeübten Berufes sinnvoll
zu sein. Doch wäre es dabei sicherlich falsch, wenn man Berufe
wie Bergmann und Verwaltungsangestellter in einer Gruppe zusammenfassen würde, da diese bezüglich ihrer Sterblichkeit sicherlich keinem ähnlichen Bedingungskomplex unterliegen, so daß

mögliche Zusammenhänge oder Abhängigkeiten bei einer solchen Gruppenbildung nicht erkannt werden können.

Häufig wird auch ein Vergleich mit einem anderen Datenmaterial, etwa aus einem früheren Zeitraum, gefordert. Dann ist die Bildung gleicher Gruppen für beide Datenmengen erforderlich. Deshalb sollten in Mehrzweckuntersuchungen möglichst enge Gruppen gebildet werden, um die Informationsverluste bei verschiedenen Untersuchungen gering zu halten.

Je nach Art des Merkmals lassen sich verschiedene Möglichkeiten der Gruppenbildung unterscheiden:

(i)   Gruppen aufgrund geographischer Merkmale,

(ii)   Gruppen aufgrund zeitlicher Merkmale,

(iii)   Gruppen aufgrund (sachlich-)qualitativer Merkmale, und

(iv)   Gruppen aufgrund (sachlich-)quantitativer Merkmale.

An dieser Stelle soll nur die Gruppenbildung aufgrund der letzten beiden Merkmale näher betrachtet werden, da die Gruppenbildung für die ersten beiden Merkmale relativ leicht und unproblematisch ist.

4.2.2 Gruppenbildung bei (sachlich-)qualitativen Merkmalen

Eine Aufgliederung der statistischen Masse in Gruppen ist dann relativ einfach, wenn es sich um Merkmale handelt, die nur wenige Ausprägungen besitzen, wie dies beim Merkmal 'Geschlecht' der Fall ist. Die Gruppenbildung wird schwieriger, wenn zahlreiche Merkmalsausprägungungen existieren, so daß es unmöglich wird, für jede Ausprägung eine eigene Gruppe zu bilden. Man muß dann verschiedene Ausprägungen zu einer Gruppe zusammenfassen. In diesen Fällen erscheint der Aufbau einer möglicherweise mehrstufigen, systematischen Klassifikation erforderlich. Dabei muß man darauf achten, daß jede Einheit der statistischen Masse eindeutig einer und nur einer Gruppe zugeordnet werden kann. Durch die Aufnahme der Gruppe 'Sonstige' in die Klassifi-

kation kann man notfalls immer erreichen, daß alle Einheiten
genau einer Gruppe zugeordnet werden können.

Ein Beispiel für eine Klassifikation ist die mehrstufige Berufs-
klassifikation, die eine Gliederung der Berufe nach Berufsbe-
reichen, Abschnitten, Gruppen, Ordnungen und Klassen vorsieht.
Die kleinste Einheit stellt dabei die Berufsklasse dar. Diese
wird gebildet durch eine Zusammenfassung von Berufen mit ver-
wandten Tätigkeiten. Die größte Einheit bildet der Berufsbe-
reich. Beim Aufbau einer solchen Systematik muß man, wenn sie
realisierbar sein soll, nach einem einzigen Gliederungsprinzip
vorgehen. Ist dies nicht möglich, dann sollte man zumindest auf
jeder Stufe ein Kriterium zur Aufgliederung benutzen. Bei der
Berufssystematik wird allerdings dieses Prinzip nicht eingehal-
ten, denn hier werden verschiedene Ordnungsmerkmale gleichzeitig
eingesetzt. So erfolgt die Gliederung gleichzeitig nach dem
Erzeugnis, dem verarbeiteten Rohstoff, der Tätigkeit, der Branche,
dem Produktionsverfahren und anderem.

Besondere Probleme ergeben sich bei der Gruppenbildung von häufbaren Merkmalen. Darunter versteht man Merkmale, die gleichzeitig mehrere Ausprägungen annehmen können. Als Beispiel eines
häufbaren Merkmals sei 'Finanzierung des Studiums' genannt.

Es existieren prinzipiell vier verschiedene Formen der Gruppenbildung bei häufbaren Merkmalen:

(i)   Bildung aller Kombinationsgruppen
        Hier wird für jede mögliche Merkmalskombination eine eigene
        Gruppe gebildet. Für das Beispiel 'Finanzierung des Stu-
        diums' ergibt dies möglicherweise die folgenden Gruppen
        'Stipendium', 'Werkarbeit', 'Eltern', 'Stipendium und
        Werkarbeit', 'Stipendium und Eltern', 'Werkarbeit und
        Eltern', usw. Dieses Prinzip läßt sich dann anwenden, wenn
        alle in der Realität existierenden Möglichkeiten überschau-
        bar sind und ihre Bedeutung aufgezeigt werden soll. Diese
        Vorgehensweise wird dann problematisch, wenn die Zahl der
        existierenden Merkmalskombinationen sehr groß und somit

unübersichtlich ist. In einem solchen Fall verwendet man
das Prinzip der Zuordnung nach dem Schwerpunkt.

(ii) Bildung nach dem Schwerpunkt

Die Einheiten werden dabei derjenigen Gruppe zugeordnet,
deren Merkmalsausprägung das größte Gewicht besitzt.
Eine solche Zuordnung wird natürlich dann problematisch,
wenn kein eindeutiger Schwerpunkt der Merkmalsausprägung
bestimmt werden kann. Ebenfalls muß berücksichtigt werden,
daß bei einer solchen Zuordnung ein nicht unbeträchtli-
cher Informationsverlust in Kauf genommen werden muß.
Finanziert ein Student beispielsweise sein Studium etwa
zu 40% durch ein Stipendium, zu 30% durch Werkarbeit und
die restlichen 30% durch finanzielle Hilfe seiner Eltern,
dann müßte er bei einer Schwerpunkt-Zuordnung der Gruppe
'Stipendium' zugeordnet werden.

(iii) Bildung durch prozentuale Aufteilung

Bei dieser Gruppenbildung wird jede statistische Einheit
entsprechend den Anteilen der auftretenden Merkmalsausprägungen aufgeteilt und den entsprechenden Gruppen zugeordnet. Dieses Verfahren wird problematisch, wenn die
Einheiten der statistischen Masse nicht teilbar sind.
Soll etwa die Beschäftigtenzahl der Industrie gegliedert nach Industriezweigen ermittelt werden, dann
muß man Unternehmen, deren Produktion in verschiedene Industriezweige fallen würde, in Teilbetriebe, entsprechend den Industriezweigen, aufgliedern und die Beschäftigten diesen Teilbetrieben zuordnen. Aber auch hier
wird die Zuordnung problematisch, wenn keine Eindeutig-
keit gegeben ist, wie es etwa bei den Beschäftigten der
gemeinsamen Verwaltung der Fall ist.

(iv) Bildung durch Auszählung aller Fälle

Diese Gruppierung wird vorgenommen, wenn eine prozentuale
Aufteilung erwünscht ist, jedoch wegen der Unteilbarkeit
nicht durchführbar ist. In diesem Fall werden dann die
Einheiten in allen Gruppen ausgewiesen, in denen sie auf-

treten. Dies hat dann natürlich zur Folge, daß die Zahl
der insgesamt in allen Gruppen auftretenden Fälle die
Zahl der Einheiten der statistischen Masse übersteigt.

4.2.3 Gruppenbildung bei (sachlich-)quantitativen Merkmalen

Bei quantitativen Merkmalen ist eine Gruppenbildung einfacher
als bei qualitativen Merkmalen, da hier die möglichen Merkmalsausprägungen nach einem eindeutigen Prinzip geordnet werden
können. Das Problem der Gruppenbildung liegt hier im wesentlichen in der Bestimmung der Grenzen der Merkmalsausprägungen,
die zu einer Gruppe zusammengefaßt werden sollen.

Für die Gruppenbildung bei quantitativ-diskreten Merkmalen gilt
das gleiche wie bei den qualitativen Merkmalen, wenn die Anzahl
der Merkmalsausprägungen klein ist. Andernfalls werden sie wie
quantitativ-stetige Merkmale behandelt.

Bei quantitativ-stetigen Merkmalen fehlt die typische Abgrenzung der einzelnen Merkmalsausprägungen. Man muß daher versuchen, unter Berücksichtigung sachlicher Gesichtspunkte, eine
künstliche Klasseneinteilung zu erhalten. Dabei sollten die
Grenzpunkte der einzelnen Gruppen so festgelegt werden, daß
jeweils solche Einheiten in einer Gruppe zusammengefaßt werden,
die zueinander ähnlich und von eigener ökonomischer Bedeutung
sind. Die Abgrenzung dient somit dazu, um Gruppen zu bilden,
in denen Teilmassen mit bestimmten qualitativen Eigenschaften
zusammengefaßt werden. Beispielsweise sollen Größenklassen bei
landwirtschaftlichen Betrieben bestimmte Betriebstypen kennzeichnen. Dies hat aber auch zur Folge, daß Größenklassen mit
gleicher Klassenbreite nur selten dem Untersuchungszweck entsprechen. Man erhält in etwa gleiche landwirtschaftliche Betriebstypen, wenn man folgende Klasseneinteilung zugrundelegt:

unter 8 ha : auf die Dauer nicht existenzfähige Betriebe
(nach heutiger Auffassung ist die Grenze schon
wieder zu niedrig),

[8 bis 15 ha):bäuerliche Familienbetriebe,

[15 bis 3o ha):großbäuerliche Betriebe, etwa zur Hälfte noch
        Familienbetrieb,

[3o bis 75 ha):Bauerngüter, überwiegend familienfremde Bearbei-
        tung,

über 75 ha :Gutsbetriebe, Eigentümer nur noch mit Verwaltungs-
        aufgaben betraut.

Fehlen solche sachlichen Kriterien, dann erfolgt die Klasseneinteilung nach rein formalen Kriterien. Man wählt dann etwa
die Grenzen so, daß die Klassenbreite entweder absolut oder
relativ für alle Klassen gleich wird. Die Größenklassen müssen
allerdings so festgelegt werden, daß sichergestellt ist, daß
jede Merkmalsausprägung genau einer Klasse angehört. Damit soll
einmal erreicht werden, daß die Größenklassen das gesamte Urmaterial ausschöpfen, d.h. die Randklassen müssen auch die extremen Merkmalsausprägungen einschließen. Zum anderen sollen
die Größenklassen zueinander disjunkt sein, d.h. sie dürfen
sich weder überschneiden noch dürfen Lücken zwischen aufeinanderfolgenden Klassen entstehen.

5. Darstellung von eindimensionalen Häufigkeitsverteilungen

Im folgenden werde eine statistische Masse betrachtet, bei der nur ein Merkmal von Interesse ist. Es sollen die Darstellungsmöglichkeiten für die beobachteten Häufigkeiten der Merkmalsausprägungen dieses Merkmals untersucht werden. Dazu bieten sich eine Darstellung in Tabellenform und eine graphische Darstellung an, wobei zwischen qualitativen und quantitativen Merkmalen unterschieden werden muß.

5.1 Eindimensionale Häufigkeitsverteilung qualitativer Merkmale

5.1.1 Die Häufigkeitstabelle

Es werde eine statistische Masse betrachtet, die aus n statistischen Einheiten besteht, die alle ein bestimmtes qualitatives Merkmal A besitzen. Dieses Merkmal möge k verschiedene Merkmalsausprägungen A_1, A_2, ..., A_k aufweisen. Dabei sollen die Merkmalsausprägungen so gewählt sein,daß dadurch eine Klasseneinteilung der statistischen Masse erfolgt, d.h. eine statistische Einheit besitzt eine und nur eine der k verschiedenen Merkmalsausprägungen. Die Menge der statistischen Einheiten, welche die Merkmalsausprägung A_i besitzen, soll als Klasse i bezeichnet werden. Man definiert dann

Definition: Die Anzahl der statistischen Einheiten der Klasse i wird ihre absolute Häufigkeit genannt und mit $n(A_i)$ oder n_i bezeichnet.

Es gilt

$$\sum_{i=1}^{k} n(A_i) = \sum_{i=1}^{k} n_i = n \ .$$

Allerdings eignet sich die absolute Häufigkeit wenig zu Vergleichszwecken, da ihr numerischer Wert vom Umfang der statistischen Masse abhängt. Daher führt man den Begriff der relativen Häufigkeit ein.

25

Definition: Als <u>relative Häufigkeit</u> der Klasse i bezeichnet
man die Größe

(5.1) $h(A_i) = h_i = \dfrac{n_i}{n}$ $\left(\dfrac{\text{absolute Häufigkeit der Klasse i}}{\text{Umfang der statistischen Masse}}\right)$.

Es gilt

$$\sum_{i=1}^{k} h(A_i) = \sum_{i=1}^{k} h_i = 1 \; .$$

Die tabellarische Darstellung der Häufigkeiten qualitativer
Merkmale erfolgt in der Form

Merkmalsausprägung	absolute Häufigkeit	relative Häufigkeit
A_1 . . .	n_1 . . .	h_1 . . .
A_i . . .	n_i . . .	h_i . . .
A_k	n_k	h_k
Summe	n	1

Beispiel 5.1: Zahl der Lohnsteuerbelasteten und Summe der Lohnsteuer in den Bundesländern der BRD und West-Berlin
für 1971 (Quelle: Finanzen und Steuern, Reihe 6,
II. Lohnsteuer 1971)

	Steuerbelastete [Angaben in 1ooo]		Lohnsteuer [Angaben in Mill.DM]	
	$n(A_i) = n_i$	$h(A_i) = \dfrac{n_i}{n}$	$n(A_i) = n_i$	$h(A_i) = \dfrac{n_i}{n}$
A_1	671	0,039	1 566	0,039
A_2	586	0,034	1 703	0,043
A_3	1 817	0,106	4 018	0,101
A_4	227	0,013	578	0,015
A_5	4 756	0,277	11 248	0,283
A_6	1 573	0,091	3 776	0,095
A_7	975	0,057	2 062	0,052
A_8	2 674	0,155	6 225	0,156
A_9	2 951	0,172	6 460	0,162
A_{1o}	276	0,016	548	0,014
A_{11}	682	0,040	1 600	0,040
Summe	17 188	1,000	39 784	1,000

5.1.2 Die graphische Darstellung

Bei dieser unterscheidet man zwischen der Darstellung als
Stabdiagramm und als Kreisdiagramm.
Beim Kreisdiagramm werden die relativen Häufigkeiten h_i dargestellt, wobei als Darstellungsmittel die Größe des Mittel-
punktwinkels α_i dient: $\alpha_i = h(A_i) \cdot 360^\circ$.
Beim Stabdiagramm können dagegen sowohl die absoluten Häufigkeiten n_i als auch die relativen Häufigkeiten $\frac{n_i}{n}$ dargestellt
werden. Als Darstellungsmittel dient die Stabhöhe. Aus Gründen
der deutlicheren Darstellung kann man auch Rechtecke anstelle
der Stäbe wählen. Man spricht dann auch von einem Säulendiagramm, wobei man jedoch darauf achten sollte, daß die Rechtecke nicht aneinanderstoßen.

Beispiel 5.1: Graphische Darstellung der Zahl der Lohnsteuerbelasteten in der BRD, aufgegliedert nach Bundesländern

a) im Kreisdiagramm:

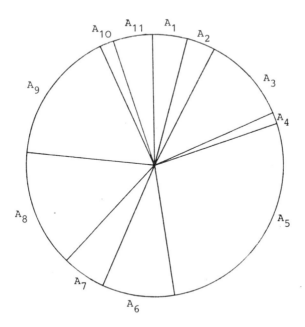

b) im Stab- oder Säulendiagramm

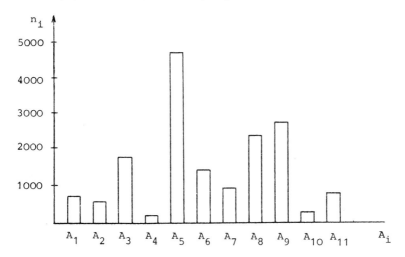

5.2 Eindimensionale Häufigkeitsverteilung quantitativ-diskreter
    Merkmale

Von einem quantitativen Merkmal X spricht man dann, wenn für die
verschiedenen Merkmalsausprägungen x_i alle reelle Zahlen möglich
sind. Man spricht dann auch vom Merkmalswert x_i. Sind dagegen
nur ganz bestimmte, isolierte Zahlenwerte möglich, dann spricht
man von einem quantitativ-diskreten Merkmal. Der häufigste Fall
ist dabei der, daß die Merkmalswerte nichtnegative ganze Zahlen
sind.

Beispiele: Anzahl der Personen in einem Haushalt,
           Anzahl der Verkäufe eines bestimmten Produkts,
           Anzahl der Beschäftigten in einem Betrieb.

Die Anzahl der statistischen Einheiten mit den Merkmalswerten
x_i werden mit $n(x_i)$ bezeichnet, sie gibt die <u>absolute Häufigkeit</u>
dieser Merkmalsausprägung   an. Nach Division durch den Umfang n

der statistischen Masse erhält man wieder die relative Häufigkeit dieser Merkmalsausprägung

$$h(x_i) = \frac{n(x_i)}{n} \ .$$

Man kann $h(x_i)$ als eine diskrete Funktion auffassen, deren Definitionsbereich durch die einzelnen Merkmalswerte x_i gegeben ist.
Man spricht daher auch von der Häufigkeitsfunktion $h(x)$.

Quantitative Merkmale besitzen häufig sehr viele Merkmalswerte,
so daß man nicht für sämtliche Merkmalsausprägungen die absoluten oder relativen Häufigkeiten angeben kann. In der Regel ist
daher eine Zusammenfassung zu Gruppen (Größenklassen) erforderlich. Die Besetzungszahlen der einzelnen Größenklassen sind dann
die absoluten Häufigkeiten und die Quotienten aus den Besetzungszahlen und dem Umfang der statistischen Masse die relativen Häufigkeiten.

Bei quantitativen Merkmalen mißt die Differenz zweier Merkmalswerte ihren Abstand. Es ist daher üblich, Anteile auch für mehrere Merkmalsausprägungen zu errechnen. Man spricht dann von
kumulierten Häufigkeiten. Interessiert man sich etwa für die
Summe der statistischen Einheiten, deren Merkmalswerte x kleiner
oder höchstens gleich einem vorgegebenen Wert x_i sind, dann erhält man

a) für die kumulierte absolute Häufigkeit

$$n(x \leq x_i) = n_1 + n_2 + \ldots + n_i = \sum_{j=1}^{i} n_j ,$$

b) für die kumulierte relative Häufigkeit

$$h(x \leq x_i) = h(x_1) + h(x_2) + \ldots + h(x_i) = \sum_{j=1}^{i} h(x_j) .$$

Man bezeichnet die kumulierte relative Häufigkeit mit
$F(x_i) = h(x \leq x_i)$ und spricht von der Verteilungsfunktion des
Merkmals X in der statistischen Masse

29

Definition: Als Verteilungsfunktion $F(x_i)$ des Merkmals X werde
die kumulierte relative Häufigkeit derjenigen statistischen Einheiten bezeichnet, deren Merkmalswerte x kleiner oder gleich x_i sind, d.h.

(5.2) $\qquad F(x_i) = h(x \leq x_i) = \sum_{j=1}^{i} h(x_j) = \sum_{j=1}^{i} \frac{n_j}{n}$.

Wenn man nun die Verteilungsfunktion $F(x_i)$ kennt, kann man die
Häufigkeitsfunktion $h(x_i)$ durch Differenzbildung bestimmen.
Es gilt

(5.3) $\qquad \frac{n_i}{n} = h(x_i) = F(x_i) - F(x_{i-1})$.

5.2.1 Die Häufigkeitstabelle

Diese unterscheidet sich gegenüber derjenigen für qualitative
Merkmale nur durch eine zusätzliche Spalte für die Verteilungsfunktion $F(x_i)$. Der Aufbau läßt sich an dem folgenden Beispiel
erkennen.

Beispiel 5.2: Größe der neuerstellten Wohnungen in der BRD im
Jahre 1974 (Angaben in 10 000)

Merkmalswert x_i Zahl der Wohn- räume	absolute Häufigkeit $n(x_i) = n_i$	relative Häufigkeit $h(x_i) = \frac{n_i}{n}$	Verteilungs- funktion $F(x_i^o)$
1	4	0,057	0,057
2	6	0,086	0,143
3	12	0,172	0,315
4	19	0,271	0,586
5 u.mehr	29	0,414	1,000
Summe	70	1,000	-

Aus der relativen Häufigkeit ergibt sich u.a., daß 1974 5,7%
aller neuerstellten Wohnungen Einzimmerwohnungen waren und
41,4% aller neuerstellten Wohnungen 5 und mehr Wohnräume um-
faßten.

Aus der Verteilungsfunktion folgt, daß etwas weniger als ein
Drittel aller neuerstellten Wohnungen, nämlich 31,5%, im Jahre
1974 3 und weniger Wohnräume hatten.

5.2.2 Die graphische Darstellung

Als graphische Darstellung bietet sich wieder das Stabdiagramm
an, bei dem die relativen Häufigkeiten $\frac{n_i}{n}$ durch die Länge der
Stäbe als Funktion der Merkmalswerte x_i dargestellt werden.

Beispiel 5.2: Stabdiagramm

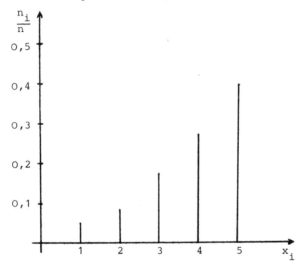

Daneben bietet sich als zweite graphische Darstellung die Verteilungsfunktion $F(x_i)$ an. Diese wird durch eine Treppenfunktion
dargestellt, wobei man beachten muß, daß an den Sprungstellen
immer der obere Wert die Verteilungsfunktion an der Stelle x_i
darstellt.

Beispiel 5.2: Verteilungsfunktion

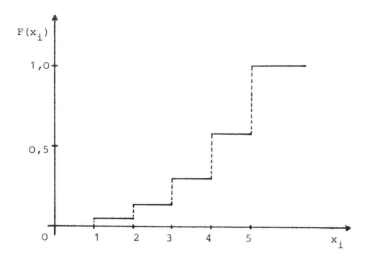

Die Treppenfunktion zeigt, daß die Verteilungsfunktion für die
Zwischenwerte (nicht vorkommende Merkmalswerte) identisch ist
mit dem Wert der Verteilungsfunktion für den nächst kleineren
vorkommenden Merkmalswert, d.h.

$$F(x) = F(x_i) \quad \text{für} \quad x_i \leq x < x_{i+1}$$

5.2.3 Berechnung von Anteilswerten

Bei einer großen Zahl von Merkmalswerten erlaubt die Verteilungsfunktion eine einfache Berechnung von beliebigen relativen Häufigkeiten (Anteilswerten). Das Verfahren soll durch die Beantwortung der folgenden beiden Fragen erläutert werden:

1. Frage: Wieviel Prozent der neuerstellten Wohnungen umfassen
   weniger als 3 Wohnräume?

   Gesucht ist $h(x < 3)$. Antwort:
   $h(x < 3) = h(x \leq 2) = F(2) = 0,143$,
   d.h. 14,3% der neuerstellten Wohnungen.

2. Frage: Wieviel Prozent der neuerstellten Wohnungen besitzen
mehr als einen, aber weniger als 5 Wohnräume?

Gesucht ist h(1 < x < 5). Antwort:

$$h(1 < x < 5) = h(1 < x \leq 4) = h(x \leq 5 - h(x \leq 1)$$
$$= F(4) - F(1) = 0,586 - 0,057 = 0,529,$$

d.h. 52,9% der neuerstellten Wohnungen.

5.3 Eindimensionale Häufigkeitsverteilung quantitativ-stetiger Merkmale

Wenn in einem gewissen Intervall alle reellen Zahlen als Merkmalswerte vorkommen können, gleichgültig ob die Meßgenauigkeit
ausreicht, um dies festzustellen, dann spricht man von einem
quantitativ-stetigen Merkmal.

Beispiele: Lebensalter und Körpergröße von Personen,
Geschwindigkeit eines Automobils,
Kohlenstoffgehalt von Stahllegierungen.

Quantitativ-diskrete Merkmale mit zahlreichen Merkmalswerten,
z.B. Geldgrößen, werden in der Praxis häufig wie stetige Merkmale behandelt. Man spricht dann von approximativ-stetigen Merkmalen. Zum Beispiel kann man das Einkommen eines Haushalts als
ein approximativ-stetiges Merkmal ansehen. Zwar ist das Einkommen in der kleinsten Einheit diskret, aber diese diskrete Darstellung in Pfennigbeträgen ist nicht aussagefähig. Daher behandelt man das Einkommen wie ein stetiges Merkmal.

Es liegt im Wesen eines stetigen Merkmals, daß zwei gleiche Merkmalswerte praktisch nicht beobachtet werden können, vorausgesetzt,
man kann eine beliebige Meßgenauigkeit erzielen. Um trotzdem eine
Darstellung der Häufigkeit von quantitativ-stetigen Merkmalen zu
erhalten, muß man die Merkmalswerte zu Klassen zusammenfassen.
Dies hat zur Folge, daß man die absoluten und relativen Häufigkeiten nur für diese Klassen, jedoch nicht für die einzelnen Merkmalswerte angeben kann. Diese Klassenbildung für die Merkmalswerte
wird im wesentlichen durch das Untersuchungsziel bestimmt, etwa:

a) Bei einem Vergleich mit anderen Häufigkeitsverteilungen wählt

man zweckmäßigerweise gleiche Klassen für alle zu vergleichenden Verteilungen.

b) Bei der Konstruktion der Klassengrenzen und bei der Einord-
nung sollte die Existenz der Urlistenintervalle berücksichtigt werden. Dabei gibt es prinzipiell zwei Möglichkeiten,
entweder wählt man die Klassengrenzen so, daß sie mit den
Grenzen der Urlistenintervalle zusammenfallen, oder man
wählt die Klassengrenzen als runde Zahlen.

Beispiel 5.3: Ein Hersteller von Stahlblechen wählt zur Überprüfung einer neuinstallierten Walzmaschine 20 Stahlbleche zufällig aus und ermittelt ihre Stärke
(Angaben in mm):

```
4,9  +5,3  5,2  5,4  5,5  5,1  +5,6  4,8  5,4  5,1
4,9   4,8 -5,6 -5,3  5,8  5,5  +5,6  5,9  5,4  5,2
```

a) Klassengrenzen identisch mit Urlistenintervallen

Urliste:

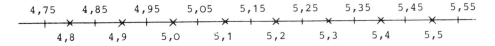

Klasseneinteilung:

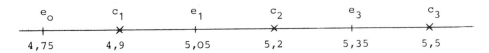

Klassen-grenzen e_i	Schreibweise	Klassenmitten $c_i = \dfrac{e_{i-1} + e_i}{2}$	absolute Häufigkeit n_i	relative Häufigkeit $h(x_i)$	Verteilungs-funktion $F(x_i^0)$	$f(x_i)$
[4,75;5,05)	4,8 – 5,0	4,9	4	0,20	0,20	2/3
[5,05;5,35)	5,1 – 5,3	5,2	6	0,3o	0,50	1
[5,35;5,65)	5,4 – 5,6	5,5	8	0,40	0,90	4/3
[5,65;5,95)	5,7 – 5,9	5,8	2	0,10	1,00	1/3
	Summe		20	1,00		

b) Klassengrenzen sind runde Zahlen, sie fallen mit den Klassenmitten der Urlistenintervalle zusammen

Urliste:

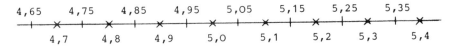

4,65   4,75   4,85   4,95   5,05   5,15   5,25   5,35

4,7   4,8   4,9   5,0   5,1   5,2   5,3   5,4

Klasseneinteilung:

e_0 c_1 e_1 c_2 e_2

4,7   4,85   5,0   5,15   5,3

Klassengrenzen e_i	Klassenmitten c_i	absolute Häufigkeit n_i	relative Häufigkeit $h(x_i)$	Verteilungsfunktion $F(x_i^0)$	Häufigk.-dichte $f(x_i)=\dfrac{h(x_i)}{\Delta x_i}$
(4,7;5,0)	4,85	4	0,20	0,20	2/3
(5,0;5,3)	5,15	5	0,25	0,45	5/6
(5,3;5,6)	5,45	7	0,35	0,80	1 1/6
(5,6;5,9)	5,75	4	0,20	1,00	2/3
Summe		20	1,00		

Diese Möglichkeit bietet oft den Vorteil der einfachen Klassenbildung, dafür den Nachteil, daß gewisse Meßwerte auf die Klassengrenzen zu fallen scheinen. Tatsächlich lagert sich ein Urlistenintervall so um die Klassengrenzen, daß je eine Hälfte unterhalb und oberhalb der Klassengrenze zu liegen kommt. Man kann dann so vorgehen, daß alle Werte der Urliste, die auf die Klassengrenzen zu fallen scheinen, der Reihe nach alternierend mit "+" und "-" bezeichnet und die mit "+" bezeichneten der oberen benachbarten Klasse, die mit "-" bezeichneten der unteren benachbarten Klasse zuordnet.

c) Als Faustregel für die Anzahl der zu bildenden Klassen gilt, daß man nicht mehr als $\sqrt{n}$ Klassen bilden sollte. Im allgemeinen kommt man mit 5 bis 20 Klassen aus.

Liegt die Klasseneinteilung vor, dann kann man die Häufigkeiten für die einzelnen Klassen ermitteln.

Man definiert:

Definition: Die Häufigkeitsfunktion quantitativ-stetiger Merkmale ist die Funktion

(5.4) $h(x_i) = h_i = h(x_{i-1}^o = x_i^u \leq x < x_i^o)$,

diese ordnet jeder Klasse i von Merkmalswerten eine bestimmte relative Häufigkeit $\frac{n_i}{n}$ zu.
Dabei bedeuten:

x_i^u : Untergrenze der Klasse i,

x_i^o : Obergrenze der Klasse i,

n_i : Zahl der beobachteten Merkmalswerte im Intervall $[x_i^u, x_i^o)$.

Definition: Als Verteilungsfunktion $F(x_i^o)$ des quantitativ-stetigen Merkmals werde die kumulierte relative Häufigkeit derjenigen statistischen Einheiten bezeichnet, deren Merkmalswerte x kleiner als x_i^o (bzw. x_{i+1}^u) sind, d.h.

$F(x_i^o) = h(x < x_i^o) = h(x < x_{i+1}^u)$.

5.3.1 Die graphische Darstellung

Für die graphische Darstellung eines quantitativ-stetigen Merkmals bietet sich das Histogramm an. Als Darstellungsmittel dient dabei die Fläche der Rechtecke, deren Basis durch die Klassenbreite des quantitativ-stetigen Merkmals gegeben ist. Die Höhe der Rechtecke muß dann so normiert werden, daß die Rechteckflächen für verschiedene Klassenbreiten tatsächlich die betreffenden relativen Häufigkeiten darstellen, und zum anderen die Fläche des Histogramms für verschiedene Verteilungen gleich groß wird. Letzteres ist erforderlich, um die Histogramme verschiedener Häufigkeitsverteilungen miteinander vergleichen zu können.

Bezeichnet man die Ordinatenhöhe der Rechtecke des Histogramms der i-ten Klasse mit $f(x_i)$ und die zugehörige Klassenbreite mit d_i, dann muß gelten

36

$$F = f(x_i) \cdot d_i, \quad \text{bzw.}$$

$$= f(x_i) \cdot \Delta x_i,$$

wobei $d_i = \Delta x_i = x_i^o - x_i^u$ gesetzt wurde. Die Normierungsvorschrift verlangt nun, daß die Rechteckfläche gleich der relativen Häufigkeit wird, d.h.

$$F = \frac{n_i}{n}.$$

Man erhält

$$h(x_i) = \frac{n_i}{n} = f(x_i) \cdot \Delta x_i.$$

Daraus läßt sich die Ordinatenhöhe $f(x_i)$ berechnen zu

$$(5.5) \qquad f(x_i) = \frac{n_i}{n \cdot \Delta x_i} = \frac{h(x_i)}{\Delta x_i}.$$

Im Gegensatz zur Häufigkeitsfunktion $h(x_i)$ bezeichnet man $f(x_i)$ als Häufigkeitsdichte. Es zeigt sich, daß diese Normierung zur Folge hat, daß die Gesamtfläche unter dem Histogramm sich zu Eins addiert.

Es gilt

$$\sum_{i=1}^{k} f(x_i) \Delta x_i = \sum_{i=1}^{k} \frac{h(x_i)}{\Delta x_i} \cdot \Delta x_i = \sum_{i=1}^{k} h(x_i) = 1.$$

(k: Zahl der Klassen)

Dadurch hat man erreicht, daß die Häufigkeitsdichte verschiedener Häufigkeitsverteilungen miteinander verglichen werden können, denn es ist nun gewährleistet, daß alle Histogramme den gleichen Flächeninhalt einschließen. (s.Abb. S.38)

Verbindet man die Mitten der oberen Rechteckbegrenzungen miteinander, so erhält man das sogenannte Häufigkeitspolygon. Um dieses an den Enden abzuschließen, benutzt man an der unteren und oberen Grenze des Histogramms je ein Intervall der gleichen Breite wie die benachbarten Rechtecke des Histogramms. Man verwendet dann diese Intervallmitten zum Abschluß des Häufigkeitspolygons. Dadurch wird immer erreicht, daß die Gesamtfläche

unter dem Häufigkeitspolygon gleich der Gesamtfläche unter
dem Histogramm wird. Beachtet werden muß, daß die Histogramm-
darstellung innerhalb der einzelnen Klassen eine Gleichverteilung der Merkmalswerte der statistischen Einheiten voraussetzt.

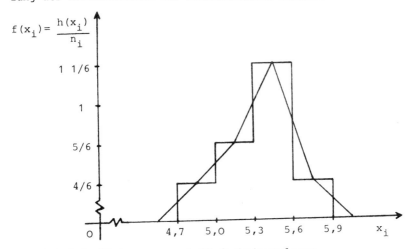

Beispiel 5.3: Histogramm und Häufigkeitspolygon

Die graphische Darstellung der Verteilungsfunktion wird als Polygonzug konstruiert. Die Koordianten der Eckpunkte sind die oberen Klassengrenzen und die zugehörigen Werte $F(x_i^o)$. Die gradli-
nige Verbindung der Eckpunkte impliziert wieder die Annahme der
Gleichverteilung der Merkmalswerte innerhalb der Klassen. Würde
man die Klassenbreite kontinuierlich verkleinern, dann würde der
Polygonzug schließlich in eine stetige Kurve übergehen.

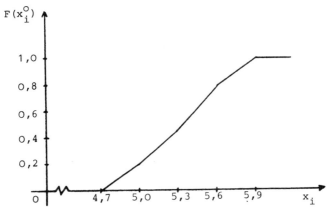

Beispiel 5.3: Verteilungsfunktion $F(x_i^o)$

38

5.3.2 Die Häufigkeitstabelle

Die tabellarische Darstellung quantitativ-stetiger Merkmale wird
daher gegenüber den bisherigen Häufigkeitstabellen um eine zusätzliche Spalte für die Häufigkeitsdichte erweitert.

Beispiel 5.4: Bruttolohn der ganzjährig beschäftigten Lohnsteuerpflichtigen in der BRD (einschl. West-Berlin) nach
Lohngruppen für das Jahr 1971 (Angaben in 100 000).
Quelle: Finanzen und Steuern, Reihe 6, II. Lohnsteuer 1971.

Lohnklasse $x_i^u \leq x < x_i^o$ (in DM)	absolute Häufigkeit n_i	relative Häufigkeit $h(x_i)$	Verteilungs- funktion $F(x_i^o)$	Häufigkeits- dichte $f(x_i)$
[0 ; 2 400)	914	0,052	0,052	0,000022
[2 400 ; 4 800)	779	0,044	0,096	0,000018
[4 800 ; 7 200)	756	0,043	0,139	0,000018
[7 200 ; 9 600)	992	0,056	0,195	0,000023
[9 600 ; 12 000)	1 341	0,076	0,271	0,000032
[12 000 ; 16 000)	3 102	0,175	0,446	0,000044
[16 000 ; 20 000)	3 286	0,186	0,632	0,000047
[20 000 ; 25 000)	2 807	0,158	0,790	0,000032
[25 000 ; 36 000)	2 851	0,161	0,951	0,000015
[36 000 ; 50 000)	699	0,039	0,990	0,000003
[50 000 ; 75 000)	158	0,009	0,999	0,000000
[75 000 ; 100 000)	22	0,001	1,000	0,000000
Summe	17 707	1,000		

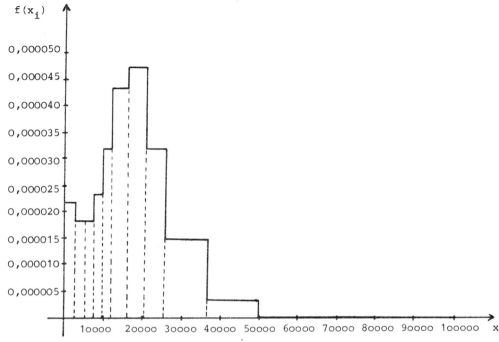

Beispiel 5.4: Histogramm-Darstellung

5.3.3 Beispiel zur Histogrammdarstellung zweier Häufigkeitsverteilungen

Beispiel 5.5: Zahl der ganzjährig beschäftigten Lohnsteuerpflichtigen des Beispiels 5.4 aufgegliedert nach Lohngruppen für die männlichen und weiblichen Arbeitnehmer der Steuerklassen I, II und III

a) männliche Arbeitnehmer

Lohnklasse in DM	n_i	$h(x_i)$	$F(x_i^o)$	$f(x_i)$
[0 ; 4 800)	824	0,086	0,086	0,000018
[4 800 ; 9 600)	549	0,057	0,143	0,000012
[9 600 ; 16 000)	2 839	0,296	0,439	0,000046
[16 000 ; 25 000)	3 908	0,408	0,847	0,000045
[25 000 ; 50 000)	1 370	0,143	0,990	0,000006
[50 000 ; 100 000)	100	0,010	1,000	0,000000
Summe	9 590	1,000		

b) weibliche Arbeitnehmer

Lohnklasse in DM	n_i	$h(x_i)$	$F(x_i^0)$	$f(x_i)$
[0 ; 2 400)	426	0,107	0,107	0,000045
[2 400 ; 4 800)	358	0,090	0,197	0,000038
[4 800 ; 7 200)	517	0,130	0,327	0,000054
[7 200 ; 12 000)	1 219	0,308	0,635	0,000064
[12 000 ; 25 000)	1 327	0,335	0,970	0,000026
[25 000 ; 100 000)	116	0,029	0,999	0,000000
Summe	3 963	0,999		

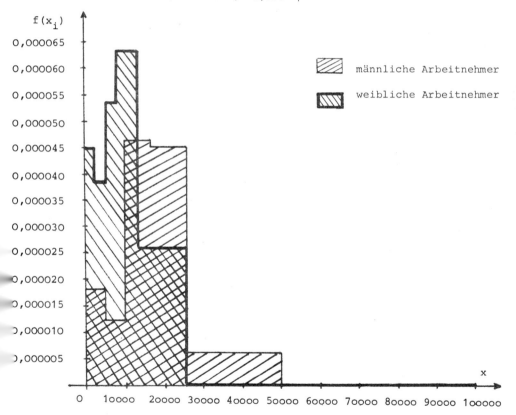

Beispiel 5.5: Histogramm-Darstellung

5.3.4 Berechnung von Anteilswerten innerhalb einer Klasse

Mit Hilfe der Häufigkeitsverteilung lassen sich Anteilswerte nur
für die einzelnen Klassen berechnen. Möchte man Anteile für die
Merkmalswerte innerhalb der einzelnen Klassen bestimmen, dann
kann man diese, bei Annahme der Gleichverteilung der Merkmalswerte innerhalb der einzelnen Klassen, durch lineare Interpolation der Verteilungsfunktion F(x) erhalten.

1) Allgemeine Fragestellung:
   Wieviel Prozent der statistischen Einheiten besitzen einen
   Merkmalswert kleiner oder gleich x?

   Spezielle Fragestellung:
   Wieviel Prozent der Stahlbleche besitzen eine Stärke
   von weniger als 5,2 mm?
   Gegeben : x = 5,2 ;
   Gesucht : $h(x \leq 5,2) = F(5,2)$

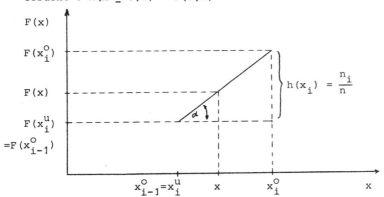

Es gilt
$$\tan \alpha = \frac{h(x_i)}{\Delta x_i} = f(x_i) ,$$

mit
$$\Delta x_i = x_i^o - x_i^u .$$

Allgemein gilt (2.Strahlensatz):
$$\frac{F(x) - F(x_i^u)}{h(x_i)} = \frac{x - x_i^u}{\Delta x_i} ,$$

mit $F(x_i^u) = F(x_{i-1}^o)$.

Daraus kann man $F(x)$ bestimmen und erhält

$$F(x) = F(x_i^u) + \frac{x - x_i^u}{\Delta x_i} \, h(x_i)$$

$$(5.6) \qquad = F(x_i^u) + (x - x_i^u) \, f(x_i) \, .$$

Speziell ergibt sich

$$F(5,2) = 0,2 + (5,2 - 5,0) \cdot \frac{0,25}{0,30}$$

$$= 0,2 + 0,2 \cdot \frac{5}{6} = 0,2 + 0,17 = 0,37 \, ,$$

d.h. 37% der Stahlbleche besitzen eine Stärke von höchstens 5,2 mm.

2) Allgemeine Fragestellung:
   Wieviel Prozent der statistischen Einheiten besitzen einen Merkmalswert der zwischen den Werten a und b liegt?

Spezielle Fragestellung:
Wieviel Prozent der Stahlbleche besitzen eine Stärke zwischen 5,4 mm und 5,6 mm?

Man beachte, daß wegen der unterstellten beliebigen Meßgenauigkeit bei quantitativ-stetigen Merkmalen nicht mehr zwischen "größer" und "größer gleich" unterschieden werden muß. Daher lautet die Fragestellung:

Gegeben : a = 5,4 mm und b = 5,6 mm ;
Gesucht : $h(5,4 < x < 5,6) = h(5,4 \le x \le 5,6)$
$$= F(5,6) - F(5,4) \, .$$

Der Wert $F(5,6) = 0,80$ kann unmittelbar aus der Häufigkeitstabelle abgelesen werden, dagegen muß der Wert für $F(5,4)$ durch Interpolation bestimmt werden. Man erhält

$$F(5,4) = F(x_i^u) + (x - x_i^u) \, \frac{h(x_i)}{\Delta x_i}$$

$$= F(5,3) + (5,4 - 5,3) \cdot \frac{0,35}{0,30}$$

$$= 0,45 + 0,1 \cdot \frac{7}{6} = 0,45 + 0,12 = 0,57 \, .$$

43

Somit erhält man

$$F(5,6) - F(5,4) = 0,80 - 0,57 = 0,23 \; ,$$

d.h. 23 Prozent der Stahlbleche besitzen eine Stärke, die zwischen 5,4 und 5,6 liegt.

5.3.5 Übergang zu einer kontinuierlichen Kurve

Durch die Einteilung der Merkmalswerte des quantitativ-stetigen Merkmals in verschiedene Größenklassen mit einer positiven Klassenbreite, ergab sich als graphische Darstellung der Verteilungsfunktion bzw. der Häufigkeitsdichte ein Polygonzug.

Erhöht man die Zahl der Größenklassen k, dann hat dies eine Verkleinerung der Klassenbreiten d_i und damit schmalere Rechtecke des Histogramms zur Folge. Erhöht man mit $k \to \infty$ auch den Umfang der statistischen Masse, d.h. $n \to \infty$, dann erhält man als Grenzübergang aus dem Polygonzug des Histogramms einen kontinuierlichen (stetigen) Kurvenzug. Zu jedem Merkmalswert x gehört jetzt ein Wert der Häufigkeitsdichte f(x), der sich in der Regel von seinen Nachbarwerten unterscheidet. Bei einer endlichen Zahl von Größenklassen mit einer positiven Klassenbreite wurde dagegen der Wert für die Häufigkeitsdichte vereinfachend als konstant angenommen. Dies bedeutet für die Darstellung des quantitativ-stetigen Merkmals in Form von Größenklassen einen Informationsverlust, den man bewußt in Kauf nehmen muß.

Beispiel 4: Darstellung des Histogramms bei Vergrößerung der Klassenzahl

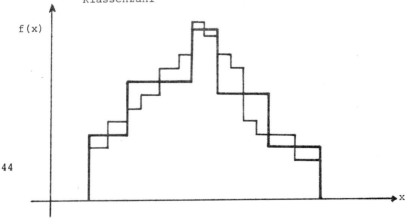

44

6. Beschreibung eindimensionaler Häufigkeitsverteilungen quantitativer Merkmale durch Verteilungsmaßzahlen

Besonders bei umfangreichem Beobachtungsmaterial ist man nicht immer an der Angabe der Häufigkeitsverteilung interessiert, sondern man möchte das gesamte Beobachtungsmaterial in einer stärker verdichteten Form darstellen. Dazu eignen sich die sog. Verteilungsmaßzahlen (oder Verteilungsparameter). Zu diesen zählt man die Mittelwerte sowie die Maßzahlen für die Streuung und auch für die Schiefe einer Verteilung. Sie sind neben der graphischen Darstellung das wirksamste Instrument zum vergleichenden Studium von Häufigkeitsverteilungen. An Präzision der Aussage vermögen sie das anschauliche Mittel der graphischen Darstellung meist zu übertreffen, ihre Definition setzt allerdings voraus, daß es sich um quantitative Merkmale handelt, deren Merkmalsausprägung durch Merkmalswerte dargestellt werden.

Vergleicht man nochmals die graphische Darstellung der Häufigkeitsdichte der Männer- und Frauenlöhne, dann bieten sich folgende Fragen an:

a) Sind die Frauenlöhne im Durchschnitt niedriger als die Männerlöhne?

b) Streuen die Männerlöhne relativ stärker als die Frauenlöhne?

c) Beide Verteilungen sind schief, bei welcher Verteilung ist die Schiefe stärker ausgeprägt?

d) Welche der beiden Verteilungen ist steiler?

e) Welche der Verteilung zeigt eine stärkere Konzentration der Löhne?

In diesen Fragen werden Begriffe verwendet, die zunächst noch präzisiert werden müssen, bevor eine Antwort gegeben werden kann.

6.1 Lage - Parameter

Ein Lage - Parameter bezeichnet eine Stelle der Merkmalsachse, an der die Merkmalswerte einer statistischen Masse im Mittel lokalisiert sind. Diese Lokalisation läßt sich auf verschiedene

Weise messen, entsprechend wurden auch verschiedene Lage-Para-
meter definiert.

6.1.1 Der Median (Zentralwert) Z

Der Definition des Medians (Zentralwertes) liegt folgende Idee
zugrunde:
Ordnet man die Merkmalswerte x_i nach ihrer Größe, dann entsteht
eine Zahlenreihe. Den mittleren Merkmalswert dieser Reihe bezeichnet man als Median. Er besitzt die Eigenschaft, daß oberhalb und unterhalb von ihm gleichviel Merkmalswerte liegen.

Definition: Es seien n beliebige Merkmalswerte x_1, x_2, ..., x_n
gegeben. Diese Zahlen werden ihrer Größe nach ge-
ordnet

$$x_{(1)} \leq x_{(2)} \leq \cdots \leq x_{(n)},$$

dabei bedeutet:
$x_{(1)}$ der kleinste Merkmalswert,
.
.
.
$x_{(i)}$ der i-te Merkmalswert in der geordneten Reihe,
.
.
.
$x_{(n)}$ der größte Merkmalswert.

Als Median Z definiert man

(6.1)

a) $Z = x_{(\frac{n+1}{2})}$ falls n ungerade, d.h. n = 2k + 1,

b) $Z = \frac{1}{2} \left[x_{(\frac{n}{2})} + x_{(\frac{n}{2}+1)} \right]$ falls n gerade, d.h. n = 2k.

Diese Unterscheidung ist notwendig, da nur für "n ungerade"
eine Zahl aus der Reihe der Merkmalswerte die Funktion des
Medians übernehmen kann. Für " n gerade " besitzt man ein zentrales Intervall, und jeder Wert dieses Intervalls kann die
Teilungsfunktion des Median übernehmen.

46

Beispiel 6.1: In einem Unternehmen der eisenverarbeitenden Industrie wurden in einer Abteilung die Monatsgehälter
der männlichen und weiblichen Angestellten ermittelt (in DM):

Männliche
Arbeitnehmer: 1650, 2030, 1840, 1520, 1670, 1740, 1840, 1590.

Weibliche
Arbeitnehmer: 1710, 1960, 2570, 1490, 1820.

Man ordnet die Gehälter nach ihrer Größe

Männl.Arbeitn.,n_M=8:1520, 1590, 1650, 1670, 1740, 1840, 1840, 2030.

Weibl.Arbeitn.,n_W=5:1490, 1710, 1820, 1960, 2570.

Männl. und weibl. Arbeitnehmer zusammen, n=13:   1490, 1520, 1590,
1650, 1670, 1710, 1740, 1820, 1840, 1840, 1960, 2030, 2570.

Man erhält:

$$Z(M) = \frac{1}{2}[x_{(4)} + x_{(5)}] = \frac{1}{2}(1670 + 1740) = 1705,$$

$$Z(W) = x_{(3)} = 1820,$$

$$Z(M + W) = x_{(7)} = 1740.$$

Man erkennt aus diesem Ergebnis, daß es im allgemeinen nicht
möglich ist, den Median einer zusammengefaßten Grundgesamtheit
aus den Medianen der einzelnen Teilgesamtheiten zu berechnen.

Liegt das Zahlenmaterial in gruppierten Form vor, so bestimmt
man den Median Z approximativ mit Hilfe der Verteilungsfunktion F(x) über die Beziehung

(6.2) $h(x \leq Z) = F(Z) = 0,5$.

Bei quantitativ-stetigen Merkmalen besitzt der Median eine sehr
anschauliche Bedeutung:
Es gibt genau einen Wert, der die Fläche des Histogramms halbiert, d.h. unterhalb und oberhalb dessen je die Hälfte der
Fläche liegt.

Eigenschaften des Medians:

Bei der Konstruktion des Medians wird aus einer nach der Größe
geordneten Zahlenreihe lediglich der Wert ausgewählt, der genau

in der Mitte dieser Reihe liegt. Dies bedeutet, daß der Median
von den Merkmalswerten der Extremwerte (Ausreißer) einer Verteilung unbeeinflußt bleibt. Der Median ist nur abhängig von
der Größe des in der Mitte der Zahlenreihe gelegenen Merkmalswertes.

Betrachtet man die Funktion

$$g(Z) = \sum_{i=1}^{n} |x_i - Z| ,$$

dann kann man zeigen, daß diese Funktion an der Stelle Z ein
Minimum annimmt. Dies bedeutet, daß die Summe der absoluten
Abweichungen der Merkamlswerte vom Median geringer ist als
von irgendeinem anderen Wert.

Ein 'Median-Element' kann auch für Rangmerkmale gefunden werden,
daher eignet sich dieser Lageparameter vor allem für deskrip-
tive Zwecke, wenn ein nicht quantitatives Merkmal in eine Rangordnung gebracht werden soll.

6.1.2 Der Modalwert (Modus, häufigster Wert) einer Verteilung

Als Modalwert der Verteilung eines Merkmals bezeichnet man denjenigen Merkmalswert, der am häufigsten auftritt. Bei einer Definition muß man zwischen diskreten und stetigen Merkmalen unterscheiden.

Definition: Der Modalwert D eines diskreten Merkmals ist der-
            jenige Merkmalswert x, für den die realtive Häufig-
            keit h(x) ihr Maximum annimmt.

Bei einem stetigen Merkmal besitzt man eine Darstellung des
Zahlenmaterials in Größenklassen. Man kann daher nicht von einem
Modalwert sprechen.

Definition: Die Klasse mit der größten Häufigkeitsdichte f(x) heißt
            modale Klasse, ihre Klassenmitte definiert man als
            Modalwert D.

Man beachte, daß der Modalwert nur dann ein vernünftiger Lageparameter ist, wenn die Verteilung eingipflig (unimodal) ist.
Bei anderen Verteilungsformen (mehrgipflig, u-förmig, abfallend)
hat der Modalwert keinen Sinn.

48

Beispiel 5.5: a) Männerlöhne:

        modale Klasse: $[9\ 600 - 16\ 000)$,

        Modalwert D = $12\ 800$.

    b) Frauenlöhne:

        modale Klasse: $[7\ 200 - 12\ 000)$,

        Modalwert D = $9\ 600$.

6.1.3 Das arithmetische Mittel (AM)

Definition: Es seien n beliebige Merkmalswerte x_1, x_2, ..., x_n
gegeben. Als arithmetisches Mittel $\bar{x}$ wird die Größe

(6.3) $$\bar{x} = \frac{1}{n}(x_1 + x_2 + ... + x_n) = \frac{1}{n} \sum_{i=1}^{n} x_i$$

definiert.

Beispiel 6.1: Arithmetisches Mittel der Angestelltengehälter
der männlichen und weiblichen Arbeitnehmer:

$$\bar{x}_W = \frac{1}{5}(1710 + 1960 + 2570 + 1490 + 1820)$$

$$= \frac{1}{5} \cdot 9550 = 1910 \ .$$

$$\bar{x}_M = \frac{1}{8}(1650 + 2030 + 1840 + 1520 + 1670 + 1740 +$$
$$+ 1840 + 1590)$$

$$= \frac{1}{8} \cdot 13880 = 1735 \ .$$

Zur Bestimmung des arithmetischen Mittels $\bar{x}$ werden alle Merkmalswerte x_i verwendet, dies bedeutet, daß die gesamte Information aus der statistischen Masse verwendet wird.
Besonders bei extensiven Merkmalen - dies sind solche Merkmale, bei denen die Summe der Merkmalswerte einen interpretierbaren Sinn aufweist - besitzt das arithmetische Mittel eine anschauliche Bedeutung. Es ist sinnvoll, von einem durchschnittlichen Seifenverbrauch zu sprechen, darunter versteht man eine gleichmässige Aufteilung des gesamten Seifenverbrauchs auf alle beteiligten Personen. Man spricht auch von der sog. Ersatzwerteigenschaft des arithmetischen Merkmals. Aus der Definition folgt unmittelbar

$$n \cdot \bar{x} = \sum_{i=1}^{n} x_i ,$$

49

d.h. ersetzt man die einzelnen Merkmalswerte x_i einer Beobachtung durch ihr arithmetisches Mittel, so führt die Summierung über allen statistischen Einheiten wieder zum gleichen Ergebnis.

Additionssatz für Mittelwerte:

Um das arithmetische Mittel nach der Formel $\bar{x} = \frac{1}{n} \sum_{i=1}^{n} x_i$ zu berechnen, müßte man die Urliste mit den einzelnen Merkmalswerten kennen. Oft liegt das Beobachtungsmaterial aber nur in gruppierter Form (Größenklassen) vor. Angenommen, das Urmaterial sei zu k Klassen zusammengefaßt worden. Um das arithmetische Mittel der Verteilung zu berechnen, benötigt man die Summe der Merkmalswerte aller Einheiten der statistischen Masse. Bezeichnet man mit $\bar{x}_i$ das AM der Merkmalswerte in der i-ten Klasse, dann erhält man

$\bar{x}_1$ kommt n_1 mal vor, Merkmalssumme $n_1\bar{x}_1$,

$\bar{x}_2$ kommt n_2 mal vor, Merkmalssumme $n_2\bar{x}_2$,

$\cdots\cdots\cdots\cdots\cdots\cdots\cdots\cdots\cdots\cdots\cdots\cdots\cdots$

$\bar{x}_k$ kommt n_k mal vor, Merkmalssumme $n_k\bar{x}_k$,

Summe: n,   Merkmalssumme: S_1,

$$S_1 = \sum_{i=1}^{k} n_i\bar{x}_i \ .$$

Das arithmetische Mittel bestimmt sich dann wie folgt:

$$\bar{x} = \frac{n_1\bar{x}_1 + n_2\bar{x}_2 + \ldots + n_k\bar{x}_k}{n_1 + n_2 + \ldots + n_k} = \frac{\sum_{i=1}^{k} n_i\bar{x}_i}{\sum_{i=1}^{k} n_i} = \frac{1}{n} \sum_{i=1}^{k} n_i\bar{x}_i \ .$$

Dies läßt sich auch wie folgt darstellen

(6.4) $$\bar{x} = \sum_{i=1}^{k} \frac{n_i}{n} \bar{x}_i = \sum_{i=1}^{k} h(x_i)\bar{x}_i \ .$$

Man erkennt, daß sich das arithmetische Mittel $\bar{x}$ bei gruppiertem Material als gewogener Durchschnitt der arithmetischen Mittel der einzelnen Größenklassen darstellen läßt. Die dabei

50

auftretenden Gewichtungsfaktoren entsprechen den relativen Häufigkeiten $h(x_i)$ der Größenklassen.

Beispiel 6.1: Berechnung des AM für die Monatsgehälter der männlichen und weiblichen Arbeitnehmer in der Abteilung.

a) direkte Berechnung:

$$\bar{x}_{(M+W)} = \frac{1}{13} \cdot 23430 = 1802,31 \ .$$

b) als gewogenes AM aus $\bar{x}_M$ und $\bar{x}_W$:

$$\bar{x}_{(M+W)} = \frac{8}{13} \bar{x}_M + \frac{5}{13} \bar{x}_W$$

$$= \frac{8}{13} \cdot 1735 + \frac{5}{13} \cdot 1910$$

$$= 1067,69 + 734,62 = 1802,31.$$

Oftmals sind allerdings die arithmetischen Mittel der einzelnen Größenklassen nicht bekannt, z.B. wenn das statistische Material nur gruppiert veröffentlicht wurde. Man kann dann anstelle von $\bar{x}_i$ die Klassenmitte x_i^* verwenden. Die Berechnungsformel lautet dann

$$(6.5) \qquad \bar{x} \approx \frac{1}{n} \sum_{i=1}^{k} n_i x_i^* = \sum_{i=1}^{k} h(x_i) x_i^* \ .$$

Aus der approximativen Beziehung wird eine exakte Gleichung, wenn die Klassenmitten x_i^* mit den arithmetischen Mitteln $\bar{x}_i$ übereinstimmen.

Beispiel 5.5: Man bestimme die AM der Männer- und Frauengehälter.

a) Männergehälter:

$$\bar{x}_M = 0,086 \cdot 2400 + 0,057 \cdot 7200 + 0,296 \cdot 12800$$
$$\quad + 0,408 \cdot 20500 + 0,143 \cdot 37500 + 0,010 \cdot 75000$$
$$= 206,4 + 410,4 + 3788,8 + 8364 + 5362,5 + 750$$
$$= 18882,1 \ .$$

b) Frauengehälter:

$$\bar{x}_F = 0,107 \cdot 1200 + 0,090 \cdot 3600 + 0,130 \cdot 6000$$
$$\quad + 0,308 \cdot 9600 + 0,335 \cdot 18500 + 0,029 \cdot 62500$$
$$= 128,4 + 324 + 780 + 2956,8 + 6197,5 + 1812,5$$
$$= 12199,2 \ .$$

Folgende Eigenschaften des arithmetischen Mittels lassen sich nachweisen:

a) Die Summe der Abweichungen der Merkmalswerte vom arithmetischen Mittel $\bar{x}$ ist gleich Null:

$$\sum_{i=1}^{n} (x_i - \bar{x}) = \sum_{i=1}^{n} x_i - n\bar{x} = n\bar{x} - n\bar{x} = 0 \; .$$

b) Die Quadratsumme der Abweichungen der Merkmalswerte vom arithmetischen Mitte $\bar{x}$ ist kleiner als von jedem anderen beliebigen Wert a, d.h.

$$\sum_{i=1}^{n} (x_i - \bar{x})^2 = \text{Min.}$$

Um dies nachzuweisen, bildet man die Quadratsumme der Abweichungen von einem beliebigen Wert a,

$$f(a) = \sum_{i=1}^{n} (x_i - a)^2 .$$

Die Funktion f(a) wird dann minimiert, d.h. man bildet

$$f'(a) = -2 \sum_{i=1}^{n} (x_i - a) \; ;$$

setzt diese Abbildung gleich Null und bestimmt den zugehörigen Wert von a. Man erhält

$$f'(a) = 0 \wedge \sum_{i=1}^{n} (x_i - a) = 0,$$

$$\sum_{i=1}^{n} x_i - na = 0,$$

$$a = \frac{1}{n} \sum_{i=1}^{n} x_i = \bar{x},$$

die Quadratsumme der Abweichungen wird minimal, falls die Abweichungen vom arithmetischen Mittel $\bar{x}$ gemessen werden.

Das arithmetische Mittel besitzt die folgenden Bedeutungen:

1. Das AM ist immer dann der adäquate Mittelwert, wenn die Ersatzwerteigenschaft betont werden soll.

2. Das AM ist als Lageparameter dann geeignet, wenn die Verteilung eingipflig und näherungsweise symmetrisch ist. Dann fallen Modalwert D, Zentralwert Z und arithmetisches Mittel AM in etwa zusammen.

3. Die absolute und relative Änderung des AM einer Verteilung im Zeitablauf ist charakteristisch für die Veränderung der gesamten Verteilung, wenn die Form der Verteilung etwa konstant bleibt. Analoges gilt für den Vergleich mehrerer Verteilungen mit annähernd gleicher Verteilungsform.

4. Bei eingipflig nichtsymmetrischen Verteilungen ist das AM kein sehr charakteristischer Lageparameter. Vor allem extrem hohe Werte bei rechts-schiefen (links-steilen) Verteilungen bewirken oftmals, daß das AM merklich oberhalb der stärksten Massierung der Merkmalswerte (Modalwert D) und auch oberhalb des mittleren Niveaus (Zentralwert Z) liegt.

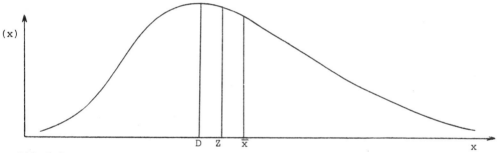

Abb.6.1 : Lageparameter bei einer rechts-schiefen (links-steilen) Verteilung

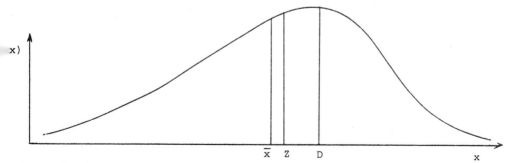

Abb.6.2 : Lageparameter bei einer links-schiefen (rechts-steilen) Verteilung

53

6.1.4 Das geometrische Mittel (GM)

Bei der Mittlung von Wachstumsraten oder anderen multiplikativ verknüpften Merkmalswerten erweist sich das geometrische Mittel sinnvoller als das arithmetische Mittel.

Definition: Es seien x_1, x_2, ..., x_n beliebige, nicht-negative Merkmalswerte. Als geometrisches Mittel (GM) definiert man die Größe

(6.6)
$$GM = \sqrt[n]{x_1 \cdot x_2 \cdot \ldots \cdot x_n} = \sqrt[n]{\prod_{i=1}^{n} x_i} \; .$$

Logarithmiert man diese Beziehung, dann erhält man

$$\log GM = \frac{1}{n} (\log x_1 + \log x_2 + \ldots + \log x_n)$$

$$= \frac{1}{n} \sum_{i=1}^{n} \log x_i \; .$$

Folgender Zusammenhang besteht zwischen den beiden Mittelwerten: Der Logarithmus des GM ist gleich dem AM der Logarithmen der einzelnen Merkmalswerte.

Beispiel 6.2: Entwicklung der Einfuhr des Generalhandels der BRD (in Mill. DM)

Jahr	1965	1966	1967	1968	1969	1970	1971	1972	1973
absolute Zahlen	71536	73897	71148	82261	98762	111023	121200	129994	146916
Veränderung gegenüber dem Vorjahr (Wachstumsfaktor)		1,0330	0,9627	1,1561	1,2005	1,1241	1,0916	1,0725	1,1301

$$\prod_{i=1}^{8} x_i = 1,0330 \cdot 0,9627 \cdot 1,1561 \cdot 1,2005 \cdot 1,1241 \cdot 1,0916 \cdot 1,0725 \cdot 1,1301$$

$$= 2,0527$$

$$GM = \sqrt[8]{2,0527} = 1,094.$$

$$AM = \frac{1}{8} \sum_{i=1}^{8} x_i = \frac{1}{8}(1,0330 + 0,9627 + 1,1561 + 1,2005 + 1,1241 + 1,0916 + 1,0725$$

$$+ 1,1301)$$

$$= 1,0963$$

Das geometrische Mittel der jährlichen Steigerungen der Einfuhr beträgt 1,094, d.h. daß eine konstante jährliche Erhöhung von 9,4% im Zeitraum 1965/1973 zur gleichen Preiserhöhung geführt hätte. Berechnet man aus den jährlichen Steigerungen der Einfuhr das arithmetische Mittel, dann ergibt sich eine durchschnittliche Steigerung von 1,0963, d.h. eine konstante jährliche Erhöhung um 9,63%.

54

Als grobe Faustregel kann man sagen, daß das GM immer dann
verwendet werden sollte, wenn die Unterschiede zwischen den
Merkmalswerten nicht durch die Differenz sondern durch das
Verhältnis charakterisiert werden.

6.1.5 Das harmonische Mittel (HM)

Bei einigen recht speziellen Sachzusammenhängen kann es sinnvoll sein, das harmonische Mittel als Lageparameter zu verwenden.

Definition: Seien x_1, x_2, ..., x_n beliebige positive Merkmalswerte. Man definiert die Größe

(6.7)
$$HM = \frac{n}{\frac{1}{x_1} + \frac{1}{x_2} + ... + \frac{1}{x_n}} = \frac{n}{\sum_{i=1}^{n} \frac{1}{x_i}}$$

als harmonisches Mittel der n Merkmalswerte.

Wegen
$$\frac{1}{HM} = \frac{1}{n} \sum_{i=1}^{n} \frac{1}{x_i}$$

ist der Reziprokwert des HM gleich dem AM der Reziprokwerte
der gegebenen Merkmalswerte.

Das HM wird verwendet, bei der Mittlung von Brüchen mit konstantem Zähler, wie sie etwa bei Geschwindigkeiten (konstante
Entfernung durch die Zeit), bei Preisen oder bei Verhältniszahlen auftreten.

Beispiel 6.3: Angenommen, 4 Arbeiter sind 8 Stunden lang mit der
Herstellung eines bestimmten Einzelteiles beschäftigt. Es ergaben sich folgende Fertigungszeiten:

Arbeiter	Fertigungszeit je Stück (Minuten)
A	2,3
B	3,0
C	3,4
D	3,7

Es ist nun falsch, die Frage nach der durchschnittlichen Fertigungszeit mit

$$\frac{1}{4} (2,3 + 3,0 + 3,4 + 3,7) = \frac{1}{4} \cdot 12,4 = 3,1$$

zu beantworten, denn die angegebenen Fertigungszeiten je Stück
sind selbst arithmetische Mittel, die aus der Arbeitszeit
(480 Minuten) und der pro Arbeiter gefertigten Stückzahl n_i
als $\bar{x}_i = 480/n_i$ berechnet worden sind.

Man muß daher die durchschnittliche Fertigungszeit als harmonisches Mittel berechnen und erhält

$$HM = \frac{n}{\displaystyle\sum_{i=1}^{n} \frac{1}{\bar{x}_i}} = \frac{4}{\frac{1}{2,3}+\frac{1}{3,0}+\frac{1}{3,4}+\frac{1}{3,7}} = \frac{4}{0,435+0,333+0,294+0,270}$$

$$= \frac{4}{1,332} = 3,0 .$$

6.2 Streuungs-Parameter

Obwohl Durchschnitte und Mittelwerte die in der täglichen Praxis
am häufigsten verwendeten Verteilungsparameter sind, liefern
sie nur eine unvollständige Beschreibung einer Häufigkeitsverteilung. Durch sie wird nämlich keine Aussage über die Abweichungen der einzelnen Merkmalswerte von dem betreffenden Lageparameter gegeben. Maßzahlen, die eine Aussage über die Abweichungen der einzelnen Merkmalswerte von ihrem Lageparameter
geben, bezeichnet man als Streuungsparameter. Die Bedeutung
dieser Parameter werde an dem folgenden Beispiel deutlich gemacht.

Beispiel 6.4: Die Güte eines Garnes hängt von der Reißfestigkeit
des Fadens ab. Fadenbrüche treten auf, wenn die
Reißfestigkeit des Fadens eine gewisse Toleranzgrenze unterschreitet. Es werden zwei Garnsorten
A und B miteinander verglichen, für die vom Produzenten $\bar{x}_B < \bar{x}_A$ garantiert wird. Trotzdem kann, wie
aus der Abb.6.3 zu ersehen ist, das Garn B besser
sein als das Garn A, wenn infolge der starken
Streuung des Garnes A ein größerer Anteil der Merkmalswerte unterhalb der geforderten Toleranzgrenze
liegt.

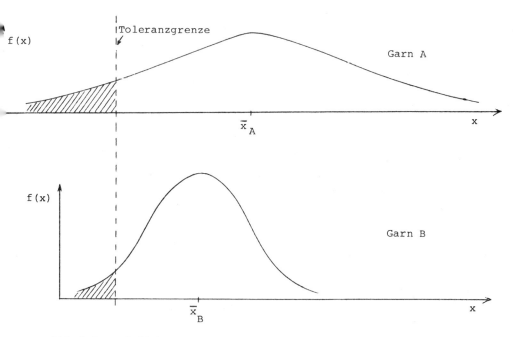

Abb.6.3 : Häufigkeitsdichte der Reißfestigkeit zweier Garnsorten
mit $\bar{x}_B < \bar{x}_A$

6.2.1 Die Spannweite (range) R

Zur Messung der Streuung der Merkmalswerte einer statistischen
Masse bieten sich verschiedene Maßzahlen an. Eine recht grobe
Maßzahl, die vor allem bei statistischen Massen kleinen Umfangs
angewandt werden kann, ist die Spannweite R.

Definition: Die Differenz zwischen größtem Merkmalswert x_{max}
und kleinstem Merkmalswert x_{min} wird als Spannweite (oder range) einer Häufigkeitsverteilung
definiert, d.h.

(6.8) $R = x_{max} - x_{min}$.

Die Spannweite hängt also von den Randwerten der Verteilung ab
und reagiert daher besonders auf "Ausreißer". Da aber nur zwei
Werte der Verteilung in die Berechnung der Spannweite eingehen,
dazu noch die beiden Extremwerte, besitzt sie nur einen geringen Informationsgehalt und ihre Aussagekraft ist relativ gering.

57

Beispiel 5.3: Für die Zahlenreihe der Durchschnitte von Seite

5.1o werden, von den ersten beiden Zahlen ausgehend, durch Vergrößern der statistischen Masse eine Folge von Spannweiten berechnet. Man erhält

Umfang der statistischen Masse n	Spannweite R
2	$5,3 - 4,9 = 0,4$
12	$5,6 - 4,8 = 0,8$
15	$5,8 - 4,8 = 1,0$
20	$5,9 - 4,8 = 1,1$

Aus diesem Beispiel erkennt man zusätzlich, daß der Wert der Spannweite R auch vom Umfang der statistischen Masse abhängt.

6.2.2 Das Konzept der p-Quantile

Man kann eine Verallgemeinerung des Medians als Streuungsparameter einführen. Der Medianwert Z stellte diejenige Zahl dar, durch die die Fläche der Häufigkeitsdichte (bzw. der Häufigkeitsverteilung) halbiert wird. Man kann nun allgemein Zahlen betrachten, durch die der p-te Teil der Fläche der Häufigkeitsdichte (bzw. der Häufigkeitsverteilung) abgetrennt wird. (vergl. Abb.6.4)

Definition: Das p-Quantil (auch p%-Quantil) der Verteilungsfunktion F(x) wird durch die Beziehung

$$F(x_p) = p$$

definiert.

Um das p-Quantil bei gruppiertem Beobachtungsmaterial zu berechnen löst man die Interpolationsformel (5.6)

$$(6.9) \qquad F(x_p) = F(x_i^u) + (x_p - x_i^u) \, f(x_i)$$

nach x_p auf und erhält

$$(6.1o) \qquad x_p = x_i^u + \frac{F(x_p) - F(x_i^u)}{f(x_i)} \; .$$

58

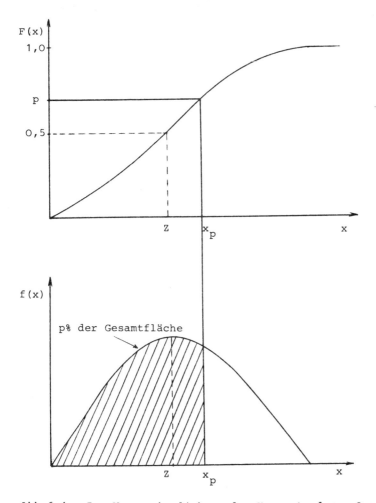

Abb.6.4 : Zur Veranschaulichung des Konzepts der p-Quantile

Für p = 0,5 erhält man als spezielles Quantil den Median Z, der
als Lageparameter Verwendung findet. Um die p-Quantile als Streuungsparameter zu verwenden, benutzt man die Differenz zweier
p-Quantile, da diese ein sehr anschauliches Bild von der Lage
und der Größe des Streuungsbereiches liefern. Es hat sich eingebürgert, den sog. Quartilsabstand (QA) als Streuungsparameter

59

zu verwenden. Dieser ist definiert als der halbe Abstand zwischen dem 25%- und 75%-Quantil, d.h.

(6.11) $$QA = \frac{1}{2}(x_{0,75} - x_{0,25})$$

mit $F(x_{0,75}) = 0,75$ und $F(x_{0,25}) = 0,25$. In diesem, durch den Quartilsabstand bestimmten Intervall, liegen die mittleren 50% aller Merkmalswerte.

Man kann die Aufgabe zur Bestimmung des Quartilsabstandes auch wie folgt formulieren:

Gesucht werden die beiden Quantile (oder Prozentpunkte) a und b derart, daß $F(b) = 0,75$, $F(a) = 0,25$ und

$$F(b) - F(a) = h(a \leq x \leq b) = 0,5$$

ist. Der Quartilsabstand ergibt sich dann zu

$$QA = \frac{1}{2} (b - a).$$

Der Quartilsabstand wird dann von den Extremwerten der Verteilung nicht beeinflußt. Bei einer nichtsymmetrischen Verteilung sind die Abweichungen zwischen dem Median Z und den beiden Quantilen des Quartilsabstand ungleich.

Beispiel 5.5: Es soll der Quartilsabstand für die Frauengehälter bestimmt werden.

Unter Benutzung der Interpolationsformel (6.1o) erhält man

a) $F(x_{0,75}) = 0,75$,

$$x_{0,75} = 12000 + \frac{0,75-0,635}{0,000026}$$

$$= 12000 + 4423,08 = 16423,08 .$$

b) $F(x_{0,25}) = 0,25$,

$$x_{0,25} = 4800 + \frac{0,25-0,197}{0,000054}$$

$$= 4800 + 981,48 = 5781,48 .$$

Damit erhält man für den Quartilsabstand

$$QA = \frac{1}{2} (16423,08 - 5781,48) = 5320,8 .$$

c) $\quad F(Z) = F(x_{0,50}) = 0,50$,

$$Z = 7200 + \frac{0,50-0,327}{0,000064}$$

$$= 7200 + 2703,13 = 9903,13 \quad .$$

Der Median Z für die Frauenlöhne beträgt 9903,13 DM.
Im Mittel weichen die Frauenlöhne um den Quartilsabstand
QA = 5320,80 DM vom Median Z = 9903,13 DM ab.
Wegen

$$Z - x_{0,25} = 9903,13 - 5781,48 = 4121,65 \quad ,$$

und

$$x_{0,75} - Z = 16423,08 - 9903,13 = 6519,95 \quad ,$$

erweist sich die Verteilung der Frauenlöhne als nicht symmetrisch.

6.2.3 Die durchschnittlichen absoluten Abweichungen (mean absolute deviation MAD)

Definition: Als durchschnittliche absolute Abweichung der Merkmalswerte x_1, x_2, ..., x_n von einem bestimmten Wert x^* definiert man die Größe

(6.12) $$d_{x^*} = \frac{1}{n} \sum_{i=1}^{n} |x_i - x^*| \quad .$$

Für x^* kann man sowohl den Median Z als auch das arithmetische Mittel $\bar{x}$ verwenden. Beide Größen, sowohl d_Z als auch $d_{\bar{x}}$ werden als Streuungsparameter verwendet.

Beispiel 6.1: Für die Gehälter der weiblichen Arbeitnehmer in der eisenverarbeitenden Industrie sollen d_Z und $d_{\bar{x}}$ bestimmt werden.

a) Bestimmung von d_Z: $\quad Z(W) = 1\ 820$,

$$x_i \quad = \quad 1490,\ 1710,\ 1820,\ 1960,\ 2570,$$

$$|x_i - Z| \quad = \quad 330,\quad 110,\quad 0,\quad 140,\quad 750,$$

$$d_Z \quad = \quad \frac{1}{5}\ (330 + 110 + 0 + 140 + 750)$$

$$= \quad \frac{1}{5} \cdot 1330 = 266 \quad .$$

b) Bestimmung von $d_{\bar{x}}$: $\bar{x}(W) = 1\,910$.

$|x_i - \bar{x}| = 420, 200, 90, 50, 660,$

$d_{\bar{x}} = \frac{1}{5} (420 + 200 + 90 + 50 + 660)$

$= \frac{1}{5} \cdot 1420 = 284$.

Es zeigt sich, daß

$$d_{\bar{x}} > d_Z$$

ist. Diese Beziehung gilt allgemein, der Median ist unter allen möglichen Lageparameterm derjenige, der den kleinsten Wert für die durchschnittliche absolute Abweichung ergibt (Minimumeigenschaft des Medians).

6.2.4 Varianz und daraus abgeleitete Streuungsparameter

6.2.4.1 Definition und Bestimmung aus ungruppiertem Material

Die Varianz ist (neben der Standardabweichung) der am häufigsten verwendete Streuungsparameter. Ihre Bedeutung beruht auf theoretischen Überlegungen der Wahrscheinlichkeitstheorie.

Definition: Es seien x_1, x_2, ..., x_n beliebige Merkmalswerte. Als empirische Varianz s_x^2 definiert man bei ungruppiertem Datenmaterial die Größe

(6.13)
$$s_x^2 = \frac{1}{n} \sum_{i=1}^{n} (x_i - \bar{x})^2 .$$

Man bezeichnet die Varianz auch als Streuung, da sie die mittlere quadratische Abweichung vom arithmetischen Mittel $\bar{x}$ angibt. Die Varianz s_x^2 besitzt die Dimension eines Quadrates der Maßeinheit des Merkmalswertes x. Will man mit einer Maßzahl arbeiten, die die gleiche Dimension wie der Merkmalswert besitzt, dann verwendet man die Quadratwurzel aus der Varianz.

Definition: Man bezeichnet die Größe

$$(6.14) \qquad s_x = +\sqrt{s_x^2} = +\sqrt{\frac{1}{n} \sum_{i=1}^{n} (x_i - \overline{x})^2}$$

als die empirische Standardabweichung der Merkmalswerte x_1, x_2, ..., x_n.

Der Begriff der Standardabweichung entspricht dem anschaulichen Begriff der Streuung eher als die Varianz. Wird die Abweichung jedes Einzelwertes vom Mittelwert verdoppelt, dann verdoppelt sich die Standardabweichung während sich die Varianz vervierfacht. Dies bedeutet aber auch, daß größere Abweichungen vom arithmetischen Mittelwert $\overline{x}$ in der Varianz stärker gewichtet werden als bei der Standardabweichung.

Beispiel 6.1: Berechnung der Varianz und der Standardabweichung der Gehälter für die weiblichen Arbeitnehmer (ungruppierte Daten):

$$\overline{x}(W) = 1910.$$

$$x_i = \quad 1490, \quad 1710, \quad 1820, \quad 1960, \quad 2570,$$

$$x_i - \overline{x} = \quad -420, \quad -200, \quad -90, \quad 50, \quad 660,$$

$$(x_i - \overline{x})^2 = 176400, \ 40000, \ 8100, \ 2500, \ 435600,$$

$$s_x^2 = \frac{1}{5} \ (176400 + 40000 + 8100 + 2500 + 435600)$$

$$= \frac{1}{5} \cdot 662600 = 132520.$$

$$s_x = \sqrt{132520} = 364,03.$$

Die Berechnung der Varianz (und damit auch der Standardabweichung) für ungruppiertes Material läßt sich durch die folgende Umformung wesentlich vereinfachen:

$$s_x^2 = \frac{1}{n} \sum_{i=1}^{n} (x_i - \overline{x})^2 = \frac{1}{n} \sum_{i=1}^{n} (x_i^2 - 2\overline{x}x_i + \overline{x}^2)$$

$$= \frac{1}{n} \sum_{i=1}^{n} x_i^2 - 2\overline{x} \cdot \frac{1}{n} \sum_{i=1}^{n} x_i + \overline{x}^2$$

$$(6.15) \qquad = \frac{1}{n} \sum_{i=1}^{n} x_i^2 - \overline{x}^2.$$

6.2.4.2 Bestimmung aus gruppiertem Datenmaterial (Streuungszerlegungssatz)

Faßt man das Beobachtungsmaterial zu k Größenklassen zusammen,
so kann man jeden Merkmalswert des ungruppierten Materials
durch einen doppelten Index x_{ij} kennzeichnen. Der erste Index
i bezeichnet die Klasse, der der Merkmalswert angehört (i = 1,
2, ..., k). Der zweite Index j bezeichnet den Merkmalswert innerhalb der Klasse i (j = 1, 2, ..., n_i; wobei n_i die Anzahl
der statistischen Einheiten in der Klasse i bezeichnet).

Die gesamte Streuung aller Merkmalswerte läßt sich nun als Dop-
pelsumme schreiben, indem man einmal über allen k Größenklassen
und dann innerhalb jeder einzelnen Größenklasse über alle statistischen Einheiten summiert.
Man erhält

$$s_x^2 = \frac{1}{n} \sum_{i=1}^{k} \sum_{j=1}^{n_i} (x_{ij} - \overline{x})^2.$$

Durch Umformung erhält man daraus

$$s_x^2 = \frac{1}{n} \sum_{i=1}^{k} \sum_{j=1}^{n_i} \left[(x_{ij} - \overline{x}_i) + (\overline{x}_i - \overline{x}) \right]^2$$

$$= \frac{1}{n} \sum_{i=1}^{k} \sum_{j=1}^{n_i} \left[(x_{ij} - \overline{x}_i)^2 + 2(x_{ij} - \overline{x}_i)(\overline{x}_i - \overline{x}) + (\overline{x}_i - \overline{x})^2 \right]$$

$$= \frac{1}{n} \sum_{i=1}^{k} \sum_{j=1}^{n_i} (x_{ij} - \overline{x}_i)^2 + \frac{2}{n} \sum_{i=1}^{k} \left\{ (\overline{x}_i - \overline{x}) \sum_{j=1}^{n_i} (x_{ij} - \overline{x}_i) \right\}$$

$$+ \frac{1}{n} \sum_{i=1}^{k} \sum_{j=1}^{n_i} (\overline{x}_i - \overline{x})^2 .$$

Dabei bedeutet $\overline{x}_i$ das arithmetische Mittel der Merkmalswerte
in der i-ten Klasse, d.h.

$$\overline{x}_i = \frac{1}{n_i} \sum_{j=1}^{n_i} x_{ij} .$$

Wegen $\sum_{j=1}^{n_i} (x_{ij} - \overline{x}_i) = \sum_{j=1}^{n_i} x_{ij} - n_i \overline{x}_i = \sum_{j=1}^{n_i} x_{ij} - \sum_{j=1}^{n_i} x_{ij} = 0$ folgt

$$s_x^2 = \frac{1}{n} \sum_{i=1}^{k} n_i \cdot \frac{\sum_{j=1}^{n_i} (x_{ij} - \overline{x}_i)^2}{n_i} + \frac{1}{n} \sum_{i=1}^{k} n_i (\overline{x}_i - \overline{x})^2.$$

Führt man die Größe

$$s_i^2 = \frac{1}{n_i} \sum_{j=1}^{n_i} (x_{ij} - \bar{x}_i)^2$$

ein, die die Varianz der i-ten Größenklasse bezeichnet, dann läßt sich die Gesamtvarianz s_x^2 der Merkmalswerte in zwei Summanden wie folgt zerlegen (Streuungszerlegungssatz)

$$s_x^2 = \frac{1}{n} \sum_{i=1}^{k} n_i s_i^2 + \frac{1}{n} \sum_{i=1}^{k} n_i (\bar{x}_i - \bar{x})^2 \ .$$

(6.16)
$$= \sum_{i=1}^{k} \frac{n_i}{n} s_i^2 + \sum_{i=1}^{k} \frac{n_i}{n} (\bar{x}_i - \bar{x})^2 \ .$$

Der erste Summand ist das gewogene arithmetische Mittel der Varianzen der einzelnen Größenklassen, man bezeichnet ihn auch als die durchschnittliche interne Streuung.

Der zweite Summand stellt die Varianz der Mittelwerte der Klassen um das arithmetische Mittel der gesamten statistischen Masse dar, man bezeichnet ihn auch als externe Streuung.

Sind die einzelnen Merkmalswerte x_{ij} in den Größenklassen und die arithmetischen Mittel der Größenklassen unbekannt, dann läßt sich nur die externe Streuung unter Verwendung der Klassenmitten x_i^* anstelle der arithmetischen Mittel der Größenklassen $\bar{x}_i$ berechnen. Damit erhält man als Berechnungsformel der Varianz für gruppiertes Material den Ausdruck

$$s_x^2 = \frac{1}{n} \sum_{i=1}^{k} n_i (x_i^* - \bar{x})^2 \ .$$

Dieser läßt sich noch vereinfachen zu

(6.17)
$$s_x^2 = \frac{1}{n} \sum_{i=1}^{k} n_i x_i^{*2} - \bar{x}^2 .$$

Es gilt nämlich

$$s_x^2 = \frac{1}{n} \sum_{i=1}^{k} n_i (x_i^* - \bar{x})^2 = \frac{1}{n} \sum_{i=1}^{k} (n_i x_i^{*2} - 2 n_i \bar{x} x_i^* + n_i \bar{x}^2)$$

$$= \frac{1}{n} \sum_{i=1}^{k} n_i x_i^{*2} - 2\bar{x} \cdot \frac{1}{n} \sum_{i=1}^{k} n_i x_i^* + \bar{x}^2 \frac{1}{n} \sum_{i=1}^{k} n_i \ .$$

65

Wegen $\frac{1}{n} \sum\limits_{i=1}^{k} n_i x_i^* = \bar{x}$ und $\frac{1}{n} \sum\limits_{i=1}^{k} n_i = 1$ folgt unmittelbar

$$s_x^2 = \frac{1}{n} \sum_{i=1}^{k} n_i x_i^{*2} - 2\bar{x}^2 + \bar{x}^2$$

$$= \frac{1}{n} \sum_{i=1}^{k} n_i x_i^{*2} - \bar{x}^2 .$$

Dieses Streuungsmaß für gruppiertes Beobachtungsmaterial ist unter zwei Bedingungen mit der Gesamtstreuung des ungruppierten Beobachtungsmaterials identisch, nämlich wenn

a) die interne Streuung gleich Null ist (in jeder Klasse existiert nur ein Wert), und
b) wenn dieser Wert mit der Klassenmitte x_i^* zusammenfällt.

Beide Bedingungen sind in der Regel nur für quantitativ-diskrete Merkmale erfüllt, die je Klasse nur einen Merkmalswert aufweisen. Die Varianz in den Klassen und die Abweichung zwischen dem arithmetischen Mittel der Klasse $\bar{x}_i$ und der Klassenmitte x_i^* ist der Informationsverlust bei der Berechnung der Varianz, der durch Gruppierung des Beobachtungsmaterials entsteht.

Beispiel 5.5: Berechnung der Varianz und Standardabweichung für die männl. und weibl. Arbeitnehmer
a) männliche Arbeitnehmer:

Klasse	n_i	h_i	x_i^*	$h_i x_i^*$	x_i^{*2}	$h_i x_i^{*2}$
[0; 4800)	824	0,086	2400	206,4	5 760000	495360
[4800; 9600)	549	0,057	7200	410,4	51 840000	2 954880
[9600; 16000)	2839	0,296	12800	3788,8	163 840000	48 496640
[16000; 25000)	3908	0,408	20500	8364	420 250000	171 462000
[25000; 50000)	1370	0,143	37500	5362,5	1406 250000	201 093750
[50000;100000)	100	0,010	75000	750	5625 000000	56 250000
Summe	9590	1,000	$\bar{x} = 18882,1$			480 752630

$$s_x^2 = 480\ 752\ 630 - (18\ 882,1)^2$$
$$= 480\ 752\ 630 - 356\ 533\ 700,4$$
$$= 124\ 218\ 929,6$$
$$s_x = 11\ 145,35 .$$

b) weibliche Arbeitnehmer:

Klasse	n_i	h_i	x_i^*	$h_i x_i^*$	x_i^{*2}	$h_i x_i^{*2}$
[0; 2400)	426	0,107	1200	128,4	1 440000	154080
[2400; 4800)	358	0,090	3600	324	12 960000	1 166400
[4800; 7200)	517	0,130	6000	780	36 000000	4 680000
[7200; 12000)	1219	0,308	9600	2956,8	92 160000	28 385280
[12000; 25000)	1327	0,335	18500	6197,5	342 250000	114 653750
[25000; 100000)	116	0,029	62500	1812,5	3906 250000	113 281250
Summe	3963	0,999	$\overline{x}$ = 12199,2			262 320760

$$s_x^2 = 262\ 320\ 760 - (12\ 199,2)^2$$
$$= 262\ 320\ 760 - 148\ 820\ 480,6$$
$$= 113\ 500\ 279,4$$

$$s_x = 10\ 653,65 \ .$$

Wenn man die mittlere quadratische Abweichung nicht von dem arithmetischen Mittel $\overline{x}$ sondern von einem beliebigen Wert a der Verteilung bestimmt, kann man die Minimaleigenschaft der Varianz s_x^2 zeigen. Es gilt

$$\frac{1}{n} \sum_{i=1}^{n} (x_i - a)^2 = \frac{1}{n} \sum_{i=1}^{n} \left[(x_i - \overline{x}) + (\overline{x} - a) \right]^2$$

$$= \frac{1}{n} \sum_{i=1}^{n} \{ (x_i - \overline{x})^2 + 2 (\overline{x} - a)(x_i - \overline{x}) + (\overline{x} - a)^2 \}$$

$$= \frac{1}{n} \sum_{i=1}^{n} (x_i - \overline{x})^2 + 2 (\overline{x} - a) \frac{1}{n} \sum_{i=1}^{n} (x_i - \overline{x}) + (\overline{x} - a)^2$$

Wegen $\frac{1}{n} \sum_{i=1}^{n} (x_i - \overline{x}) = \frac{1}{n} \sum_{i=1}^{n} x_i - \overline{x} = 0$ erhält man

$$\frac{1}{n} \sum_{i=1}^{n} (x_i - a)^2 = s_x^2 + (\overline{x} - a)^2 \ .$$

Man bezeichnet diese Beziehung als Streuungsverschiebungssatz. Aus ihm folgt unmittelbar, daß die mittlere quadratische Abweichung von einer beliebigen Konstanten a immer größer ist als diejenige vom arithmetischen Mittel $\overline{x}$.

6.2.5 Der Variationskoeffizient

Beim Vergleich von verschiedenen Häufigkeitsverteilungen interessiert man sich oft nur für eine 'relative Streuung', worunter
man die Relation einer Streuungsmaßzahl zu einer Lagemaßzahl
versteht. Da die Standardabweichung in der gleichen Maßeinheit
wie das arithmetische Mittel gemessen wird, kann man das Verhältnis dieser beiden Größen betrachten.

Definition: Der Variationskoeffizient v wird gegeben durch den
Quotienten

(6.18) $$v = \frac{s_x}{\bar{x}} \, .$$

Der Variationskoeffizient ist eine dimensionslose Größe, daher
ist diese Verhältniszahl besonders geeignet, wenn die Merkmalswerte in verschiedenen Dimensionen gemessen wurden. Er
eignet sich als Maßzahl zum Vergleich der Streuungen zweier
quantitativer Merkmale. Er ist nicht zu empfehlen, wenn die
Merkmalswerte auch negative Zahlen sein können, da dann das
arithmetische Mittel nahe bei Null liegen kann und man so beliebig große Werte für den Variationskoeffizienten erhalten
kann.

Beispiel 6.4: Bei Preiserhebungen in München und Paris ergaben
sich für eine spezielle Wurstsorte folgende Werte

Stadt	Durchschnitts- preis	Standardab- weichung	Variations- koeffizient
München	2,64 DM	0,15 DM	5,7
Paris	5,55 F	0,42 F	7,6

Daraus ist zu ersehen, daß die Streuung der Preise in der Münch-
ner Preisstatistik größer ist als in der Pariser Preisstatistik.
Dieser Vergleich kann aufgrund des dimensionslosen Variationskoeffizienten trotz der verschiedenen Währungen unmittelbar
vorgenommen werden.

6.2.6 Das Konzept der Momente

Die beim arithmetischen Mittel und der Varianz angewandte
Methode zur Darstellung einer eindimensionalen Häufigkeitsverteilung läßt sich verallgemeinern. Man bezeichnet die
durchschnittlichen potenzierten Abweichungen der Merkmalswerte von einem beliebigen Bezugspunkt als Momente.

Definition: Es seien n beliebige Merkmalswerte x_1, x_2, ..., x_n,
ein beliebiger Bezugspunkt a und eine ganze Zahl
$r \geq 0$ gegeben. Als das r-te Moment der Merkmalswerte um den Bezugspunkt a definiert man die Größe

(6.19)
$$m_r(a) = \frac{1}{n} \sum_{i=1}^{n} (x_i - a)^r.$$

In der Regel werden allerdings nur die Momente um den Bezugspunkt Null und um das arithmetische Mittel $\bar{x}$ zur Darstellung
von Verteilungen verwendet.
Allgemein spricht man vom

gewöhnlichen Moment, wenn a = 0, und vom
zentralen Moment, wenn a = $\bar{x}$

ist. Man verwendet die folgende abkürzende Schreibweise

$$m_r(0) = m_r' \text{ , und}$$
$$m_r(\bar{x}) = m_r \text{ ,}$$

und erhält

Definition: a) Das gewöhnliche r-te Moment lautet

(6.2o)
$$m_r' = \frac{1}{n} \sum_{i=1}^{n} x_i^r \text{ ,}$$

b) das zentrale r-te Moment lautet

(6.21)
$$m_r = \frac{1}{n} \sum_{i=1}^{n} (x_i - \bar{x})^r.$$

Zwei der bisher verwendeten Maßzahlen sind Spezialfälle des
allgemeinen Momentenbegriffs, nämlich

1) Das gewöhnliche 1-te Moment

$$m_1' = \frac{1}{n} \sum_{i=1}^{n} x_i = \bar{x}$$

als arithmetisches Mittel, und

2) das zentrale 2-te Moment

$$m_2 = \frac{1}{n} \sum_{i=1}^{n} (x_i - \bar{x})^2 = s_x^2$$

als empirische Varianz.

Das zentrale 3-te Moment m_3 wird als Maßzahl für die Schiefe einer Verteilung verwendet. Linkssteile (bzw. rechtssteile) Verteilungen besitzen ein positives (bzw. negatives) zentrales 3-tes Moment m_3.

Zwischen den zentralen und gewöhnlichen Momenten existieren feste Beziehungen, z.B. gilt

(6.22)
$$m_2 = m_2' - (m_1')^2 = \frac{1}{n} \sum x_i^2 - \bar{x}^2.$$

Man kann eine Verteilung durch die Gesamtheit aller Momente, wenn sie existieren, vollständig beschreiben.

6.3 Die Konzentration einer Verteilung (Lorenzkurve)

Streuungsmaße lieferten eine Aussage darüber, wie die Merkmalswerte der Einheiten einer statistischen Masse zueinander, speziell zum arithmetischen Mittel $\bar{x}$, liegen. Bei vielen praktischen Anwendungen interessiert man sich aber für die Aufteilung der gesamten Merkmalssummen $\sum n_i x_i$ (bzw. $\sum n_i x_i^*$) auf die statistischen Einheiten, man spricht von einer Konzentrationsaussage.

Beispiel 5.5: Weibliche Arbeitnehmer

Klasse	x_i^*	n_i	$n_i x_i^*$
[0; 2400)	1 200	426	511 200
[2400; 4800)	3 600	358	1 288 800
[4800; 7200)	6 000	517	3 102 000
[7200; 12000)	9 600	1 219	11 702 400
[12000; 25000)	18 500	1 327	24 549 500
[25000;100000)	62 500	116	7 250 000
Summe		3 963	48 403 900

Streuungsaussage:

13% der weiblichen Arbeitnehmer beziehen einen jährlichen Bruttolohn zwischen 4 800 DM und 7 200 DM, oder

52,8% der weiblichen Arbeitnehmer beziehen einen jährlichen
Bruttolohn zwischen 2 400 DM und 12 000 DM.

Konzentrationsaussage:

3 102 000 DM, dies sind 6,4% der gesamten Bruttolohnsumme der
weiblichen Arbeitnehmer, konzentrieren sich auf 13% der weiblichen Arbeitnehmer, oder

16 093 200 DM, dies sind 33,2% der gesamten Bruttolohnsumme der
weiblichen Arbeitnehmer, konzentrieren sich auf 52,8% der weiblichen Arbeitnehmer.

Beispiel 5.4: Bruttolohn der ganzjährig beschäftigten Lohnsteuerpflichtigen in der BRD (einschl. West-Berlin) nach
Lohngruppen für das Jahr 1971 (Angaben in 100 000).
Quelle: Finanzen und Steuern, Reihe 6, II.Lohn-
steuer 1971.

Lohnklasse $x_i^u \leq x < x_i^o$ (in DM)	Klassen-mitte x_i^*	absolute Häufigkeit n_i	relative Häufigkeit $h(x_i) = \dfrac{n_i}{n}$	Verteilungs-funktion $F(x_i^o)$
[0 ; 2 400)	1 200	914	0,052	0,052
[2 400 ; 4 800)	3 600	779	0,044	0,096
[4 800 ; 7 200)	6 000	756	0,043	0,139
[7 200 ; 9 600)	8 400	992	0,056	0,195
[9 600 ; 12 000)	10 800	1 341	0,076	0,271
[12 000 ; 16 000)	14 000	3 102	0,175	0,446
[16 000 ; 20 000)	18 000	3 286	0,186	0,632
[20 000 ; 25 000)	22 500	2 807	0,158	0,790
[25 000 ; 36 000)	30 500	2 851	0,161	0,951
[36 000 ; 50 000)	43 000	699	0,039	0,990
[50 000 ; 75 000)	62 500	158	0,009	0,999
[75 000 ; 100 000)	87 500	22	0,001	1,000
Summe		17 707	1,000	

Zunächst soll der noch relativ ungenaue Ausdruck der Konzentration einer Verteilung präzisiert werden. Neben der kumulierten relativen Häufigkeit der Merkmalswerte [der Verteilungsfunktion $F(x_i)$] bestimmt man noch die kumulierte Summe der relativen Merkmalssummen $MS(x_i)$. Man definiert

$$MS(x_o) = 0,$$

(6.23)
$$MS(x_j) = \begin{cases} \dfrac{\displaystyle\sum_{i=1}^{j} n_i x_i}{\displaystyle\sum_{i=1}^{n} n_i x_i} & \text{für ungruppiertes (diskretes) Datenmaterial,} \\[3ex] \dfrac{\displaystyle\sum_{i=1}^{j} n_i x_i^*}{n\overline{x}} & \text{für gruppiertes (stetiges) Datenmaterial.} \end{cases}$$

Der Streckenzug, der die Punkte $[F(x_j); MS(x_j)]$ miteinander verbindet, heißt die Lorenzkurve der Konzentration.

Fortsetzung der Tabelle:

Merkmalssumme der Klassen $n_i x_i^*$	relative Merkmalssumme $\dfrac{n_i x_i^*}{n\overline{x}}$	kumulierte relative Merkmalssumme $MS(x_j)$
1 096 800	0,0034	0,0034
2 804 400	0,0086	0,0120
4 536 000	0,0139	0,0259
8 332 800	0,0256	0,0515
14 482 800	0,0445	0,0960
43 428 000	0,1333	0,2293
59 148 000	0,1815	0,4108
63 157 500	0,1939	0,6047
86 955 500	0,2669	0,8716
30 057 000	0,0923	0,9639
9 875 000	0,0303	0,9942
1 925 000	0,0059	1,0001
$n\overline{x}$ = 325 798 800	1,001	

Im Falle der vollständigen Nichtkonzentration liegen alle Punkte auf der Diagonalen des Quadrates mit der Seitenlänge Eins. Die Fläche zwischen Diagonale und Lorenzkurve wird umso größer, je stärker die Konzentration der Verteilung des Merkmals ist. Maximale Konzentration wird erreicht, wenn die Lorenzkurve mit den beiden Quadratseiten zusammenfällt. Es liegt daher nahe, das Verhältnis der zwischen Diagonale und Lorenzkurve eingeschlossenen Fläche zur maximal möglichen Fläche (= $\frac{1}{2}$) als Maß für die

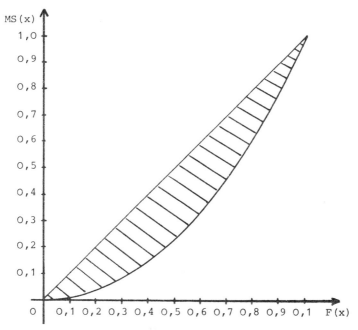

Abb.6.5: Lorenzkurve für den Bruttolohn der ganzjährig beschäftigten Lohnsteuerpflichtigen in der BRD (einschl. W.-Berlin) 1971

Konzentration zu wählen. Häufig wird das Ginische Konzentrationsverhältnis K verwendet.

Definition:

$$K = \frac{\text{Fläche zwischen Lorenzkurve und Diagonale}}{\text{Fläche des Dreiecks unter der Diagonalen}}$$

$$= 2(\text{Fläche zwischen Lorenzkurve u. Diagonale}).$$

73

Durch diese Definition wird folgendem Sachverhalt das gleiche
Konzentrationsmaß zugeordnet (s.Abb.6.6)

A : Auf die eine Hälfte der Lohnbezieher entfällt ein Brutto-
    lohn von Null, während die andere Hälfte der Lohnbezieher
    alle den gleichen Bruttolohn erhalten.

B : Ein Lohnbezieher bezieht die Hälfte des gesamten Brutto-
    lohns, während sich die andere Hälfte gleichmäßig auf alle
    anderen Lohnempfänger verteilt.

Nur wenn man dies als richtig ansieht, kann man das Ginische
Maß K als Konzentrationsmaß verwenden.

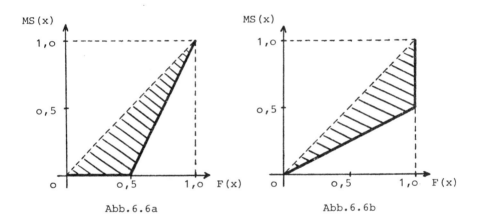

Abb.6.6a   Abb.6.6b

Abb.6.6 : Zwei verschiedene Sachverhalte (A und B) mit dem
          gleichen Ginischen Konzentrationsmaß

74

Aufgabe 1

In einer deutschen Großstadt wurden 1 000 Einzelhandelsunternehmen nach ihrem Umsatz befragt. Aus den ermittelten Werten wurde folgende Tabelle aufgestellt:

Umsatz in DM 1 000	Anzahl der Einzelhandels-unternehmen
[0 ; 10)	200
[10 ; 50)	300
[50 ; 100)	250
[100 ; 230)	250

1.a) Bestimmen Sie die relativen Häufigkeiten, die Verteilungsfunktion und die Häufigkeitsdichte und stellen Sie die Häufigkeitsverteilung, die Verteilungsfunktion und die Häufigkeitsdichte graphisch dar. Erklären Sie den Unterschied zwischen der Häufigkeitsfunktion und der Häufigkeitsdichte.

b) Ermitteln Sie den Gesamtumsatz der Einzelhandelsunternehmen!

c) Wieviel Prozent der Einzelhandelsunternehmen erreichen einen Umsatz von höchstens DM 4o.ooo.-?

d) Welcher Umsatz wird von 6o% der Einzelhandelsunternehmen nicht überschritten?

e) Bestimmen Sie den Quartilsabstand und interpretieren Sie die errechneten Werte.

2.a) Berechnen Sie Modus, Median und arithmetisches Mittel und interpretieren Sie die errechneten Werte.
Welche Aussage können Sie aufgrund dieser Werte über die Form der Verteilung treffen?

b) Ermitteln Sie die Varianz und die Standardabweichung und erklären Sie ihre Bedeutung.

c) Bestimmen Sie den Variabilitätskoeffizienten.

3.a) Berechnen Sie die Werte der Lorenzkurve und stellen Sie die errechneten Werte graphisch dar.

b) Welchen Anteil an der Merkmalssumme haben 20 (75) v.H. der Merkmalswerte?

c) Was versteht man unter dem Ginischen Konzentrationsverhältnis? Halten Sie es für ein geeignetes Konzentrationsmaß?

Aufgabe 2

Ein Fertighaushersteller hat ermittelt, wieviele Reklamationen
in seinen 10 Niederlassungen innerhalb des letzten Vierteljahres
eingegangen sind. Er ermittelte folgende Daten:

$$1, 5, 7, 8, 10, 12, 14, 17, 22, 24.$$

a) Ermitteln Sie den Median und interpretieren Sie diesen Wert.

b) Geben Sie die Spannweite R (range) der Gesamtverteilung an.
Was besagt dieser Wert?

c) Zur besseren Übersicht wurde das Datenmaterial in der folgenden Klasseneinteilung zusammengefaßt:

$$\left[\begin{array}{ll} 0 \; ; & 4) \text{ Reklamationen} \\ 4 \; ; & 8) \text{ Reklamationen} \\ 8 \; ; & 16) \text{ Reklamationen} \\ 16 \; ; & 26) \text{ Reklamationen} \end{array}\right.$$

Bestimmen Sie die absoluten Häufigkeiten und die Häufigkeitsverteilung.

d) Ermitteln Sie das arithmetische Mittel einer jeden Klasse und
daraus das arithmetische Mittel der Gesamtverteilung.

e) Ermitteln Sie die Varianz der Gesamtverteilung,

- mit Hilfe des unter d) errechneten arithmetischen Mittels,
- unter Verwendung der Klassenmitten,
- mittels der Einzelwerte.

Wie erklären sich die Unterschiede?

Aufgabe 3

Berechnen Sie aus den nachfolgend gegebenen Daten den durchschnittlichen jährlichen Wachstumsfaktor der Ausfuhr der BRD für den Zeitraum 1966/72.
Folgende Entwicklung der Ausfuhr der BRD wurde beobachtet:

Periode	Änderung der Ausfuhr (in %)
1966/67	8
1967/68	14
1968/69	11
1969/7o	1o
197o/71	8
1971/72	9

Aufgabe 4

1. Zeigen Sie, daß folgendes gilt:

a) $\sum\limits_{i=1}^{n} (x_i - c) = 0$ für $c = \overline{x}$,

b) $\sum\limits_{i=1}^{n} (x_i - c)^2 = $ Minimum   für $c = \bar{x}$,

c) $\dfrac{1}{n} \sum\limits_{i=1}^{k} \bar{x}_i \cdot n_i = \bar{x}$ wenn $\bar{x}_i = \dfrac{1}{n_i} \sum\limits_{j=1}^{n_i} x_{ij}$.

2. Beweisen Sie, daß folgende Beziehung gilt:

$$\frac{1}{n} \sum\limits_{i=1}^{n} (x_i - \bar{x})^2 = \frac{1}{n} \sum\limits_{i=1}^{n} x_i^2 - \bar{x}^2 .$$

3. Beweisen Sie, daß folgende Beziehung gilt (Streuungszerlegungssatz):

$$s^2 = \frac{1}{n} \sum\limits_{i=1}^{k} \sum\limits_{j=1}^{n_i} (x_{ij} - \bar{x})^2 = \frac{1}{n} \sum\limits_{i=1}^{k} \frac{1}{n_i} \sum\limits_{j=1}^{n_i} (x_{ij} - \bar{x}_i)^2 \cdot n_i + \frac{1}{n} \sum\limits_{i=1}^{k} (x_i - \bar{x})^2 \cdot n_i .$$

Lösungshinweis:

Erweitern Sie $\sum\limits_{j=1}^{n_i} (x_{ij} - \bar{x})^2$ zu $\sum\limits_{j=1}^{n_i} [(x_{ij} - \bar{x}_i) + (\bar{x}_i - \bar{x})]^2$.

Aufgabe 5

In einem Unternehmen werden im Januar 1971 männliche und weibliche Arbeitnehmer (in 1ooo) zu folgenden Bruttomonatslöhnen beschäftigt:

Bruttomonatslohn in 1oo DM	Anzahl der männlichen Arbeitnehmer	Anzahl der weiblichen Arbeitnehmer
[7 ; 9)	3	5
[9 ; 11)	6	1o
[11 ; 13)	1o	15
[13 ; 15)	2o	6
[15 ; 17)	12	2
[17 ; 21)	9	2

a) Bestimmen Sie die relativen Häufigkeiten, die Häufigkeitsdichte und die Verteilungsfunktion jeweils für die männlichen und die weiblichen Arbeitnehmer (Tabelle!).

b) Wieviel v.H. der männlichen Arbeitnehmer haben einen Bruttolohn von höchstens 1.4oo.- DM?

c) Wieviel v.H. der weiblichen Arbeitnehmer haben einen Bruttolohn zwischen 1.ooo.- DM und 1.4oo.- DM?

d) Welcher Bruttomonatslohn wird von 5o v.H. der männlichen Arbeitnehmer nicht überschritten?

e) Zwischen welchen Einkommenswerten findet man die mittleren 5o v.H. der weiblichen Arbeitnehmer?

f) Berechnen Sie die arithmetischen Mittel und Mediane der Bruttomonatslöhne der männlichen und weiblichen Arbeitnehmer.

g) Berechnen Sie aus den unter f) bestimmten AM den durchschnittlichen Bruttomonatslohn eines Arbeitnehmers in dem betrachteten Unternehmen.

77

Aufgabe 6

Zur Beurteilung der konjunkturellen Lage seiner Branche macht ein Industrieverband eine Umfrage unter den 2oo ihm angehörenden Unternehmen zur Feststellung des Auftragsbestandes.

Auftragsbestand in 1ooo DM	Anteil der Unternehmen mit einem Auftragsbestand von ... bis unter ... DM
0 ; 1oo)	0,06
1oo ; 2oo)	0,08
2oo ; 4oo)	0,24
4oo ; 8oo)	0,3o
8oo ; 1 6oo)	0,22
1 6oo ; 3 ooo)	0,1o

a) Bestimmen und skizzieren Sie die Häufigkeitsdichte und die Verteilungsfunktion.

b) Ermitteln Sie den Gesamtwert des Auftragsbestandes der Unternehmen des Industriezweiges.

c) Bestimmen Sie den Modus der Verteilung.

d) Berechnen Sie den Median (Zentralwert).

e) Bei wieviel Prozent der Unternehmen liegt der Auftragsbestand zwischen 4oo ooo DM und 1 Mio. DM?

f) Berechnen Sie den Quartilsabstand.

Aufgabe 7

Bei einer Wohnungszählung wurde in einem Wohnviertel eine Stichprobe (von n = 2o) gezogen und folgendes Ergebnis festgestellt (es wurden nur ganze Räume gezählt):

Zahl der Wohnräume x_i	Relative Häufigkeit der Familien mit x_i Wohnräumen
1	0,1
2	0,3
3 - 4	0,4
5 - 8	0,2

a) Berechnen Sie die durchschnittliche Zahl der Wohnräume.

Später wurden als zusätzliche Information die Originalwerte gegeben:

2,8,1,2,6,2,8,5,4,2,3,1,4,3,4,2,4,3,2,4.

b) Bestimmen Sie den Zentralwert der Stichprobe.

c) Bestimmen Sie den Modus der Stichprobe.

d) Wie groß ist die durchschnittliche Wohnraumzahl? Wie erklären Sie die unterschiedlichen Ergebnisse von a) und d)?

e) Welche Aussagen über die Form der Verteilung kann man aus den errechneten Werten von Z (Zentralwert), D (Modus) und dem AM (arithmetischen Mittel) treffen?

Aufgabe 8

Bei einer Untersuchung der Brenndauer eines neuen Glühlampentyps ergaben sich folgende Werte:

Brenndauer in Stunden	Anzahl der Glühlampen
[500 ; 1 000)	12
[1 000 ; 2 000)	22
[2 000 ; 3 000)	41
[3 000 ; 4 000)	19
[4 000 ; 6 000)	6

a) Berechnen Sie den Median, den Modus und das arithmetische Mittel. Interpretieren Sie die errechneten Werte.

b) Berechnen Sie den Quartilsabstand.

c) Berechnen Sie die Standardabweichung und erklären Sie die Bedeutung dieses Wertes.

d) Bestimmen Sie den Variabilitätskoeffizienten.

Aufgabe 9

In einem Unternehmen wurden im 1. Halbjahr 1974 20 Krankheitsfälle registriert. Bei der Feststellung der Krankheitsdauer erhielt man folgende Werte:

Krankheitsdauer in Tagen	n_i
[1 ; 5]	8
[6 ; 10]	6
[11 ; 15]	4
[16 ; 20]	2

a) 1. Berechnen Sie die Häufigkeitsverteilung.

   2. Berechnen Sie die durchschnittliche Krankheitsdauer.

   3. Ermitteln Sie die Varianz der Verteilung.

b) Als zusätzliche Information wurden später die folgenden Originalwerte für die Krankheitsdauer in Tagen gegeben:

   1,2,3,3,4,4,5,6,7,7,7,8,9,11,12,12,13,16,17.

   1. Berechnen Sie das arithmetische Mittel der Verteilung unter Verwendung der Originalwerte.
   Wie ist der Unterschied zwischen diesem und dem unter a)2. errechneten arithmetischen Mittel zu erklären? Unter welcher Voraussetzung stimmen die so berechneten arithmetischen Mittel überein?

   2. Bestimmen Sie den Median der Verteilung und geben Sie eine Interpretation.

3. Geben Sie die Spannweite (range) der Verteilung an. Was besagt dieser Wert und wie ist die Aussagekraft dieses Maßes zu beurteilen?

4. Berechnet man die Varianz der Verteilung unter Verwendung der Originalwerte, so erhält man $s^2 = 2o,75$. Warum ist die unter b)3. berechnete Varianz nur ein Näherungswert für die gesuchte Varianz der Verteilung?

Aufgabe 1o

Ein Einzelhandelskonzern hat für das Jahr 1971 die Jahresumsätze der einzelnen Filialgeschäfte ermittelt. Dabei ergaben sich folgende gerundete Umsätze der Filialgeschäfte (in 1oo.ooo DM)

2o,4,8,16,16,3,12,8,13,18,15,6,8,9,14,14,9,1o,11,6.

1. a) Bestimmen Sie das arithmetische Mittel, den Median und den Modus und interpretieren Sie die Ergebnisse.

b) Welche Aussage kann man aus den errechneten Werten von arithmetischem Mittel, Median und Modus über die Form der Verteilung treffen?

c) Berechnen Sie die Varianz für den gesamten Konzern.

2. Zur besseren Übersicht wurde das Datenmaterial später in folgende Umsatzklassen (in 1oo.ooo DM) zusammengefaßt:

$$\begin{array}{l} [\ 2,5\ ;\ \ 7,5) \\ [\ 7,5\ ;\ 12,5) \\ [12,5\ ;\ 17,5) \\ [17,5\ ;\ 22,5) \end{array}$$

a) Berechnen Sie die absoluten Häufigkeiten jeder Umsatzklasse.

b) Bestimmen Sie aus diesem gruppierten Material den durchschnittlichen Umsatz für den gesamten Einzelhandelskonzern.

c) Wie ist der Unterschied zwischen diesem und dem unter 1.a) errechneten arithmetischen Mittel zu erklären? Unter welcher Voraussetzung stimmen die so berechneten arithmetischen Mittel überein?

d) Berechnen Sie den durchschnittlichen Umsatz der Filialen jeder Umsatzklasse.

e) Berechnen Sie die interne und externe Streuung und die Standardabweichung für den gesamten Konzern. Der Berechnung sind die unter 2.d) ermittelten arithmetischen Mittel der einzelnen Klassen zugrundezulegen. Interpretieren Sie die errechneten Werte.

Aufgabe 11

Für das Bruttosozialprodukt der BRD ergaben sich in den Jahren
1968 bis 1972 folgende Wachstumsraten:

Jahr	Veränderung gegenüber dem Vorjahr in %
1968	9,o
1969	12,1
197o	13,3
1971	1o,7
1972	9,2

Berechnen Sie die durchschnittliche jährliche Wachstumsrate des
Bruttosozialprodukts für den Zeitraum 1968 bis 1972.

Aufgabe 12

1971 gab es in der Bundesrepublik Deutschland 1o.ooo Unternehmen
im Bauhauptgewerbe mit 2o und mehr Beschäftigten, die in folgende Größenklassen aufgeteilt werden konnten:

Beschäftigte	Zahl der Unternehmen
[2o ; 5o)	5 35o
[5o ; 1oo)	2 2oo
[1oo ; 2oo)	1 6oo
[2oo ; 5oo)	7oo
[5oo ; 1ooo)	15o
Σ	1o ooo

a) Geben Sie die durchschnittliche Zahl der Beschäftigten der
   Unternehmen im Bauhauptgewerbe an.

b) Berechnen Sie den Quartilsabstand.

c) Errechnen Sie die Werte der Lorenzkurve und stellen Sie die
   Lorenzkurve graphisch dar.

d) Welchen Anteil an der Merkmalssumme haben ca. 50% der Merkmalswerte?

e) Was versteht man unter dem Ginischen Konzentrationsverhältnis?
   Halten Sie es für ein geeignetes Konzentrationsmaß?

7. Darstellung und Beschreibung von mehrdimensionalen Häufigkeitsverteilungen

Mehrdimensionale Häufigkeitsverteilungen werden benötigt, um die Zusammenhänge zwischen mehreren Merkmalen von Elementen einer statistischen Masse zu beschreiben. Daraus folgt, daß mehrdimensionale Häufigkeitsverteilungen ein wichtiges Instrument der beschreibenden Statistik sind. Ihr Studium dient vor allem dazu, Zusammenhänge bzw. Abhängigkeiten zwischen mehreren verschiedenen Merkmalen einer statistischen Masse aufzudecken. Daraus ergeben sich die folgenden Fragestellungen:

(a) Existiert ein Zusammenhang zwischen den Variablen?

(b) Wenn ja, wie stark ist dieser Zusammenhang?

(c) Durch welche Funktion kann ein existierender Zusammenhang beschrieben werden?

Zu (a): Es gibt zwei Möglichkeiten, diese Frage zu beantworten. Einmal kann man beschreiben, wie das Beobachtungsmaterial strukturiert ist. Man zeigt dabei auf, wie bei bestimmten Ausprägungen des einen Merkmals die Ausprägungen des anderen Merkmals aussehen.
Zum anderen kann man die zweidimensionale Häufigkeitsverteilung als einen empirischen Befund auffassen, der einen allgemein gültigen Zusammenhang darstellt. Dazu faßt man die Beobachtungswerte als eine Stichprobe aus einer Grundgesamtheit auf. Man versucht dann aufgrund des beobachteten Zusammenhangs in der Stichprobe auf einen in der Grundgesamtheit existierenden Zusammenhang zu schließen.

Zu (b): Diese Frage wird bei qualitativen Merkmalen durch die Assoziationsrechnung und bei quantitativen Merkmalen durch die Korrelationsrechnung beantwortet. Die Maßgrößen, die zur Messung dieses Zusammenhangs dienen, heißen bei qualitativen Merkmalen Assoziationsmaße und bei quantitativen und Rangmerkmalen Korrelationskoeffizienten und Bestimmtheitsmaße.

Zu (c): Diese Frage kann bei qualitativen Merkmalen nur beschränkt beantwortet werden. Bei quantitativen Merkmalen wird sie durch die Regressionsrechnung beantwortet.

7.1 Allgemeine Grundbegriffe und Darstellungsweise

Im folgenden werden der einfacheren Darstellung wegen nur statistische Einheiten mit zwei Merkmalen betrachtet. Diese beiden Merkmale werden mit A und B bezeichnet und mögen die Merkmalsausprägungen

$$\text{Merkmal} \quad A = (A_1, A_2, \ldots, A_k), \quad \text{und}$$
$$\text{Merkmal} \quad B = (B_1, B_2, \ldots, B_m)$$

besitzen. Es lassen sich nun die Methoden, die zur Beschreibung eindimensionaler Verteilungen angewendet wurden, analog übertragen und erweitern.

Definition: Die Menge der Elemente, die <u>zugleich</u> die Merkmalsausprägungen A_i und B_j besitzen, bezeichnet man als die Klasse (A_i, B_j) oder kurz (i, j).

Durch diese Einteilung der statistischen Einheiten in die Klassen (A_i, B_j) bzw. (i, j) wird eine Zerlegung der Grundgesamtheit induziert. Man bezeichnet diese Zerlegung als zweidimensionales Merkmal A x B:

$$A \times B = (A_1 B_1, A_1 B_2, \ldots, A_1 B_m, \ldots, A_k B_1, A_k B_2, \ldots, A_k B_m).$$

Definition: Die Anzahl der Elemente in der Klasse (i,j) nennt man die absolute Häufigkeit der Klasse (i,j) und bezeichnet sie mit $n(A_i, B_j)$ oder kurz n_{ij}.

$$\text{Es gilt} \quad \sum_{i=1}^{k} \sum_{j=1}^{m} n_{ij} = n.$$

Der allgemeine Aufbau der Tabelle für das zweidimensionale Merkmal A x B besitzt die folgende Form:

Merkmal B / Merkmal A	B_1	B_2	.....	B_j	.....	B_m	Zeilensummen
A_1	n_{11}	n_{12}	.....	n_{1j}	.....	n_{1m}	$n_{1.}$
A_2	n_{21}	n_{22}	.....	n_{2j}	.....	n_{2m}	$n_{2.}$
$\vdots$	$\vdots$	$\vdots$		$\vdots$		$\vdots$	$\vdots$
A_i	n_{i1}	n_{i2}	.....	n_{ij}	.....	n_{im}	$n_{i.}$
$\vdots$	$\vdots$	$\vdots$		$\vdots$		$\vdots$	$\vdots$
A_k	n_{k1}	n_{k2}	.....	n_{kj}	.....	n_{km}	$n_{k.}$
Spalten summen	$n_{.1}$	$n_{.2}$	.....	$n_{.j}$	.....	$n_{.m}$	n

Beispiel 7.1: Privathaushalte in der BRD (April 1970) nach Familienstand (A) und Geschlecht (B) des Haushal-
tungsvorstandes (Angaben in 100 000)

A \ B		männlich (B_1)	weiblich (B_2)	$\sum\limits_{j=1}^{2} n_{ij}$ (Randverteilung von A)
ledig	(A_1)	$n_{11} = 9$	$n_{12} = 13$	$n_{1.} = 22$
verheiratet	(A_2)	$n_{21} = 151$	$n_{22} = 2$	$n_{2.} = 153$
verwitwet	(A_3)	$n_{31} = 6$	$n_{32} = 39$	$n_{3.} = 45$
geschieden	(A_4)	$n_{41} = 2$	$n_{42} = 6$	$n_{4.} = 8$
$\sum\limits_{i=1}^{4} n_{ij}$		$n_{.1} = 168$	$n_{.2} = 60$	$n = 228$

(Randverteilung von B)

Wie im eindimensionalen Fall kann man die absoluten Häufigkeiten in relative Häufigkeiten umrechnen und erhält dann eine
zweidimensionale Verteilung von relativen Häufigkeiten, die
wieder als Häufigkeitsfunktion bezeichnet wird.

Definition: Die relative Häufigkeit der Klasse (i,j) wird gegeben durch die Häufigkeitsfunktion

(7.1) $h(A_i, B_j) = h_{ij} = \dfrac{n(A_i, B_j)}{n} = \dfrac{n_{ij}}{n}$.

85

Es gilt $\sum\limits_{i=1}^{k} \sum\limits_{j=1}^{m} h_{ij} = 1.$

7.2 Randverteilungen oder marginale Verteilungen

Die Tabelle der absoluten Häufigkeiten des zweidimensionalen Merkmals A x B erlaubt es, an den Rändern der Tabelle die beiden Verteilungen abzulesen, die sich ergeben, wenn man jedes Merkmal für sich allein betrachtet. Dazu werden zunächst Zeilen- und Spaltensummen eingeführt.

Definition: Die <u>Zeilensummen</u> sind gegeben durch

(7.2) $$n_{i.} = \sum_{j=1}^{m} n_{ij} \quad (i = 1, 2, \ldots, k)$$

und die <u>Spaltensummen</u> durch

(7.3) $$n_{.j} = \sum_{i=1}^{k} n_{ij} \quad (j = 1, 2, \ldots, m).$$

Es gilt $\sum\limits_{i=1}^{k} n_{i.} = n$ und $\sum\limits_{j=1}^{m} n_{.j} = n.$

Dabei werden die Summen von absoluten und relativen Häufigkeiten immer so bezeichnet, daß man den Summationsindex durch einen Punkt ersetzt.

Definition: Als Randverteilungen oder marginale Verteilungen des Merkmals A x B bezeichnet man die durch die einzelnen Merkmale (A bzw. B) gegebenen eindimensionalen Häufigkeitsverteilungen.

Tabellendarstellung:

Merkmal A	absolute Häufigkeit	relative Häufigkeit	Merkmal B	absolute Häufigkeit	relative Häufigkeit
A_1	$n_{1.}$	$h_{1.}$	B_1	$n_{.1}$	$h_{.1}$
$\vdots$	$\vdots$	$\vdots$	$\vdots$	$\vdots$	$\vdots$
A_i	$n_{i.}$	$h_{i.}$	B_j	$n_{.j}$	$h_{.j}$
$\vdots$	$\vdots$	$\vdots$	$\vdots$	$\vdots$	$\vdots$
A_k	$n_{k.}$	$h_{k.}$	B_m	$n_{.m}$	$h_{.m}$

Man bezeichnet die Menge der Elemente, die die Eigenschaft A_i bzw. B_j haben, als die marginale Klasse $(i,.)$ bzw. $(.,j)$ oder (A_i) bzw. (B_j). Die Zeilensummen $n_{i.}$ und die Spaltensummen $n_{.j}$ bezeichnet man als marginale Häufigkeiten. Die marginalen relativen Häufigkeiten werden dann gegeben durch

$$(7.4) \qquad h_{i.} = \frac{n_{i.}}{n} \; , \qquad h_{.j} = \frac{n_{.j}}{n} \; .$$

Beispiel 7.1 (Fortsetzung):

A_1	$n_{1.}$ = 22	$h_{1.}$ = 0,09		B_1	$n_{.1}$ = 168	$h_{.1}$ = 0,74
A_2	$n_{2.}$ = 153	$h_{2.}$ = 0,67		B_2	$n_{.2}$ = 60	$h_{.2}$ = 0,26
A_3	$n_{3.}$ = 45	$h_{3.}$ = 0,20				
A_4	$n_{4.}$ = 8	$h_{4.}$ = 0,04				

7.3 Bedingte Verteilungen. Der Begriff der statistischen Unabhängigkeit

Neben der Spaltensumme und der Zeilensumme geben auch die einzelnen Zeilen und Spalten der zweidimensionalen Tabelle Anlaß zur Betrachtung. So wird z.B. durch das Merkmal B die Grundgesamtheit in die marginalen Klassen (B_1), (B_2), ..., (B_m) zerlegt. Man kann nun jede dieser Klassen wiederum als eine Grundgesamtheit auffassen, die durch das Merkmal A in k Klassen zerlegt wird. Dies bedeutet, daß man jeder Klasse (B_j) wieder eine Verteilung zuordnen kann.

Definition: Es sei $n_{.j} \neq 0$. Die Zerlegung der Klasse (B_j), die man durch das Merkmal A erhält, wenn man die entsprechenden absoluten Häufigkeiten durch die zugehörige Spaltensumme $n_{.j}$ dividiert, bezeichnet man als die bedingte Verteilung von A, gegeben B_j. Das auf die Klasse (B_j) bezogene Merkmal A bezeichnet man als das bedingte Merkmal $A|B_j$.

Analog kann man durch die Vertauschung der Rollen von A und B die bedingte Verteilung von B, gegeben A_i und das bedingte Merkmal $B|A_i$ definieren.

87

Verteilung von $A\|B_j$ $n_{.j} \neq 0$			Verteilung von $B\|A_i$ $n_{i.} \neq 0$		
Merkmal	absolute Häufigkeit	bedingte relative Häufigkeit	Merkmal	absolute Häufigkeit	bedingte relative Häufigkeit
A_1	n_{1j}	$h_{1\|j}$	B_1	n_{i1}	$h_{1\|i}$
⋮	⋮	⋮	⋮	⋮	⋮
A_i	n_{ij}	$h_{i\|j}$	B_j	n_{ij}	$h_{j\|i}$
⋮	⋮	⋮	⋮	⋮	⋮
A_k	n_{kj}	$h_{k\|j}$	B_m	n_{im}	$h_{m\|i}$
Σ	$n_{.j}$	1	Σ	$n_{i.}$	1

Die bedingten relativen Häufigkeiten werden wie folgt bestimmt

$$(7.5) \qquad h(A_i|B_j) = h_{i|j} = \frac{n(A_i,B_j)}{n(B_j)} = \frac{n_{ij}}{n_{.j}} \, ,$$

$$(7.6) \qquad h(B_j|A_i) = h_{j|i} = \frac{n(A_i,B_j)}{n(A_i)} = \frac{n_{ij}}{n_{i.}} \, .$$

Beispiel 7.1 (Fortsetzung):

Verteilung von $A\|B_1$ $n_{.1} = 168 \neq 0$			Verteilung von $A\|B_2$ $n_{.2} = 60 \neq 0$		
A_1	$n_{11} = 9$	$h_{1\|1} = 0,05$	A_1	$n_{12} = 13$	$h_{1\|2} = 0,22$
A_2	$n_{21} = 151$	$h_{2\|1} = 0,90$	A_2	$n_{22} = 2$	$h_{2\|2} = 0,03$
A_3	$n_{31} = 6$	$h_{3\|1} = 0,04$	A_3	$n_{31} = 39$	$h_{3\|2} = 0,65$
A_4	$n_{41} = 2$	$h_{4\|1} = 0,01$	A_4	$n_{42} = 6$	$h_{4\|2} = 0,10$
Σ	168	1,00	Σ	60	1,00

Die bedingten Verteilungen liefern nur dann mehr Informationen,
wenn sie sich (untereinander) unterscheiden. Sind alle bedingten Verteilungen gleich, dann sind sie auch identisch mit der
Randverteilung, d.h. der eindimensionalen Verteilung des zu untersuchenden Merkmals. Diesen Fall bezeichnet man als statistische

Unabhängigkeit, da die relativen Häufigkeiten des einen Merkmals unabhängig davon sind, welche spezielle Merkmalsausprägung des anderen Merkmals als Bedingung angenommen wurde.

Definition: Die beiden bedingten Häufigkeitsverteilungen $A|B_j$ und $A|B_r$ sind gleich, wenn alle bedingten relativen Häufigkeiten gleich sind, d.h.

(7.7) $$h_{i|j} = h_{i|r} \quad \text{für } i = 1, 2, \ldots, k.$$

Definition: Das Merkmal A heißt statistisch unabhängig vom Merkmal B, wenn alle bedingten Verteilungen von $A|B_j$, für $j = 1, 2, \ldots, m$, gleich sind.

Formal gilt dann

$$h(A_i|B_1) = h(A_i|B_2) = \ldots = h(A_i|B_m) = h(A_i) = \frac{n(A_i)}{n}$$

$$\text{für } i = 1, 2, \ldots, k.$$

Unter Berücksichtigung der Definition der bedingten relativen Häufigkeiten, nämlich

$$h(A_i|B_j) = \frac{n(A_i,B_j)}{n(B_j)} = \frac{n_{ij}}{n_{.j}},$$

für alle i und j folgt, daß bei statistischer Unabhängigkeit die folgenden Beziehungen gleichwertig sind

(7.8) (i) $$\frac{n(A_i,B_j)}{n(B_j)} = \frac{n(A_i) \cdot n(B_j)}{n},$$

(7.9) (ii) $$h(A_iB_j) = h(A_i) \cdot h(B_j).$$

Aus dieser Darstellung lassen sich die folgenden Aussagen über statistisch unabhängige Merkmale herleiten:

(i)   Ist das Merkmal A vom Merkmal B statistisch unabhängig, dann ist auch das Merkmal B vom Merkmal A unabhängig. Die

89

Unabhängigkeit ist also eine symmetrische Beziehung.

(ii) Sind die beiden Merkmale A und B voneinander statistisch unabhängig, so sind die bedingten Häufigkeitsverteilungen gleich der zugehörigen Randverteilung.

(iii) Sind die beiden Merkmale A und B voneinander statistisch unabhängig, dann ist die zweidimensionale Häufigkeitsverteilung A x B durch die Vorgabe der beiden Randverteilungen von A und B eindeutig bestimmt.

Beispiel 7.2: Gliederung der Wohnbevölkerung der BRD 1970 nach der Beteiligung am Erwerbsleben und dem Geschlecht (absolute Zahlen in 1000)

Tabelle 7.1:

Beteiligung am Erwerbsleben	Geschlecht		Zeilen-summe
	männlich	weiblich	
Erwerbspersonen	17.075	9.535	26.610
Nichterwerbspersonen	11.792	22.249	34.041
Spaltensumme	28.867	31.784	60.651

Die Frage: "Wie gliedert sich die Beteiligung der männlichen und weiblichen Personen am Erwerbsleben", wird durch die bedingten Verteilungen beantwortet.

Tabelle 7.2: Bedingte Verteilung (Angaben in Prozent)

Von 100 Personen die das Geschlecht .. hatten, waren	Geschlecht		Rand-verteilung
	männlich	weiblich	
Erwerbspersonen	59,2	30,0	43,9
Nichterwerbspersonen	40,8	70,0	56,1
Summe	100,0	100,0	100,0

Wäre die Beteiligung am Erwerbsleben unabhängig vom Geschlecht, so müßte die Randverteilung gleich den Besetzungszahlen für die einzelnen Geschlechter sein.

Tabelle 7.3: Fiktive Verteilung bei Unabhängigkeit vom Geschlecht und Beteiligung am Erwerbsleben (Angaben in Prozent)

Von 1oo Personen die das Geschlecht .. hatten, waren	Geschlecht		Rand- verteilung
	männlich	weiblich	
Erwerbspersonen	43,9	43,9	43,9
Nichterwerbsper- sonen	56,1	56,1	56,1
Summe	1oo,o	1oo,o	1oo,o

Tabelle 7.4: Fiktive Verteilung bei Unabhängigkeit vom Geschlecht und Beteiligung am Erwerbsleben (Angaben in abso- luten Zahlen)

Beteiligung am Erwerbsleben	Geschlecht		Zeilen- summe
	männlich	weiblich	
Erwerbspersonen	12.673	13.953	26.61o
Nichterwerbsper- sonen	16.194	17.831	34.o41
Spaltensumme	28.867	31.784	6o.651

7.4 Zweidimensionale Häufigkeitsverteilung quantitativer Merkmale

Bei den beiden Merkmalen, nach denen die statistische Masse aufgegliedert wird, kann es sich wieder um qualitative oder quantitative Merkmale handeln. Dabei hängen die statistischen Auswertungsmöglichkeiten sehr stark von der Art dieser Merkmale ab. Wenn wenigstens eines der beiden Merkmale ein qualitatives ist, sind der weiteren Auswertungsmöglichkeit sehr enge Grenzen gesetzt. Man kann noch Maßzahlen berechnen, die den Grad des Zusammenhangs zwischen den beiden Merkmalen messen sollen. Es handelt sich dabei um die Assoziations- und Kontingenzmaße. Da bei ökonomischen Zusammenhängen jedoch meist quantitative Merkmale interessieren, soll auf die Behandlung dieser Maßzahlen hier nicht näher eingegangen werden. Im folgenden wird unterstellt, daß es sich bei beiden Merkmalen um quantitative handelt. Ihre weitere statistische Auswertung erfolgt mit Hilfe der Regressions- und Korrelationsrechnung.

7.4.1 Die Regressionsrechnung bei ungruppiertem Datenmaterial

Die beiden quantitativen Merkmale sollen jetzt mit X und Y bezeichnet werden, und es seien n Beobachtungspaare von Merkmalsausprägungen

$$(X_1, Y_1), (X_2, Y_2), \ldots, (X_n, Y_n)$$

gegeben. Folgendes Beispiel soll betrachtet werden:

Beispiel 7.3: In einem Handelsunternehmen wurde folgende Abhängigkeit zwischen Absatzmenge und Angebotspreis beobachtet: (n = 20)

Angebotspreis X (DM/kg)	1.54	1.55	1.55	1.56	1.57	1.58	1.59	1.60
Absatzmenge Y (kg)	325	300	375	350	400	300	325	350

1.60	1.62	1.63	1.63	1.64	1.65	1.65	1.66	1.66	1.70	1.70	1.72
300	325	275	350	300	325	300	250	275	250	225	200

92

Die beobachteten Wertepaare können durch Punkte im (X,Y)-Koor-
dinatensystem dargestellt werden. Man spricht von einem Streudiagramm (Abb. 7.1). Dieses Streudiagramm läßt offensichtlich

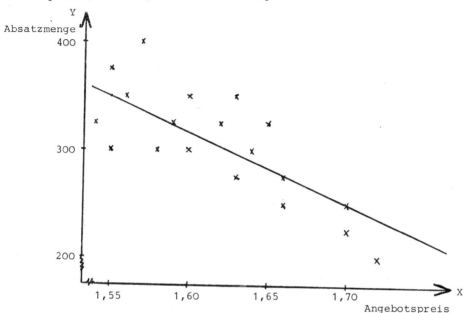

Abb. 7.1: Streudiagramm für die Daten des Beispiels 7.3

einen Zusammenhang, und zwar einen negativen erkennen, d.h.
mit steigenden Angebotspreisen sinkt die abgesetzte Menge.

Will man genauere Aussagen über die Form des Zusammenhangs der
beiden statistischen Variablen X und Y machen,   dann muß
man eine mathematische Funktion finden, die den Verlauf der
empirischen Regressionskurve möglichst gut approximiert. Dabei
erweist es sich als nachteilig, wenn das Beobachtungsmaterial
bereits in gruppierter Form vorliegt, da dadurch nur jeder
Klassenmitte ein bedingter Mittelwert zugeordnet werden kann.
Dies bedeutet aber einen wesentlichen Informationsverlust,
denn es werden mehrere verschiedene Beobachtungswerte zu einem Klassenmitten-Wert zusammengefaßt. Wenn irgendmöglich,
sollte man daher zur Bestimmung der mathematischen Form des
Zusammenhanges auf das Urmaterial zurückgreifen. Es werde da-

93

her im folgenden angenommen, daß die Merkmalswerte in ungruppierter Form vorliegen, d.h. das Wertepaar (X_i, Y_i) stellt eine einzelne Merkmalsausprägung der beiden Merkmale X und Y dar.

Man unterstellt nun eine bestimmte theoretische Modellannahme bezüglich des Zusammenhangs der beiden quantitativen Merkmale. Die einfachste Annahme fordert einen linearen Zusammenhang, d.h. die Abhängigkeit der beiden Merkmale lasse sich durch die Gerade

(7.1o) $$Y' = b_o + b_1 X$$

darstellen. Die beiden Parameter b_o und b_1 der Geradengleichung müssen nun numerisch so bestimmt werden, daß sich die ergebende Gerade den Beobachtungswerten möglichst gut anpaßt. Zunächst muß allerdings noch geklärt werden, was unter dem Begriff der möglichst guten Anpassung zu verstehen ist.

Die Güte der Anpassung kann durch die Abweichungen der Beobachtungswerte Y_i von den zugehörigen, durch die Regressionsgerade festgelegten Werte Y_i' bestimmt werden. Dabei werden die Abweichungen durch den vertikalen Abstand e_i der Punkte Y_i und Y_i' gemessen, d.h.

$$e_i = Y_i - Y_i' = Y_i - (b_o + b_1 X_i) \ .$$

Es muß nun ein Kriterium für die beste Anpassung der Regressionsgeraden an die Beobachtungspunkte gewählt werden.

Die einfachste Möglichkeit, eine Regressionsgerade den Beobachtungswerten anzupassen besteht darin, die Gerade durch die Punktwolke so hindurch zu legen, daß

$$\sum_{i=1}^{n} e_i = \sum_{i=1}^{n} (Y_i - Y_i') \Rightarrow Min$$

wird (n = Zahl der Beobachtungswerte).

Da die Abweichungen e_i jedoch verschiedene Vorzeichen besitzen, ist diese Summe als Kriterium ungeeignet, da sich beträchtliche Abweichungen der Beobachtungswerte von der Regressionsgeraden zu Null addieren können (vgl. Abb. 7.2a und 7.2b).

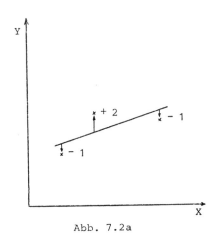

Abb. 7.2a

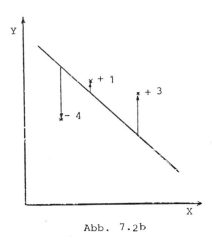

Abb. 7.2b

Es bietet sich daher an, anstelle der Summe der Differenzen $Y_i - Y_i'$ die Summe ihrer Absolutbeträge als Fehlerkriterium zu wählen, d.h.

$$\sum_{i=1}^{n} |e_i| = \sum_{i=1}^{n} |Y_i - Y_i'| \Rightarrow Min$$

Aber auch dieses Fehlerkriterium erscheint nicht ideal, da es extreme Abweichungen nicht genügend berücksichtigt, wie man aus den Abbildungen 7.3a und 7.3b ersehen kann.

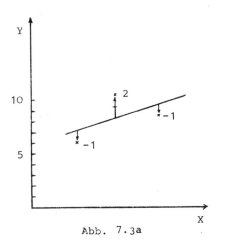

Abb. 7.3a

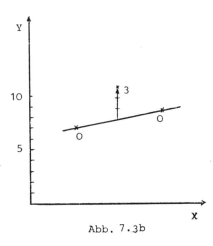

Abb. 7.3b

95

In der Abbildung 7.3a würde sich bei diesem Fehlerkriterium
ein Wert von 4, dagegen in der Abbildung 7.3b ein Fehler von
nur 3 Einheiten ergeben, obwohl die Anpassung im Fall der
Abbildung 7.3a etwas günstiger erscheint als in der Abbildung
7.3b.

Solche extremen Abweichungen werden stärker berücksichtigt,
wenn man als Fehlerkriterium die minimale Quadratsumme der
Abweichungen wählt, d.h.

(7.11)
$$\sum_{i=1}^{n} e_i^2 = \sum_{i=1}^{n} (Y_i - Y_i')^2 \Rightarrow Min$$

In diesem Fall ergibt sich für das Fehlerkriterium in der
Abbildung 7.3a der Wert 6 und in der Abbildung 7.3b der Wert
9 Einheiten. Dieses Fehlerkriterium, die sogenannte Methode
der kleinsten Quadrate, ist das gebräuchlichste Kriterium,
auf das wir uns im folgenden beschränken wollen.

7.4.1.1 Berechnung der Parameter b_o und b_1 der empirischen Regressionsgerade nach der Methode der kleinsten Quadrate

Wir gehen davon aus, daß n Beobachtungspunkte (X_i, Y_i), i = 1,
2, ..., n, gegeben seien. Es erweist sich für die folgenden
Rechnungen als nützlich, eine Koordinatentransformation der
X-Werte in der Form

(7.12)
$$x_i = X_i - \overline{X} \quad \text{mit} \quad \overline{X} = \frac{1}{n} \sum_{i=1}^{n} X_i$$

vorzunehmen. Dies bedeutet graphisch eine Verschiebung des Koordinatensystems derart, daß der Ursprung des neuen Koordinatensystems (x,Y) mit dem Punkt $(\overline{X}, O)$ des alten Koordiantensy-
stems zusammenfällt (vgl.Abb.7.4)

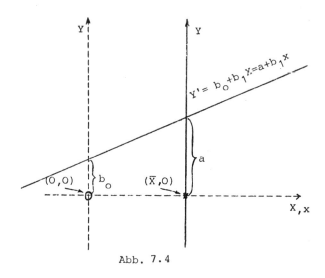

Abb. 7.4

Die Regressionsgleichung des (X,Y)-Koordinatensystems

$$Y' = b_0 + b_1 X$$

geht durch diese Koordinatentransformation über in die Gleichung

$$Y' = b_0 + b_1 (x + \overline{X}) = b_0 + b_1 \overline{X} + b_1 x.$$

Setzt man für das konstante Glied $b_0 + b_1 \overline{X} = a$, dann lautet die Regressionsgleichung im (x,Y)-Koordinatensystem

(7.13) $$Y' = a + b_1 x.$$

Die Summe der Abweichungsquadrate $\sum\limits_{i=1}^{n} e_i^2$ ergibt sich dann zu

$$\sum_{i=1}^{n} e_i^2 = \sum_{i=1}^{n} (Y_i - a - b_1 x_i)^2 .$$

Die Parameter a und b_1 der Regressionsgeraden sollen dann so bestimmt werden, daß die Summe der Abweichungsquadrate ein Minimum wird. Ein notwendiges Kriterium dafür erhält man durch partielle Differentiation von Σe_i^2 nach a und b_1 und Nullsetzen dieser Ableitungen. Schreibt man zur Abkürzung für die Summe der Abweichungsquadrate $S(a,b_1)$ dann erhält man

$$S(a,b_1) = \sum_{i=1}^{n} (Y_i - a - b_1 x_i)^2 ,$$

$$\frac{\partial S(a,b_1)}{\partial a} = -2 \sum_{i=1}^{n} (Y_i - a - b_1 x_i) = 0,$$

$$\frac{\partial S(a,b_1)}{\partial b_1} = -2 \sum_{i=1}^{n} x_i (Y_i - a - b_1 x_i) = 0.$$

Berücksichtigt man, daß durch die Koordinatentransformation erreicht wird, daß $\sum_{i=1}^{n} x_i = 0$ wird,

$$\Sigma x_i = \Sigma (X_i - \overline{X}) = \Sigma X_i - n\overline{X} = \Sigma X_i - n \cdot \frac{1}{n} \Sigma X_i = 0,$$

so erhält man aus der partiellen Ableitung nach a

$$\Sigma Y_i - na - b_1 \Sigma x_i = 0,$$

$$na = \Sigma Y_i,$$

(7.14) $$a = \frac{1}{n} \Sigma Y_i = \overline{Y} .$$

Dies bedeutet, daß die Regressionsgerade immer durch den Punkt $(\overline{X}, \overline{Y})$ verläuft.

Aus der Beziehung $a = b_0 + b_1 \overline{X}$ läßt sich dann der Wert für b_0 berechnen.
Man erhält

$$\overline{Y} = b_0 + b_1 \overline{X} ,$$

(7.15) $$b_0 = \overline{Y} - b_1 \overline{X} .$$

Aus der partiellen Ableitung nach b_1 erhält man

$$\Sigma x_i Y_i - a \Sigma x_i - b_1 \Sigma x_i^2 = 0 ,$$

$$b_1 \Sigma x_i^2 = \Sigma x_i Y_i ,$$

(7.16) $$b_1 = \frac{\Sigma x_i Y_i}{\Sigma x_i^2} .$$

Man kann nun auch für die beobachteten Werte der abhängigen Variablen Y_i eine Koordinatentransformation in der Form

$$(7.17) \qquad\qquad y_i = Y_i - \overline{Y}$$

vornehmen. Damit ergibt sich eine Darstellung im (x,y)-Koordinatensystem, den sog. zentrierten Werten. Man erhält das (x,y)-Koordinatensystem aus dem ursprünglichen (X,Y)-Koordinatensystem durch Verschieben des Ursprungs in den Punkt $(\overline{X},\overline{Y})$ (vgl.Abb.7.5)

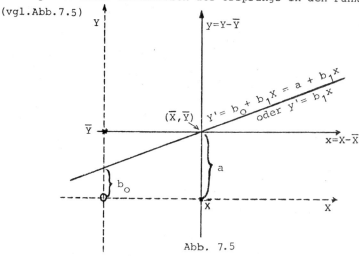

Abb. 7.5

Betrachtet man die Regressionsgerade. Diese lautet

$$(7.1o) \qquad Y' = b_o + b_1 X \qquad \text{im } (X,Y)\text{-Koordinatensystem, bzw.}$$

$$(7.13) \qquad Y' = a + b_1 x \qquad \text{im } (x,Y)\text{-Koordinatensystem.}$$

Berücksichtigt man jetzt die Koordinatentransformation

$$y' = Y' - \overline{Y} ,$$

so erhält man

$$(7.18) \qquad y' = b_1 x \qquad \text{im } (x,y)\text{-Koordinatensystem.}$$

Dies bedeutet, daß die Regressionsgerade im (x,y)-Koordinatensystem durch den Koordinatenursprung verläuft, was zu erwarten war, denn es war bereits früher gezeigt worden, daß sie im (X,Y)-Koordiantensystem immer durch den Punkt $(\overline{X},\overline{Y})$ verläuft.

Aus Gründen, die später deutlich werden, empfiehlt es sich, die Berechnung von b_1 im (x,y)-Koordinatensystem weiter zu vereinfachen. Es gilt

$$b_1 = \frac{\Sigma x_i y_i}{\Sigma x_i^2} = \frac{\Sigma x_i (y_i + \overline{Y})}{\Sigma x_i^2} = \frac{\Sigma x_i y_i + \overline{Y} \Sigma x_i}{\Sigma x_i^2} \quad ,$$

(7.19)
$$= \frac{\Sigma x_i y_i}{\Sigma x_i^2} \quad ,$$

letzteres, weil $\Sigma x_i = 0$ ist.

Neben der empirischen Varianz für die Variable X, d.h.

(7.20)
$$\mathrm{var}(X) = s_X^2 = \frac{1}{n} \sum_{i=1}^{n} (X_i - \overline{X})^2 = \frac{1}{n} \sum_{i=1}^{n} x_i^2 \quad ,$$

kann man eine empirische Kovarianz zwischen den beiden Variablen X und Y wie folgt definieren

(7.21)
$$\mathrm{cov}(X,Y) = s_{XY} = \frac{1}{n} \sum_{i=1}^{n} (X_i - \overline{X})(Y_i - \overline{Y}) = \frac{1}{n} \sum_{i=1}^{n} x_i y_i \quad .$$

Dann läßt sich der Wert für den Regressionsparameter b_1 auch durch die folgende Beziehung bestimmen

(7.22)
$$b_1 = \frac{\Sigma x_i y_i}{\Sigma x_i^2} = \frac{\frac{1}{n} \Sigma x_i y_i}{\frac{1}{n} \Sigma x_i^2} = \frac{s_{XY}}{s_X^2} = \frac{\mathrm{cov}(X,Y)}{\mathrm{var}(X)} \quad .$$

Beispiel 7.3: Für die Daten dieses Beispiels sollen die Parameter der Regressionsgeraden bestimmt werden, durch welche die Abhängigkeit der Absatzmenge vom Angebotspreis dargestellt wird.

Tabelle 7.5: Rechentabelle zur Bestimmung der Parameter der
Regressionsgeraden

X_i	x_i	x_i^2	Y_i	y_i	y_i^2	$x_i y_i$
1,54	-0,08	0,0064	325	20	400	- 1,60
1,55	-0,07	0,0049	300	- 5	25	0,35
1,55	-0,07	0,0049	375	70	4 900	- 4,90
1,56	-0,06	0,0036	350	45	2 025	- 2,70
1,57	-0,05	0,0025	400	95	9 025	- 4,75
1,58	-0,04	0,0016	300	- 5	25	0,20
1,59	-0,03	0,0009	325	20	400	- 0,60
1,60	-0,02	0,0004	350	45	2 025	- 0,90
1,60	-0,02	0,0004	300	- 5	25	0,10
1,62	0,00	0	325	20	400	0,00
1,63	0,01	0,0001	275	-30	900	- 0,30
1,63	0,01	0,0001	350	45	2 025	0,45
1,64	0,02	0,0004	300	- 5	25	- 0,10
1,65	0,03	0,0009	325	20	400	0,60
1,65	0,03	0,0009	300	- 5	25	- 0,15
1,66	0,04	0,0016	250	-55	3 025	- 2,20
1,66	0,04	0,0016	275	-30	900	- 1,20
1,70	0,08	0,0064	250	-55	3 025	- 4,40
1,70	0,08	0,0064	225	-80	6 400	- 6,40
1,72	0,10	0,0100	200	-105	11 025	-10,50
Σ 32,40	0,0	0,054	6 100	0	47 000	-39,00

$\overline{X} = 1,62$ $\qquad\qquad$ $\overline{Y} = 305$

$$b_1 = \frac{\Sigma x_i y_i}{\Sigma x_i^2} = - \frac{39,00}{0,054} = - 722,22 \ ,$$

$$b_0 = \overline{Y} - b_1 \overline{X} = 305 + 725,93 \cdot 1,62 = 1\ 475,00 \ .$$

Damit lautet die gesuchte Regressionsgerade

a) $Y' = 1\ 475,00 - 722,22\ X$ im (X,Y)-Koordinatensystem
der Beobachtungswerte, und

b) $y' = - 722,22\ x$ $\qquad\qquad$ im (x,y)-Koordinatensystem
der zentrierten Werte. 101

Der Wert b_1 gibt die Steigung der Regressionsgeraden an, er kann wie folgt gedeutet werden:

Wenn der Angebotspreis um eine Einheit (= 1 DM) erhöht würde, hätte dies einen Rückgang der Absatzmenge von durchschnittlich 722,22 Einheiten (= 722,22 kg) zur Folge. Da jedoch das Beobachtungsmaterial nicht einen Bereich von 1 DM überdeckt, sondern nur von 1,54 DM bis 1,72 DM reicht, also einen Bereich von 18 Pfennig überdeckt, ist eine solche Interpretation falsch. Eine richtige Interpretation würde besagen, wenn man den Angebotspreis im Bereich zwischen 1,54 DM und 1,72 DM um 1 Pfennig (bzw. 10 Pfennige) erhöht, würde dies einen Rückgang der Absatzmenge um durchschnittlich 7,22 kg (bzw. 72,22 kg) zur Folge haben. Eine analoge Aussage gilt, wenn man den Angebotspreis im gleichen Intervall senken würde.

Ebenfalls könnte man den Wert für b_0 interpretieren, falls der zugehörige Abszissenwert zum Wertebereich des Beobachtungsmaterials gehören würde. Er würde diejenige Absatzmenge bedeuten, die bei einer Senkung des Angebotspreises auf Null abgesetzt würde. Da der Angebotspreis von Null aber nicht zum Bereich des Beobachtungsmaterials gehört, ist eine sinnvolle Interpretation der Größe b_0 in diesem Beispiel nicht möglich. Allgemein muß man feststellen, daß die Regressionsgerade nur für einen bestimmten, vom Problem festgelegten Bereich der Abszisse, aussagefähig ist.

7.4.2 Die Regressionsrechnung bei gruppiertem Datenmaterial

Oft bedingen entweder der Umfang des Zahlenmaterials oder sein Erhebungsverfahren eine Aufteilung der Merkmalsausprägungen in Klassen. Das folgende Beispiel soll zeigen, wie man in einem solchen Fall die empirische Regressionsgerade berechnet.

Beispiel 7.4 (E.Weber)[1]:

Für n = 648 Männer im Alter von 20 bis 25 Jahren wurden jeweils die Körpergröße X und das Körpergewicht Y ermittelt. Das Ergebnis läßt sich in der folgenden Tabelle darstellen.

---

[1] E.Weber, Grundriß der Biologischen Statistik, G.Fischer-Verlag, Jena 1956, S.288

Tabelle 7.6: Darstellung des Beobachtungsmaterials mittels
einer Korrelationstabelle

rpergewicht Y (in kg) / X* / Y*	X*	Körpergröße X (in cm)								Zeilensumme
		(155,5; 159,5] 157,5	(159,5; 163,5] 161,5	(163,5; 167,5] 165,5	(167,5; 171,5] 169,5	(171,5; 175,5] 173,5	(175,5; 179,5] 177,5	(179,5; 183,5] 181,5	(183,5; 187,5] 185,5	
51,5;56,5]	54	9	23	13	4	1				50
56,5;61,5]	59	10	31	51	40	7	1			140
61,5;66,5]	64	3	12	51	72	44	9	3		194
66,5;71,5]	69		3	17	42	55	37	11	3	168
71,5;76,5]	74		2	4	10	|21|	18	12	1	(68)
76,5;81,5]	79				1	8	5	3	2	19
81,5;86,5]	84					3	1	2	2	8
86,5;91,5]	89							1		1
altensummen		22	71	136	169	(139)	71	32	8	648

Aus der Spalte der Zeilensummen dieser Tabelle kann man beispielsweise ablesen, daß 68 Männer ein Körpergewicht zwischen 71,5 und
76,5 kg haben. Ebenso kann man aus der Zeile der Spaltensummen
ablesen, daß die Körpergröße von 139 Männern zwischen 171,5 und
175,5 cm lag. Man kann aber aus der Tabelle auch ersehen, daß es
nur 21 Männer gab, die gleichzeitig ein Gewicht zwischen 71,5
und 76,5 kg und eine Körpergröße zwischen 171,5 und 175,5 cm
besaßen.

Die Tabelle läßt nun einen gewissen Zusammenhang zwischen den
beiden Merkmalen vermuten. Man sieht, daß mit zunehmenden X-
Werten auch die zugehörigen Y-Werte zunehmen. Um diesen Zusam-
menhang näher zu untersuchen, betrachten wir zu einem festen
X_j^*-Wert die zugehörige bedingte Häufigkeitsverteilung der Y-
Werte

(7.23) $$h(Y_i^* | X_j^*) = \frac{n(Y_i, X_j)}{n(X_j)} = \frac{n_{ij}}{n_{\cdot j}} .$$

Man bestimmt dann den bedingten Mittelwert der Y-Werte bei ge-
gebenem X_j^*, $\bar{Y} | X_j^*$, mittels der Beziehung

(7.24) $$\bar{Y} | X_j^* = \bar{Y}_j = \sum_{i=1}^{k} Y_i^* \frac{n_{ij}}{n_{\cdot j}} .$$

Für $X_j^* = 157,5$ erhält man

$$\overline{Y}_{157,5} = 54 \cdot \frac{9}{22} + 59 \cdot \frac{10}{22} + 64 \cdot \frac{3}{22} = 57,64 \ .$$

Ebenso lassen sich auch die anderen bedingten Mittelwerte berechnen:

X_j^*	157,5	161,5	165,5	169,5	173,5	177,5	181,5	185,5
$\overline{Y}_j$	57,64	59,07	62,09	64,50	68,46	70,41	72,91	75,88

Analog kann man zu einem festen Y_i^*-Wert für die zugehörige bedingte Häufigkeitsverteilung $h(X_j^* | Y_i^*) = \frac{n_{ij}}{n_{i.}}$ den bedingten Mittelwert $\overline{X} | Y_i^* = \overline{X}_i$ bestimmen. Dabei ergibt sich

Y_i^*	54	59	64	69	74	79	84	89
$\overline{X}_i$	162,70	165,67	169,23	173,10	174,74	176,87	179,0	181,50

Man kann nun die Punktepaare $(X_j^*, \overline{Y}_j)$ und $(\overline{X}_i, Y_i^*)$ in ein (X,Y)-Koordinatensystem eintragen und aufeinanderfolegnde Punkte jeweils durch eine Gerade miteinander verbinden. (Abb. 7.6). Man

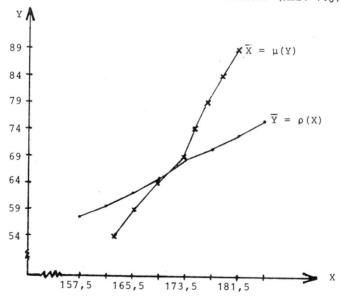

Abb. 7.6: Zusammenhang zwischen Körpergröße X und Körpergewicht Y

bezeichnet die beiden Polygonzüge $\overline{Y} = \rho(X)$ und $\overline{X} = \mu(Y)$ als empirische Regressionskurven. Wenn man genügend Beobachtungswerte besitzt und die Zahl der Klassen derart vergrößert, daß die Klassenbreiten gegen Null streben, erhält man anstelle der Polygonzüge stetige Kurvenzüge.

7.4.2.1 Berechnung der Parameter b_o und b_1 der empirischen Regressionsgeraden bei gruppiertem Datenmaterial

Um die Regressionsgerade $\overline{Y} = \rho(X)$ zu bestimmen, muß man jetzt beachten, daß die einzelnen Wertepaare $(X_j^*, \overline{Y}_j)$ verschiedene Bedeutung besitzen, je nachdem wie groß die Besetzungszahl der zugehörigen Randverteilung ist. So muß etwa das Wertepaar (181,5; 72,91) viermal so stark berücksichtigt werden als das Wertepaar (185,5; 75,88), da sich die entsprechenden Besetzungszahlen der Randverteilung wie 32:8 verhalten.

Um die Parameter der Regressionsgerade zu bestimmen, benötigt man die Mittelwerte $\overline{X}$ und $\overline{Y}$ der Randverteilungen. Aus der Korrelationstabelle erhält man mit Hilfe der Spalten- bzw. Zeilensummen.

$$(7.25) \qquad \overline{X} = \frac{1}{n} \sum_{j=1}^{m} n_{.j} \, X_j^*$$

$$= \frac{1}{648}(22 \cdot 157,5 + 71 \cdot 161,5 + \ldots + 32 \cdot 181,5 + 8 \cdot 185,5)$$

$$= 169,90 \ ,$$

$$(7.26) \qquad \overline{Y} = \frac{1}{n} \sum_{i=1}^{m} n_{i.} \, Y_i^*$$

$$= \frac{1}{648}(50 \cdot 54 + 140 \cdot 59 + \ldots + 8 \cdot 84 + 1 \cdot 89)$$

$$= 65,22 \ .$$

Ferner ist die empirische Varianz der Randverteilung der Variablen X zu berechnen. Diese lautet

$$\text{var}(X) = \frac{1}{n} \sum_{j=1}^{m} n_{.j} \, (X_j^* - \overline{X})^2$$

$$(7.27) \qquad\qquad = \frac{1}{n} \sum_{j=1}^{m} n_{.j} \, x_j^2 \ .$$

Man erhält

x_j^*	157,5	161,5	165,5	169,5	173,5	177,5	181,5	185,5
x_j	-12,4	-8,4	-4,4	-0,4	3,6	7,6	11,6	15,6
x_j^2	153,76	70,56	19,36	0,16	12,96	57,76	134,56	243,36
$n_{.j}\, x_j^2$	3382,72	5009,76	2632,96	27,04	1801,44	4100,96	4305,92	1946,88

$$\sum_{j=1}^{m} n_{.j}\, x_j^2 = 23\ 207,68 \ ,$$

$$\text{var}(X) = 35,81 \ .$$

Schließlich benötigt man noch die empirische Kovarianz zwischen der Randverteilung der Variablen X und den bedingten Mittelwerten $\overline{Y}_j$. Diese lautet

$$(7.28) \qquad \text{cov}(X,\overline{Y}_j) = \frac{1}{n} \sum_{j=1}^{m} n_{.j} \cdot x_j \cdot \overline{Y}_j \ .$$

Man erhält

x_j	-12,4	-8,4	-4,4	-0,4	3,6	7,6	11,6	15,6
$n_{.j}$	22	71	136	169	139	71	32	8
$\overline{Y}_j$	57,64	59,07	62,09	64,50	68,46	70,41	72,91	75,88
$n_{.j}x_j\overline{Y}_j$	-15724,19	-35229,35	-37154,66	-4360,2	34257,38	37993,24	27064,19	9469,82

$$\sum_{j=1}^{m} n_{.j}\, x_j\, \overline{Y}_j = 16\ 316,23 \ ,$$

$$\text{cov}(X,\overline{Y}_j) = 25,18 \ .$$

Damit ist man in der Lage, die Parameter der Regressionsgeraden zu bestimmen. Man erhält

$$(7.29) \qquad b_1 = \frac{\text{cov}(X,\overline{Y}_j)}{\text{var}(X)} = \frac{25,18}{35,81} = 0,70 \ ,$$

$$(7.30) \qquad b_o = \overline{Y} - b_1\overline{X} = 65,22 - 0,70 \cdot 169,9 = -53,71 \ .$$

Die gesuchte Regressionsgerade für den Zusammenhang zwischen Körpergröße und Körpergewicht lautet

$$\overline{Y}' = -53,71 + 0,70X \ .$$

Man besitzt nun eine Beziehung, die es erlaubt, zu einer vorgegebenen Körpergröße X den zugehörigen Mittelwert für das Körpergewicht $\bar{Y}$ zu berechnen, z.B.

Körpergröße X (cm)	170	172	175	178	180
Erwartungswert für das Körpergewicht $\bar{Y}$ (kg)	65,29	66,69	68,79	70,89	72,29

Auf analoge Weise kann man die Regressionsgerade für $\bar{X} = \mu(Y)$ bestimmen, die den Zusammenhang zwischen dem Körpergewicht Y und dem Mittelwert für die Körpergröße $\bar{X}$ darstellt.

Dazu benötigt man jetzt die empirischen Varianzen der Randverteilung der Variablen Y und die empirische Kovarianz zwischen der Randverteilung der Variablen Y und den bedingten Mittelwerten $\bar{X}_i$.
Diese ergeben sich zu

$n_{i.}$	50	140	194	168	68	19	8	1
$\bar{X}_i$	162,70	165,67	169,23	173,10	174,74	176,87	179,0	181,50
Y_i^*	54	59	64	69	74	79	84	89
y_i	-11,22	-6,22	-1,22	3,78	8,78	13,78	18,78	23,78
y_i^2	125,89	38,69	1,49	14,29	77,09	189,89	352,69	565,49
$n_{i.}y_i^2$	6294,50	5416,60	289,06	2400,72	5242,12	3607,91	2821,52	565,49
$n_{i.}y_i\bar{X}_i$	-91274,70	-144265,44	-40053,36	109925,42	104326,77	46308,10	26892,96	4316,07

$$\sum_{i=1}^{m} n_{i.}\, y_i^2 = 26\ 637,92 \ ,$$

$$\text{var}(Y) = 41,11 \ .$$

$$\sum_{i=1}^{m} n_{i.}\, y_i\bar{X}_i = 16\ 175,83 \ ,$$

$$\text{cov}(Y,\bar{X}_i) = 24,96 \ .$$

Für die Parameter der Regressionsgeraden erhält man

$$b_1 = \frac{\text{cov}(Y,\bar{X}_i)}{\text{var}(Y)} = \frac{24,96}{41,11} = 0,61 \ ,$$

$$b_0 = \bar{X} - b_1\bar{Y} = 169,90 - 0,61 \cdot 65,22 = 130,12 \ .$$

107

Damit lautet die gesuchte Regressionsgerade

$$\overline{X}' = 130,12 + 0,61Y .$$

Auch diese Beziehung erlaubt es, zu jedem sinnvollen Wert für das Körpergewicht Y den zugehörigen Mittelwert der Körpergröße $\overline{X}$ zu berechnen.

Betrachtet man speziell die Mittelwerte aus allen Daten des Beobachtungsmaterials, nämlich

$$\overline{X} = 169,90 \quad \text{und} \quad \overline{Y} = 65,22 ,$$

so kann man zeigen, daß die Koordinaten dieses Punktes beiden Regressionsgeraden genügen. Diese Aussage gilt allgemein: Die beiden Regressionsgeraden $\overline{Y} = \rho(X)$ und $\overline{X} = \mu(Y)$ schneiden sich immer im Punkt $S(\overline{X}, \overline{Y})$.

7.4.3 Die Korrelationsrechnung

Die Regressionsrechnung liefert im Fall der Einfachregression eine Aussage über die Zahlenwerte der Regressionskoeffizienten b_o und b_1. Ein Maß für die Güte der Anpassung der Regressionsgerade an die Beobachtungswerte liefert die Korrelationsrechnung. Je enger sich die Beobachtungswerte um die Regressionsgerade scharen, umso strammer ist der Zusammenhang zwischen den beobachteten Variablen. Im folgenden soll eine geeignete Maßzahl zur Messung der Strammheit dieses Zusammenhangs zwischen den Variablen behandelt werden.

7.4.3.1 Der Korrelationskoeffizient

Es liegen n Beobachtungswerte (X_i, Y_i), i = 1, 2, ..., n vor, die in ein sog. Streudiagramm eingetragen werden (vgl.Abb.7.1). Um eine Maßzahl zu bestimmen, empfiehlt es sich wieder zu zentrierten Werten überzugehen, d.h. es wird das Koordiantensystem parallel zu sich selbst verschoben, so daß der ursprüngliche Nullpunkt mit dem Punkt $(\overline{X}, \overline{Y})$ zusammenfällt. Dies bedeutet, daß die folgende Koordinatentransformation

(7.12) $$x_i = X_i - \overline{X} \quad \text{und} \quad y_i = Y_i - \overline{Y} ,$$ (7.17)

mit $\bar{X} = \frac{1}{n} \Sigma X_i$ und $\bar{Y} = \frac{1}{n} \Sigma Y_i$ durchgeführt wird.

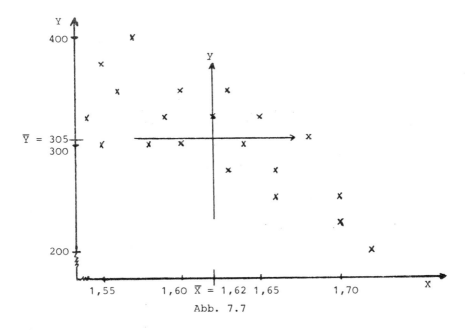

Abb. 7.7

Wenn in unserem Beispiel der Angebotspreis allein die Absatzmenge bestimmen würde, so lägen alle Beobachtungspunkte auf
einer Geraden, die durch den Punkt $(\bar{X},\bar{Y})$ gehen müßte. Wenn dagegen der Angebotspreis ohne jeden Einfluß auf die Absatzmenge
wäre, würden die Beobachtungspunkte willkürlich über die vier
Quadranten verteilt liegen.

Ist dagegen der Angebotspreis einer der Einflüsse, die die Absatzmenge bestimmen, dann werden zwar die Punkte in allen Quadranten liegen, aber die Verteilung über die vier Quadranten
wird nicht zufällig sein. In unserem Beispiel liegen die Punkte größtenteils im II. und IV. Quadranten. In solchen Fällen
spricht man von einer negativen Korrelation. Würden die Punkte größtenteils im I. und III. Quadranten liegen, wäre also
die Absatzmenge im allgemeinen mit steigendem Angebotspreis
größer geworden, so würde man von einer positiven Korrelation
sprechen.

109

Als Maß für die Strammheit des Zusammenhangs zwischen den Variablen X und Y kommen nun verschiedene Kriterien in Betracht.

1. Kriterium: $\Sigma x_i y_i$

Im I. Quadranten sind sowohl x_i als auch y_i positiv und somit ist auch das Produkt $x_i y_i$ positiv. Im II. Quadranten ist x_i negativ und y_i positiv und somit ist das Produkt $x_i y_i$ negativ. Im III. Quadranten sind sowohl x_i als auch y_i negativ und somit das Produkt positiv. Im IV. Quadranten ist x_i positiv und y_i negativ, somit das Produkt $x_i y_i$ negativ.

Liegen alle Punkte hauptsächlich im I. und III. Quadranten, so wird die Summe der Produkte positiv sein. Liegen die Punkte willkürlich über die vier Quadranten verteilt, so wird die Summe der Produkte $x_i y_i$ gegen Null streben. Die Produktsumme $\Sigma x_i y_i$ wird umso größer, je stärker sich die Beobachtungspunkte um die Gerade konzentrieren. Bei positiver Steigung der Regressionsgeraden wird die Produktsumme $\Sigma x_i y_i$ positiv, entsprechend erhält man bei negativer Steigung der Regressionsgeraden eine negative Produktsumme $\Sigma x_i y_i$.

Allerdings ist $\Sigma x_i y_i$ noch kein brauchbares Maß für eine Entscheidung, da der Wert dieser Produktsumme durch zwei Einflußfaktoren bestimmt wird. Wenn man die Maßeinheit der Werte X und Y verändert, dann ändert sich damit auch der Wert der Produktsumme. Wird etwa die Absatzmenge nicht in kg sondern in Tonnen gemessen, dann würde sich der Wert der Produktsumme verringern. Auch kann der Wert der Produktsumme erhöht (verrringert) werden, wenn man die Zahl der Beobachtungswerte erhöht (bzw. verringert).

2. Kriterium:

Daher muß die Größe $\Sigma x_i y_i$ normiert weden. Die Unabhängigkeit von der Maßeinheit von X und Y erreicht man durch die Transformation

(7.31)
$$\tilde{x}_i = \frac{x_i}{s_X} = \frac{X_i - \overline{X}}{s_X} \quad , \quad \text{mit}$$

$$s_X^2 = \frac{1}{n} \sum_{i=1}^{n} (X_i - \overline{X})^2 , \quad \text{und}$$

$$(7.32) \qquad \tilde{y}_i = \frac{y_i}{s_Y} = \frac{Y_i - \overline{Y}}{s_Y} \quad , \quad \text{mit}$$

$$s_Y^2 = \frac{1}{n} \sum_{i=1}^{n} (Y_i - \overline{Y})^2 \quad .$$

Die sich auf diese Weise ergebende Produktsumme $\Sigma x_i' y_i'$ hängt jedoch noch vom Stichprobenumfang n ab. Diesen berücksichtigt man, indem man $\Sigma x_i' y_i'$ durch n dividiert. Damit erhält man die Größe

$$(7.33) \qquad r = \frac{1}{n} \Sigma \tilde{x}_i \tilde{y}_i \quad ,$$

die man den Korrelationskoeffizienten (nach Bravais und Pearson) nennt. Sie ist ein Maß für die Strammheit des Zusammenhanges zwischen den Variablen X und Y. Man kann zeigen, daß r nur Werte zwischen -1 und +1 annehmen kann, d.h

$$-1 \leq r \leq +1 \quad .$$

Liegt der Wert von r nahe bei -1 bzw. bei +1, dann besteht ein sehr enger negativer bzw. positiver linearer Zusammenhang zwischen X und Y. Liegt der Wert von r nahe bei Null, dann besteht kein wesentlicher linearer Zusammenhang X und Y.

Der Korrelationskoeffizient r läßt sich einfacher berechnen, wenn man ihn im (x,y)-Koordinatensystem angibt, d.h.

$$r = \frac{1}{n} \Sigma \tilde{x}_i \tilde{y}_i = \frac{\Sigma (X_i - \overline{X})(Y_i - \overline{Y})}{n \sqrt{\frac{1}{n} \Sigma (X_i - \overline{X})^2} \cdot \sqrt{\frac{1}{n} \Sigma (Y_i - \overline{Y})^2}} \quad ,$$

$$= \frac{\Sigma x_i y_i}{\sqrt{\Sigma x_i^2 \, \Sigma y_i^2}} = \frac{\text{cov}(X,Y)}{\sqrt{\text{var}(X) \, \text{var}(Y)}} \quad .$$

7.4.3.2 Die Streuungszerlegung

Wenn man eine Aussage über den Erfolg der Regressionsrechnung treffen will, dann betrachtet man die Abweichung der Werte Y_i von ihrem Mittelwert $\overline{Y}$. Will man eine Aussage über einen Wert Y_i treffen, ohne den exakten Wert von X_i zu kennen, dann kann man den Wert des arithmetischen Mittels $\overline{Y}$ wählen. Dabei macht man jedoch einen Fehler, der umso größer wird, je weiter der unbekannte Wert X_i vom Mittelwert $\overline{X}$ abweicht. Dieser Fehler wird durch die Differenz $Y_i - \overline{Y}$ gemessen (vgl.Abb.7.8).

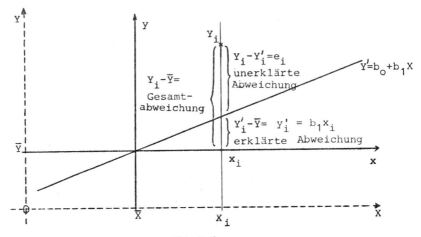

Abb.7.8

Diese Abweichung wird nun durch die Regressionsgerade in zwei Summanden zerlegt, in den Teil $Y_i' - \overline{Y}$ der durch die Regression "erklärt" wird und in den verbleibenden Teil $Y_i - Y_i'$ der "unerklärt" bleibt. Man kann somit die gesamte Abweichung $Y_i - \overline{Y}$ für beliebiges i wie folgt zerlegen

$$(Y_i - \overline{Y}) = (Y_i' - \overline{Y}) + (Y_i - Y_i')$$

gesamte Abweichung = "erklärte" + "unerklärte" Abweichung.

Summiert man über alle Beobachtungswerte, so erhält man

$$\sum_{i=1}^{n} (Y_i - \overline{Y}) = \sum_{i=1}^{n} (Y_i' - \overline{Y}) + \sum_{i=1}^{n} (Y_i - Y_i') .$$

Diese Gleichung gilt auch dann noch, wenn die Summanden einzeln quadriert werden, d.h.

$$\sum_{i=1}^{n} (Y_i - \overline{Y})^2 = \sum_{i=1}^{n} (Y_i' - \overline{Y})^2 + \sum_{i=1}^{n} (Y_i - Y_i')^2 .$$

Beweis:

(7.34)
$$\sum_{i=1}^{n} (Y_i - \overline{Y})^2 = \sum_{i=1}^{n} \{ (Y_i' - \overline{Y}) + (Y_i - Y_i') \}^2$$

$$= \sum_{i=1}^{n} (Y_i' - \overline{Y})^2 + 2 \sum_{i=1}^{n} (Y_i' - \overline{Y})(Y_i - Y_i') + \sum_{i=1}^{n} (Y_i - Y_i')^2 .$$

Wenn die Behauptung gelten soll, muß das mittlere Glied gleich Null sein. Berücksichtigt man die Gültigkeit von

$$Y_i' - \overline{Y} = y_i' = b_1 x_i, \quad \text{und}$$

$$\sum_{i=1}^{n} x_i (Y_i - a - b_1 x_i) = 0,$$

dann erhält man für das mittlere Glied

$$2 \Sigma (Y_i' - \overline{Y})(Y_i - Y_i') = 2 \Sigma b_1 x_i (Y_i - Y_i') ,$$
$$= 2 b_1 \Sigma x_i (Y_i - Y_i') ,$$
$$= 2 b_1 \Sigma x_i (Y_i - a - b_1 x_i) = 0.$$

Damit ist die Behauptung bewiesen.

Die Summe der quadrierten Abweichungen der Beobachtungswerte Y_i von ihrem Mittelwert $\overline{Y}$ läßt sich somit zerlegen in eine durch die Regressionsgerade erklärte quadratische Abweichung $(Y_i' - \overline{Y})^2$ und in eine bei dieser Regression nicht erklärte quadratische Abweichung, dem sog. Restglied $(Y_i - Y_i')^2 = e_i^2$. Je kleiner diese unerklärte quadratische Abweichung ist, um so besser paßt sich die Regressionsgerade den Beobachtungswerten Y_i an.

Die Beziehung der Streuungszerlegung läßt sich auch in der Form schreiben:

(7.35)
$$\sum_{i=1}^{n} (Y_i - \overline{Y})^2 = b_1^2 \sum_{i=1}^{n} x_i^2 + \sum_{i=1}^{n} e_i^2 .$$

gesamte   erklärte   unerklärte
Abweichung

7.4.3.3 Das Bestimmtheitsmaß

Ausgehend von der bei der Streuungszerlegung erhaltenen Beziehung

(7.34)
$$\Sigma (Y_i - \overline{Y})^2 = \Sigma (Y_i' - \overline{Y})^2 + \Sigma (Y_i - Y_i')^2$$

läßt sich ein anderes Maß für die Strammheit eines Zusammenhanges ermitteln. Nach Division durch n erhält man

(7.36)
$$\frac{1}{n} \Sigma (Y_i - \overline{Y})^2 = \frac{1}{n} \Sigma (Y_i' - \overline{Y})^2 + \frac{1}{n} \Sigma (Y_i - Y_i')^2 .$$

Der Ausdruck auf der linken Seite des Gleichheitszeichens stellt die empirische Varianz (das mittlere Differenzenquadrat) s_Y^2 der Beobachtungswerte Y_i und der erste Ausdruck auf der rechten Seite die empirische Varianz $s_{Y'}^2$ der Regressionswerte Y_i' dar. Der zweite Summand auf der rechten Seite stellt die empirische Varianz der Reststreuung bei einer Regression der Variablen Y bezüglich X dar. Man kann diese mit $s_{Y,X}^2$ bezeichnen. Im Falle einer unabhängigen Variablen X läßt sich $s_{Y'}^2$ aus der Abhängigkeit der Variablen Y von der Variablen X erklären. Die Größe $s_{Y,X}^2$ läßt sich dagegen aus der Abhängigkeit der Variablen Y von anderen außer X wirkenden Variablen sowie dem Zufall deuten. Daher der Name Reststreuung oder Residualabweichung für $s_{Y,X}^2$. Je größer nun $s_{Y'}^2$ gegenüber $s_{Y,X}^2$ ist, desto stärker wird die Gesamtvarianz durch die Abhängigkeit der Variablen Y von der Variablen X bestimmt. Es erscheint daher vernünftig, den Quotienten $s_{Y'}^2 : s_Y^2$ zu bilden, der den Anteil der durch die Regression erklärten Varianz an der beobachteten Gesamtvarianz angibt. Je größer der Teil der Gesamtvarianz ist, der durch $s_{Y'}^2$ bedingt wird, desto besser paßt sich die Regressionsgerade den beobachteten Werten an. Man bezeichnet daher diesen Quotienten als Bestimmtheitsmaß, $B_{Y,X}$, also

$$(7.37) \qquad B_{Y,X} = \frac{s_{Y'}^2}{s_Y^2} .$$

Man kann zeigen, daß für $B_{Y,X}$ gilt

$$0 \le B_{Y,X} \le 1 .$$

Je näher $B_{Y,X}$ bei 1 liegt, umso besser paßt sich die Regression den Beobachtungswerten an.

7.4.3.4 Zusammenhang zwischen dem Bestimmtheitsmaß B und dem Korrelationskoeffizienten r

Es gilt

$$(7.38) \qquad \frac{s_{Y'}^2}{s_Y^2} = B = r^2 .$$

Beweis:

$$B = \frac{s_{Y'}^2}{s_Y^2} = \frac{\frac{1}{n} \Sigma y_i'^2}{\frac{1}{n} \Sigma y_i^2} = \frac{\Sigma y_i'^2}{\Sigma y_i^2} .$$

114

Wegen $y_i' = b_1 x_i$ und $b_1 = \dfrac{\Sigma x_i y_i}{\Sigma x_i^2}$ folgt unmittelbar

$$B = \frac{b_1^2 \Sigma x_i^2}{\Sigma y_i^2} = \frac{(\Sigma x_i y_i)^2 \cdot \Sigma x_i^2}{(\Sigma x_i^2)^2 \cdot \Sigma y_i^2} = \frac{(\Sigma x_i y_i)^2}{\Sigma x_i^2 \; \Sigma y_i^2} = r^2 \; .$$

Damit verfügt man mit dem Bestimmtheitsmaß B und dem Koorelationskoeffizienten r über zwei Kriterien für die Güte einer Regression, die allerdings auf den gleichen Überlegungen beruhen. Man erhält also keine zusätzliche Information, wenn man nach Berechnung des Korrelationskoeffizienten zusätzlich noch das Bestimmtheitsmaß bestimmt. Auch muß man beachten, daß das Bestimmtheitsmaß nur eine Entscheidung darüber treffen kann, ob ein linearer Zusammenhang vorliegt oder nicht. Ob dieser Zusammenhang positiv oder negativ ist, läßt sich mit Hilfe des Bestimmtheitsmaßes nicht entscheiden.

Beispiel 7.3: Für die Daten dieses Beispiels ergeben sich folgende Werte für den Korrelationskoeffizienten und das Bestimmtheitsmaß

$$r = \frac{\Sigma x_i y_i}{\sqrt{\Sigma x_i^2 \; \Sigma y_i^2}} = \frac{-39,0}{\sqrt{0,054 \cdot 47000}} = -0,77 \; ,$$

$$B = r^2 = 0, \quad .$$

Beispiel 7.4: Für dieses Beispiel soll der Wert des Korrelationskoeffizienten und des Bestimmtheitsmaßes für die beiden empirischen Regressionsgeraden bestimmt werden.

a) $\overline{Y} = \rho(X)$, $\qquad \overline{Y}' = -53,71 + 0,7oX$,

$$r = \frac{\text{cov}(X, \overline{Y}_j)}{\sqrt{\text{var}(X) \cdot \text{var}(Y)}} = \frac{25,18}{\sqrt{35,81 \cdot 41,11}}$$

$$= 0,656 \; ,$$

$$B = r^2 = 0,431.$$

b) $\overline{X} = \mu(Y)$, $\qquad \overline{X}' = 130,12 + 0,61Y$,

$$r = \frac{\text{cov}(Y, \overline{X}_i)}{\sqrt{\text{var}(X) \cdot \text{var}(Y)}} = \frac{24,96}{\sqrt{35,81 \cdot 41,11}}$$

$$= 0,651 \; ,$$

$$B = r^2 = 0,423.$$

115

Aufgabe 1

Aufgliederung von 5o Unternehmen nach Umsatz und Aufwendungen für Forschung und Entwicklung in Mio. DM

Umsatz in Mio. DM	Aufwendungen für Forschung und Entwicklung in Mio. DM				
	$[0;1o)$	$[1o;2o)$	$[2o;3o)$	$[3o;4o)$	$[4o;5o)$
$[\ o\ ;\ 2oo)$	2	3	1	–	–
$[2oo\ ;\ 4oo)$	2	6	3	1	–
$[4oo\ ;\ 6oo)$	1	4	5	4	–
$[6oo\ ;\ 8oo)$	–	2	4	3	2
$[8oo\ ;\ 1ooo)$	–	–	1	2	4

a) Berechnen Sie die zweidimensionalen relativen Häufigkeiten.

b) Ermitteln Sie die Randverteilungen und erläutern Sie, warum man sie auch als eindimensionale Häufigkeitsverteilungen bezeichnen kann.

c) Bestimmen Sie die bedingten und marginalen relativen Häufigkeiten! Welchen Zusammenhang unterstellen Sie dabei zwischen dem Umsatz und den Aufwendungen für Forschung und Entwicklung?

d) Berechnen Sie für die unter c) angegebene Kausalität die bedingten Mittelwerte.
(Gehen Sie bei der Berechnung der bedingten Mittelwerte jeweils von den Klassenmitten aus.)

e) Erklären Sie den Begriff der statistischen Unabhängigkeit und geben Sie an, ob diese im vorliegenden Fall zutrifft.

Aufgabe 2

Bei einer Untersuchung über den Zusammenhang zwischen dem monatlichen Haushaltsnettoeinkommen der Haushalte mit Haus- und Grundbesitz (X) und den jährlichen Ausgaben für Zinsen und Tilgungen (Y) ergab sich das in der folgenden Tabelle zusammengestellte Datenmaterial

Y=Ausgaben für Zinsen u.Tilgungen pro Jahr (in 1ooo DM)	X=monatliches Haushaltsnettoeinkommen der Haushalte mit Haus- und Grundbesitz (in 1oo DM)				
	$[0;8)$	$[8;12)$	$[12;18)$	$[18;25)$	$[25;1oo)$
$[0\ ;\ 2)$	16o	125	75	3o	1o
$[2\ ;\ 3)$	8o	7o	6o	25	5
$[3\ ;\ 4)$	15	3o	3o	1o	5
$[4\ ;\ 5)$	1o	15	3o	2o	5
$[5\ ;\ 6)$	1o	2o	3o	2o	1o
$[6\ ;\ 8)$	5	1o	25	45	15

a) Berechnen Sie die Randverteilungen $n_i.$ und $n._j$.

b) Stellen Sie die Tabelle der bedingten relativen Häufidkeiten auf. (Gehen Sie bei der Berechnung der bedingten Häufigkeiten von den Klassenmitten aus!)
Welche Kausalbeziehung unterstellen Sie dabei?

c) Wie unterscheiden sich relative Häufigkeiten und bedingte relative Häufigkeiten bei zweidimensionalen Merkmalen?
Erklären Sie den Unterschied.

d) Sind die beiden Merkmale statistisch unabhängig?
Begründen Sie Ihre Antwort.

Aufgabe 3

Für sechs Unternehmen eines Wirschaftszweiges soll untersucht werden, welcher Zusammenhang zwischen Umsatz und Werbeaufwendungen besteht. In einem bestimmten Jahr wurden folgende Umsätze und Werbeaufwendungen (in Mio. DM) festgestellt:

Umsatz	Werbeaufwendungen
8o	3
15o	6
1oo	7
16o	9
24o	15
29o	2o

a) Welches ist in diesem Fall die abhängige, welches die unabhängige Variable?

b) Bestimmen Sie die Koeffizienten b_o und b_1 der Regressionsgeraden.
Interpretieren Sie die errechneten Werte.

c) Geben Sie an, wie hoch im Durchschnitt der Umsatz aller Unternehmen ist, wenn ihre Werbeaufwendungen 12 Mio. DM betragen.

d) Wie und warum nimmt man bei der Berechnung des Regressionskoeffizienten eine Koordinatentransformation vor?

e) Durch welchen Punkt verläuft jede nach der Methode der kleinsten Quadrate berechnete Regressionsgerade?
Welche Koordinaten (X,Y) besitzt dieser Punkt im vorliegenden Fall?

f) Bestimmen Sie den Korrelationskoeffizienten und das Bestimmtheitsmaß.
Interpretieren Sie die Ergebnisse.
Welche der beiden Maßgrößen halten Sie für aussagefähiger?

Aufgabe 4

In der folgenden Tabelle werden der Wareneingang und der Absatz eines Großhandelsunternehmens dargestellt. Das Unternehmen will den Zusammenhang zwischen Wareneingang (X) und Absatz (Y) (beide

in Mio.DM) in den hier berücksichtigten 1o aufeinanderfolgenden
Zeitpunkten untersuchen.

X_i	Y_i
1o2	113
1o1	112
1o5	114
1o6	115
1o9	118
1o7	117
1o4	115
1o3	113
1o2	112
1o1	111

a) Berechnen Sie aus diesen Daten die Werte der Regressionskoeffizienten b_0 und b_1 nach der Methode der kleinsten Quadrate und
interpretieren Sie das Ergebnis der Rechnung.

b) Wie groß ist in diesem Fall die Gesamtvarianz des Warenabsatzes?
Welcher Anteil davon wird durch die Regressionsfunktion erklärt?
Wie groß ist die Reststreuung?

c) Angenommen, man möchte jetzt vom Absatz auf den Wareneingang
schließen und berechnet die Funktion

$$X'_i = 27,33 + 1,152 \ Y_i.$$

Man erhält dann eine von der ersten Funktion abweichende Gerade.
In welchem Punkt schneiden sich die beiden Geraden?

d) Angenommen, Sie betrachten eine zweidimensionale Häufigkeitsverteilung. Die beiden Variablen

X (mit $\overline{X} = 2o$ und $s_x^2 = 25$) und Y (mit $\overline{Y} = 3o$ und $s_y^2 = 1oo$)

korrelieren mit $r = o,6$.
Berechnen Sie die Regressionsfunktion $Y'_i = b_0 + b_1 X_i$.

Aufgabe 5

Stellen Sie fest, ob die folgenden Behauptungen zutreffen (mit
Begründung bzw. Beweis):

a) $\displaystyle\sum_{i=1}^{n} x_i y_i = \sum_{i=1}^{n} x_i Y_i$,

b) $\displaystyle\sum_{i=1}^{n} (Y'_i - \overline{Y})^2 = b_1^2 \sum_{i=1}^{n} x_i^2$,

c) $r^2 = b_1^2 \cdot \dfrac{s_x^2}{s_y^2}$.

Aufgabe 6

Bei einer Befragung von 14o Haushalten wurde 1974 das monatliche Haushaltsnettoeinkommen und die durchschnittlichen monatlichen Ersparnisse erhoben.
Dabei ergab sich folgende Verteilung der Haushalte:

Monatliche Ersparnisse Y (in 1oo DM)	Monatliches Haushaltsnettoeinkommen X (in 1oo DM)				RV
	[8;1o)	[1o;14)	[14;18)	[18;26)	
[0 ; 2)	15	–	–	–	15
[2 ; 4)	5	2o	2o	–	45
[4 ; 6)	–	2o	3o	1o	60
[6 ; 8)	–	–	1o	1o	2o
RV	2o	4o	60	2o	14o

1. a) Welchen Zusammenhang unterstellen Sie zwischen den durchschnittlichen monatlichen Ersparnissen und dem monatlichen Haushaltsnettoeinkommen?

   b) Berechnen Sie für die unter a) angegebene Kausalität die bedingten Mittelwerte.
   Interpretieren Sie einen der errechneten Werte.

2. a) Bestimmen Sie mit Hilfe der Methode der kleinsten Quadrate die Regressionskoeffizienten b_0 und b_1 .

   b) Wie groß ist die monatliche Ersparnis, wenn im Durchschnitt das monatliche Haushaltsnettoeinkommen 1 5oo DM beträgt?

   c) Ermitteln Sie den Korrelationskoeffizienten.

8. Maß- und Indexzahlen

Die Grundidee, die zur Konstruktion von Maßzahlen führt, besteht darin, Sachverhalte durch Zahlen zu charakterisieren, um sie einem Vergleich zugänglich zu machen. Die dabei auftretenden Schwierigkeiten bestehen darin, daß oft verschiedene Maßzahlen zur Charakterisierung eines Sachverhaltes denkbar sind. Bei der Konstruktion und Interpretation dieser Maßzahlen muß man stets von der materiellen Fragestellung ausgehen und die im Hinblick darauf sinnvollste Maßzahl auswählen. Die Konstruktion einer solchen Maßzahl soll an den folgenden Beispielen gezeigt werden.

1. Es soll eine Maßzahl konstruiert werden, die es ermöglicht, Aussagen über die Unfallgefährdung bei Bahn-,Flug- und Schiffsreisen zu treffen. Bevor man diese Maßzahl konstruiert, muß zunächst geklärt werden, ob nur die Zahl der getöteten oder auch die Zahl der verletzten Reisenden berücksichtigt werden soll. Flugzeugunfälle verlaufen mit einer größeren Wahrscheinlichkeit tödlich. Sodann liefert die Angabe der Zahl der Verunglückten bezüglich der Unfallgefährdung keine Vergleichsmöglichkeit, da die Zahl der Benutzer der einzelnen Verkehrsmittel unterschiedlich groß ist. Folgende Maßzahl

$$\frac{\text{Anzahl der Unfallbeteiligten}}{\text{Anzahl der Benutzer}}$$

liefert ebenfalls keine befriedigende Vergleichsmöglichkeit, da hierbei die Länge der Reise nicht berücksichtigt wird. Eine bessere Vergleichsmöglichkeit würde durch die Maßzahl

$$\frac{\text{Anzahl der Unfallbeteiligten}}{\text{Personenkilometer}}$$

erreicht werden. Doch auch diese Maßzahl erscheint für bestimmte Fragestellungen nicht geeignet. So erscheint es wenig sinnvoll,

kurze Bahn- bzw. Autoreisen des täglichen Berufsverkehrs mit
längeren Flugreisen zu vergleichen. Diesem Einwand könnte man
dadurch begegnen, daß man Maßzahlen nur für bestimmte Reise-
strecken oder Reisezeiten konstruiert. Allerdings gibt es kaum
statistische Erhebungen, die einen solchen detaillierten Vergleich ermöglichen.

2. Den Grad der Motorisierung verschiedener Länder kann man
durch die Bildung einer Maßzahl für die Kraftfahrzeugdichte
untereinander vergleichbar machen. Je nach der für den betreffenden Vergleich wesentlichen Fragestellung lassen sich verschiedene Maßzahlen konstruieren, die sich dadurch unterscheiden, daß man die Zahl der Kraftfahrzeuge K auf eine andere
Bezugsmasse bezieht. Mögliche Bezugsmassen wären beispielsweise die Einwohnerzahl E, die Fläche des betreffenden Landes F
oder die Länge des Straßennetzes S. Vergleicht man die so gebildeten Maßzahlen

$$\frac{K}{E}, \ \frac{K}{F} \ und \ \frac{K}{S}$$

für eine Zahl von Ländern, so ergibt sich für jede Maßzahl
eine völlig unterschiedliche Rangordnung der einzelnen Länder.
Ein dünn besiedeltes Land schneidet beispielsweise viel günstiger ab, wenn K nicht auf die Fläche F sondern auf die Einwohnerzahl E bezogen wird. Beim Vergleich von Maßzahlen muß
daher streng darauf geachtet werden, daß nur Maßzahlen miteinander verglichen werden, die sich auf die gleiche Bezugsmasse beziehen.

Die Maßzahlen lassen sich untergliedern in Verhältniszahlen,
die als Quotient zweier Zahlen gebildet werden, in Indexzahlen,
die durch Standardisierung von Verhältniszahlen gewonnen werden und in Verteilungsmaßzahlen, die durch allgemeine Funktionen gebildet werden. Letztere wurden bereits in Kapitel 5 be-
sprochen.

8.1 Verhältniszahlen

Eine einfache Klasse von Maßzahlen bilden die sog. Verhältnis-

122

zahlen. Diese werden als Quotient zweier statistischer Größen gebildet, von denen jede für sich einen bestimmten Sachverhalt wiedergibt. Es ist üblich, die Verhältniszahlen nach der logischen Beziehung zwischen Zähler und Nenner wie folgt weiter zu untergliedern:

8.1.1 Meßziffern

Bei diesen werden eine Reihe gleichartiger Größen, die sich meist durch einen wechselnden Erhebungszeitpunkt oder -zeitraum unterscheiden,ins Verhältnis gesetzt. Sie werden überwiegend zum Zeitvergleich benutzt, und geben an, auf das Wievielfache sich eine interessierende Größe in dem betreffenden Zeitraum, bezogen auf eine Basisgröße, verändert hat.

Beispiel 8.1: Die Entwicklung des Güterumschlags in einigen
ausgewählten Seehäfen der BRD soll bezüglich der
Ein- und Ausladungen anhand des folgenden Datenmaterials untersucht werden. (Quelle: Statistisches Jahrbuch der BRD, 1974, S.343)

1. absolute Zahlen (in 1 000 t)

Hafen	1972			1973		
	insgesamt	Ein-ladungen	Aus-ladungen	insgesamt	Ein-ladungen	Aus-ladungen
Lübeck	5 574,9	1 740,8	3 834,1	5 826,4	1 954,2	3 872,1
Kiel	1 126,0	141,3	984,7	1 246,8	292,0	954,8
Hamburg	45 896,1	10 477,4	35 418,6	49 303,6	12 417,8	36 885,8
Cuxhaven	230,9	13,0	217,9	251,8	9,5	242,3
Wilhelms-haven	23 195,9	14,0	23 181,8	26 536,0	236,5	26 299,5

2. Meßziffern für 1973 (Basis 1972 = 100)

Hafen	insgesamt	Einladungen	Ausladungen
Lübeck	104,5	112,3	101,0
Kiel	110,7	206,7	97,0
Hamburg	107,4	118,5	104,1
Cuxhaven	109,1	73,1	111,2
Wilhelmshaven	114,4	1 689,3	113,4

Meist wählt man als Basis der Meßziffer die Zahl 100. Vergleicht man allerdings sehr unterschiedliche Größen miteinander,
so wählt man als Basis besser die Zahl 1.

Beispiel 8.2:

Vergleicht man den Güterumschlag des Hamburger Hafens mit dem
von Cuxhaven für das Jahr 1973, so erhält man

Basis Cuxhaven 1973 = 100 : Hamburg 19 580,5 ,
Basis Cuxhaven 1973 =   1 : Hamburg   195,81.

Man wird nicht sagen, der Güterumschlags Hamburgs betrage
19 580,5% des Güterumschlags von Cuxhaven, sondern man wird
sagen, der Güterumschlag Hamburgs betrug im Jahre 1973 das
195,8-fache des Güterumschlags von Cuxhaven.

Wird die Änderung der Meßziffer in Prozenten einer festen Basis
angegeben, so spricht man oft von Prozentpunkten. Besitzt eine
Meßziffer den Wert 200%, so bedeutet eine Steigerung um 10 Prozentpunkte eine Steigerung auf 210%. Dies stellt eine Steigerung
der Meßziffer um 5% dar. Zu beachten ist ferner, daß eine Steigerung der Meßziffer um 10% und eine darauffolgende Senkung um
10% nicht zur Wiederherstellung des alten Zustandes führt, z.B.:

Ausgangspunkt 100%, eine 10% Steigerung führt zu 110%,
Ausgangspunkt 110%, eine 10% Senkung führt zu 99%.

8.1.2 Gliederungszahlen

Wird das Verhältnis einer Teilgröße zu einer Gesamtgröße gebildet, so spricht man von einer Gliederungszahl. Sie wird auch
als Quoten-, Anteil oder Prozentzahl bezeichnet.
Alle relativen Häufigkeiten h_i, die bei der Betrachtung von
Häufigkeitsverteilungen auftreten, können als Gliederungszahlen
aufgefaßt werden. Die Gliederungszahl gibt das Gewicht und damit die Bedeutung an, die die Teilgröße bezogen auf die Gesamtgröße besitzt. Die Bildung von Gliederungszahlen soll an dem
folgenden Beispiel gezeigt werden.

Beispiel 8.3: Die statistische Masse 'Export' der BRD soll für
die beiden Jahre 1970 und 1972 nach Erdteilen
gegliedert werden. (Quelle: Statistisches Jahrbuch der BRD, 1974, Internationale Übersichten,
S.73-75).

Erdteil	Export 1970		Export 1972	
	Mill. DM	%	Mill. DM	%
Europa	71 750	72,6	88 500	74,6
Afrika	5 030	5,1	5 750	4,8
Amerika	14 830	15,0	14 100	11,9
Asien	6 600	6,7	9 350	7,9
Australien mit Ozeanien	590	0,6	930	0,8
Welt	98 800	100,0	118 630	100,0

Bei der Interpretation von Gliederungszahlen sollte folgendes
beachtet werden:

1. Vergleicht man die Gliederungszahlen verschiedener Zeitpunkte
oder -räume miteinander, so darf aus einer bestimmten Veränderung
der Anteilswerte nicht auf eine gleichlaufende Veränderung der
absoluten Zahlen geschlossen werden.
So ging beispielsweise der Anteil Afrikas am Export der BRD
zwischen 1970 und 1972 von 5,1% auf 4,8% zurück, der absolute
Wert stieg dagegen von 5 030 Mill.DM auf 5 750 Mill.DM. Dieses
Ergebnis ist dadurch zu erklären, daß der Exportanteil anderer
Erdteile, etwa Europa oder Asien, stärker gestiegen ist als
der Export nach Afrika.

2. Oft werden Gliederungszahlen fälschlicherweise zur Messung
der Intensität einer Erscheinung verwendet. Darauf soll im
nächsten Abschnitt eingegangen werden.

8.1.3 Beziehungszahlen

Bei diesen werden zwei verschiedenartige, aber in sachlich sinnvoller Beziehung stehende Größen zueinander ins Verhältnis gesetzt. Die Beziehungszahlen werden oft in Verursachungszahlen

125

und Entsprechungszahlen unterteilt.

Bei den Verursachungszahlen wird eine Bewegungsmasse auf die zugehörige Bestandsmasse bezogen. Bewegungsmassen beziehen sich auf einen bestimmten Zeitraum, etwa ein Jahr, einen Monat. Dagegen werden Bestandsmassen auf einen festen Zeitpunkt bezogen. Die in einem Jahr Lebendgeborenen stellen eine Bewegungsmasse dar. Um eine Geburtenziffer als Beziehungszahl zu definieren, benötigt man den zugehörigen Bevölkerungsbestand zu einem bestimmten Zeitpunkt. Da dieser jedoch meist nur für den Beginn eines Jahres bekannt ist, bildet man aus den Werten zweier aufeinanderfolgender Jahre das arithmetische Mittel und benutzt diese Größe als zugehörige Bestandsmasse.

$$\text{allgem.Geburtenziffer} = \frac{\text{Zahl der Lebendgeb.eines Jahres}}{\text{mittl.Bestand d.Bevölkrg.ds.Jhrs.}} \cdot 100.$$

Analoge Überlegungen gelten für die Bildung einer allgemeinen Sterbeziffer. Man bezeichnet diese Verursachungszahlen auch als Häufigkeitsziffern, weil sie die Häufigkeit einer Bewegungsmasse zu einer Bestandsmasse angibt.

Weitere Beispiele sind:

$$\frac{\text{Verkehrsunfälle}}{\text{Anzahl d.Kraftfahrzeuge}} \quad , \quad \frac{\text{Anzahl der Konkurse}}{\text{Anzahl der Betriebe}} \quad .$$

Alle übrigen Beziehungszahlen werden Entsprechungszahlen genannt.

Beispiele für Entsprechungszahlen sind:

$$\text{Bevölkerungsdichte} = \frac{\text{Wohnbevölkerung}}{\text{Fläche in km}^2} \quad ,$$

$$\text{Hektarertrag} = \frac{\text{Ernteertrag}}{\text{Anbaufläche in Hektar}} \quad ,$$

$$\text{Rentabilität d.Gesamtkapitals} = \frac{\text{Reingew.+Fremdkapit.zinsen}}{\text{Gesamtkapital}} ,$$

$$\text{Kapitalintensität} = \frac{\text{Anlagevermögen}}{\text{Anzahl der Beschäftigten}} \quad ,$$

$$\text{Produktivität} = \frac{\text{Nettoprodukt}}{\text{Anzahl der Beschäftigten}} \quad .$$

126

Diese Beispiele zeigen, daß eine strenge Trennung zwischen
Verursachungszahlen und Entsprechungszahlen nicht immer möglich ist.

Auch muß vor einer fälschlichen Verwendung von Gliederungszahlen an Stelle von Beziehungszahlen gewarnt werden. Das
folgende Beispiel soll dies deutlich machen.

Beispiel 8.4:

In einer Wirtschaftszeitung wurde festgestellt, daß es im Zeitraum Januar bis August 1976 6100 Konkurse gab. Davon entfielen
1464 Konkurse, also 24%, auf den Wirtschaftszweig Holz-, Pa-
pier- und Druckgewerbe. Diese Gliederungzahl sollte auf eine
besonders schlechte wirtschaftliche Lage des Holz-, Papier-
und Druckgewerbes hinweisen. Will man jedoch die Zahl der Konkurse als Indikator für die wirtschaftliche Lage einer Branche
verwenden, so muß man diese Zahl zur Anzahl der Betriebe dieser Branche in Beziehung setzen, also eine Beziehungszahl
(hier eine Verursachungszahl) berechnen. Für dieses Beispiel
erhielt man

$$\frac{\text{Anzahl der Konkurse}}{\text{Anzahl der Betriebe}} \text{ für das } \begin{array}{ll} \text{Holz-, Papier-u.Druckgewerbe} & 2,56\%, \\ \text{gesamte Handwerk} & 5,43\%. \end{array}$$

Es zeigt sich, daß die Intensität der Konkurse im Holz-, Papier-
und Druckgewerbe, auf die es bei der Beurteilung der wirtschaftlichen Lage einer Branche ankommt, wesentlich geringer ist als
im gesamten Bereich der Handwerksunternehmen.

Bei der Konstruktion von Beziehungszahlen muß man besonders
darauf achten, daß ihr Aussagegehalt wesentlich von der Wahl
der Bezugsgröße abhängt. So hat die Bevölkerungsdichte einen
ganz verschiedenen Aussagegehalt, je nachdem, ob man die Bevölkerung auf die Gesamtfläche eines Landes oder nur auf die
bewohnbare Fläche bezieht. Die Beziehungszahl ist um so aus-
sagekräftiger, je stärker der sachlogische Zusammenhang zwischen Zähler und Nenner ist.

Beispiel 8.5:

Ägypten besitzt eine Bevölkerungsdichte von 28,4 Einwohnern/km^2
wenn man als Bezugsgröße die Gesamtfläche des Staates wählt.

(Vergleich: BRD 237,6 Einwohner/km^2). Wählt man jedoch als Bezugsgröße die kultivierte Fläche des Staates, so ergibt sich
eine Bevölkerungsdichte von 810,3 Einwohner/km^2.

Beziehungszahlen, bei denen der Nenner von gewissen unbetei-
ligten Teilmassen bereinigt wurde, heißen spezifische Beziehungszahlen.

Allgemeine Ehescheidungsziffer:

$$\frac{\text{Ehescheidungen}}{10\ 000\ \text{Einwohner}} \ .$$

Spezifische Ehescheidungsziffer

$$\frac{\text{Ehescheidungen}}{10\ 000\ \text{bestehende Ehen}} \ .$$

Daß Beziehungszahlen auch fehlinterpretiert werden können,
soll das folgende Beispiel zeigen.

Beispiel 8.6:

Eine beliebte Maßzahl zur Charakterisierung der Exportwirtschaft
eines Landes ist der Ausfuhrkoeffizient (bzw. Außenhandelskoef-
fizient), definiert als

$$\text{Ausfuhrkoeffizient} \ = \ \frac{\text{Ausfuhrwert}}{\text{Bruttosozialprodukt}} \ . \ 100 \ .$$

Für einige ausgewählte Länder ergibt sich für das Jahr 1968 folgendes Bild

	Bruttosozialprodukt zu Marktpreisen (in Mrd. DM)	Ausfuhr (in Mrd. DM)	Ausfuhr-koeffizient
Bundesrepublik	829,7	149,0	18,0
Frankreich	627,4	82,9	13,2
Italien	379,4	57,7	15,7
Belgien-Luxemburg	157,7	51,5	32,7
Niederlande	146,0	52,8	36,2
Dänemark	66,8	13,9	20,8
Großbrit.,Nordirld.	491,6	78,4	15,9
Irland	17,8	5,2	29,2
Japan	952,3	92,1	9,7
USA	3 719,5	160,0	4,3
EG-Staaten zusammen	2 716,4	493,4	18,7
EG-Staaten ohne Handel zwischen EG-Staaten		235,5	8,7

Es zeigt sich, daß der Ausfuhrkoeffizient im allgemeinen umso
größer ist, je kleiner das Land ist.
Eine richtige Interpretation dieser Zahlen würde besagen, daß
die Wirtschaft eines kleineren Landes stärker von der internationalen Wirtschaftslage abhängt als die eines größeren Landes. Eine Fehlinterpretation würde darin bestehen, aufgrund
verschiedener Werte des Ausfuhrkoeffizienten Rückschlüsse auf
die internationale Konkurrenzfähigkeit der einzelnen Länder zu
ziehen. Man sieht, daß die Größe eines Wirtschaftsgebietes bei
dieser Maßzahl eine Rolle spielt. Faßt man nämlich zwei Gebie-
te bei sonst gleichbleibenden Verhältnissen zusammen, so muß
der Ausfuhrkoeffizient des zusammengefaßten Gebietes kleiner
sein als der gewogene Ausfuhrkoeffizient aus beiden Ländern,
da die zwischen den beiden Gebieten fließenden Exportströme
wegfallen.
Würde man im obigen Beispiel die E G-Länder zu einer Einheit
zusammenfassen, und betrachtet die Ausfuhr der EG, dann fällt
der Handel zwischen den EG-Ländern weg, und es würde sich
als gemeinsamer Ausfuhrkoeffizient 8,7 ergeben, gegenüber einem
Wert von 18,2, den man erhält, wenn man den Handel zwischen
den E G-Staaten als Außenhandel mitrechnen würde.

8.1.4 Meßzifferreihen

Liegt eine Zeitreihe von Beobachtungswerten vor, und möchte man die zeitliche Entwicklung durch eine Meßziffer charakterisieren, so kann man die Meßziffer bezogen auf einen Basiszeitpunkt angeben.
Für eine beobachtete Zeitreihe

$$x_o, \; x_1, \; x_2, \; \ldots, \; x_{t-1}, \; x_t, \; x_{t+1}, \; \ldots$$

wird der Quotient

$$(8.1) \qquad\qquad I_{o,t} \;\; = \frac{x_t}{x_o}$$

als Meßziffer von x bezogen auf die Basis O bezeichnet.
Es stellt dar

x_t den absoluten Wert zum Zeitpunkt t,

x_o den absoluten Wert zum Zeitpunkt O,

O den Basiszeitpunkt oder -zeitraum,

t den Berichtszeitpunkt oder -zeitraum.

Üblicherweise werden Meßziffern in Prozent angegeben, d.h.

$$I_{o,t} \;\; = \frac{x_t}{x_o} \; 100 \;\; .$$

Die Wahl des Basiszeitpunktes ist entscheidend für den Aussagewert einer Meßziffernreihe. Formal kann man jeden beliebigen Zeitpunkt als Basis wählen, allerdings eignen sich aus sachlichen Erwägungen nicht alle Zeitpunkte als Basis. Der zeitliche Verlauf der Meßziffernreihe wird ein völlig verschiedenes Aussehen haben, je nachdem, ob man einen besonders niedrigen oder einen besonders hohen absoluten Wert als Basiswert gewählt hat. Der Grundzug der zeitlichen Entwicklung wird zwar von der Wahl der Basis nicht beeinflußt, werden dagegen zwei oder mehrere Meßziffernreihen untereinander verglichen, so kann ihre gegenseitige Lage sehr wohl von der Wahl der Basis beeinflußt werden.

Beispiel 8.7:

Eine Untersuchung der Preisentwicklung in der Bundesrepublik, Großbritannien und Schweden zeigt, wählt man als Basis das Jahr 1945, daß die Preise bis Ende 1975 in Schweden um das 2,5-fache und in Großbritannien um das 14,2-fache gestiegen sind. Wählt man dagegen das Jahr 1955 als Basis, dann zeigt der Vergleich, daß die jährliche Preissteigerungsrate in Großbritannien nur etwas höher ist als die jährliche Preissteigerungsrate in Schweden. Der Grund für dieses unterschiedliche Ergebnis liegt darin, daß in Großbritannien die Preise nach dem II.Weltkrieg bis etwa 1955 besonders stark gestiegen sind, während die Preisentwicklung in Schweden im gleichen Zeitraum verhältnismäßig ruhig verlief.

Dieses Beispiel läßt auch erkennen, daß man solche Zeitpunkte nicht als Basis wählen sollte, die sich besonders durch singuläre Ereignisse auszeichnen, etwa den Zeitpunkt des Korea-Booms.

Die tatsächliche prozentuale Entwicklung einer Zeitreihe von Beobachtungswerten erhält man, wenn man sog. Kettenmeßziffern bildet, bei denen stets der in der Reihe vorhergehende Wert als Basis gewählt
wird, also

$$\frac{x_1}{x_0}, \ \frac{x_2}{x_1}, \ \frac{x_3}{x_2}, \ \ldots\ldots, \ \frac{x_t}{x_{t-1}}, \ \frac{x_{t+1}}{x_t}, \ \ldots\ldots \ .$$

8.1.5 Umbasierung von Meßziffernreihen

Oft erweist es sich als notwendig oder wünschenswert, eine gegebene Reihe von Meßziffern, die auf eine bestimmte Basis bezogen sind, etwa den Zeitpunkt 0, auf eine andere Basis umzurechnen. Meist werden aber die absoluten Werte der Reihe nicht bekannt sein, sondern nur die Meßziffern

$$I_{0,1}, \ I_{0,2}, \ \ldots, \ I_{0,t_1}, \ \ldots, \ I_{0,t}, \ \ldots$$

Es muß daher ein Verfahren angegeben werden, das die Umbasierung ohne Kenntnis der absoluten Werte erlaubt.

Wegen

(8.2) $\qquad I_{t_1,t} = \dfrac{x_t}{x_{t_1}} = \dfrac{x_t/x_o}{x_{t_1}/x_o} = \dfrac{I_{o,t}}{I_{o,t_1}}$

bildet man die Meßziffernreihe

$$I_{t_1,1} = \frac{I_{o,1}}{I_{o,t_1}}, \quad I_{t_1,2} = \frac{I_{o,2}}{I_{o,t_1}}, \quad \ldots \quad I_{t_1,t} = \frac{I_{o,t}}{I_{o,t_1}} \ .$$

Üblicherweise werden auch diese umbasierten Meßziffern in Prozent
angegeben.

Beispiel 8.8: Entwicklung der Zahl der Erwerbstätigen in der
BRD (einschl.West-Berlin) von 1960 bis 1972
Quelle: BMWI, Leistung in Zahlen, 1973, S.13

Jahresdurchschnitt	Erwerbstätige BRD mit West-Berlin		
	in 1 000	1960 = 100	1962 = 100
1960	26 247	100,0	98,3
1962	26 690	101,7	100,0
1964	26 753	101,9	100,2
1966	26 801	102,1	100,4
1968	25 968	98,9	97,3
1970	26 668	101,6	99,9
1972	26 463	100,8	99,1

Die Umbasierung von 1960 = 100 auf 1962 = 100 erfolgt durch
Anwendung der Beziehung

$$I_{62,66} = \frac{I_{60,66}}{I_{60,62}} \cdot 100 = \frac{102,1}{101,7} \cdot 100 = 100,4 \ .$$

Diese Beziehung für die Umbasierung läßt sich auch als Kettenformel

(8.3) $\qquad I_{o,t} = I_{o,t_1} \cdot I_{t_1,t}$

schreiben. Man bezeichnet diesen Vorgang als Verkettung und
sieht, daß Umbasierung und Verkettung zueinander inverse Ope-
rationen darstellen.

In der Praxis tritt oft der Fall auf, daß eine Meßziffernreihe 1 mit dem Beobachtungszeitpunkt t_1 abbricht, und man die Entwicklung mit einer analogen Meßziffernreihe 2 fortsetzen möchte. Dazu bildet man einen verketteten Index $I^V_{o,t}$ durch Anwendung der Kettenformel

(8.4) $$I^V_{o,t} = I_{o,t_1}(x^1) \cdot I_{t_1,t}(x^2) \; .$$

Bei der Verkettung zweier Meßziffernreihen wird unterstellt, daß die Entwicklung der beiden Reihen den gleichen Verlauf genommen hätte, eine Annahme, die in der Praxis oft nur approximativ erfüllt sein wird.

Möchte man die Steigerung der Anzahl der Erwerbstätigen von 1950 an verfolgen, so steht für die Zeit vor 1960 nur eine Meßziffer für das Gebiet ohne West-Berlin zur Verfügung. Für das Jahr 1960 liegen beide Daten vor.

Jahresdurch-	Erwerbstätige BRD ohne West-Berlin	
schnitt	in 1 000	1950 = 100
1950	20 376	100,0
1960	25 223	123,8

Es ergibt sich somit

$I_{50,60}$ (ohne West-Berlin) = 123,8 ,

$I_{60,66}$ (mit West-Berlin) = 102,1 ,

und für die verkettete Meßziffer

$$I^V_{50,66} = \frac{1}{100} \cdot 123,8 \cdot 102,1 = 126,4 \; .$$

Die Notwendigkeit der Verkettung von Meßziffernreihen wird sich später besonders bei der Preisstatistik als notwendig erweisen.

8.2 Standardisierung

Verhältniszahlen wurden konstruiert, um bestimmte Sachverhalte durch Zahlen zu charakterisieren, und so Vergleichen zugänglich zu machen. Allerdings genügt der Vergleich zweier beliebiger Verhältniszahlen oft nicht, um einen Sachverhalt befriedigend zu erklären. Man muß bei der Konstruktion der betreffenden Verhältniszahl gewisse Bedingungen erfüllen. Die folgenden Beispiele sollen dies deutlich machen.

Beispiel 8.9:

Im Rahmen der Einkommens- und Verbrauchsstichprobe für die BRD des Jahres 1969 ergab sich bei Haushalten ohne Kind für den Anteil der Ernährungsausgaben

- bei Beamtenhaushalten   25,1%,
- bei Angestelltenhaushalten   29,2%, und
- bei Arbeiterhaushalten   34.2%.

Nun ist bekannt, daß der prozentuale Anteil der Ausgaben für Ernährung mit steigendem Einkommen fällt. Man kann daher den Unterschied dieser prozentualen Anteile durch die verschieden hohen Einkommen bei Beamten-, Angestellten- und Arbeiterhaushalten erklären. Trotzdem bleibt die Frage offen, ob die gesamte Differenz durch den Faktor Einkommen erklärt werden kann, oder ob daneben noch ein weiterer Faktor existiert, der diesen Unterschied miterklären kann.

Um diese Frage zu beantworten, könnte man untersuchen, wie groß der prozentuale Anteil der Ausgaben für Ernährung bei den Beamtenhaushalten wäre, wenn bei ihnen die gleiche Einkommensverteilung vorliegen würde wie bei den Angestellten- oder den Arbeiterhaushalten, vorausgesetzt, sie würden ihre eigenen einkommensspezifischen Ausgaben beibehalten. Dazu benötigt man für verschiedene Einkommensverhältnisse Angaben über die Aufgliederung der Ernährungsausgaben bei den verschiedenen Haushaltstypen.
Die folgende Tabelle gibt eine solche Aufgliederung für einige ausgewählte monatliche Einkommen. Dabei bezeichnet E_0^i die Einkommen und A_0^i die Ausgaben für Ernährung der Beamtenhaushalte der i-ten Einkommensklasse. E_1^i und A_1^i bezeichnen die entsprechenden Größen für die Angestelltenhaushalte und E_2^i sowie A_2^i diejenigen für die Arbeiterhaushalte.

Tabelle 8.1: Einkommen und Ernährungsausgaben für Beamten-, An-
gestellten- und Arbeiterhaushalte

monatliches Einkommen pro Haushalt i	Anteil der Ernährungsausgaben für Haushalte ohne Kind in %			Aufgliederung der Gesamthaushalte nach Einkommensklassen in %		
	Beamte $\dfrac{A_o^i}{E_o^i}\cdot 100$	Angestellte $\dfrac{A_1^i}{E_1^i}\cdot 100$	Arbeiter $\dfrac{A_2^i}{E_2^i}\cdot 100$	Beamte g_o^i	Angestellte g_1^i	Arbeiter g_2^i
0 ; 800)	37,7	40,7	39,2	2,6	6,0	11,6
800 ; 1200)	32,1	34,4	36,9	15,3	20,1	34,5
1200 ; 1800)	24,7	29,3	33,0	38,0	36,2	39,5
1800 ; 2500)	22,6	25,3	27,5	29,3	24,4	11,8
über 2500	21,4	23,1	25,4	14,8	13,3	2,6
	25,1	29,2	34,2	100,0	100,0	100,0

Die Tabelle zeigt, daß sowohl bei allen Einkommensklassen i als
auch bei den einzelnen Haushaltstypen ein Unterschied im Anteil
der Ernährungsausgaben existiert.

Um eine Maßgröße zu konstruieren, die den Durchschnitt eines
Haushaltstyps für alle Klassen i liefert, muß dieser Klassen-
einfluß künstlich eliminiert werden. Dazu ordnet man jeder Klasse i ein bestimmtes Gewicht g^i zu. Dieses muß, wenn m verschiedene Klassen existieren, die Eigenschaft

$$\sum_{i=1}^{m} g^i = 1$$

besitzen.

Für g^i wählt man den prozentualen Anteil der Haushalte dieses
Typs in der Klasse i am Gesamteinkommen dieses Haushaltstyps.
Als Maßgröße bildet man das gewichtete arithmetische Mittel
der Ernährungsausgaben für alle Klassen, d.h.

Beamte : $\dfrac{1}{100}\sum_{i=1}^{m} g_o^i \dfrac{A_o^i}{E_o^i} = \dfrac{1}{100}\cdot\left[37,7\cdot 2,6+32,1\cdot 15,3+24,7\cdot 38,0\right.$
$\left. + 22,6\cdot 29,3+21,4\cdot 14,8\right]$
$= 25,06.$

Angestellte: $\dfrac{1}{100}\sum_{i=1}^{m} g_1^i \dfrac{A_1^i}{E_1^i} = \dfrac{1}{100}\cdot\left[40,7\cdot 6,0+34,4\cdot 20,1+29,3\cdot 36,2\right.$
$\left. + 25,3\cdot 24,4+23,1\cdot 13,3\right]$
$= 29,21.$

135

Arbeiter : $\dfrac{1}{100} \sum\limits_{i=1}^{m} g_2^i \cdot \dfrac{A_2^i}{E_2^i} = \dfrac{1}{100} \cdot \big[39,2 \cdot 11,6 + 36,9 \cdot 34,5 + 33,0 \cdot 39,5$
$+ \ 27,5 \cdot 11,8 + 25,4 \cdot 2,6 \big]$

$= 34,22.$

Im allgemeinen wird diese Maßgröße von der speziellen Wahl der Gewichte g^i, in diesem Fall von der speziellen Einkommensverteilung, abhängen.

Möchte man für einen bestimmten Haushaltstyp eine Vergleichsgröße konstruieren, bei der auch dieser Einfluß ausgeschaltet ist, muß man seine Anteile der Ernährungsausgaben auf eine zum Standard erhobene Einkommensverteilung beziehen. Man kann etwa die Einkommensverteilung der Arbeiterhaushalte zum Standard wählen. Will man nun eine Maßgröße für die Ernährungsausgaben eines bestimmten Hauhaltstyps berechnen, die sich auf dieses Standardeinkommen bezieht, muß man für seine Anteile $\dfrac{A^i}{E^i}$ das gewichtete arithmetische Mittel über alle Klassen i mit Hilfe der Gewichte g_2^i bilden, d.h.

(8.5)
$$\sum\limits_{i=1}^{m} g_2^i \dfrac{A^i}{E^i} \ .$$

Die auf diese Weise erhaltene Verhältniszahl bezeichnet man als standardisiert und den Vorgang als Standardisierung.

Man bildet auf diese Weise die beiden standardisierten Größen

Beamten-
haushalte : $\dfrac{1}{100} \sum\limits_{i=1}^{m} g_o^i \cdot \dfrac{A_o^i}{E_o^i} = \dfrac{1}{100} \cdot \big[37,7 \cdot 11,6 + 32,1 \cdot 34,5 + 24,7 \cdot 39,5$
$+ \ 22,6 \cdot 11,8 + 21,4 \cdot 2,6 \big]$

$= 28,43 \ ,$

Angestellten-
haushalte : $\dfrac{1}{100} \sum\limits_{i=1}^{m} g_2^i \cdot \dfrac{A_1^i}{E_1^i} = \dfrac{1}{100} \cdot \big[40,7 \cdot 11,6 + 34,4 \cdot 34,5 + 29,3 \cdot 39,5$
$+ \ 25,3 \cdot 11,8 + 23,1 \cdot 2,6 \big]$

$= 31,75.$

Diese beiden Ereignisse besagen, wenn man bei den Beamten und den Angestellten die gleiche Einkommensverteilung auf die Klassen i wie bei den Arbeitern unterstellt, dann würden die Beamten durchschnittlich 28,4% und die Angestellten 31,8% ihres Einkommens für Ernährung ausgeben. Damit bleibt bei den Beamten noch eine echte Differenz von 5,8% und bei den Angestellten von 2,6%, die sich nicht durch die unterschiedliche Einkommensverteilung der einzelnen Haushaltstypen erklären läßt. Dieser Unterschied muß daher einem gruppentypischen Verhalten der betreffenden Haushalte zugeschrieben werden.

Beispiel 8.10:

Zur Messung der Sterbeintensität eines Landes wird häufig die allgemeine Sterbeziffer m verwendet:

$$(8.6) \quad m = \frac{\text{Gestorbene eines Jahres (=D)}}{\substack{\text{mittlerer Bestand der Bevöl-}\\\text{kerung dieses Jahres (=P)}}} \cdot 1000$$

Diese Verursachungszahl sei für ein Land A gleich 14 und für ein Land B gleich 13 (vgl. Tabelle 8.2). Man möchte natürlich die Ursachen für diesen Unterschied ergründen. Man könnte zunächst geneigt sein, aus der höheren Sterbeintensität im Land A auf ungünstigere Lebensbedingungen als im Land B zu schließen, die sich etwa aus einer schlechteren ärztlichen Versorgung oder einem ungünstigeren Klima ergeben könnten. Allerdings wird diese Verhältniszahl auch von anderen Faktoren, wie dem Verhältnis von Frauen und Männern an der Gesamtbevölkerung und der Altersstruktur beeinflußt. Will man nun die für den Unterschied kausalen Faktoren ermitteln, so tritt, im Gegensatz zu den Naturwissenschaften, bei denen durch wiederholte Experimente der kausale Faktor bestimmter Erscheinungen ermittelt werden kann, in den Wirtschafts- und Sozialwissenschaften an die Stelle des Experimentes die zweckentsprechende Aufgliederung der Daten in homogenere Teilmassen und die Eliminierung von störenden Einflußfaktoren.

Analog zur allgemeinen Sterbeziffer m können für jede Altersklasse x besondere Sterbeziffern, sog. altersspezifische Sterbeziffern m_x, definiert werden:

$$(8.7) \quad m_x = \frac{\substack{\text{Zahl der Gestorbenen im}\\\text{Alter x eines Jahres } (=D_x)}}{\substack{\text{mittlerer Bestand der Bevölkerung}\\\text{im Alter x dieses Jahres } (=P_x)}} \cdot 1000$$

Diese altersspezifische Sterbeziffer wird für die einzelnen Altersklassen unterschiedlich groß ausfallen. Man kann nun die allgemeine Sterbeziffer als gewogenes arithmetisches Mittel der besonderen Sterbeziffer berechnen, wobei als Gewichte die Anteile der Bevölkerung in den verschiedenen Altersklassen an der Gesamtbevölkerung benutzt werden.

Tabelle 8.2: Bevölkerungsstruktur und altersspezifische Sterbeziffern für die Länder A und B

Alters-gruppe	Land A			Land B		
	$P_x(A)$	$D_x(A)$	$m_x(A)$	$P_x(B)$	$D_x(B)$	$m_x(B)$
[0 ; 15)	2 000	28	14	6 000	96	16
[15 ; 65)	6 000	30	5	12 000	84	7
[65 ; ∞)	2 000	82	41	2 000	80	40
Zusammen	10 000	140	.	20 000	260	.

Für Land A ergibt sich somit die allgemeine Sterbeziffer m aus
den Sterbeziffern m_x wie folgt:

$$m(A) = \sum_x m_x(A) \cdot \frac{P_x(A)}{P(A)}$$

$$= 14 \cdot \frac{2\ 000}{10\ 000} + 5 \cdot \frac{6\ 000}{10\ 000} + 41 \cdot \frac{2\ 000}{10\ 000}$$

$$= 14 .$$

$$m(B) = \sum_x m_x(B) \cdot \frac{P_x(B)}{P(B)} = 13 .$$

Es lassen sich nun zwei Faktoren unterscheiden, die für die
Höhe der allgemeinen Sterbeziffer verantwortlich sind:
die Altersstruktur (Struktureffekt) und die Sterbeziffern (Sacheffekt), d.h. die Sterbeintensitäten in den einzelnen Altersklassen.

In ähnlicher Form werden auch andere Verhältniszahlen, wie z.B.
die allgemeine Erwerbsquote oder die allgemeine Fruchtbarkeits-
ziffer von einem Sacheffekt (besondere Verhältniszahl) und
einem Struktureffekt (Gewichte) beeinflußt. Will man nun die
aufgrund des Sacheffekts bestehenden Unterschiede zweier Verhältniszahlen verschiedener Zeitpunkte oder Länder ermitteln,
dann ist der Struktureffekt zu eliminieren, indem zur Berechnung der Verhältniszahlen, die besonderen Verhältniszahlen
mit den gleichen Gewichten bewertet werden. Interessiert man
sich hingegen dafür, welchen Einfluß der Struktureffekt auf
die allgemeinen Verhältniszahlen hat, so wird der Sacheffekt
eliminiert, indem die unterschiedlichen Gewichte mit den gleichen besonderen Verhältniszahlen multipliziert werden.

138

Je nachdem, ob man die Gewichte oder die besonderen Verhältniszahlen konstant hält, spricht man von standardisierten bzw. er-
erwartungsgemäßen Verhältniszahlen.

Tabelle 8.3: Berechnung von standardisierten und erwartungsgemäßen Verhältniszahlen (Beispiel Sterbeziffern)

Art der Verhältniszahl	Land A	Land B
allgemeine	$m(A) = \sum\limits_x m_x(A) \cdot \dfrac{P_x(A)}{P(A)}$	$m(B) = \sum\limits_x m_x(B) \cdot \dfrac{P_x(B)}{P(B)}$
standardisierte	Struktur (Gewichte) des Landes B wird konstant gehalten $I_{A,B}(m) = \sum\limits_x m_x(A) \cdot \dfrac{P_x(B)}{P(B)}$	Struktur (Gewichte des Landes A wird konstant gehalten $I_{B,A}(m) = \sum\limits_x m_x(B) \cdot \dfrac{P_x(A)}{P(A)}$
erwartungsge-mäße	Sachkomponente (besondere Verhältniszahl) des Landes B wird konstant gehalten $\sum\limits_x m_x(B) \cdot \dfrac{P_x(A)}{P(A)}$	Sachkomponente (besondere Verhältniszahl) des Landes A wird konstant gehalten $\sum\limits_x m_x(A) \cdot \dfrac{P_x(B)}{P(B)}$

Für das Land A wird nun eine standardisierte Sterbeziffer $I_{A,B}(m)$
auf der Basis der Bevölkerungsstruktur des Landes B berechnet,
d.h. die altersspezifischen Sterbeziffern des Landes A, $m_x(A)$,
werden mit den Bevölkerungsanteilen der einzelnen Altersklassen des Landes B, $\dfrac{P_x(B)}{P(B)}$, gewichtet:

$$(8.8) \quad I_{A,B}(m) = \sum_x m_x(A) \cdot \frac{P_x(B)}{P(B)}$$

$$= 14 \cdot \frac{6\ 000}{20\ 000} + 5 \cdot \frac{12\ 000}{20\ 000} + 41 \cdot \frac{2\ 000}{20\ 000} = 11,3$$

Hätte das Land A die gleiche Bevölkerungsstruktur wie das Land B,
dann ergäbe sich aufgrund der Sterbeintensitäten in den einzelnen Altersklassen in Land A also eine Sterbeziffer von 11,3, welche unter der von Land B liegt.

Analog könnte man auch für das Land B eine standardisierte Sterbeziffer, $I_{B,A}(m)$, berechnen, welche den Wert 15,4 hätte.

Dies zeigt, daß allein aufgrund der günstigeren Altersstruktur
in Land B die allgemeine Sterbeziffer einen geringeren Wert als
in Land A aufweist und es voreilig gewesen wäre, daraus sofort

auf ungünstigere Lebensbedingungen in Land A zu schließen. Als
Maß für die Sterbeintensität eines Landes ist demnach die allgemeine Sterbeziffer kaum geeignet.

8.3 Indexzahlen

Bisher wurde nur eine einzelne Meßziffernreihe betrachtet. Oft besitzt man aber nicht nur eine, sondern mehrere, sachlich zusam-
mengehörige Reihen. Man möchte dann den Verlauf der Entwicklung
aller dieser Reihen durch eine einzige globale, alle Reihen er-
fassende Meßziffer beschreiben. Solche Meßziffern werden Indexzahlen genannt.

Man kann etwa die Frage stellen: um wieviel Prozent sind die
Kosten der Lebenshaltung eines Berichtsjahres verglichen mit
einem Basisjahr durchschnittlich gestiegen. Hier wird jetzt nach
der zeitlichen Veränderung einer Reihe von einzelnen Sachver-
halten gefragt, da sich die Lebenshaltungskosten zusammensetzen
aus einer Vielzahl von mit ihren Preisen bewerteten Einzelpro-
dukten.
Die Lebenshaltungskosten können sich nun aufgrund von Preis-
und Mengenänderungen gegenüber dem Basisjahr verändert haben.
Man kann sich nun dafür interessieren, welchen Einfluß die
Preis- bzw. Mengenänderungen auf die Lebenshaltungskosten aus-
geübt haben. Dementsprechend kann man Preis- und Mengenindizes
berechnen.

Die Berechnung dieser Indexzahlen basiert auf der Methode der
Standardisierung. Interessiert man sich für den Einfluß der
Preisentwicklung der Lebenshaltungskosten, so dient als Ausgangspunkt ein bestimmtes Verbrauchsschema, d.h. die Aufstellung eines bestimmten Standardverbrauchs. Man bestimmt dann
die Preise dieses Standardverbrauchs zu verschiedenen Zeitpunkten und vergleicht sie miteinander. Diese Standardisierung auf
einen fiktiven Standardverbrauch ist notwendig, um einen Index
zu erhalten, der nur von Preisänderungen und nicht auch von
Änderungen der Verbrauchsgewohnheiten beeinflußt wird.

8.3.1 Preisindizes

Die Konstruktion eines Preisindexes soll anhand eines fiktiven
Beispiels gezeigt werden.

Beispiel 8.11:

In den Jahren 1970 und 1972 waren die meistgekauften Zigaret-
tensorten die Marken Blauer Dunst, Sargnagel und Schwarze Kippe.
Über Preise und produzierte Mengen gibt folgende Tabelle Auskunft:

Marken	Preise in Pfennig		produzierte Mengen (in Mrd.Stück)	
	1970	1972	1970	1972
Blauer Dunst	11	13	0,8	1,8
Sargnagel	11	12	2,5	0,8
Schwarze Kippe	10	11	1,8	2,0
Summe			5,1	4,6

Basisperiode 0 : 1970,   Berichtsperiode t : 1972.

Möchte man nun die Frage beantworten, wie sich die Preise (produzierte Mengen) des Berichtsjahres gegenüber dem Basisjahr geändert haben, so führt diese Fragestellung auf die Angabe
eines Preis- (bzw. Mengen-) indexes. Die Konstruktion einer
solchen Indexzahl soll für den Preisindex gezeigt werden.

Die Preismeßziffern

$$I_{o,t}(p^i) = \frac{p_t^i}{p_o^i} \cdot 100 \quad \text{(der hochgestellte Index i bezeichnet das Produkt)}$$

ergeben sich für die einzelnen Sorten zu

Blauer Dunst $\quad \frac{13}{11} \cdot 100 = 118,18$

Sargnagel $\quad \frac{12}{11} \cdot 100 = 109,09$

Schwarze Kippe $\quad \frac{11}{10} \cdot 100 = 110,0$.

Der Konstruktion einer einheitlichen Indexzahl für die Preisentwicklung können nun verschiedene Überlegungen zugrunde liegen.

1. Man wählt das gewöhnliche arithmetische Mittel der einzelnen Preismeßziffern:

$$I_{o,t}(p) = \frac{1}{3}(118,18 + 109,09 + 110,0) = 112,42 ,$$

allgemein

$$I_{o,t}(p) = \frac{1}{n} \sum_{i=1}^{n} I_{o,1}(p^i) .$$

Diese Indexzahl ist allerdings sehr unbefriedigend, da sie die unterschiedliche mengenmäßige Bedeutung der einzelnen Produkte nicht berücksichtigt.

2. Man wählt als Index das Verhältnis der jeweiligen Durchschnittspreise:

Die Durchschnittspreise ergeben sich für Berichts- und Basisjahr zu

$$1970 : \frac{11 \cdot 0,8 + 11 \cdot 2,5 + 10 \cdot 1,8}{5,1} = 10,65 ,$$

$$1972 : \frac{13 \cdot 1,8 + 12 \cdot 0,8 + 11 \cdot 2,0}{4,6} = 11,96 .$$

Daraus ergibt sich für den Index

$$I_{o,t}(p) = \frac{\text{Durchschnittspreis } 1972}{\text{Durchschnittspreis } 1970} = \frac{11,96}{10,65} \cdot 100$$

$$= 112,3 .$$

Dieser Index besagt, daß der Durchschnittspreis der tatsächlich produzierten Mengen um 12,3% gestiegen ist. Allgemein lautet dieses Prinzip

$$I_{o,t}(p) = \frac{\Sigma p_t^i q_t^i}{\Sigma p_o^i q_o^i} \cdot \frac{\Sigma q_o^i}{\Sigma q_t^i} \cdot 100$$

$$(= \frac{\text{Meßziffer der Gesamtumsatzänderung}}{\text{Meßziffer der Gesamtmengenänderung}}) .$$

Diese Art der Berechnung ist allerdings nur möglich, wenn alle Mengen in den gleichen Maßeinheiten gemessen werden können.

3. Man wählt als Index wieder das Verhältnis der Durchschnittspreise, wobei man als Bezugsmasse die (konstante) Menge der Basisperiode wählt. Allgemein lautet dieses Prinzip

$$(8.9) \quad I_{o,t}^{L}(p) = \frac{\Sigma p_t^i q_o^i}{\Sigma p_o^i q_o^i} \cdot 100$$

Diesen Index bezeichnet man als Preisindex nach Laspayres.

Man erhält

$$I_{o,t}^{L}(p) = \frac{13 \cdot 0,8 + 12 \cdot 2,5 + 11 \cdot 1,8}{11 \cdot 0,8 + 11 \cdot 2,5 + 10 \cdot 1,8} \cdot 100$$

$$= \frac{60,2}{54,3} \cdot 100 = 110,86.$$

Diese Maßzahl erweist sich tatsächlich als ein echter Mittelwert der einzelnen Preismeßziffern, da sie zwischen den einzelnen Preismeßziffern $I_{o,t}(p^i)$ liegt.

4. Man bildet den Index als ein gewogenes arithmetisches Mittel aus den einzelnen Preismeßziffern.
Allgemein lautet dieses Prinzip

$$(8.10) \quad I_{o,t}^{L}(p) = \sum_{i=1}^{n} \beta_i \, I_{o,t}(p^i), \quad \text{mit} \quad \sum_{i=1}^{n} \beta_i = 1 .$$

Wählt man nun die Gewichtsfaktoren β_i gleich den Umsatzanteilen der Basisperiode O, d.h.

$$(8.11) \quad \beta_i = \frac{p_o^i q_o^i}{\sum\limits_{i=1}^{n} p_o^i q_o^i} ,$$

dann ergibt sich

$$I_{o,t}^{L}(p) = \sum_{i=1}^{n} \beta_i \, I_{o,t}(p^i) = \frac{\sum\limits_{i=1}^{n} p_o^i q_o^i \, I_{o,t}(p^i)}{\sum\limits_{i=1}^{n} p_o^i q_o^i}$$

$$= \frac{\sum\limits_{i=1}^{n} p_o^i q_o^i \cdot \frac{p_t^i}{p_o^i} \cdot 100}{\sum\limits_{i=1}^{n} p_o^i q_o^i} = \frac{\sum\limits_{i=1}^{n} p_t^i q_o^i}{\sum\limits_{i=1}^{n} p_o^i q_o^i} \cdot 100 .$$

Man erhält auf diese Weise das gleiche Ergebnis wie unter Punkt 3. Allerdings erlaubt diese Herleitung eine interessante Interpretation. Betrachtet man die Produktionsmengen der Basisperiode als Warenkorb $(q_o^1, q_o^2, \ldots, q_o^n)$, dann wird der Wert dieses Warenkorbes einmal für die Preise der Basisperiode p_o^i und einmal für die Preise der Berichtsperiode p_t^i ermittelt.

143

Diese Berechnungsweise hat den Vorteil, daß man unter Konstanthaltung des Wägungsschemas mit Hilfe der Preismeßziffern relativ einfach für jede Periode den Preisindex berechnen kann.

Es werden jetzt beliebig große Warenkörbe mit ihren zugehörigen Preisen betrachtet

Warenkorb $\quad (q_t^1, \; q_t^2, \; \ldots, \; q_t^n)$

Preise $\quad (p_t^1, \; p_t^2, \; \ldots, \; p_t^n)$.

Man kann diese Warenkörbe auf verschiedene Weise zur Konstruktion von Preisindices verwenden.

1. Der Preisindex nach Laspeyres

(8.9) $\qquad I_{o,t}^L(p) = \dfrac{\sum\limits_i p_t^i q_o^i}{\sum\limits_i p_o^i q_o^i} \cdot 1oo$.

Dies bedeutet, daß der Warenkorb einmal für die Basisperiode O bestimmt und im weiteren zeitlichen Verlauf konstant gehalten wird. Damit werden Substitutionen von Gütern, die im zeitlichen Verlauf vorgenommen werden, durch diesen Index nicht berücksichtigt.

2. Der Preisindex nach Paasche

(8.12) $\qquad I_{o,t}^P(p) = \dfrac{\sum\limits_i p_t^i q_t^i}{\sum\limits_i p_o^i q_t^i} \cdot 1oo$.

Bei diesem Preisindex wird der Warenkorb für die jeweilige Berichtsperiode t bestimmt und sein Preis ins Verhältnis gesetzt zum Preis dieses Warenkorbes in der Basisperiode o. Der Warenkorb, der zur Berechnung dieses Preisindex herangezogen wird, ändert sich somit im zeitlichen Verlauf.

Fortsetzung des Beispiels 8.11:

$$I_{o,t}^{P}(p) = \frac{13 \cdot 1,8 + 12 \cdot 0,8 + 11 \cdot 2,0}{11 \cdot 1,8 + 11 \cdot 0,8 + 10 \cdot 2,0} \cdot 100$$

$$= \frac{55}{48,6} \cdot 100 = 113,2.$$

Der Preisindex nach Paasche läßt sich auch - wie der Preisindex nach Laspeyres - als ein gewogenes arithmetisches Mittel der einzelnen Preismeßziffern darstellen,

$$(8.13) \quad I_{o,t}^{P}(p) = \frac{1}{\sum\limits_{i=1}^{n} \beta_i' \cdot \dfrac{1}{I_{o,t}(p^i)}}$$

mit

$$(8.14) \quad \beta_i' = \frac{p_t^i q_t^i}{\sum\limits_{i=1}^{n} p_t^i q_t^i} .$$

In der Praxis werden die Preisindizes meist nach Laspayres berechnet, weil man nicht in jeder Periode einen neuen Warenkorb ermitteln möchte. Es gibt aber auch Beispiele, bei denen die benötigten Warenkörbe automatisch mit der laufenden Statistik anfallen (Beispiel: Erhebung der Verbrauchsgewohnheiten zur Bestimmung des Preisindexes für die Lebenshaltung).

Einige Beispiele für Preisindizes sind

Preisindex für die Lebenshaltung,

Preisindex für die Einzelhandelspreise,

Preisindex für die Import- und Exportpreise,

Lohnindex, der als Preisindex der Arbeit interpretiert werden kann.

145

8.3.2 Preisindices für die Lebenshaltung

Dieser Preisindex soll die Auswirkungen von Preisänderungen
auf die Kosten der Lebenshaltung bestimmter Verbrauchergruppen messen. Diese Indexzahl bezieht sich auf einen bestimmten
Warenkorb, der die Verbrauchsgewohnheiten von gewissen Bevölkerungsgruppen eines Landes repräsentieren soll. Der Inhalt
des Warenkorbes wird mit Hilfe von Wirtschaftslichkeitsrechnungen für eine Stichprobe aus den Haushalten der betreffenden Bevölkerungsgruppe bestimmt. Aus den detaillierten Aufschreibungen dieser Haushalte lassen sich für die Berichtsperiode die durchschnittlichen Ausgaben für die einzelnen
Produkte und für den gesamten Warenkorb berechnen. Daraus
werden dann die Gewichtsfaktoren für die einzelnen Produkte
des Warenkorbes bestimmt. Diese Gewichtungsfaktoren werden
normalerweise während eines Zeitraums von 5 bis 10 Jahren konstant gehalten, um sie dann den gewandelten Verbrauchsgewohnheiten anzupassen. Der sich ergebende Warenkorb wird in Bedarfsgruppen untergliedert und man berechnet Preisindizes auch
für die einzelnen Bedarfsgruppen. Als Bedarfsgruppen kommen
etwa in Frage:
Ernährung, Getränke und Tabakwaren, Wohnung, Heizung und Beleuchtung, Hausrat, Bekleidung, Reinigung und Körperpflege,
Bildung und Unterhaltung, Verkehr.

Vom Statistischen Bundesamt werden mehrere Preisindizes für
die Lebenshaltung nach Laspeyres bestimmt, die sich bezüglich
des verwendeten Warenkorbes unterscheiden. Es sind dies:

1. Ein Preisindex für die Lebenshaltung aller Haushalte, bei
   dem die Ausgabenanteile für die einzelnen Produkte des Warenkorbes anhand einer Stichprobe repräsentativ für alle
   Haushalte ermittelt werden,
2. ein Preisindex für einen 4-Personen Arbeitnehmer Haushalt
   mit mittlerem Einkommen,
3. ein Preisindex für einen 4-Personen Haushalt von Angestellten und Beamten mit höherem Einkommen,
4. ein Preisindex für einen 2-Personen Haushalt von Renten-
   und Sozialhilfeempfängern mit geringem Einkommen.

146

Bei der Berechnung der Preisindizes ergeben sich einige Schwierigkeiten. So ist der Preis für eine bestimmte Ware oder Dienstleistung keine feste Größe. Um der örtlichen Differenzierung Rechnung zu tragen, werden in Orten verschiedener Gemeindegrössenklassen Preise erhoben unter weitgehender Berücksichtigung der effektiven Verteilung der Bevölkerung auf die einzelnen Ortsgrößen. Auch die Qualität der Produkte muß eindeutig festgelegt sein. Hier ergibt sich eine weitere Schwierigkeit, die besonders bei technischen Produkten auftritt, nämlich das Problem der Erfassung von Qualitätsänderungen, die teilweise in steigenden Preisen zum Ausdruck kommen. Wenn ein Produkt gleichzeitig in zwei verschiedenen Qualitäten auf dem Markt gehandelt wird, wird versucht, durch eine Verkettung der Preismeßzahlen den Qualitätsunterschied auszuschalten.

Beispiel 8.12:
Im Jahre 1965 waren statt der heute üblichen Drehstromlichtmaschinen für Kraftfahrzeuge nur Gleichstromlichtmaschinen auf dem Markt, die jedoch 1976 fast völlig vom Markt verschwunden waren. Zur Ausschaltung der Qualitätsänderung kann man die Preise einer Periode (hier Dezember 1975), in der beide Aggregate marktgängig waren, als Nutzenunterschiede für den Verbraucher interpretieren und wie folgt verketten:

	Gleichstromlichtmaschine	Drehstromlichtmaschine
1965	76,90 DM = 100,0	-
Dez. 1975	98,50 DM = 128,1	134,60 DM = 128,1
Jan. 1976		142,10 DM = 135,2

Im Verkettungszeitpunkt werden beide Preismeßzahlen gleichgesetzt. Ab 1976 wird nur noch der Preis der Drehstromlichtmaschine berücksichtigt. Dabei wird zusätzlich unterstellt, daß die Preisentwicklung des neuen Modells approximativ mit derjenigen übereinstimmt, die sich ohne Modellwechsel für dieses Gut ergeben hätte.

Der zugrundeliegende Warenkorb wird über einen längeren Zeitraum konstant gehalten, also auch innerhalb eines Jahres. In der Praxis weisen jedoch die tatsächlich gekauften Mengen beträchtliche Saisonschwankungen auf. Im Sommer wird viel mehr

Gemüse und Obst gekauft als im Winter, dafür verbraucht man
im Winter mehr Kohle, Gas und Strom. Gewisse Saisonschwankungen in den gekauften Mengen werden jedoch durch saisonale
Preisschwankungen induziert. Wenn man in einem solchen Fall
die Menge konstant hält, ergibt sich für den Preisindex eine
Saisonschwankung, die keine reale Bedeutung besitzt.

Beispiel 8.13:

Ein Institut für Wirtschaftsforschung berechnete bis 1960 einen
Preisindex für die Lebenshaltung, indem der Gemüseverbrauch
durch eine das ganze Jahr hindurch konstant gehaltene Menge
von Rotkraut repräsentiert wurde. Das Ergebnis war eine Saisonschwankung des Index mit einer Amplitude von 6%. Da die durchschnittliche jährliche Steigerung des Index zu jener Zeit etwa
3-4% betrug, wurde diese Entwicklung von dieser Saisonschwankung überdeckt. Es müssen daher besondere Maßnahmen getroffen
werden, um Saisonschwankungen zu eliminieren.
Man unterscheidet:

a) Maßnahmen bezüglich des Gewichtungsschemas:
   Alle Waren mit saisonabhängigen Preisen werden vernachlässigt, oder
   man gibt den Waren mit saisonabhängigen Preisen einen variablen Gewichtsfaktor.
b) Maßnahmen bezüglich der Preise:
   Man bereinigt die Preisreihen von den Saisonschwankungen,
   oder man schreibt die jährlichen Durchschnittspreise der
   Waren fort mit Hilfe von Preisen ähnlicher, nicht saison-
   abhängiger Waren.

8.3.3 Weitere Preisindizes

Neben dem Preisindex für die Lebenshaltung   werden noch
andere Preisindizes von den Statistischen Ämtern berechnet.
So etwa Indizes für die Erzeugerpreise landwirtschaftlicher
und industrieller Produkte, für die Preise im Wohnungsbau und
für die Groß- und Einzelhandelspreise.

Der Preisindex für den Einzelhandel soll die Entwicklung der Preise im Einzelhandel wiedergeben. Dabei ist zu beachten, daß dieser Index nicht identisch ist mit dem Preisindex der Lebenshaltung. Zum einen werden im Einzelhandel zahlreiche Güter abgesetzt, die nicht im Warenkorb des Lebenshaltungsindex enthalten sind, zum anderen sind im Einzelhandelsindex auch Verkäufe enthalten, die nicht an private Haushalte erfolgen. Schließlich umfaßt der Lebenshaltungsindex zahlreiche Waren und vor allem Dienstleistungen, die nicht über den Einzelhandel bezogen werden. Bei der Berechnung des Indexes werden die vom Einzelhandel abgesetzten Mengen als Gewichtungsfaktoren verwendet, dabei werden gewisse schwererfaßbare Bereiche (wie etwa der Kunsthandel) nicht berücksichtigt.

Bei der Berechnung von Indizes für die Großhandelspreise wurden als Gewichtungsfaktoren lange Zeit die vom Großhandel in einem bestimmten Basisjahr umgesetzten Mengen gewählt. Gegen eine derartige Berechnung des Indexes sind jedoch Bedenken vorgebracht worden, da hierbei der Index von Umständen beeinflußt wird, die mit dem Niveau der Großhandelspreise nichts zu tun haben. Beispielsweise würde eine Preissteigerung bei Wolle den Index der Großhandelspreise gleichzeitig auf mehreren Stufen beeinflussen. Sie würde bei den Preisen der Wolle, des Garns, des Gewebes und der fertigen Kleidung berücksichtigt werden. Auch ist die Größe des Gewichtungsfaktors mit dem der Preis des Garnes im Index berücksichtigt wird, von mehr oder weniger zufälligen Bedingungen abhängig, etwa davon, wie oft Spinnereien und Webereien in einem Unternehmen vereinigt sind.

Man ist daher dazu übergegangen, einen allgemeinen Großhandelspreisindex mit einem solch unklaren Aussagegehalt nicht mehr zu berechnen, sondern statt dessen sog. Sektorindizes zu bestimmen. Ein solcher Sektor kann die Textilindustrie, die Landwirtschaft, die Industrie allgemein oder Teilbereiche davon sein. Man kann für jeden Sektor einen Index für die Einsatzpreise und einen für die Ausstoßpreise berechnen. Der Gewichtsfaktor der Einsatzpreise sind jene Mengen, die innerhalb der Basisperiode von diesem Sektor gekauft wurden und der Gewichtsfaktor der Ausstoßpreise die Mengen, die innerhalb der Basisperiode von diesem Sektor verkauft wurden. Der Index der Ausstoßpreise für den Sektor der Textilindustrie enthält daher Garne nur insoweit, als sie an andere Sektoren verkauft werden, nicht jedoch wenn sie innerhalb des Sektors der Textilindustrie weiterverarbeitet werden.

Der Index der Brutto-Arbeitsverdienste der Industriearbeiter ist ebenfalls ein Preisindex, da der Lohn das Entgeld für geleistete Arbeit darstellt. Dabei ergeben sich verschiedene Indexreihen, je nachdem, ob man Bruttostunden- oder Bruttowochenverdienste betrachtet. Als Gewichtungsschema bei dem Index für die Wochenlöhne dient dabei eine Standardstruktur, die entsprechend der Zahl der Arbeiter in den einzelnen Berufsgruppen aufgestellt wurde. Bezieht sich der Index auf die Stundenlöhne, dann wird eine sog. Zahl der Arbeiterstunden (= Summe der Arbeiterstunden aller Arbeiter der betreffenden Berufsgruppe innerhalb eines bestimmten Zeitraumes) als Gewichtsfaktor gewählt.

Neben Lohnindizes mit starrem Gewichtungsschema werden auch sog. Lohnsummenindizes berechnet und für verschiedene Zeitpunkte miteinander verglichen. Sie dienen als Indikatoren für Änderungen des Masseneinkommens. Allerdings geben diese Indizes keinen Aufschluß über eine Änderung des Lohnniveaus, da sie ja nicht nur von einer Änderung der Löhne, sondern auch von einer Umschichtung in der Struktur der Arbeiterschaft beeinflußt werden.

Man kann Preisindizes zur Berechnung von Kaufkraftparitäten verwenden. Angenommen, ein Bürger der BRD habe festgestellt, daß er mit einem Betrag von 1.800 DM den Lebensunterhalt für sich und seine Familie einen Monat lang bestreiten kann. Es wäre nun falsch zu glauben, er könne unter Beibehaltung seiner bisherigen Lebensführung mit 1.895 sfr (oder 4.090 dkr) einen Monat lang in der Schweiz (oder Dänemark) leben. Die Valutaparität (1oo sfr = 95 DM oder 1OO dkr = 44 DM) ist nämlich kein echter Maßstab für die tatsächliche Kaufkraftparität. Um diese zu ermitteln, geht man von einem bestimmten Standardverbrauch aus, in der Regel wird der Warenkorb des Lebenshaltungsindexes gewählt. Man ermittelt dann, wieviel die Füllung desselben Warenkorbes im Land A und im Vergleichsland B kostet. Bildet man den Quotienten aus den Aufwendungen $\frac{A}{B}$, dann erhält man eine Kaufkraftparität, die angibt, wie viele Währungseinheiten im Land A einer Währungseinheit im Land B entsprechen.

Ebenfalls kann man einen Index der Reallöhne berechnen, indem man einen Lohnindex durch einen Index der Verbraucherpreise (bei einem internationalen Vergleich durch die entsprechende Kaufkraftparität) dividiert. Dies läßt sich wie folgt zeigen:

Es sein L_t der Durchschnittslohn zum Zeitpunkt t und Q_t der Wert des festen Warenkorbes zum Zeitpunkt t. Dann ist L_t/L_o der Lohnindex und $\frac{Q_t}{Q_o}$ der Preisindex bezogen auf den Basiszeitpunkt O. Unter der vereinfachenden Annahme, daß $L_o = Q_o$ sei, d.h. zum Basiszeitpunkt entspreche der Wert des Warenkorbes genau dem Durchschnittslohn, erhält man für den Reallohnindex

$$\frac{L_t}{L_o} : \frac{Q_t}{Q_o} = \frac{L_t}{Q_t} \; .$$

Dieser gibt an, wie oft man zum Zeitpunkt t mit dem Durchschnittslohn L den Warenkorb kaufen kann, den man zum Zeitpunkt O genau einmal kaufen konnte.

8.3.4 Deflationierung mit Hilfe von Preisindizes

Eine Anwendung finden Preisindizes bei der Deflationierung von nominalen Wertgrößen. Dabei möchte man tatsächliche Werte, die durch Preis- und Mengenänderungen beeinflußt sind, von den Preisänderungen bereinigen, indem man die Preise konstant hält. Man möchte die Preismeßziffer eines Beobachtungszeitraumes t $\sum_{i=1}^{n} p_t^i \, q_t^i$ für die Mengen $(q_t^1, q_t^2, \ldots, q_t^n)$ in eine fiktive Größe $\sum_{i=1}^{n} p_o^i \, q_t^i$ umrechnen, bei der die Mengen der Beobachtungsperiode t mit den Preisen der Basisperiode bewertet sind. Die entstandene

reale Größe $\sum\limits_{i=1}^{n} p_o^i q_t^i$ soll dann mit der tatsächlichen Größe $\sum\limits_{i=1}^{n} p_o^i q_o^i$

der Basisperiode verglichen werden. Man spricht vom realen Verbrauch der Beobachtungsperiode t, wenn man den mengenmäßigen
Verbrauch der Periode t mit den (konstanten) Preisen der Basisperiode O bewertet.

Man erhält die gewünschten realen Größen, indem man durch den
Preisindex von Paasche dividiert

$$\sum\limits_{i=1}^{n} p_t^i q_t^i : I_{o,t}^P(p) = \sum\limits_{i=1}^{n} p_t^i q_t^i : \frac{\sum\limits_{i=1}^{n} p_t^i q_t^i}{\sum\limits_{i=1}^{n} p_o^i q_t^i} = \sum\limits_{i=1}^{n} p_o^i q_t^i . \qquad (8.15)$$

Die reale Größe $\Sigma p_o^i q_t^i$ gibt an, wie groß die Ausgaben in der
Beobachtungsperiode tatsächlich gewesen wären, wenn sich zwischen Beobachtungs- und Basisperiode nur die Mengen, nicht aber
die Preise geändert hätten.

Fortsetzung des Beispiels 8.11:

Von zwei weiteren Zigarettenmarken sei lediglich der Gesamtumsatz in den Jahren 197o (9o Mill. DM) und 1972 (1oo Mill. DM)
bekannt. Man möchte aber wissen, wie groß die Umsatzänderungen
zwischen 197o und 1972 ohne Preissteigerungen gewesen wären.
Zu diesem Zweck benötigt man den Umsatz von 1972 zu konstanten
Preisen, d.h. zu Preisen von 197o. Sind diese - was hier unterstellt werden soll - für beide Zigarettenmarken nicht bekannt,
dann läßt sich der Umsatz von 1972 mit Hilfe des für die anderen drei Zigarettenmarken berechneten Paasche-Preisindex defla-
tionieren.

$$I_{7o,72}^P(p) = \frac{\sum\limits_{i=1}^{3} p_{72}^i q_{72}^i}{\sum\limits_{i=1}^{3} p_{7o}^i q_{72}^i} \cdot 1oo = \frac{55}{48,6} \cdot 1oo = 113,2 \ ,$$

$$\sum\limits_{i=1}^{2} p_{72}^i q_{72}^i = 1oo \text{ Mill. DM.}$$

$$\left[\sum\limits_{i=1}^{2} p_{72}^i q_{72}^i : I_{7o,72}^P(p) \right] \cdot 1oo = \left[1oo : 113,2 \right] \cdot 1oo = 88,34.$$

Unter der Annahme, daß die beiden Zigarettenmarken eine Preisentwicklung aufweisen, die dem berechneten Paasche-Preisindex
entspricht, hätte sich der reale Umsatz von 1970 bis 1972 von
90 Mill. DM auf 88,34 Mill. DM, also um 1,66 Mill. DM verringert.

Um eine Deflationierung vornehmen zu können, benötigt man also
einen Paasche Preisindex. Für die Verbrauchspreise wird von der
amtlichen Statistik der BRD allerdings nur ein Laspeyres Preisindex ausgewiesen. Man kann daher den realen Verbrauch auch approximativ durch Division durch den Laspeyres Preisindex bestimmen.

8.4 Mengen- und Volumenindizes

Wenn die Frage beantwortet werden soll, um wieviel Prozent die
Ausfuhr der BRD in einem Berichtsjahr t gegenüber einem Basisjahr 0 gestiegen ist, dann soll die Antwort durch einen Mengenindex für den Export gegeben werden. Wie soll ein solcher Index konstruiert werden? Aus den Zollbegleitpapieren kann man
für jede Warenart (Zollposition) die Werte q_0 und q_t für die
Mengen sowie p_0 und p_t für die Erlöse je Mengeneinheit im Ba-
sis- bzw. Berichtsjahr ermitteln. Diese Werte kann man nun
zur Konstruktion von Meßziffern und sodann von Indexzahlen verwenden.

8.4.1 Index der Outputmengen

Man könnte den Ausdruck

$$I_{o,t}(q) = \frac{\sum_i q_t^i}{\sum_i q_o^i} \cdot 100$$

als Index verwenden. Diese Größe wird als Outputindex bezeichnet. Sie kann nur dann berechnet werden, wenn alle Produkte in den gleichen Mengeneinheiten gemessen werden können.
Es hat aber wenig Sinn, Lokomotiven, Arzneimittel, optische Erzeugnisse, Kohle und andere Wirtschaftsgüter zu addieren. Außerdem berücksichtigt dieser Index nicht die unterschiedlichen
Preise der Güter und damit ihre starke unterschiedliche wirtschaftliche Bedeutung.

8.4.2 Index der Umsätze

Berücksichtigt man die jeweils erzielten Preise, so kann man den Umsatzindex

$$(8.16) \qquad I_{o,t}(pq) = \frac{\sum\limits_{i} p_t^i q_t^i}{\sum\limits_{i} p_o^i q_o^i} \cdot 100$$

bilden. Dieser berücksichtigt nicht die mengenmäßige sondern die wertmäßige Entwicklung des Outputs, die sich sowohl aus der Mengen- als auch aus der Preisänderung zusammensetzt. Eine Steigerung des Umsatzindexes braucht daher keine echte Produktionssteigerung anzuzeigen, sie kann allein durch Preisänderungen hervorgerufen sein.

8.4.3 Volumenindizes

Sowohl der Output- als auch der Umsatzindex machen entgegengesetzte Fehler, wenn man sie als Maßzahl für eine Mengenänderung betrachtet. Der Outputindex ermöglicht keine Zusammenfassung von Mengeneinheiten unterschiedlicher Dimensionen. Daher wird eine Bewertung der Mengen erforderlich. Der Umsatzindex nimmt zwar eine solche Bewertung vor, berücksichtigt aber auch Preisänderungen. Man wird daher versuchen, eine Indexkonstruktion mit konstanten Preisen vorzunehmen.

a) Volumenindex nach Laspeyres

Bei diesem verwendet man als Gewichtungsfaktoren die Preise der Basisperiode

$$(8.17) \qquad I_{o,t}^{L}(q) = \frac{\sum\limits_{i} p_o^i q_t^i}{\sum\limits_{i} p_o^i q_o^i} \cdot 100 \; .$$

b) Volumenindex nach Paasche

Bei diesem verwendet man als Gewichtungsfaktoren die Preise der Berichtsperiode

$$(8.18) \qquad I_{o,t}^{P}(q) = \frac{\sum\limits_{i} p_t^i q_t^i}{\sum\limits_{i} p_t^i q_o^i} \cdot 100 \; .$$

Beide Volumenindizes messen mengenmäßige Änderungen von Waren-
körben zu konstanten Preisen. Ihre Benennung ist in der Literatur nicht einheitlich. Um sie gegen die Umsatzindizes abzugrenzen sollte man sie als Volumenindizes bezeichnen. Man findet
allerdings auch die Bezeichnung Mengenindizes für sie in der
Literatur.

Man kann festhalten: Volumenindizes besitzen im Zähler und
Nenner unterschiedliche q-Werte, dagegen als Gewichtsfaktoren
gleiche p-Werte. Preisindizes dagegen besitzen im Zähler und
Nenner verschiedenen p-Werte, die mit gleichen q-Werten gewichtet werden.

8.4.4 Index der industriellen Nettoproduktion (NPI)

Bei der Konstruktion von Produktionsindizes liegt die Schwierigkeit in der Gewichtung der einzelnen Produktionsmengen. Bis
auf wenige Ausnahmen läßt sich der Begriff der Produktion klar
abgrenzen. Hier gibt es nur in wenigen Sektoren Schwierigkeiten.
Das Standardbeispiel hierfür sind die Schiffswerften. Man kann
ihre Produktion nicht in 'Schiffseinheiten' angeben, denn dann
würden die monatlichen Produktionsmeldungen nur vereinzelt die
Angabe '1 Schiff' enthalten und sonst keine Produktionsangaben.
In diesem Fall ist man gezwungen, als Produktion einen Wert-
zuwachs in dem betreffenden Zeitraum anzugeben und diesen auf
geeignete Art zu schätzen.

In der amtlichen Statistik wird für Zeitvergleiche der Volumenindex nach Laspeyres bevorzugt, da für einen Volumenindex
nach Paasche die Gewichtung von Periode zu Periode neu festgelegt werden müßte. Die Daten dafür fehlen aber meistens.

Die Gewichtung der einzelnen Produktionsmengen darf nicht mit
ihren Preisen erfolgen, da dann beispielsweise konsumnahe In-
dustrien stark überbewertet würden, weil sie in unterschied-
lichem Maße Vorleistungen anderer Wirtschaftszweige enthalten.
Auch würde der Wert des Indexes davon abhängen, wie viele Pro-
duktionsstufen man bei seiner Berechnung unterscheidet. Die
Frage der Klassifikation darf jedoch auf den Wert des Indexes
prinzipiell keinen Einfluß ausüben. Um nun einen unverfälschten

Index für den Output der einzelnen Wirtschaftssektoren zu
erhalten darf man die produzierten Mengen nicht mit den Ver-
kaufspreisen des Basisjahres gewichten. Man muß vielmehr den
Wert der Vorleistungen anderer Wirtschaftssektoren vom Ver-
kaufspreis in Abzug bringen und die so erhaltenen Nettoproduktionswerte pro Mengeneinheit als Gewichtsfaktor wählen.
(Nettoproduktionswert = Bruttoprod.wert - Wert der Vorleistungen)

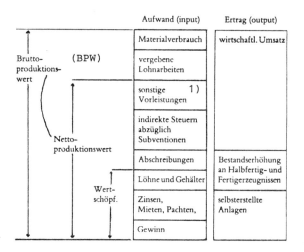

1) schwer erfaßbar

Abb. 8.1: Produktionskonto einer Unternehmung

Die auf diese Weise festgelegten Nettoproduktionswerte liegen
dem Gewichtungsschema des Indexes der industriellen Nettoproduktion zugrunde.
Die Aufgabe des Index der industriellen Nettoproduktion, der zu
den wichtigsten Indikatoren zur kurzfristigen Konjunkturbeob-
achtung gehört, bestehen darin, unter Ausschaltung von Preisänderungen, die Entwicklung der Nettoleistung der einzelnen
Industriezweige und der Gesamtindustrie zu messen. Die Nettoleistung wird angenähert durch den Nettoproduktionswert, der
noch die sonstigen Vorleistungen (Büromaterial, Postgebühren,
Versicherungsprovisionen usw.) enthält, wiedergegeben. Um eine
156

korrekte Berechnung des Index zu ermöglichen, müßten für jeden
Industriezweig die Nettoproduktionswerte eines Basisjahres und
der jeweiligen Berichtszeiträume vorliegen, wobei in den Netto-
produktionswerten der Berichtsperiode preisbedingte Veränderungen
auszuschalten wären. Die zur Zeit erstellten Indices der Nettoproduktion können diesem Konzept nur teilweise genügen, denn tatsächlich erhobene Nettoproduktionswerte liegen nur für die Jahre
195o, 1958, 1962 und 1967 vor, für die Zwischenjahre sind somit
Schätzungen erforderlich. Auch die Nettoproduktionswerte des
neuen Basisjahres 197o wurden unter Benutzung der tatsächlichen
Werte von 1967 und des Index auf der Basis 1962 geschätzt
(vgl. Tabelle 8.3).

Tabelle 8.3: Gewichtungsschema und Index der industriellen Nettoproduktion der Bundesrepublik Deutschland (ohne
West-Berlin)

Industriezweig	anteiliger Ge-wichtungsfaktor (1970=1oo)	Index der indu-striellen Net-toproduktion 1974 (kalendermonatl.)
1. Bergbau	3,41	9o,8
a) Kohlebergbau	2,75	84,5
2. Verarbeitende Industrie	87,13	11o,1
a) Grundstoff- und Produktionsgüterind.	26,36	115,7
b) Investitionsgüter-industrie	36,o5	1o6,6
c) Verbrauchsgüterind.	15,7o	1o7,1
d) Nahrungs- und Genuß-mittelindustrie	9,o2	113,1
3. Öffentliche Energie-wirtschaft	4,58	15o,9
a) Elektrizitätserzeu-gung	3,83	142,6
b) Gaserzeugung	o,75	193,3
4. Bauindustrie	4,88	1o4,1
gesamte Industrie	1oo,oo (=342,1 Mrd.DM)	111,o

Quelle: Statistisches Jahrbuch für die Bundesrepublik Deutschland 1975, S.239 f.

Der Index der industriellen Nettoproduktion stellt einen Volumenindex nach Laspeyres dar, dessen Berechnung für einen Industriezweig nach folgender Formel erfolgt:

$$I^L_{o,t}(q) = \frac{\sum\limits_i \frac{q^i_t}{q^i_o} \cdot q^i_o \cdot p^i_o}{\sum\limits_i q^i_o \cdot p^i_o} \cdot 100 \; .$$

Dabei bilden die Nettoproduktionswerte ($q_o p_o$) des Industriezweiges die Ausgangsmasse für die laufende Berechnung des Index, dessen Fortschreibung mit Hilfe der Mengenmeßziffern $\frac{q_t}{q_o}$ erfolgt. Da es unmöglich ist, alle in einem Industriezweig produzierten Gütermengen zu erfassen, beschränkt man sich auf eine repräsentative Auswahl von Erzeugnissen für jeden Industriezweig. Für diese müssen die Nettoproduktionswerte im Basisjahr und die entsprechenden Mengenmeßziffern für das Berichtsjahr (bzw. den Berichtsmonat) zur Verfügung stehen.

Am Beispiel von ausgewählten Erzeugnissen für die Menge des Güterausstoßes der obst- und gemüseverarbeitenden Industrie soll gezeigt werden, wie man den Index der industriellen Nettoproduktion dieses Sektors bestimmt. Der gesamte Umsatz dieses Sektors betrug im Basisjahr (1970) 989,45 Mio. DM. Davon entfielen rund 56%, d.h. 554,19 Mio.DM, auf die Produkte, die durch die vier Hilfsreihen repräsentiert wurden.

Beispiel 8.13: Berechnung des Nettoproduktionsindexes für die obst- und gemüseverarbeitende Industrie.

ausgewählte Erzeugnisse	1970 q_o	1974 q_t	$\frac{q_t}{q_o}$	$q_o p_o$	$\frac{q_t}{q_o} \cdot q_o p_o$
1. Obstkonserven	118	144	1,22	56,57	69,01
2. Gemüsekonserven	319	210	0,66	123,40	81,44
3. Marmelade, Konfitüre, Gelee	139	159	1,14	159,80	182,17
4. Fruchtsäfte aller Art	456	625	1,37	214,32	293,62
Summe der ausgewählten Erzeugnisse				554,09	626,25
nichtausgewählte Erzeugnisse				435,36	

Somit läßt sich der Index der industriellen Nettoproduktion dieses Sektors wie folgt berechnen

$$\tau^L_{o,t}(q) = \frac{\sum_i \frac{q^i_t}{q^i_o} q^i_o p^i_o}{\sum_i q^i_o p^i_o} \cdot 100 = \frac{626,25}{554,09} \cdot 100 = 113,02 \; .$$

Dies besagt, daß die durchschnittliche mengenmäßige Produktion dieses Sektors in der Zeit von 1970 bis 1974 um 13% gesteigert wurde.

Falls Unterlagen über die Produktionsmengen nicht vorliegen oder aus anderen Gründen nicht beschafft oder verwendet werden können, werden sie durch andere Fortschreibungsreihen, etwa über Rohstoffverbrauch, Arbeitszeit, Umsatz usw. ersetzt. Aus diesen können dann ebenfalls Mengenmeßziffern gebildet werden. Es wird dabei angenommen, daß die Entwicklung der Nettoptoduktion und der Fortschreibungsreihen parallel verläuft. Einen Überblick über die verwendeten Fortschreibungsreihen gibt Tabelle 8.4.

Tabelle 8.4: Fortschreibungsreihen

Industriezweig	Gewichte 1962	Gewichte 1970	Menge des Güterausstoßes	Wert	Umsatz	geleistete Arbeits- stunden	Rohstoff- menge (Material- einsatz)	Index der Nettoprod. 1974 (kalender- monatlich)	Index der Arbeitspro- duktivität (Produktions- ergebnis je Arbeiterstd.) 1974
1. Bergbau	5,95	3,41	18	-	2	-	-	90,8	117,8
a) Kohlebergbau	4,96	2,75	8	-	-	-	-	84,5	109,9
2. Verarbeitende Industrie	85,41	87,13	286	130	23	3	10	110,1	128,6
a) Grundstoff- u.Produktions- güterindustrie	25,33	26,36	159	7	2	2	-	115,7	134,0
b) Investitions- güterindustrie	32,76	36,05	41	118	7	-	-	106,6	122,8
c) Verbrauchs- güterindustrie	16,39	15,70	52	5	6	1	10	107,1	130,6
d) Nahrungs- und Genußmittelind.	10,93	9,02	34	-	9	-	-	113,1	127,4
Obst- u.gemüse- verarb.Industr.	0,30	0,29	4	-	-	-	-	113,0	-
3. Öffentliche Energiewirtschaft	4,18	4,58	2	-	-	-	-	150,9	-
4. Bauindustrie	4,46	4,88	-	-	-	-	2	104,1	-
gesamte Industrie	100	100	306	130	25	3	12	111,0	123,3

Anhand eines fiktiven Beispiels soll nun die Berechnung des Index der industriellen Nettoproduktion für die Gesamtindustrie
dargestellt werden. Dabei werden, wie bei der obst- und gemüseverarbeitenden Industrie, für jeden Industriezweig Teilindices
berechnet. Aus diesen bestimmt sich dann mit geeignet gewählter
Gewichtung der Gesamtindex. Dabei stellen die Gewichte die Anteile der einzelnen Industriezweige am Nettoproduktionswert der
Gesamtindustrie im Basisjahr dar.

Angenommen, die gesamte Industrieproduktion einer Volkswirtschaft
werde in vier Industriezweigen (A,B,C,D) erstellt. Für diese Industriezweige liegen die folgenden Angaben vor:

Industriezweig Erzeugnisgruppe	Anteil am NPW der ges.Industrie 197o	Monatliche Angaben über die Produktionsentwicklung		Ergänzende Angaben 1974 auf der Basis 197o = 100
		197o	1974	
Ind.-Zweig A		Produktionsmengen in Tonnen		Index d.Prod.Ergebn. je Beschäftigten
Erzeugnis 1	0,05	480	1 056	108
Erzeugnis 2	0,05	720	900	115
Ind.-Zweig B		Index d. Prod.Er- gebnisse		
Erzeugnis 1	0,12	100	200	107
Erzeugnis 2	0,10	100	300	107
Sonst.Erzeugn.	0,08	unbekannt		107
Ind.-Zweig C		Zahl der Beschäf- tigten		
	0,35	1 000	800	150
Ind.-Zweig D		Umsatz in Mio.DM		Index d.Erzeugerpreise
	0,25	200	242	110

Es existieren Industriezweige, bei denen Angaben über die Produktionsmengen aller oder fast aller Erzeugnisse vorliegen. Ein
bekanntes Beispiel dafür ist die Schuhindustrie. In unserem
Beispiel wird dies für den Industriezweig A unterstellt. Er produziert nur die beiden Erzeugnisse 1 und 2. Für beide liegen die
zur Berechnung des Teilindex erforderlichen Unterlagen vor.

160

Den Teilindex für den Industriezweig A bestimmt man als gewichtetes arithmetisches Mittel aus den Mengenmeßziffern der einzelnen Erzeugnisse. Dabei bilden die Anteile der Erzeugnisse am Nettoproduktionswert der Gesamtindustrie des Basisjahres die Gewichtsfaktoren.

$$I_{7o,74}^{L,A}(q) = \left[\frac{\frac{1o56}{48o} \cdot o,o5}{o,o5+o,o5} + \frac{\frac{9oo}{72o} \cdot o,o5}{o,o5+o,o5}\right] 1oo = 172,5 \ .$$

Bei anderen Industriezweigen liegen nur die Produktionsmengen für repräsentative Erzeugnisse vor. Ein Beispiel dafür war die obst- und gemüseverarbeitende Industrie. In unserem Beispiel soll dies für den Industriezweig B zutreffen. Die Berechnung erfolgt wie beim Industriezweig A.

$$I_{7o,74}^{L,B}(q) = \left[\frac{\frac{2oo}{1oo} \cdot o,12}{o,1o+o,12} + \frac{\frac{3oo}{1oo} \cdot o,1o}{o,1o+o,12}\right] 1oo = 245,45 \ .$$

In einigen Industriezweigen (Schiffbau, Waggonbau) erfolgt die Fortschreibung mit Hilfe der geleisteten Arbeitsstunden, weil sich die Bauzeit der erzeugten Objekte über längere Zeiträume erstreckt. Eine gleichlaufende Entwicklung von Ausstoß und Nettoleistung wäre hier keinesfalls gegeben. Um bei der Verwendung von Arbeitsstunden den Produktionsfortschritt zu berücksichtigen, werden die Meßziffern der geleisteten Arbeitsstunden mit dem Index der Arbeitsproduktivität multipliziert. In unserem Beispiel wird dies für den Industriezweig C unterstellt, wobei statt der Arbeitsstunden die Beschäftigtenzahl und der Index des Produktionsergebnisses je Beschäftigten zur Messung des Produktionsfortschrittes verwendet wird.

$$I_{7o,74}^{L,C}(q) = \frac{8oo}{1ooo} \cdot 15o = 12o \ .$$

Wenn das Erzeugungsprogramm eines Industriezweiges sehr heterogen ist, so daß die Auswahl bestimmter repräsentativer Erzeugnisse praktisch nicht möglich ist, so werden Umsätze zur Fortschreibung benutzt. Die Ausschaltung von Preiseinflüssen erfolgt hier mit Hilfe des Index der Erzeugerpreise. Dieses Vorgehen wird etwa bei der kunststoffverarbeitenden und der lederverarbeitenden Industrie verwendet. In unserem Beispiel wird dieses Verfahren beim Industriezweig D benutzt.

$$I_{70,74}^{L,D}(q) = \left[\frac{242}{200} \cdot \frac{1}{1,10}\right] \cdot 100 = 110 \ .$$

Nachdem nun beispielhaft die Indices der industriellen Nettoproduktion für vier einzelne Industriezweige berechnet worden
sind, soll die Zusammenfassung zum NPI der Gesamtindustrie dargestellt werden. Dazu bildet man aus den Teilindices der einzelnen Industriezweige das gewogene arithmetische Mittel.
Der Anteil des Industriezweiges A beträgt 10%, der von B 30%,
der von C 35% und der von D 25%. Bei B geht durch die Gewichtung des NPI die Annahme ein, daß die sonstigen Erzeugnisse
sich entsprechend dem NPI dieses Industriezweiges entwickelt
hätten. Der Gesamtindex ergibt sich somit zu:

$$I_{70,74}^{L(G)}(q) = 172,5 \cdot 0,1 + 245,45 \cdot 0,3 + 120 \cdot 0,35 + 110 \cdot 0,25 = 160,385 \ .$$

Der Wert von 160,4 besagt, falls alle Hilfskonstruktionen bei
der Messung realistisch sind, daß in den vier Industriezweigen
zusammen die Nettoleistung aufgrund mengenmäßiger Änderung von
1970 bis 1974 um 60,4% gestiegen ist.

Aufgabe 1

Zahlenangaben aus dem Statistischen Jahrbuch für die BRD:

- Wohnbevölkerung in der BRD in 1000   1965   1972

		1965	1972
Jahresdurchschnitt	:	59o12	61672
am 31.12.	:	59297	618o9
davon männlich	:		29533

- Erwerbspersonen in der BRD in 1000

am 31.12.	:		26861
davon männlich	:		17o54

- Eheschließungen in 1ooo :   415
- Fläche der BRD in qkm

     am 31.12.   :   2486oo

Notieren Sie im Ansatz aus diesen Zahlenangaben je ein sinnvolles Beispiel für:

a) eine Gliederungszahl,

b) eine Beziehungszahl,

c) eine Meßziffer.

Erklären Sie jeweils kurz, was die so gebildeten Zahlen aussagen!

Aufgabe 2

1. Nehmen Sie an, die Arbeitslosenstatistik von 1975 hätte ergeben, daß von allen Arbeitslosen 60% Teilzeitkräfte waren. Können Sie daraus schließen, daß Teilzeitkräfte in Zeiten eines konjunkturellen Abschwungs eher entlassen werden als Vollbeschäftigte?

2. Der Benzinverbrauch pro zugelassenem Kraftfahrzeug ist in der BRD in den letzten Jahren gefallen. Kann man daraus schließen, daß in der BRD weniger gefahren wird als früher?

3. Im Land A betrug 1972 der Anteil der Insolvenzen des Produzierenden Gewerbes an der Gesamtheit der Insolvenzen 4%, im Land B waren es 6%. Bezogen auf 1ooo der Gesamtzahl der Unternehmen betrug die Zahl der Insolvenzen im Produzierenden Gewerbe in demselben Jahr im Land A 2oo und im Land B 168.

     a) Um welche Art von Verhältniszahlen handelt es sich hier?

     b) Welche Zahlen muß man vergleichen, wenn man feststellen will, in welchem Land die Zahl der Insolvenzen in Prozent größer war?

     c) Geben Sie an, wie hoch der Anteil der Insolvnezen im Land A und im Land B waren.

Aufgabe 3

Die Preisentwicklung eines bestimmten Kraftfahrzeuges wird durch folgende Meßziffernreihen angegeben:

	I	II
1970	100	
1971	120	
1972	130	100
1973		120
1974		140
1975		160

a) Berechnen Sie für I und II die verkettete Meßziffernreihe.

b) Interpretieren Sie jeweils einen der berechneten Werte.

c) Wie groß war die Preissteigerung von 1972 auf 1973?

d) Welche Annahme treffen Sie bei der Verkettung?

e) In welchen Jahren waren die Preissteigerungen gleich groß?

Aufgabe 4

Gesamtumsatz und Auslandsumsatz eines Unternehmens der Maschinenbauindustrie nach Maschinentypen 1968 und 1973 in Mio. DM

Maschinen-typ	Auslandsumsatz		Gesamtumsatz	
	1968	1973	1968	1973
A	120	240	200	400
B	40	0	200	100
Zus.	160	240	400	500

Definition: $\text{Exportquote} = \dfrac{\text{Auslandsumsatz (=Export)}}{\text{Gesamtumsatz}}$

a) Berechnen Sie die allgemeine Exportquote des Unternehmens für 1968 und für 1973! Welche sachliche Aussage gewinnt man aus dem Vergleich der beiden Zahlenwerte?

b) Berechnen Sie die besonderen Exportquoten für die beiden Maschinentypen, ebenfalls für beide Jahre! Was besagt diesmal der Zeitvergleich?

c) Wie erklärt sich der scheinbare Widerspruch zwischen den Aussagen a) und b)?

d) Berechnen Sie eine standardisierte Exportquote für 1973, und zwar so, daß sie mit der allgemeinen Exportquote von 1968 sinnvoll vergleichbar ist! Welche Aussage liefert der Vergleich?

Aufgabe 5

In einem Land A wurden folgende Beschäftigten- und Arbeitslosen-
zahlen für die Jahre 1972 und 1974 ermittelt:

Altersstufe	1972		1974	
	mittl.Be-schäftig-tenzahl	Arbeits-lose	mittl.Be-schäftig-tenzahl	Arbeits-lose
[20 ; 30)	400	40	200	24
[30 ; 45)	800	48	1000	100
[45 ; 65)	600	42	400	50
Zusammen	1800	130	1600	174

$$\text{Arbeitslosenziffer} = \frac{\text{Zahl der Arbeitslosen}}{\text{mittl. Beschäftigtenzahl}}$$
ABZ

a) Berechnen Sie die allgemeine Arbeitslosenziffer für den Zeitraum 1972 und 1974.
   Um welche Art von Verhältniszahl handelt es sich dabei?

b) Berechnen Sie die besonderen Arbeitslosenziffern und geben Sie
   an, welcher Zusammenhang zwischen den besonderen Arbeitslosenziffern und der allgemeinen Arbeitslosenziffer besteht.

c) Welche Aussage liefert der Vergleich der besonderen Arbeitslosenziffern der Altersstufen [20;30) und [45;65) für die Jahre
   1972, 1974?

d) Berechnen Sie die allgemeine Arbeitslosenziffer, wenn sich
   nur die Beschäftigtenstruktur verändert hätte.

Aufgabe 6

In einem Kaufhaus wurden die Preise in den verschiedenen Abteilungen im Zeitablauf folgendermaßen geändert:

Abteilung	Preise in DM		Umsatz in 100.000 DM	
	1974	1975	1974	1975
I	80	85	40	
II	150	190	80	
III	210	200	120	
IV	50	60	70	

Der Umsatz in den Abteilungen I und II hat sich von 1974 bis 1975
um 20%, in der Abteilung III um 10% erhöht und in der Abteilung IV
um 30% verringert.

a) Berechnen Sie den Umsatz von 1975 für alle 4 Abteilungen.

b) Berechnen Sie die Preisindices nach Laspeyres und Paasche und
   erklären Sie ihre Unterschiede.

165

c) Zeigen Sie, daß allgemein gilt:

$$\frac{I_{o,t}(pq)}{I^L_{o,t}(p)} = I^P_{o,t}(q) \quad \text{mit} \quad I_{o,t} = \frac{\sum\limits_i p^i_t q^i_t}{\sum\limits_i p^i_o q^i_o}$$

d) Berechnen Sie den Mengenindex nach Laspeyres und interpretieren Sie ihn.

Aufgabe 7

In einem Land A ist der Preisindex für die Lebenshaltung während der letzten 1o Jahre von 22o auf 3o8 gestiegen, in einem Land B hingegen von 14o auf 179,2.

a) Kann man aus diesen Angaben schließen, in welchem Land das Preisniveau höher ist? Begründen Sie Ihre Antwort!

b) In welchem Land sind die Preise stärker gestiegen? Wie groß ist der Unterschied?

c) Wie groß waren die beiden mittleren prozentualen Preissteigerungen pro Jahr in beiden Ländern? (Ansatz genügt!)

Aufgabe 8

Ein Unternehmer handelt mit drei Gütern A, B, C. Die Umsätze dieser drei Güter für die Jahre 1973 und 1974 sowie die zugehörigen Preismeßziffern sind der nachstehenden Tabelle zu entnehmen:

Gut	Umsatz in 1ooo DM		Preismeßziffern
	1973	1974	$I_{73,74}(p^i)$
A	2o	35	1,8
B	25	3o	1,5
C	75	85	1,1

a) Berechnen Sie den Preisindex nach Laspeyres für 1974 auf der Basis 1973 für die Güter und interpretieren Sie das Ergebnis!

b) Zeigen Sie, daß sich durch Division des Umsatzindexes

$$\frac{\sum p_t q_t}{\sum p_o q_o}$$ durch den Preisindex von Laspeyres

der Mengenindex nach Paasche ergibt.
Berechnen Sie den Paasche-Mengenindex auf diese Weise!

c) Der Preisindex nach Laspeyres der 3 Güter für das Jahr 1973 auf der Basis 197o ist 1,13.
Berechnen Sie einen Index für 1974 auf der Basis 197o! Welche Annahme unterliegt der Rechnung?

d) Was versteht man unter Deflationierung?
Zeigen Sie den formelmäßigen Zusammenhang!

e) Berechnen Sie den Umsatz von 1974, wenn sich von 1973 bis 1974 nur die Mengen geändert hätten!

Aufgabe 9

Gegeben sind für 2 Industriezweige die produzierten Mengen und die
Nettoproduktionswerte (Land A)

Ind. zweig	Prod. Mengen (in Mio. t)		Nettoproduktionswerte (in Mrd. DM)	
	1970	1975	1970	1975
I	1,0	0,8	7,0	4,0
II	1,0	1,8	3,0	6,0
			10,0	10,0

a) Berechnen Sie für die beiden Industriezweige einen Index der
industriellen Nettoproduktion auf der Basis 1970 nach Laspeyres
und interpretieren Sie das Ergebnis!

b) Für die restlichen 7 Industriezweige ergibt sich ein Nettoproduktionsindex für 1975 auf der Basis 1970 von 150. (Der Nettoproduktionswert für diese 7 Industriezweige beträgt 1970 90 Mrd.
DM und 1975 120 Mrd. DM). Berechnen Sie einen Mengenindex nach
Laspeyres für alle Industriezweige!

c) Der Nettoproduktionsindex auf der Basis 1960 für 1970 beträgt
150. Um wieviel Prozent ist die industrielle Nettoproduktion
von 1960 bis 1975 gestiegen?

d) Für ein anderes Land B gilt: Auf der Basis 1960 beträgt der
Nettoproduktionsindex für das Jahr 1970 140 und für das Jahr
1975 210. In welchem Land ist die Nettoproduktion von 1970
bis 1975 stärker gestiegen? Wie groß ist der Unterschied?

e) Nehmen Sie an, ein Bekannter von Ihnen behauptet, der Nettoproduktionsindex in seinem Heimatland sei in den letzten fünf Jahren höher als in der BRD gewesen. Wie werten Sie diese Behauptung?

f) Für einen repräsentativen Haushalt wurden folgende Indices
auf der Basis 1970 für 1975 ermittelt:

- Preisindex nach Laspeyres   145
- Preisindex nach Paasche   134
- Mengenindex nach Laspeyres   120

$$\text{Umsatzindex: } I_{o,t}(pq) = \frac{\sum_i p_t^i q_t^i}{\sum_i p_o^i q_o^i}$$

1. Wenn der Haushalt 1970 100 Geldeinheiten ausgegeben hat,
   wieviel Geldeinheiten hat er dann 1975 ausgegeben?

2. Berechnen Sie einen Mengenindex nach Paasche und interpretieren Sie diesen Wert!

9. Bestandsmassen und Bewegungsmassen

9.1 Abgrenzung der Begriffe

Im folgenden sollen zeitliche Veränderungen einer statistischen Masse untersucht werden. Eine statistische Masse, deren Einheiten sich auf einen bestimmten Zeitpunkt beziehen, bezeichnet man als eine Bestandsmasse. Zu ihrer Erfassung muß ein bestimmter Stichtag festgelegt werden. So stellt etwa die Bevölkerung der BRD am 1. Januar 1975 eine Bestandsmasse dar. Es werden alle an diesem Tag existierenden Einheiten der statistischen Masse erfaßt. Im Gegensatz dazu werden Bewegungsmassen auf einen bestimmten Zeitraum bezogen. Erfaßt werden dann alle Einheiten der statistischen Masse, die während dieses Zeitraums zur statistischen Masse gehören. Jeder Bestandsmasse sind zwei Bewegungsmassen zugeordnet, nämlich die Zugangs- und die Abgangsmasse.

Beispiel 9.1:

a) Die Bestandsmasse Lagerbestand erfährt durch die beiden Bewegungsmassen Lagerzugang und Lagerabgang eine zeitliche Veränderung.

b) Die Bestandsmasse der Studenten einer Universität wird durch die beiden Bewegungsmassen Immatrikulation und Exmatrikulation verändert.

c) Die Bestandsmasse Bevölkerung wird durch die beiden Zugangsmassen Geborene und Zuwanderungen sowie die beiden Abgangsmassen Gestorbene und Abwanderungen verändert.

Die Beziehung zwischen einer Bestands- und einer Bewegungsmasse läßt sich durch das sog. Becker'sche Schema darstellen. Bei diesem wird jeder Einheit der Bewegungsmasse eine sog. Verweillinie zugeordnet. Eine Einheit, die zum Zeitpunkt t' in die Bestandsmasse eintritt und zum Zeitpunkt $t'' > t'$ wieder austritt, gehört der statistischen Masse während der Zeit $t^* = t'' - t' > 0$ an. Man nennt die Zeit t^* die Verweildauer der Einheit. Um die Verweillinien verschiedener Einheiten voneinander zu trennen,

trägt man sie nicht auf der als Zeitachse gewählten Abszisse
des Koordinatensystems auf. Man zieht sie dadurch auseinan-
der, daß man ihre Zugangszeit t' auf der Ordinate des Koordinatensystems abträgt. Dadurch liegen die Punkte aller Zugangs-
zeiten auf einer um 45° geneigten Gerade durch den Koordinatenursprung. Die Verweillinien selbst verlaufen im Abstand t' parallel zur Zeitachse (vgl. Abb. 9.1)

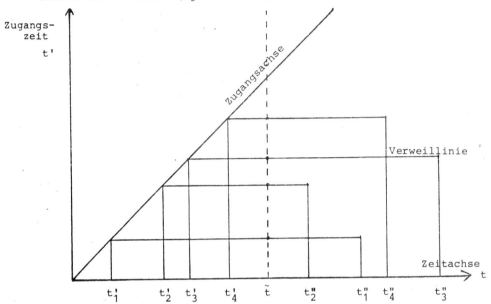

Abb. 9.1: Becker'sches Schema

**Zeichnet man im Becker'schen Schema durch den Zeitpunkt $\tilde{t}$ eine
Senkrechte zur Zeitachse, so erhält man eine Momentaufnahme der
Bestandsmasse.** Alle Einheiten, die zum Zeitpunkt $\tilde{t}$ der Bestandsmasse angehören sind dadurch gekennzeichnet, daß ihre Verweillinie von dem Lot geschnitten wird.

Grundsätzlich muß man zwischen geschlossenen und offenen Massen
unterscheiden. Eine Masse heißt geschlossen, wenn es zwei Zeitpunkte t' und t", t'< t", derart gibt, daß keine ihrer Einheiten

170

vor dem Zeitpunkt t' in die Masse eingetreten ist und keine Einheit die Masse nach dem Zeitpunkt t" verläßt. Eine Masse, die nicht geschlossen ist, bezeichnet man als offen. Entsprechend unterscheidet man auch halbseitig offene Massen (vgl. Abb. 9.2).

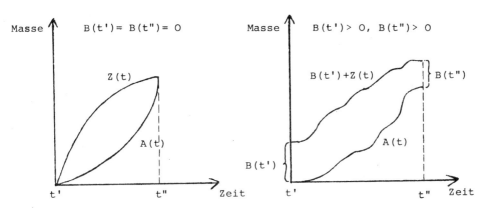

a) beidseitig geschlossene Masse   b) beidseitig offene Masse

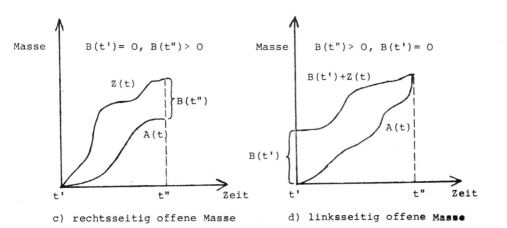

c) rechtsseitig offene Masse   d) linksseitig offene Masse

Abb. 9.2: Beispiele für offene und geschlossene Massen

171

Beispiel 9.2:

Geschlossene Massen bilden etwa die Fahrgäste der Eisenbahn an
einem bestimmten Tag oder die Druckauflage dieses Skriptums.
Offene Massen bilden dagegen die Zahl der Arbeitslosen eines
bestimmten Monats oder der Glühlampen der Straßenbeleuchtung
einer bestimmten Stadt.

Ob eine Masse geschlossen oder offen ist, hängt von der speziellen Fragestellung ab. Interessiert man sich für den Ge-
samtbestand an PKW, so ist diese Masse offen. Betrachtet man
dagegen die PKW eines speziellen Baujahrs, etwa 1974, so ist
diese Masse abgeschlossen, wenn man nur den Endpunkt des Beobachtungszeitraumes hinreichend spät wählt.

9.2 Bestandsmassen

9.2.1 Erhebungsmöglichkeiten

Die Bevölkerung der BRD stellt für einen bestimmten Stichtag
eine Bestandsmasse dar. Die Erfassung dieses Bevölkerungsbestandes kann primärstatistisch durch Zählungen oder sekundärstati-
stisch aus Unterlagen (Karteien) von registrierenden Behörden
(Einwohnermeldeämter, Standesämter) erfolgen.
Durch periodische Totalerhebungen kann man zwar Zustandsbilder
des jeweiligen Bevölkerungsbestandes erhalten. Man kann daraus
jedoch keine Rückschlüsse ziehen, wie dieser Zustand erreicht
wurde und auf welche Weise bestimmte Bevölkerungsgruppen daran
beteiligt waren. Oft ist man aber aus Zwecken der Analyse an
den Umschichtungsvorgängen selbst interessiert. Man unterscheidet bezüglich der Aufbereitung und Auswertung von personen- und
zeitbezogenen Daten zwei Möglichkeiten:

a) Querschnittsanalysen

Bei diesen werden Bestandserhebungen zu bestimmten Zeitpunkten durchgeführt. Dadurch können allerdings Strukturwandel
nur in beschränkter Weise aufgedeckt werden. Durch wiederholte Bestandserhebungen versucht man dann auf die Bewegungsvor-

gänge zu schließen. Es ist zwar möglich, daß bei diesen wiederholten Erhebungen dieselben Personen erfaßt werden, doch lassen sich die von ihnen an den verschiedenen Stichtagen gemachten Angaben nicht miteinander vergleichen.

b) Längsschnittanalysen

Diese beruhen darauf, daß man an einer bestimmten Personengruppe, die durch ein gemeinsames Ereignis charakterisiert sind, etwa das gleiche Geburtsjahr oder das gleiche Immatrikulationsjahr, eine längerfristige Beobachtung durchführt. Wird eine solche Personengruppe durch ein gemeinsames Ereignis (z.B. gleiches Geburtsjahr, Immatrikulationsjahr oder Heiratsjahr) charakterisiert, dann spricht man von einer Kohorte.

Der Bevölkerungsbestand kann primärstatistisch durch eine Volkszählung, die eine Totalerhebung darstellt, an einem bestimmten Stichtag ermittelt werden. Zunächst muß jedoch der Begriff der Bevölkerung klar abgegrenzt werden. Früher verstand man darunter die ortsanwesende Bevölkerung. Im Zeichen fortschreitender Mobilität erwies sich dieser Begriff jedoch als wenig brauchbar. Man legt daher heute den Begriff der Wohnbevölkerung zugrunde. Um eine Zuordnung von Personen zur Wohnbevölkerung zu erhalten, unterscheidet man für jedes Zählgebiet drei Bevölkerungsgruppen, von denen nur die ersten beiden zur Wohnbevölkerung gezählt werden:

a) Personen mit nur einem Wohnsitz, der im Zählgebiet liegt,
b) Personen mit mehr als einem Wohnsitz, von denen einer im Zählgebiet liegt, und die sich überwiegend im Zählgebiet aufhalten, insbesondere wenn sie von dort ihrem Beruf oder ihrer Ausbildung nachgehen,
c) Personen mit mehr als einem Wohnsitz, von denen einer im Zählgebiet liegt, die sich aber überwiegend außerhalb des Zählgebietes aufhalten.

Volkszählungen sind wohl das älteste und bekannteste Verfahren einer statistischen Erhebung. Merkmale, die praktisch bei fast allen Volkzählungen erfaßt werden, sind:

1. Geschlecht,
2. Alter (Datum der Geburt),
3. Familienstand,
4. Religionszugehörigkeit,
5. Staatsangehörigkeit,
6. Stellung zum (Beteiligung am) Erwerbsleben,
7. Beruf (ausgeübte Tätigkeit),
8. Stellung im Beruf,
9. Wirtschaftszweig (wirtschaftliche Gliederung der Erwerbstätigen).

Wegen des mit einer Volkszählung verbundenen großen Aufwandes können diese Erhebungen nur in größeren zeitlichen Abständen durchgeführt werden. Einer UN-Empfehlung folgend sollen Volkszählungen in einem 10-Jahresabstand durchgeführt werden. Demzufolge wurden die letzten Volkszählungen in der BRD an den Stichtagen 13.9.1950, 6.6.1961 und 27.5.1970 durchgeführt.

Um den langen Zeitraum zwischen zwei Volkszählungen zu überbrücken, wurde 1957 in der BRD eine 'Repräsentativerhebung der Bevölkerung und des Erwerbslebens', kurz 'Mikrozensus' genannt, eingeführt. Dabei handelt es sich um eine vierteljährliche Stichprobenerhebung, die dreimal mit einem Auswahlsatz von 0,1% und einmal mit einem Auswahlsatz von 1% durchgeführt wird. Gefragt werden alle im Grundprogramm einer Volkszählung vorkommenden Merkmale. Damit kann der Mikrozensus als eine kleine Volkszählung aufgefaßt werden.

Er ist als laufende Stichprobenerhebung vor allem wegen seines erwerbsstatistischen Fragenkomplexes für die Wirtschaftsforschung wichtig. Auch eignet er sich zur Beobachtung von Umschichtungsvorgängen, weil die durch den Zensus erfaßten Haushalte wiederholt befragt werden, und zwar maximal zwölfmal, d.h. drei Jahre lang. Dies wird durch den Auswahlmodus des Zensus gewährleistet, da jedes Jahr ein Drittel der Auswahleinheiten planmäßig durch neue ersetzt wird.

174

9.2.1.1 Fortschreibungsmodelle

Es wird eine Bestandsmasse betrachtet, deren Umfang sich im Zeitablauf ändert. Die Abhängigkeit des Bestandes zu jedem Zeitpunkt wird durch die sog. Bestandsfunktion gegeben, die den Bestand als Funktion der Zeit angibt. Die Bestimmung der Bestandsfunktion erfolgt meist dadurch, daß man von einem Bestand $B(t_o)$ zu einem bestimmten Zeitpunkt t_o ausgeht. Den Bestand $B(t)$ zu einem späteren Zeitpunkt, d.h. $t > t_o$, erhält man formal durch die Beziehung

$$(9.1) \qquad B(t) = B(t_o) + Z(t) - A(t),$$

dabei wurden die Zu- bzw. Abgangsmengen für das Intervall $(t_o, t]$ mit $Z(t)$ bzw. $A(t)$ bezeichnet. Man bezeichnet diesen Vorgang als Bestandsfortschreibung.

Auf diese Weise versucht man den Bevölkerungsbestand zwischen zwei Volkszählungen durch Fortschreibung auf dem aktuellen Stand zu halten. Durch Addition der Zahl der Geborenen und der Zugezogenen sowie Subtraktion der Zahl der Gestorbenen und der Fortgezogenen versucht man den Bevölkerungsbestand für beliebige Zeitpunkte zu bestimmen. Dabei sind die Wanderungsbewegungen um so stärker zu beachten, je kleiner die Gebietseinheit ist, für die der Bevölkerungsbestand durch Fortschreibung ermittelt werden soll.

Durch die laufende Erfassung der Zu- und Abgänge einer Bestandsmasse kann man Aussagen machen über die Verweildauer der statistischen Einheiten in der Bestandsmasse. Darunter versteht man die Zeitspanne, die zwischen dem Zugang und dem Abgang der Einheit aus der Bestandsmasse verstreicht. Dabei muß man folgende Fallunterscheidungen treffen:

a) Es sind nur Angaben über die Gesamtzahl der Zu- und Abgänge sowie über die Bestände verfügbar. Man ist dann nur in der Lage, Aussagen über die mittlere Verweildauer zu machen.

b) Es sind Angaben über den Zu- und Abgang jeder einzelnen Einheit verfügbar. In diesem Fall kann man auch Aussagen über die Verteilung der Verweildauer zu machen.

175

Wenn man nicht an der individuellen Verweildauer der einzelnen Einheiten einer Bestandsmasse interessiert ist, spricht man von einem Fortschreibungsmodell. Bei diesem unterstellt man, daß jeweils die Einheiten mit der längsten Verweildauer aus dem Bestand ausscheiden.

9.2.1.1.1 Der Durchschnittsbestand in einem Fortschreibungsmodell

Der Einfachheit halber werde $t_o = 0$ und $t = T$ angenommen, d.h. als Beobachtungszeitraum werde das Intervall $(0,T]$ betrachtet.

Die durchschnittlichen Zu- bzw. Abgangsmengen pro Zeiteinheit ergeben sich für den Beobachtungszeitraum zu

(9.2) $$\bar{Z} = \frac{1}{T} Z(T) \quad \text{bzw.} \quad \bar{A} = \frac{1}{T} A(T)$$

Um den Durchschnittsbestand des Beobachtungszeitraums $(0,T]$ zu berechnen, benötigt man den Begriff des Zeitmengenbestandes M_Z. Sein Wert wird durch die Fläche gegeben, die für den Beobachtungszeitraum von der Zugangs- und Abgangsfunktion eingeschlossen wird (vgl. Abb. 9.3).

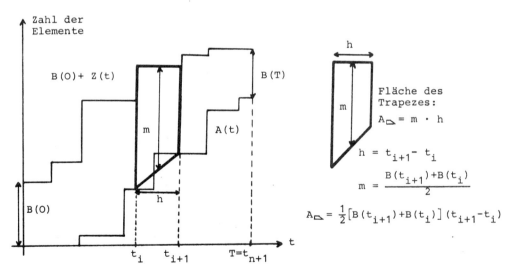

Abb. 9.3: Zum Begriff des Zeitmengenbestandes M_Z

176

Bei der praktischen Berechnung der Bestandsfunktion B(t) wird
unterstellt, daß während des Beobachtungszeitraums nur zu endlich
vielen Zeitpunkten eine Veränderung beobachtet wird. Gegeben seien
die Bestände

$$B(t_0) = B(o), \ B(t_1), \ B(t_2), \ \ldots, \ B(t_n), \ B(t_{n+1}) = B(T)$$

für die Zeitpunkte

$$t_0 = 0, \ t_1, \ t_2, \ \ldots, \ t_n, \ t_{n+1} = T.$$

Der Verlauf der Bestandsfunktion B(t) zwischen zwei aufeinanderfolgenden Beobachtungszeitpunkten t_i und t_{i+1} soll durch eine
Gerade approximiert werden. Der Flächeninhalt des sich dann ergebenden Trapezes zwischen t_i und t_{i+1} ergibt sich somit zu

$$\frac{B(t_i) + B(t_{i+1})}{2} \ (t_{i+1} - t_i) \ .$$

Für den Wert des Zeitmengenbestandes M_Z erhält man somit

(9.3)
$$M_Z = \sum_{i=0}^{n} \frac{B(t_i) + B(t_{i+1})}{2} \ (t_{i+1} - t_i)$$

mit $t_{n+1} = T$. Den Durchschnittsbestand $\overline{B}$ erhält man dann aus

$$\overline{B} = \frac{1}{T} M_Z = \frac{1}{2T} \sum_{i=0}^{n} \left[B(t_i) + B(t_{i+1})\right] (t_{i+1} - t_i) \ .$$

Gewöhnlich wird man die Zeitpunkte t_i so wählen, daß
$\Delta t_i = t_{i+1} - t_i = $ constant ist für alle $i = 1, \ 2, \ \ldots, \ n$.

Wegen $T = n \cdot c$ erhält man für den Durchschnittsbestand

$$\overline{B} = \frac{1}{2nc} \sum_{i=0}^{n} c \left[B(t_i) + B(t_{i+1})\right]$$

$$= \frac{1}{2n} \left[B(o) + B(t_1) + B(t_1) + B(t_2) + \ldots + B(t_n) + B(T)\right]$$

(9.4)
$$= \frac{1}{n} \left[\frac{1}{2} B(O) + \sum_{i=1}^{n} B(t_i) + \frac{1}{2} B(T)\right] \ .$$

Durch diese Beziehung wird der Durchschnittsbestand als ein
gewichtetes arithmetisches Mittel bestimmt.

9.2.1.1.2 Kennziffern für Fortschreibungsmodelle

Fortschreibungsmodelle werden bei der praktischen Anwendung häufig durch Kennziffern beschrieben. Einige davon sollen jetzt näher betrachtet werden.

Als Zugangsziffer Z^* wird die durchschnittliche Zugangsmenge pro Zeiteinheit bezogen auf den Durchschnittsbestand während des Beobachtungszeitraums bezeichnet. Sie beträgt somit

$$(9.5) \qquad Z^* = \overline{Z} / \overline{B} \; .$$

Analog wird eine Abgangsziffer A^* definiert als

$$(9.6) \qquad A^* = \overline{A} / \overline{B} \; .$$

Eine wichtige Kennziffer zur Beschreibung eines Fortschreibungsmodells ist die Verweildauerziffer V^*. Sie gibt die durchschnittliche Verweildauer einer statistischen Einheit in der Bestandsmasse an. Ihr Wert läßt sich für einen gegebenen Beobachtungszeitraum aus den Zugangs-, den Abgangsmengen und dem Durchschnittsbestand für diesen Zeitraum berechnen.

Zunächst werde der Fall einer beidseitig abgeschlossenen Bestandsmasse betrachtet. Für diese gilt bekanntlich $B(0) = B(T) = 0$. Der Zeitmengenbestand M_Z gibt die Summe der Verweilzeiten aller statistischen Einheiten der Bestandsmasse im Beobachtungszeitraum $(0,T]$ an. Die Anzahl der Einheiten wird durch $Z(T)$ bzw. $A(T)$ gegeben. Damit ergibt sich die Verweildauerziffer V^* zu

$$(9.7) \qquad V^* = \frac{M_Z}{Z(T)} = \frac{M_Z}{A(T)} \; .$$

Wenn die Bestandsmasse an mindestens einer Seite nicht abgeschlossen ist, dann ist die Verweildauer gewisser Elemente nur teilweise bekannt. Wenn $B(0) > 0$ ist, dann gehören der Bestandsmasse auch Einheiten an, deren Zeitpunkt des Zugangs vor dem betreffenden Beobachtungszeitraum liegt und deren gesamte Verweildauer somit nicht bekannt wäre. Analoges gilt, wenn $B(T) > 0$ ist, denn dann kennt man von den Einheiten des Endbestandes die

178

gesamte Verweildauer nicht, da der Zeitpunkt ihres Ausscheidens nach dem Beobachtungszeitraum liegt.

Es werde nun eine beid⸝seitig offene Bestandsmasse betrachtet, d.h. $B(O) > O$ und $B(T) > O$. Man nimmt nun an, daß die Einheiten des Anfangsbestandes $B(O)$ im Durchschnitt bereits den λ-ten Teil, $O \leq \lambda \leq 1$, ihrer mittleren Verweildauer V^* hinter sich haben. Ebenfalls wird unterstellt, daß die Einheiten des Endbestandes $B(T)$ im Durchschnitt noch eine restliche Verweildauer von $(1-\lambda)V^*$ vor sich haben. Somit erhält man einen Schätzwert für die Summe der Verweilzeiten aller Einheiten, die im Beobachtungszeitraum $(O,T]$ einmal dem Bestand angehört haben, durch die Größe

$$\lambda V^* B(O) + M_Z + (1-\lambda)V^* B(T) \ .$$

Die Gesamtheit der Einheiten läßt sich auch wie folgt schreiben

$$B(O) + Z(T) = A(T) + B(T) =$$

$$\lambda \left[B(O) + Z(T) \right] + (1-\lambda) \left[A(T) + B(T) \right] \ .$$

Damit ergibt sich die mittlere Verweildauer V^* zu

$$V^* = \frac{\lambda V^* B(O) + M_Z + (1-\lambda)V^* B(T)}{\lambda \left[B(O) + Z(T) \right] + (1-\lambda) \left[A(T) + B(T) \right]} \ .$$

Wegen

$$\lambda V^* B(O) + \lambda V^* Z(T) + (1-\lambda)V^* A(T) + (1-\lambda)V^* B(T)$$

$$= \lambda V^* B(O) + M_Z + (1-\lambda)V^* B(T)$$

folgt

(9.8)
$$V^* = \frac{M_Z}{\lambda Z(T) + (1-\lambda)A(T)} \ .$$

Aus dieser Beziehung erkennt man unmittelbar, daß es einen Zusammenhang gibt zwischen der Verweildauer V^*, der Zugangsziffer Z^* und der Abgangsziffer A^*. Man kann die Verweildauerziffer V^* wie folgt umschreiben

(9.9)
$$V^* = \frac{1}{\lambda Z^* + (1-\lambda)A^*} \ .$$

179

Ebenfalls gibt es einen Zusammenhang zwischen V^* und dem Durchschnittsbestand $\overline{B}$. Es gilt nämlich

$$(9.1o) \qquad V^* = \frac{\overline{B}}{\lambda\overline{Z} + (1-\lambda)\overline{A}} \; .$$

Um die Verweildauer V^* aus einem Beobachtungsmaterial numerisch zu bestimmen, müssen Annahmen bezüglich des Parameters λ getroffen werden. Man kann, wenn $B(O) + B(T) \geq O$ ist,

$$(9.11) \qquad \lambda = \frac{B(O)}{B(O) + B(T)}$$

wählen.

Wenn $o,5 \leq \lambda \leq 1$ ist, folgt für die Verweildauerziffer V^* nach Einsetzen von $\lambda = o,5$ und $\lambda = 1$ die Beziehung

$$\frac{2\overline{B}}{\overline{Z} + \overline{A}} \leq V^* \leq \frac{\overline{B}}{\overline{Z}} \; .$$

Eine weitere Kennziffer eines Fortschreibungsmodells ist die Umschlagziffer U^*. Sie gibt Auskunft darüber, wie oft im Durchschnitt der Bestand während eines Beobachtungszeitraumes erneuert wird. Für einen Beobachtungszeitraum der Länge T erhält man

$$(9.12) \qquad U^* = \frac{T}{V^*} = T\left[\lambda Z^* + (1-\lambda)A^*\right] .$$

Beispiel 9.3: Fiktives Beispiel zur Berechnung der Kennziffer eines Lagerbestand-Fortschreibungsmodells.

Zeit t_j	Lagerbestand am Quartalsende $B(t_j)$	Abgang während des Quartals $A(t_j)$	Zugang während des Quartals $Z(t_j)$
4.Quartal 1973	200	.	.
1.Quartal 1974	20	280	100
2.Quartal 1974	212	908	1100
3.Quartal 1974	32	1280	1100
4.Quartal 1974	42	390	400
Summe		2858	2700

Die Berechnung der Kennziffern soll auf Kalendertage (1 Jahr =
365 Tage) bezogen werden. Man erhält

$\bar{A} = \dfrac{2858}{365} = 7,83$, d.h. im Durchschnitt sind im Jahr 1974 7,83
Einheiten pro Tag dem Lager entnommen worden.

$Z = B(t) - B(t_0) + A = 42 - 2oo + 2858 = 27oo$,

$\bar{Z} = \dfrac{27oo}{365} = 7,4o$, d.h. im Durchschnitt sind im Jahr 1974 7,4o
Einheiten pro Tag eingelagert worden.

$M_Z = 1oo + 2o + 212 + 32 + 21 = 385$,

$\bar{B} = \dfrac{385}{365} = 1,o5$, d.h. der durchschnittliche tägliche Lagerbestand
betrug im Jahr 1974 1,o5 Einheiten.

$Z^* = \dfrac{\bar{Z}}{\bar{B}} = \dfrac{7,4o}{1,o5} = 7,o5$; $A^* = \dfrac{\bar{A}}{\bar{B}} = \dfrac{7,83}{1,o5} = 7,46$.

Diese beiden Kennziffern besagen, daß die durchschnittlichen täglichen Zugänge das 7,o5-fache und die durchschnittlichen täglichen
Abgänge das 7,46-fache des durchschnittlichen täglichen Lagerbestandes betrugen.

$\lambda = \dfrac{2oo}{2oo+42} = o,83$,

$V^* = \dfrac{1}{\lambda Z^* + (1-\lambda) A^*} = \dfrac{1}{5,85+1,27} = \dfrac{1}{7,12} = o,14$,

d.h. die mittlere Verweildauer einer Einheit im
Lager beträgt o,14 Zeiteinheiten.

$U^* = \dfrac{T}{V^*} = \dfrac{365}{o,14} = 26o7,14$, d.h. im Durchschnitt wurde der durchschnittliche tägliche Lagerbestand im Jahr 1974
insgesamt 26o7-mal erneuert.

9.2.2 Die demographische Struktur einer Bevölkerung

Unter der demographischen Struktur einer Bevölkerung versteht
man ihre Aufgliederung nach demographischen Merkmalen. Dabei
wird die Zusammensetzung einer Bevölkerung aus Subpopulationen
durch die Häufigkeitsverteilung der Individuen bezüglich eines
oder mehrerer demographischer Merkmale beschrieben. Von besonderer Wichtigkeit sind dabei die Merkmale Geschlecht und Alter.
Daneben interessieren je nach Problemstellung noch die Merkmale:
Familienstand, Religionszugehörigkeit, Erwerbstätigkeit, Stellung im Beruf und andere.
Man kann eine Bevölkerung als eine Masse von Individuen (statistischen Einheiten) auffassen. Jedes Individuum tritt einmal

in die Masse ein (Zugang), verweilt eine gewisse Zeit in ihr (Verweildauer) und verläßt sie wieder (Abgang). Wegen dieser zeitlichen Veränderung einer Bevölkerungsstruktur muß man einen zeitlichen Bezugspunkt angeben, auf den man sich beziehen muß, wenn man bestimmte Aussagen über den Aufbau der Bevölkerung machen will. Man kann sich etwa für Zusammensetzung der Bevölkerung zu einem bestimmten Zeitpunkt interessieren. Eine solche Momentaufnahme kann dann als Grundlage für Bevölkerungsvorausschätzungen dienen.

Es sollen hier die Merkmale Geschlecht, Alter und Erwerbstätigkeit als Gliederungsmerkmale einer Bevölkerungsstruktur betrachtet werden.

9.2.2.1 Gliederung nach dem Geschlecht

Teilt man den Bevölkerungsbestand P zu einem festen Zeitpunkt in Männer und Frauen auf,

$$P = M + F \ ,$$

dann kann man den Anteil eines Geschlechtes an der Gesamtbevölkerung durch die Gliederungszahlen M/P bzw. F/P wiedergeben. In vielen Bevölkerungen läßt sich ein Frauenüberschuß beobachten, der durch die Beziehungszahl σ, bezeichnet als Sexualproportion der Gesamtbevölkerung

(9.13) $$\sigma = \frac{F}{M} \cdot 1000$$

ausgedrückt werden kann.

Tabelle 9.1: Für das Deutsche Reich, bzw. die BRD betrug diese Sexualproportion (Quelle: verschiedene Statistische Jahrbücher für das Deutsche Reich und die Bundesrepublik Deutschland)

a) Deutsches Reich:

Zeitpunkt	1.12.1890	1.12.1910	16.6.1925	17.5.1939
σ	1040	1026	1067	1044

b) Bundesrepublik Deutschland

Zeitpunkt	13.9.1950	6.6.1961	27.5.1970	31.12.1973
σ	1142	1127	1101	1090

Wie kommen nun solche unterschiedlichen Werte für die Sexualproportion zustande? Dafür gibt es hauptsächlich zwei biologi-
sche Gegebenheiten, nämlich

a) die Sexualproportion der Neugeborenen,
b) die unterschiedliche Sterblichkeit der Geschlechter.

zu a):
Es werden immer mehr Knaben als Mädchen geboren, wobei sich
das Verhältnis über einen längeren Zeitraum als sehr konstant
erweist.

Tabelle 9.2: Anteil der Knabengeburten an den Gesamtgeburten
in der BRD (Lebendgeborene)

Jahr	1964	1965	1966	1967	1968	1969	1970	1971	1972
$\frac{K}{K+M} \cdot 100$	51,43	51,41	51,36	51,36	51,37	51,41	51,35	51,43	51,39

In fast allen Staaten der Erde und in allen Altersgruppen ist
die Sterblichkeit der Frauen geringer als die der Männer. Auf
diese Weise wird der durch die höhere Geburtenzahl bestehende
anfängliche Knabenüberschuß durch die höhere geschlechtsspezifische Sterblichkeit allmählich aufgezehrt, um schließlich in
einen Frauenüberschuß überzugehen.

Um diese Erscheinung darzustellen, wird man bezüglich eines
Geburtjahrganges (einer Kohorte) altersspezifische Sexualproportionen σ_x wie folgt definieren

(9.14) $$\sigma_x = \frac{F_x}{M_x} \cdot 1000 \ ,$$

wobei F_x die Anzahl der Frauen im Alter $[x, x+1)$,
M_x die Anzahl der Männer im Alter $[x, x+1)$, und
$x = 0, 1, 2, \ldots$ die Altersvariable bezeichnen.

Für kleine Werte von x wird σ_x Werte unter 1000 annehmen, um
dann für große Werte von x, etwa $x \geq 45$, auf Werte über 1000
zu steigen.

Da eine solche Längsschnittanalyse praktisch kaum durchführbar ist, geht man zu einer Querschnittsanalyse der Bevölkerung über. Dabei unterstellt man, daß die Sexualproportion der Neugeborenen und auch die geschlechtsspezifische Sterblichkeit zeitlich konstant seien. Dann kann man die oben definierten altersspezifischen Sexualproportionen σ_x auf einen festen Zeitpunkt beziehen, mit der inhaltlichen Interpretation, daß sie sich auf einen Bevölkerungsquerschnitt beziehen.

Tabelle 9.3: Altersspezifische Sexualproportionen σ_x (Frauen auf 1000 Männer) für die BRD

Altersgruppe x / Zeitpunkt	unter 6	6 bis 15	15 bis 18	18 bis 21	21 bis 45	45 bis 60	60 bis 65	über 65
13.9.1950	954	962	930	962	1253	1205	1301	1237
6.6.1961	951	952	962	947	1085	1263	1297	1505
27.5.1970	952	950	955	955	943	1373	1359	1589

Ein weiterer Faktor, der die Sexualproportion σ beeinflußt, ist das unterschiedliche Wanderungsverhalten der beiden Geschlechter. Typische Einwanderungsländer, wie beispielsweise Australien, weisen einen Männerüberschuß auf, da Wanderungen überwiegend von Männern vorgenommen werden.

Betrachtet man die Entwicklung der Sexualproportion σ über einen längeren Zeitraum, so fallen einige typische Schwankungen ins Auge.

Tabelle 9.4: Zeitliche Entwicklung der Sexualproportion σ für für die deutsche Gesamtbevölkerung

a) Gebiet des Deutschen Reiches

Jahr	1871	1880	1890	1900	1910	1919	1925	1933	1939
σ	1037	1039	1040	1032	1026	1093	1067	1058	1044

b) Gebiet der Bundesrepublik Deutschland

Jahr	1939	1946	1950	1956	1961	1966	1970	1973
σ	1034	1229	1142	1133	1127	1105	1101	1090

Der Rückgang des Frauenüberschusses bis zum Jahre 1910 beruht im wesentlichen auf dem stärkeren Absinken der Säuglingssterblichkeit bei den männlichen Geborenen. Das starke Ansteigen des Frauenüberschusses nach den beiden Weltkriegen ist auf die stärkeren Verluste der Männer zurückzuführen.

9.2.2.2 Gliederung nach dem Alter

Das Lebensalter stellt das wichtigste demographische Merkmal dar, nach dem eine gegebene Bevölkerung gegliedert werden kann, da die Fortpflanzungstätigkeit und die Sterblichkeit und damit das Bevölkerungswachstum eng mit dem Lebensalter verbunden sind.

Das Lebensalter einer Person ist die Zeitdauer, die von der Geburt bis zum jeweiligen Stichtag verstrichen ist. Man kann diese Größe exakt angeben, beispielsweise 2 Jahre und 42 Tage = 2,115 Jahre. In der Regel werden aber ganzzahlige Werte zur Angabe des Lebensalters verwendet. Da das Alter ein quantitativ-stetiges Merkmal ist, benötigt man zur Beschreibung von Altersangaben von Bevölkerungen eine Klasseneinteilung. Am einfachsten ist die Bildung von Einjahres-Klassen:

$$x : = [x, x+1), \quad x = 0, 1, 2, \ldots$$

In dieser Klasse sind alle Personen zusammengefaßt, die x vollendete Lebensjahre zählen.

Man kann aber auch andere Klasseneinteilungen wählen, etwa Fünfjahres-Klassen:

$$x : = [x, x+5), \quad x = 0, 5, 10, \ldots$$

Das bekannteste Darstellungsmittel für die Altersstruktur einer Bevölkerung sind die Alterspyramiden. Diese Darstellung

185

läßt Faktoren erkennen, die den Altersaufbau der Bevölkerung in der Vergangenheit beeinflußten.

Ausgangspunkt bildet ein Koordinatensystem, auf dessen Ordinatenachse die Altersklassen (etwa in Jahresintervallen) aufgetragen werden. Auf der Abszissenachse mißt man den zu den Altersklassen an einem Stichtag beobachteten Personenbestand. Der Umfang der Bestände wird für jede Altersgruppe als Rechteckfläche dargestellt, dessen Länge proportional zur jeweiligen Besetzungszahl ist. Schichtet man diese liegenden Rechtecke aufeinander, so erhält man ein Histogramm der Altersverteilung der Bevölkerung. Dieser Altersaufbau soll mit der Geschlechtsaufgliederung kombiniert werden. Daher wird jedes Rechteck in zwei Teilrechtecke zerlegt, deren Flächen (Längen bei gleicher Klassenbreite) proportional zum Bestand der entsprechenden geschlechtsspezifischen Altersklassen sind. Zur Alterspyramide gelangt man dadurch, daß man diese Teilrechtecke nach beiden Seiten der Ordinatenachse aufträgt. Hierbei pflegt man das männliche Geschlecht auf der linken und das weibliche Geschlecht auf der rechten Seite der Ordinatenachse abzutragen.

Obwohl solche Alterspyramiden verschiedene Formen besitzen können, haben sie gewisse Charakteristika gemeinsam. Je höher die Altersklasse, desto weiter liegt das Geburtsjahr zurück. Da ein Geburtsjahrgang bis zum heutigen Tag der Sterblichkeit um so länger ausgesetzt war, je weiter er zurückliegt, verjüngt sich daher die Pyramide nach oben hin.
Die Schnelligkeit dieser Verjüngung, d.h. die Besetzungszahlen der oberen Altersklassen hängen von Art und Umfang der Sterblichkeit, der Fruchtbarkeit und der Wanderungen der Bevölkerung ab.
Ein weiteres Merkmal ist die Unsymmetrie der beiden Pyramidenflügel. Während in den jüngeren Altersklassen das männliche Geschlecht überwiegt, gleicht sich dies mit steigendem Alter aus, und geht schließlich in einen Frauenüberschuß über.

Man kann drei Grundtypen von Alterspyramiden unterscheiden. Dazu wird angenommen, daß sich die Sterblichkeit im Zeitablauf nicht ändern soll und keine Wanderungen stattfinden.

a) Glockenförmiger Altersaufbau:
   Es wird angenommen, daß die jährlichen Geborenenzahlen
   approximativ konstant seien. Da weiter zurückliegende Ge-
   burtenjahrgänge länger der Sterblichkeit ausgesetzt sind,
   die die Generation sukzessive verringern, verjüngt sich der
   Altersaufbau ständig immer mehr nach oben.

b) Pyramidenförmiger Altersaufbau:
   Es wird angenommen, daß die absoluten Geborenenzahlen jährlich zunehmen. Dadurch erfolgt eine verstärkte Verjüngung
   nach oben, da die höheren Altersjahrgänge nicht nur länger
   der Sterblichkeit ausgesetzt sind, sondern auch noch aus
   schwächer besetzten Geburtsjahrgängen stammen.

c) Urnenförmiger Altersaufbau:
   Jetzt wird angenommen, daß die Zahl der Geborenen ständig
   abnimmt. Weiter zurückliegende Jahrgänge sind zwar umfang-
   reicher, unterliegen aber länger der Sterblichkeit, daher
   können die Sterblichkeitseinflüsse, die zu einer Verjüngung
   führen, aufgehoben oder sogar überkompensiert werden. Es
   entsteht eine Art Zwiebelform der Alterspyramide.

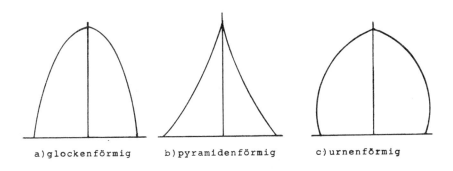

a)glockenförmig   b)pyramidenförmig   c)urnenförmig

Abb. 9.4: Verschiedene Formen des Altersaufbaus einer Bevöl-
          kerung

Die Auswirkungen einiger spezieller Einflüsse auf den Altersaufbau soll anhand der Alterspyramide für die BRD gezeigt werden.

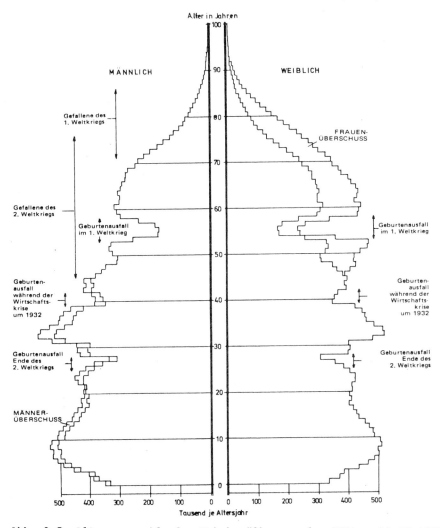

Abb. 9.5: Alterspyramide der Wohnbevölkerung der BRD am 31.12.1972

Durch die allmähliche Abnahme der Sterblichkeit wird eine Auf-
blähung des mittleren und oberen Pyramidenteils bedingt. Das
Absinken der Fruchtbarkeit der Bevölkerung führt zu einer Ver-
schmälerung der Pyramidenbasis. Anhand der Alterspyramiden

läßt sich der Einfluß einiger historischer Ereignisse auf
die Bevölkerungsentwicklung erkennen. So lassen sich sowohl
die vermehrten Sterbefälle (besonders bei der männlichen Bevölkerung) infolge der Kriegsjahre als auch die Geburtenruck-
gänge während der Weltwirtschaftskrise und der beiden Welt-
kriege als Einbuchten in der Pyramide erkennen.

Die Bevölkerungsentwicklung des deutschen Volkes läßt sich
durch den Vergleich der Alterspyramiden verschiedener Jahre
sehr schön verfolgen.

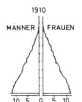
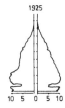
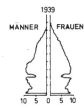
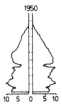

Abb. 9.6: Altersaufbau der deutschen Bevölkerung der Jahre
          1910, 1925 und 1939 für das Deutsche Reich und
          1950 für die BRD

Es zeigt sich, daß nur im Jahre 1910 von einer Pyramide gesprochen werden kann.
Im Jahre 1925 erkennt man deutlich die Geburtenausfälle des
1. Weltkriegs sowie die männlicher Kriegsverluste (linkssei-
tige Einbuchtung).
Im Jahre 1939 kommt der Geburtenausfall während der Weltwirtschaftskrise als Einbuchtung bei den 5 bis 10-jährigen hinzu.
Als Folge der Bevölkerungspolitik des Dritten Reiches verbrei-
tert sich der Sockel der Pyramide.
Im Jahre 1950 sind die eben geschilderten Besonderheiten alle
um 11 Jahre nach oben gerückt. Zusätzlich lassen sich jetzt
die Kriegsverluste des 2. Weltkrieges bei den 25 bis 45-jähri-
gen sowie der Geburtenausfall während dieser Zeit erkennen.

Man sieht, daß sich durch den Vergleich der Alterspyramiden
einer Bevölkerung zu verschiedenen Zeitpunkten deutliche Veränderungen in der Altersstruktur erkennen lassen. Diese Änderungen werden noch deutlicher, wenn man nur einige wenige
größere Altersgruppen betrachtet. Auf diese Weise läßt sich
deutlich der Effekt einer ständigen Zunahme der Überalterung
der deutschen Bevölkerung erkennen.

Tabelle 9.5: Altersaufbau der deutschen Bevölkerung 1890, 1910,
1925 und 1939: Gebiet des Deutschen Reiches,
1950, 1960 u. 1972: Gebiet der Bundesrepublik

	1890	1910	1925	1939	1950	1960	1972
unter 6	15,4%	14,3%	11,4%	9,7%	8,2%	9,5%	8,2%
[6-10)	8,8%	9,1%	4,4%	5,6%	6,3%	5,7%	6,7%
[10-14)	8,8%	8,6%	7,9%	6,2%	7,4%	5,5%	6,3%
[14-20)	11,9%	11,6%	12,5%	10,4%	8,9%	8,1%	8,2%
[20-45)	34,4%	36,1%	38,8%	39,0%	35,8%	34,3%	34,8%
[45-65)	15,6%	15,3%	19,3%	21,2%	24,1%	26,3%	22,1%
über 65	5,1%	5,0%	5,7%	7,9%	9,3%	10,6%	13,7%

kumulierte Häufigkeiten

	1890	1910	1925	1939	1950	1960	1972
unter 6	15,4%	14,3%	11,4%	9,7%	8,2%	9,5%	8,2%
[6-10)	24,2%	23,4%	15,8%	15,3%	14,5%	15,2%	14,9%
[10-14)	33,0%	32,0%	23,7%	21,5%	21,9%	20,7%	21,2%
[14-20)	44,9%	43,6%	36,2%	31,9%	30,8%	28,8%	29,4%
[20-45)	79,3%	79,7%	75,0%	70,9%	66,6%	63,1%	64,2%
[45-65)	94,9%	95,0%	94,3%	92,1%	90,7%	89,4%	86,3%
über 65	100,0%	100,0%	100,0%	100,0%	100,0%	100,0%	100,0%

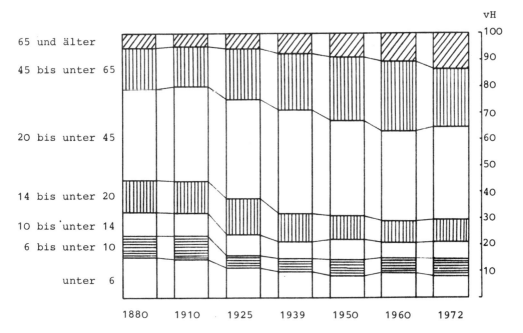

							vH
65 und älter							100
							90
45 bis unter 65							80
							70
20 bis unter 45							60
							50
14 bis unter 20							40
10 bis unter 14							30
6 bis unter 10							20
unter 6							10

1880   1910   1925   1939   1950   1960   1972

Abb. 9.7: Altersaufbau der deutschen Bevölkerung 1890, 1910,
1925 und 1939: Gebiet des Deutschen Reiches,
1950, 1960 und 1972: Gebiet der Bundesrepublik

9.2.2.3 Gliederung der Bevölkerung nach der Erwerbsbeteiligung und dem Lebensunterhalt

Seit der Volkszählung 1961 wird die Stellung zum Erwerbsleben
der Bevölkerung der BRD nach zwei verschiedenen Ordnungskrite-
rien gegliedert: dem Erwerbs- und dem Unterhaltskonzept.
Das Erwerbskonzept gliedert die Personen nach der Beteiligung
am Erwerbsleben wie folgt:

Wohnbevölkerung

Erwerbspersonen   Nichterwerbspersonen

Erwerbstätige   Erwerbslose

Erwerbstätige sind Personen, die irgendeinem Erwerb nachgehen.
Es fallen in diese Gruppe alle Personen, die überhaupt am volks-

191

wirtschaftlichen Produktionprozeß beteiligt sind, unabhängig
vom Umfang ihrer Tätigkeit und unabhängig davon, ob die Tätigkeit der Bestreitung ihres Lebensunterhalts dient.
Als Erwerbslose werden diejenigen Personen bezeichnet, die
keiner Erwerbstätigkeit nachgehen und eine solche Tätigkeit
suchen. Von ihnen zu unterscheiden sind die Arbeitslosen.
Hierunter fallen alle Personen, die ein Arbeitsgesuch beim
Arbeitsamt gestellt haben und zur Zeit keine oder nur eine
geringfügige Nebentätigkeit ausüben. Es ist demnach möglich,
daß eine Person arbeitslos aber nicht erwerbslos ist. Andererseits ist es auch möglich, daß ein Erwerbsloser nicht arbeitslos ist (noch nicht schulentlassene Stellensuchende).
Unter Nichterwerbspersonen versteht man normalerweise nicht
erwerbstätige und sich gegenwärtig auch nicht um eine Arbeits-
stelle bemühende Personen, z.B. "Schulkinder", "Nur-Hausfrauen".
Nach dem Unterhaltskonzept wird die Bevölkerung nach den Haupt-
unterhaltsquellen gegliedert in:
Personen mit überwiegendem Unterhalt durch:
     - Erwerbstätigkeit
     - Arbeitslosenunterstützung
     - Rente u. dgl. (Sozialhilfe, Vermögen)
     - Angehörige.
Die Kombination des Erwerbs- und Unterhaltskonzeptes vermittelt
Aufschlüsse darüber, wie hoch der Anteil der Erwerbspersonen
an der Bevölkerung ist, wie sich die Hauptunterhaltsstruktur
der Erwerbstätigen, Erwerbslosen und Nichterwerbspersonen unterscheidet (vgl. Tabelle 9.6).
Die Bevölkerung ist in der Summenspalte nach dem Erwerbskonzept und in der Summenzeile nach dem Unterhaltskonzept gegliedert. In der Summenspalte wird angegeben, daß 43,9% der Bevölkerung zu ihrem Lebensunterhalt durch eigene Erwerbstätigkeit
beitragen. Man bezeichnet diese Größe als allgemeine Erwerbsquote, weil sie den Anteil der Erwerbspersonen der Bevölkerung
angibt.

$$\text{Allgem.Erwerbsquote} = \frac{\text{Zahl der Erwerbspersonen}}{\text{Gesamtzahl der Bevölkerung}} \cdot 100 \; .$$

Allerdings lebt ein Teil dieser Erwerbspersonen nicht von dem
Entgelt für ihre Tätigkeit, sondern von Rente und dgl. bzw.
von Angehörigen, was bedeutet, daß die soziale Belastung der
Personen, die überwiegend ihren Lebensunterhalt aus Erwerbs-
192

Tabelle 9.6: Gliederung der Bevölkerung der BRD (einschl.West-
Berlin) nach der Beteiligung am Erwerbsleben und
nach der überwiegenden Unterhaltsquelle

Beteiligung am Erwerbsleben	Personen mit überwieg. Lebensunterhalt durch						Summe	
	Erwerbstätig-keit oder Arb.losengeld		Rente u.dgl.		Angehörige			
	Absolute Zahlen in 1.000							
	1961	1972	1961	1972	1961	1972	1961	1972
Erw.personen	24.537	24.812	590	551	1.694	1.705	26821	27068
Nichterw.Pers.	x	x	7.573	9.577	21.780	24.961	29354	34538
Summe	24.537	24.812	8.163	10.128	23.474	26.666	56175	61606
	Von 100 Personen mit überwiegendem Lebensunterhalt durch ...... waren							
	1961	1972	1961	1972	1961	1972	1961	1972
Erw.personen	100	100	7,2	5,4	7,2	6,4	47,7	43,9
Nichterw.Pers.	x	x	92,8	94,6	92,8	93,6	52,3	56,1
Summe	100	100	100	100	100	100	100	100
	Von 100 Personen nach der Beteiligung am Erwerbsleben entfielen auf die Gruppe nach dem überwiegenden Lebensunterhalt							
	1961	1972	1961	1972	1961	1972	1961	1972
Erw.personen	91,5	91,7	2,2	2,0	6,3	6,3	100	100
Nichterw.Pers.	x	x	25,8	27,7	74,2	72,3	100	100
Summe	43,7	40,3	14,5	16,4	41,8	43,3	100	100

Quellen: Statistische Jahrbücher 1965/1974 (S.132)
1972 Ergebnisse des Mikrozensus

tätigkeit beziehen, wesentlich höher ist. Auf 1 hauptberuflich
Erwerbstätigen kommen $\frac{43,3}{40,3}$ = 1,o7 Angehörige und $\frac{16,4}{40,3}$ = o,4o7
selbständige Berufslose.

Zur Kennzeichnung der Erwerbsintensität eignet sich die spezifische Erwerbsquote besser als die allgemeine Erwerbsquote

$$\text{spez. Erwerbsquote} = \frac{\text{Zahl der Erwerbspersonen}}{\text{Bevölkerung im Alter von 15-65 J.}} \cdot 100$$

Da aber Geschlecht, Alter und Familienstand ebenfalls wichtige Faktoren für die Größe der allgemeinen Erwerbsquote darstellen, erscheint eine Berechnung von besonderen Erwerbsquoten für die so gegliederte Bevölkerung sinnvoll. Diese besonderen Erwerbsquoten hängen wiederum maßgeblich ab von der Wirtschaftsstruktur, (Anteil der Landwirtschaft zur Erwerbstätigkeit der Frauen), von gesetzlichen Bestimmungen (Altersgrenze, Sozialversicherung, Verbot der Kinderarbeit) von der Ausbildungsdauer und den Ausbildungsmöglichkeiten. So wird die Erwerbsbeteiligung bei den Männern in den unteren Altersklassen nicht wesentlich von der der Frauen abweichen. Jedoch mit zunehmendem Alter wird der Anteil der Erwerbstätigen Frauen zurückgehen, während der Anteil der Männer zunächst ansteigt, um das 40. Lebensjahr einen Höhepunkt erreicht, und dann allmählich abfällt.

Tabelle 9.7: Alters- und geschlechtsspezifische Erwerbsquoten
(Statistisches Jahrbuch 1974, S.135)

| Alter | Erwerbsquoten | |
	männlich %	weiblich %
[15 - 20)	62,1	60,4
[20 - 25)	83,6	67,0
[25 - 30)	93,0	53,4
[30 - 35)	98,1	48,1
[35 - 40)	98,7	48,5
[40 - 45)	98,4	50,0
[45 - 50)	96,7	50,7
[50 - 55)	93,9	46,5
[55 - 60)	86,2	36,0
[60 - 65)	68,5	17,7
über 65	15,0	5,7
Insgesamt	77,5	39,1

194

9.3 Bewegungsmassen

9.3.1 Die zeitliche Veränderung einer Bevölkerungsstruktur

Während im vorigen Abschnitt der Zustand einer Bevölkerung zu einem bestimmten Zeitpunkt beschrieben wurde, soll jetzt untersucht werden, welche Prozesse die zeitlichen Veränderungen einer Bevölkerungsstruktur bewirken. Die drei wichtigsten Prozesse, die eine zeitliche Veränderung der Bevölkerungsstruktur bewirken sind die Sterblichkeit, die Fruchtbarkeit und die Heirat. Daneben gibt es noch eine Reihe weiterer Faktoren, die eine zeitliche Veränderung bewirken, etwa die geographische Mobilität, die Arbeitsmobilität, die Haushaltsbildung und -auflösung, die Gesundheit und andere. Im folgenden soll nur der Einfluß der Sterblichkeit näher untersucht werden, da dies der am einfachsten zu analysierende demographische Vorgang ist.

Zunächst muß eine Möglichkeit angegeben werden, um die Intensität der Sterblichkeit zu messen. Dazu wird man eine Beziehungszahl konstruieren, indem man die Anzahl der Ereignisse für einen bestimmten Zeitraum auf die Anzahl derjenigen Einheiten bezieht, bei denen die Ereignisse eintreten können. Man wird also Sterbeziffern konstruieren, indem man die Gestorbenen eines Jahres auf 1000 Personen der Gesamtbevölkerung zur Jahresmitte bezieht, also

$$(8.6) \qquad m = \frac{D}{P} \cdot 1000,$$

wobei

  D die Anzahl der Gestorbenen in dem betreffenden Kalenderjahr angibt, und

  P den Bevölkerungbestand zur Jahresmitte.

Diese Sterbeziffer wird als 'rohe Sterbeziffer' bezeichnet, weil sie sich auf die undifferenzierte Gesamtbevölkerung bezieht. Früher waren rohe Sterbeziffern um 40 normal, während sie heute in den entwickelten Ländern ungefähr zwischen 7 und 15 liegen. Die rohen Sterbeziffern haben den Vorteil, daß sie sich relativ leicht ermitteln lassen, allerdings besitzen sie den Nachteil, daß durch diese Beziehungszahl verschiedene Bevölkerungsgruppen mit verschiedener Sterbeneigung vermengt werden. Verfolgt man die zeitliche Entwicklung roher Sterbeziffern für die Bevölkerung eines bestimmten Gebietes, so fällt die sinkende Tendenz auf.

Beispiel 9.4: Entwicklung der rohen Sterbeziffern für Schweden

Jahr	1750	1820	1865	1910	1950
rohe Sterbeziffer m	30	25	20	15	10

Der Rückgang der Sterblichkeit beruht im wesentlichen auf medizinischen und ökonomischen Fortschritten.

Beispiel 9.5: Entwicklung der rohen Sterbeziffern in Deutschland

a) Gebiet des Deutschen Reiches

Jahr	1845	1860	1880	1900	1910	1920	1930	1939
m	25,3	23,2	26,0	22,1	16,2	15,1	11,0	12,3

b) Gebiet der Bundesrepublik

Jahr	1946	1950	1954	1958	1962	1966	1968	1970
m	13,0	10,5	10,7	11,0	12,3	11,5	12,2	12,1

Dieses Beispiel zeigt eine steigende Tendenz der rohen Sterbeziffer in der BRD zwischen 1950 und 1970. Man könnte nun vermuten, daß die Sterbeintensität in diesem Zeitraum in der BRD gestiegen sei. Dies ist aber ein Trugschluß, denn die ansteigenden Sterbeziffern sind auf die fortschreitende Überalterung der Bevölkerung in der BRD zurückzuführen. Um den Einfluß der Altersstruktur der Bevölkerung zu eliminieren, muß man von den rohen Sterbeziffern zu spezifischen Sterbeziffern übergehen. Diese beziehen sich auf bestimmte Subpopulationen der Bevölkerung, die bezüglich ihrer Sterbeintensität relativ homogen sind.

Die wichtigsten spezifischen Sterbeziffern erhält man durch
eine Unterteilung der Bevölkerung in Altersklassen. Dies
führt zu den altersspezifischen Sterbeziffern

(8.7)
$$m_x = \frac{D_x}{P_x} \cdot 1000,$$

wobei

D_x die Anzahl der Gestorbenen der Altersklasse x in
einem zugrundeliegenden Kalenderjahr,

P_x den Bevölkerungsbestand der Altersklasse x zur Jahresmitte des betreffenden Kalenderjahres, und

m_x die altersspezifische Sterbeziffer der x-ten Altersklasse

bedeutet.

Die altersspezifischen Sterbeziffern zeigen in Abhängigkeit
vom Alter x einen charakteristischen U-förmigen Verlauf. Beginnend mit dem ersten Lebensjahr sinken die Sterbeziffern
rasch bis zu einem Minimum, das ungefähr im zehnten Lebensjahr
erreicht wird. Danach steigt die Sterbeziffer zunächst langsam
wieder an, um in den höheren Altersklassen, etwa vom sechzig-
sten Lebensjahr an, stark anzusteigen (vgl. Abb. 9.8).

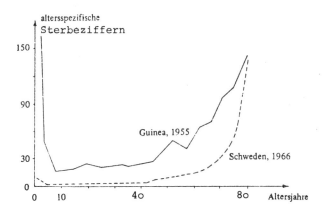

Abb. 9.8: Altersspezifische Sterbeziffern
(Quelle: G. Feichtinger,"Bevölkerungsstatistik")

Ein wichtiges Hilfsmittel zur Beschreibung der Lebensgeschichte eines Geburtsjahrganges (einer Kohorte) von Personen bilden die Sterbetafeln. Sie stellen eine Art Protokoll dar über den durch die Sterblichkeit bedingten Abbau der Ausgangskohorte. Sterbetafeln sollen die folgenden Fragen beantworten:

a) Wie kann die Wahrscheinlichkeit abgeschätzt werden, ausgehend von einem vorgegebenen Alter mindestens ein höheres Alter zu erreichen?

b) Wie groß ist die Wahrscheinlichkeit einer x-jährigen Person, innerhalb des nächsten Altersjahres zu sterben?

c) Wieviel Jahre kann eine x-jährige Person erwarten noch am Leben zu sein? Speziell: Wie groß ist die Lebenserwartung eines Neugeborenen?

Die Beantwortung dieser Fragen ist von großer theoretischer und praktischer Bedeutung. Voraussagen über den zukünftigen Bevölkerungsbestand hängen vom Überlebensverhalten der einzelnen Individuen ab. Für Versicherungsgesellschaften sind diese Fragen wesentlich für die Tarifgestaltung.

Grundsätzlich gibt es zwei Möglichkeiten für die Aufstellung von Sterbetafeln:

1. Die Generationen-Sterbetafel.

Bei diesem Verfahren betrachtet man eine effektive Ausgangsgesamtheit, etwa eine Kohorte von l_o im Laufe des Kalenderjahres t_o geborener Individuen. Diese Kohorte wird bis zu ihrem völligen Verschwinden beobachtet. Dabei unterstellt man, daß die Kohorte abgeschlossen sei gegenüber Ein- und Auswanderungen. Man kann die Kohorte nur durch den Tod verlassen. Hierbei handelt es sich um eine echte Längsschnittanalyse, und die Generationen-Sterbetafel kann erst dann erstellt werden, wenn alle Kohortenmitglieder gestorben sind. Damit dürfte diese Möglichkeit für die Erstellung einer Sterbetafel praktisch nicht gangbar sein, da einmal der Beobachtungszeitraum zu lang ist, zum anderen sich über diesen langen Zeitraum hinweg die Sterblichkeitsver-

hältnisse geändert haben. Für viele andere statistische Zwecke
ist jedoch der Grundgedanke der Kohortenanalyse durchaus sinnvoll.

2. Die Perioden-Sterbetafel.

Dies ist der weitaus häufiger verwendete Typ einer Sterbetafel.
Es handelt sich hierbei um eine Querschnittsanalyse, bei der
die Sterbeverhältnisse eines relativ kurzen Zeitraumes analy-
siert werden. Die Perioden-Sterbetafel beantwortet die Frage:

Wie würden sich die augenblicklichen Sterbeverhältnisse auf
die Überlebenswahrscheinlichkeiten einer hypothetischen Kohorte auswirken?

Um eine Perioden-Sterbetafel zu erstellen, geht man von den in
einem Kalenderjahr herrschenden Sterblichkeitsverhältnissen aus.
Diese werden durch die altersspezifischen Sterbeziffern m_x gekennzeichnet. Um einer Entstellung durch den Zufall vorzubeugen,
wählt man in der Regel drei benachbarte Jahre als Beobachtungszeitraum zur Bestimmung der altersspezifischen Sterbeziffern.

Um eine Sterbetafel aufstellen zu können, benötigt man die ein-
jährigen altersspezifischen Sterbewahrscheinlichkeiten q_x. Sie
sind definiert als die Wahrscheinlichkeit der Personen im Alter von genau x Jahren bis zum Alter von (x+1) Jahren zu sterben. Da aber nur die altersspezifischen Sterbeziffern m_x bekannt sind, müssen zunächst die q_x aus den m_x bestimmt werden.
Dies kann folgendermaßen geschehen:
Man bezeichnet mit E_x die Anzahl der Personen einer Kohorte
der tatsächlich beobachteten Bevölkerung, die das exakte Alter
x erreichen. Die einjährige altersspezifische Sterbewahrscheinlichkeit q_x bezieht die Todesfälle, welche die E_x Personen im
Altersintervall [x, x+1) erleiden, auf diese Personen. Die Anzahl dieser Todesfälle kann man durch D_x (= Anzahl der Todesfälle in der Altersgruppe x) schätzen und erhält somit

(9.15)
$$q_x = \frac{D_x}{E_x} .$$

Unter der Annahme, daß die Todesfälle im Altersintervall [x, x+1) gleichmäßig verteilt sind, läßt sich die Größe E_x ersetzen durch

$$E_x = P_x + \frac{1}{2} D_x \ .$$

P_x stellt den Bevölkerungsbestand der Altersgruppe x zur Jahresmitte dar. Setzt man dies ein, so erhält man

$$q_x = \frac{D_x}{E_x} = \frac{D_x}{P_x + \frac{1}{2} D_x} = \frac{D_x / P_x}{1 + \frac{1}{2}(D_x / P_x)}$$

$$= \frac{m_x}{1 + \frac{1}{2} m_x} \ .$$

Ein Vergleich zeigt, daß die altersspezifische Sterbeziffer m_x die entsprechende einjährige altersspezifische Sterbewahrscheinlichkeit q_x überschätzt. Der Grund dafür besteht darin, daß im Nenner von m_x jene Personen fehlen, die im ersten Halbjahr sterben, jedoch im Nenner von q_x eingeschlossen sind, d.h. im Nenner von m_x stehen im Durchschnitt $(x + \frac{1}{2})$-jährige Personen, während im Nenner von q_x genau x-jährige stehen.

Wenn man die Werte für q_x kennt, kann man von der Kohorte l_o ausgehend die jeweiligen Überlebenden des Alters x bestimmen. Man kann die Gesamtheit der Kohorte $l_o = 100\ 000$ als Überlebende im Alter von x = 0 Jahren betrachten. Von diesen stirbt bis zum Alter von einem Jahr (x = 1) die Teilgesamtheit $d_o = l_o q_o$. Somit beträgt die Anzahl der Überlebenden $l_1 = l_o - d_o$. Definiert man die Größe $p_o = 1 - q_o$ als einjährige altersspezifische Überlebenswahrscheinlichkeit, dann kann man l_1 auch in der Form $l_1 = l_o \cdot p_o$ erhalten.
Allgemein gilt

(9.16) $$d_x = l_x q_x \ ,$$

(9.17) $$l_{x+1} = l_x - d_x = l_x p_x \ .$$

Ausgehend von l_o lassen sich mit Hilfe dieser Beziehung die Tabellenwerte für l_x und d_x berechnen. Es wird sodann eine weitere, sich auf das Intervall [x, x+1) beziehende, Größe definiert:

200

L_x ist die Anzahl der von allen Überlebenden im Alter von x bis zum Alter x+1 durchlebten Jahre.

Unter der Annahme, daß alle Überlebenden l_x im Alter x den nächsten Geburtstag erleben, beträgt die durchlebte Zeit l_x Jahre. In Wirklichkeit sterben aber d_x Personen vor dem Erreichen ihres nächsten Geburtstages. Unter der Annahme, daß die Todesfälle gleichmäßig verteilt sind, leben diese d_x Personen im Durchschnitt ein halbes Jahr. Unter Berücksichtigung von $d_x = l_x - l_{x+1}$ ergibt sich somit

(9.18) $L_x = l_x - \frac{1}{2} d_x = \frac{1}{2} (l_x + l_{x+1})$.

Mit T_x werden die von den Überlebenden im Alter x noch insgesamt zu durchlebenden Jahre bezeichnet. T_x ist dann gleich der Summe der Größen L_x, L_{x+1}, L_{x+2}, ...

(9.19) $T_x = \sum_{v=x}^{w} L_y$,

wenn w das maximal mögliche Alter bezeichnet. Man kann T_o aber auch als gewichtetes arithmetisches Mittel aus den Klassenmitten x_i^* und den zugehörigen Werten $d_x = l_x q_x$ in der Form

$$T_o = \sum_{i=o}^{w} d_i x_i^*$$

berechnen. Dividiert man die Größe T_x durch die Anzahl der Überlebenden des Alters x, l_x, dann erhält man die durchschnittliche fernere Lebenserwartung e_x einer x-jährigen Person.

(9.2o) $e_x = \frac{T_x}{l_x}$.

Beispiel 9.4 (Anwendung der Perioden-Sterbetafel):
Für die Bildungsplanung kann es von Interesse sein, zu wissen, wieviele von den rund 47o 6oo am 31.12.1969 in der BRD [o,1)-jährigen Knaben sechs Jahre später für einen Schuleintritt in Frage kommen.

Antwort: $\frac{L_6}{L_o} = \frac{96\ 886}{97\ 655} \approx o,9921$,

d.h. rd. 99,21% der [o,1)-jährigen Knaben erreichen also das vollendete 6. Lebensjahr. Somit folgt, daß voraussichtlich

$$P_6(6) = P_o(o) \cdot \frac{L_6}{L_o} = 47o\ 6oo \cdot o,9921 \approx 466\ 882$$

für einen Schuleintritt in Frage kommen.

Tabelle 9.8: **Allgemeine Sterbetafel 1970/72**

Männliche Bevölkerung

Vollendetes Alter	Überlebende im Alter x	Gestorbene im Alter x bis unter x + 1	Sterbewahrscheinlichkeit vom Alter x bis x + 1	Überlebenswahrscheinlichkeit $p_x = 1 - q_x$	Von den Überlebenden im Alter x bis zum Alter x + 1 durchlebte Jahre	insgesamt noch zu durchlebende Jahre	Durchschnittliche Lebenserwartung im Alter x in Jahren
x	l_x	d_x	q_x	$p_x = 1 - q_x$	L_x	T_x	e_x
Wochen		*während einer Woche*	*für eine Woche*				
0	100 000	1 787	0,01 787	0,98 213	1 765	6 740 662	67,41
1	98 213	134	0,00 136	0,99 864	1 748	6 738 897	68,61
2	98 079	59	0,00 060	0,99 940	1 746	6 737 149	68,69
3	98 020	41 1)	0,00 042 1)	0,99 958 1)	2 927 1)	6 735 403	68,71
Monate		*während eines Monats*	*für einen Monat*				
0	100 000	2 021	0,02 021	0,97 979	8 186	6 740 662	67,41
1	97 979	115	0,00 117	0,99 883	8 160	6 732 476	68,71
2	97 864	95	0,00 097	0,99 903	8 151	6 724 316	68,71
3	97 769	75	0,00 077	0,99 923	8 144	6 716 165	68,69
4	97 694	60	0,00 061	0,99 939	8 139	6 708 021	68,66
5	97 634	49	0,00 050	0,99 950	8 134	6 699 882	68,62
6	97 585	40	0,00 041	0,99 959	8 130	6 691 748	68,57
7	97 545	38	0,00 039	0,99 961	8 127	6 683 618	68,52
8	97 507	31	0,00 032	0,99 968	8 124	6 675 491	68,46
9	97 476	29	0,00 030	0,99 970	8 122	6 667 367	68,40
10	97 447	26	0,00 027	0,99 973	8 120	6 659 245	68,34
11	97 421	21	0,00 022	0,99 978	8 118	6 651 125	68,27
Jahre		*während eines Jahres*	*für ein Jahr*				
0	100 000	2 600	0,02 600	0,97 400	97 655	6 740 662	67,41
1	97 400	151	0,00 155	0,99 845	97 325	6 643 007	68,20
2	97 249	97	0,00 100	0,99 900	97 201	6 545 682	67,31
3	97 152	85	0,00 088	0,99 912	97 110	6 448 481	66,38
4	97 067	78	0,00 080	0,99 920	97 028	6 351 371	65,43
5	96 989	71	0,00 073	0,99 927	96 954	6 254 343	64,49
6	96 918	64	0,00 066	0,99 934	96 886	6 157 389	63,53
7	96 854	59	0,00 061	0,99 939	96 825	6 060 503	62,57
8	96 795	54	0,00 056	0,99 944	96 768	5 963 678	61,61
9	96 741	49	0,00 051	0,99 949	96 717	5 866 910	60,65
10	96 692	45	0,00 047	0,99 953	96 670	5 770 193	59,68
11	96 647	43	0,00 044	0,99 956	96 626	5 673 523	58,70
12	96 604	43	0,00 044	0,99 956	96 583	5 576 897	57,73
13	96 561	46	0,00 048	0,99 952	96 538	5 480 314	56,75
14	96 515	56	0,00 058	0,99 942	96 487	5 383 776	55,78
15	96 459	76	0,00 079	0,99 921	96 421	5 287 289	54,81
16	96 383	110	0,00 114	0,99 886	96 328	5 190 868	53,86
17	96 273	155	0,00 161	0,99 839	96 196	5 094 540	52,92
18	96 118	191	0,00 199	0,99 801	96 023	4 998 344	52,00
19	95 927	195	0,00 203	0,99 797	95 830	4 902 321	51,10
20	95 732	191	0,00 200	0,99 800	95 637	4 806 491	50,21
21	95 541	184	0,00 193	0,99 807	95 449	4 710 854	49,31
22	95 357	175	0,00 184	0,99 816	95 270	4 615 405	48,40
23	95 182	166	0,00 174	0,99 826	95 099	4 520 135	47,49
24	95 016	158	0,00 166	0,99 834	94 937	4 425 036	46,57
25	94 858	153	0,00 161	0,99 839	94 782	4 330 099	45,65
26	94 705	150	0,00 158	0,99 842	94 630	4 235 317	44,72
27	94 555	150	0,00 159	0,99 841	94 480	4 140 687	43,79
28	94 405	152	0,00 161	0,99 839	94 329	4 046 207	42,86
29	94 253	156	0,00 165	0,99 835	94 175	3 951 878	41,93
30	94 097	160	0,00 170	0,99 830	94 017	3 857 703	41,00
31	93 937	164	0,00 175	0,99 825	93 855	3 763 686	40,07
32	93 773	169	0,00 180	0,99 820	93 689	3 669 831	39,14
33	93 604	175	0,00 187	0,99 813	93 517	3 576 142	38,21
34	93 429	184	0,00 197	0,99 803	93 337	3 482 625	37,28
35	93 245	196	0,00 210	0,99 790	93 147	3 389 288	36,35
36	93 049	211	0,00 227	0,99 773	92 944	3 296 141	35,42
37	92 838	228	0,00 246	0,99 754	92 724	3 203 197	34,50
38	92 610	249	0,00 269	0,99 731	92 486	3 110 473	33,59
39	92 361	272	0,00 294	0,99 706	92 225	3 017 987	32,68
40	92 089	295	0,00 320	0,99 680	91 942	2 925 762	31,77
41	91 794	319	0,00 347	0,99 653	91 635	2 833 820	30,87
42	91 475	344	0,00 376	0,99 624	91 303	2 742 185	29,98
43	91 131	370	0,00 406	0,99 594	90 946	2 650 882	29,09
44	90 761	398	0,00 439	0,99 561	90 562	2 559 936	28,21

1) In den übrigen Tagen des 1. Lebensmonats.

Quelle: Wirtschaft und Statistik, Heft 7, S.392*, 393*

Allgemeine Sterbetafel 1970/72

					Von den Überlebenden im Alter x		
Vollendetes Alter	Überlebende im Alter x	Gestorbene im Alter x bis unter x + 1	Sterbewahrscheinlichkeit	Überlebenswahrscheinlichkeit	bis zum Alter x + 1 durchlebte	insgesamt noch zu durchlebende	Durchschnittliche Lebenserwartung im Alter x in Jahren
			vom Alter x bis x + 1		Jahre		
x	l_x	d_x	q_x	$p_x = 1 - q_x$	L_x	T_x	e_x
Jahre		während eines Jahres		für ein Jahr			
45	90 363	429	0,00 475	0,99 525	90 149	2 469 374	27,33
46	89 934	466	0,00 518	0,99 482	89 701	2 379 225	26,46
47	89 468	510	0,00 570	0,99 430	89 213	2 289 524	25,59
48	88 958	560	0,00 630	0,99 370	88 678	2 200 311	24,73
49	88 398	617	0,00 698	0,99 302	88 090	2 111 633	23,89
50	87 781	677	0,00 771	0,99 229	87 443	2 023 543	23,05
51	87 104	735	0,00 844	0,99 156	86 737	1 936 100	22,23
52	86 369	795	0,00 920	0,99 080	85 972	1 849 363	21,41
53	85 574	857	0,01 002	0,98 998	85 146	1 763 391	20,61
54	84 717	928	0,01 095	0,98 905	84 253	1 678 245	19,81
55	83 789	1 010	0,01 206	0,98 794	83 284	1 593 992	19,02
56	82 779	1 106	0,01 336	0,98 664	82 226	1 510 708	18,25
57	81 673	1 213	0,01 485	0,98 515	81 067	1 428 482	17,49
58	80 460	1 330	0,01 653	0,98 347	79 795	1 347 415	16,75
59	79 130	1 455	0,01 839	0,98 161	78 403	1 267 620	16,02
60	77 675	1 588	0,02 044	0,97 956	76 881	1 189 217	15,31
61	76 087	1 730	0,02 274	0,97 726	75 222	1 112 336	14,62
62	74 357	1 880	0,02 529	0,97 471	73 417	1 037 114	13,95
63	72 477	2 037	0,02 811	0,97 189	71 459	963 697	13,30
64	70 440	2 198	0,03 121	0,96 879	69 341	892 238	12,67
65	68 242	2 360	0,03 459	0,96 541	67 062	822 897	12,06
66	65 882	2 521	0,03 826	0,96 174	64 622	755 835	11,47
67	63 361	2 676	0,04 223	0,95 777	62 023	691 213	10,91
68	60 685	2 821	0,04 649	0,95 351	59 275	629 190	10,37
69	57 864	2 955	0,05 106	0,94 894	56 387	569 915	9,85
70	54 909	3 071	0,05 592	0,94 408	53 374	513 528	9,35
71	51 838	3 165	0,06 106	0,93 894	50 256	460 154	8,88
72	48 673	3 235	0,06 647	0,93 353	47 056	409 898	8,42
73	45 438	3 277	0,07 212	0,92 788	43 800	362 842	7,99
74	42 161	3 289	0,07 800	0,92 200	40 517	319 042	7,57
75	38 872	3 271	0,08 415	0,91 585	37 237	278 525	7,17
76	35 601	3 228	0,09 066	0,90 934	33 987	241 288	6,78
77	32 373	3 161	0,09 764	0,90 236	30 793	207 301	6,40
78	29 212	3 075	0,10 526	0,89 474	27 675	176 508	6,04
79	26 137	2 970	0,11 364	0,88 636	24 652	148 833	5,69
80	23 167	2 846	0,12 286	0,87 714	21 744	124 181	5,36
81	20 321	2 702	0,13 297	0,86 703	18 970	102 437	5,04
82	17 619	2 536	0,14 396	0,85 604	16 351	83 467	4,74
83	15 083	2 348	0,15 569	0,84 431	13 909	67 116	4,45
84	12 735	2 140	0,16 803	0,83 197	11 665	53 207	4,18
85	10 595	1 917	0,18 095	0,81 905	9 637	41 542	3,92
86	8 678	1 688	0,19 454	0,80 546	7 834	31 905	3,68
87	6 990	1 461	0,20 902	0,79 098	6 260	24 071	3,44
88	5 529	1 242	0,22 468	0,77 532	4 908	17 811	3,22
89	4 287	1 036	0,24 167	0,75 833	3 769	12 903	3,01
90	3 251	844	0,25 970	0,74 030	2 829	9 134	2,81
91	2 407	672	0,27 906	0,72 094	2 071	6 305	2,62
92	1 735	520	0,29 981	0,70 019	1 475	4 234	2,44
93	1 215	391	0,32 201	0,67 799	1 020	2 759	2,27
94	824	285	0,34 570	0,65 430	682	1 739	2,11
95	539	200	0,37 092	0,62 908	439	1 057	1,96
96	339	135	0,39 768	0,60 232	272	618	1,82
97	204	87	0,42 598	0,57 402	161	346	1,70
98	117	53	0,45 578	0,54 422	91	185	1,58
99	64	31	0,48 703	0,51 297	49	94	1,47
100	33	17	0,51 962	0,48 038	25	45	1,36

Aufgabe 1

1. Natürliche Bevölkerungsentwicklung und Wanderungen in der BRD
   (in 1 000)

Jahr	Veränderungen	
	Überschuß der	
	Geborenen	Zu-bzw. Fortgezogenen
1969	+ 15,9	+ 57,2
1970	+ 7,6	+ 57,4
1971	+ 4,8	+ 43,1
1972	- 3,0	+ 33,1

Der Bevölkerungsbestand der BRD am 31.12.1968 betrug ca.
60 460 000.
Quelle: Statistisches Jahrbuch 1974, S.34, S.53, S.63.

a) Erläutern Sie die Begriffe Bestands- und Bewegungsmasse und
   geben Sie an, welche Erhebungsmöglichkeiten von Bestandsmassen Sie kennen.
   Erläutern Sie den Begriff der Bevölkerung.

b) Ermitteln Sie mittels Bestandsfortschreibung den Bevölkerungsbestand der BRD am 31.12.1970.

c) Die durch die Volkszählung am 27.5.1970 festgestellte Einwohnerzahl lag um 1,4% unter dem zum gleichen Stichtag fortge-
   schriebenen Bevölkerungsbestand auf der Basis der Volkszählung 1961.
   Wie erklären Sie sich den Unterschied?

2. Die Bevölkerung der Erde betrug

1964	3.220 Mio.
1971	3.706 Mio.

a) Berechnen Sie die durchschnittliche jährliche Wachstumsrate
   der Erdbevölkerung in der Zeit von 1964 bis 1971.

b) Extrapolieren Sie den Bevölkerungsbestand bis 1980.
   Welche Annahmen machen Sie bei diesem Verfahren?

Im Fertigungslager eines Betriebes wurden während des Jahres
1969/7o die folgenden Zu- und Abgänge einer bestimmten Güterart
verzeichnet:

Monat	Zugänge Stück	Abgänge Stück
Juli	36	35
Aug.	43	55
Sept.	39	63
Okt.	27	57
Nov.	29	125
Dez.	33	115
Jan.	33	16
Febr.	35	17
März	31	13
April	3o	2o
Mai	42	2o
Juni	42	28

Der Bestand am 3o.Juni betrug 27o Stück.

a) Stellen Sie die Zugangs- und Abgangslinie graphisch dar.

b) Wie groß war der Bestand am 31.März 197o?

c) War der durchschnittliche Lagerbestand im Zeitraum 1.Juli 69 –
   Mai 7o höher oder niedriger als während der gesamten Periode?

d) Ermitteln Sie die Verweildauerziffer und geben Sie an, welcher
   Zusammenhang zwischen der Verweildauerziffer und dem Durchschnittsbestand besteht.

e) Geben Sie an, wie groß die Umschlagsziffer dieses Jahres ist
   und erläutern Sie, was diese Ziffer in diesem Fall bedeutet.

f) Berechnen Sie die mittlere Zu- und Abgangsmenge pro Monat und
   die Zu- und Abgangsziffer und interpretieren Sie die errechneten
   Werte.

Aufgabe 3

An einer Ladestelle werden auf der Zulaufseite halbstündlich 24
Wagen herangefahren und auf der Ablaufseite in Abständen von 2o
Minuten 16 volle Wagen abgefahren.
Der erste Zulauf erfolgt 1o Minuten nach Beginn der Zählung (t_o),
der erste Ablauf 5 Min. später. Die Beladung geschieht kontinuier-
lich.
Im Zeitpunkt t_o stehen 25 Wagen an der Ladestelle, davon 15 leere
auf der Zulaufseite.

1. Wieviele Wagen stehen durchschnittlich auf der Ladestelle?

2. Berechnen Sie die durchschnittliche Wartezeit der Wagen an der
   Ladestelle.

3. Wieviel beladene und leere Wagen stehen höchstens an der Zu-
   bzw. Ablaufstelle?

4. Wieviele Wagen müssen im Zeitpunkt t_0 mindestens auf der Zulaufseite und auf der Ablaufseite stehen, damit die Beladung
ohne Stockungen durchgeführt und nach 15 Min. ein vollständi-
ger Zug (16 Wagen) abgeholt werden kann?

Aufgabe 4

a) Das Statistische Bundesamt hatte im Jahre 1975 für die Bundesrepublik Deutschland für den 31.12.1973 folgenden Altersaufbau veröffentlicht.

Altersaufbau der Wohnbevölkerung am 31.12.1973

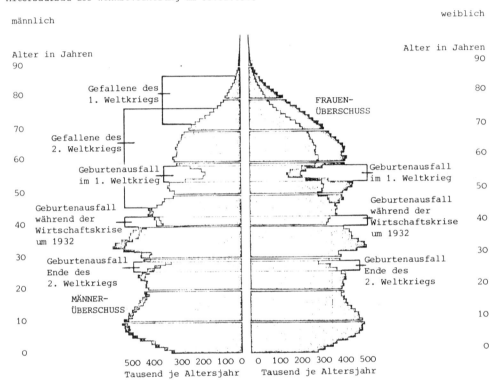

Statistisches Bundesamt 75 0302

Erläutern Sie die Besonderheiten dieses Altersaufbaus im Hinblick auf ihre Ursache und Wirkungen und geben Sie die typischen Formen des Altersaufbaus an.

b) Prognostizieren Sie einen Bevölkerungsaufbau für das Jahr 1985.
Welche Annahme treffen Sie dabei?

Aufgabe 5

Die Wohnbevölkerung der Bundesrepublik Deutschland ließ sich
im Mai 1975 nach der Beteiligung am Erwerbsleben und dem Unter-
haltskonzopt wie folgt aufgliedern (Angaben in 1000):

Beteiligung am Erwerbsleben	Personen mit überwieg.Lebensunterhalt durch				Summe
	Erwerbs-tätigkeit	Arbeitslo-sengeld	Rente u. dergl.	Ange-hörige	
Erwerbstätige	23 905	5	310	1 740	25 960
Erwerbslose	-	600	90	230	920
Nichterwerbspers.	-	-	10 540	24 470	35 010
Wohnbevölkerung	23 905	605	10 940	26 440	61 890

a) Berechnen Sie, wie groß der Anteil derjenigen unter den Personen ist, die ihren Lebensunterhalt überwiegend durch Rente
und dergl. bestreiten und als Erwerbspersonen anzusehen sind.

b) Wie groß ist der Anteil derjenigen Erwerbspersonen, die ihren
Lebensunterhalt vorwiegend aus den Einkünften ihrer Angehörigen bestreiten?

c) Berechnen Sie die allgemeine Erwerbsquote. Halten Sie diese
Zahl zur Kennzeichnung der sozialen Belastung der arbeitenden
Bevölkerung für sinnvoll oder läßt sich aus obigem Zahlenma-
terial eine geeignetere Maßzahl bestimmen?
Begründen Sie Ihre Antwort.

d) Die Zahl der Arbeitslosen betrug im Mai 1975 ca. 1 018 000.
Wie lassen sich die Unterschiede zwischen der Zahl der Arbeitslosen und der Erwerbslosen erklären?

Ein Bundesland der BRD wies in den Jahren 1961 und 1971 folgende
Altersgliederung der Erwerbspersonen und der Wohnbevölkerung auf
(Angaben in 1oo ooo).

Alter	Erwerbspersonen		Wohnbevölkerung	
	1971	1961	1971	1961
[0 ; 15)	0	0	3o,o	25,o
[15 ; 25)	7,2	8,o	12,o	1o,o
[25 ; 45)	22,4	21,o	32,o	3o,o
[45 ; 65)	12,o	12,o	2o,o	2o,o
über 65	1,6	3;o	16,o	15,o

a) Berechnen Sie die allgemeine Erwerbsquote dieses Bundeslandes
   in den Jahren 1971 und 1961.

b) Ermitteln Sie die altersspezifischen Erwerbsquoten für 1971.

c) Zeigen Sie, daß sich die allgemeine Erwerbsquote als gewogenes
   arithmetisches Mittel der besonderen Erwerbsquoten darstellen
   läßt.

d) Berechnen Sie die standardisierte Erwerbsquote für das Jahr
   1971 auf der Basis der Altersstruktur von 1961.
   Interpretieren Sie das berechnete Ergebnis.

Aufgabe 7

a) Erklären Sie den Unterschied zwischen Sterbewahrscheinlichkeit
   und Sterbeziffer.

b) Welcher Zusammenhang besteht zwischen der allgemeinen Sterbeziffer und der Abgangsziffer im Fortschreibungsmodell?

Aufgabe 8

1971 wurden in der Bundesrepublik 378 1o3 weibliche Kinder geboren.
Schätzen Sie unter Verwendung der unten angegebenen Werte aus der
Sterbetafel 197o/72 (es genügt jeweils der Ansatz mit den konkre-
ten Zahlen):

a) die Zahl der weiblichen Personen im Alter von 0 bis unter 1
   Jahren in der BRD am 1.1.1972,

b) die Zahl der weiblichen Personen in der BRD im Alter von 5
   bis unter 6 Jahren am 1.1.1977,

c) die Zahl der weiblichen Personen, die in der BRD im Laufe des
   Jahres 1977 den 6. Geburtstag erleben!
   (Verwenden Sie Tabelle 9.8 des Skriptums.)

d) Bestimmen Sie die mittlere zukünftige Lebenserwartung der 9-
   jährigen Mädchen.

Aufgabe 9

Gegeben ist die folgende Statistik der Sterbefälle:

Sp(1)	Sp(2)	Sp(3)	Sp(4)
Alter	Vollendetes Lebensjahr x	Anzahl der Männer, die in den Jahren 1951-6o ihren x-ten Geburtstag erreichten (in Mio.)	Anzahl der Männer,der Sp(3), die vor Erreichen des x+1o-ten Geb.tgs. sterben(i.Mio)
[0 ; 10)	0	5	0,4o
[1o ; 2o)	1o	4	0,o4
[2o ; 3o)	2o	4	0,o8
[3o ; 4o)	3o	5	0,1o
[4o ; 5o)	4o	4	0,24
[5o ; 6o)	5o	3	0,36
[6o ; 7o)	6o	3	0,80
[7o ; 8o)	7o	1	0,58
[8o ; 9o)	8o	1	0,91

Berechnen Sie anhand dieser Tabelle

a) die Sterbe- und Überlebenswahrscheinlichkeiten der x-jährigen Männer,

b) die Sterbewahrscheinlichkeiten eines Neugeborenen in den einzelnen Altersklassen,

c) das wahrscheinlichste Lebensalter eines Neugeborenen und seine
mittlere Lebenserwartung.

d) Angenommen, es gibt am 31.12.197o 2,5 Mio. 5o-6o jährige Männer.
Wieviele 6o-7o jährige Männer wird es nach ihrer Meinung am
31.12.1980 geben?

e) Weshalb spricht man davon, daß bei der Sterbetafel Ergebnisse
einer Querschnittsanalyse längsschnittanalytisch interpretiert
werden?

Aufgabe 1o

Ein Hersteller von hochwertigen Präzisionswerkzeugen weiß aus Erfahrung, daß von 1oo neu hergestellten Werkzeugen 2o bereits im
ersten Jahr ihrer Nutzung verschrottet werden müssen, 4o im zweiten Jahr und die restlichen 4o im dritten Jahr.

a) Erstellen Sie eine Sterbetafel für Präzisionswerkzeuge mit den
Spalten x, q_x, p_x, l_x und d_x.

b) Wie groß ist die Wahrscheinlichkeit dafür, daß ein Werkzeug,
das eine einjährige Nutzung bereits hinter sich hat, im folgenden (zweiten) Jahr verschrottet werden muß?

c) Ein Unternehmen kauft 1o ooo dieser Werkzeuge. Wie groß ist
der Ersatzbedarf dieses Unternehmens in den nächsten 2 Jahren,
wenn alle defekten Werkzeuge am Ende eines Jahres durch neue
ersetzt werden müssen?

1o. Zeitreihenanalyse

1o.1 Bewegungskomponenten von Zeitreihen

Von einer Zeitreihe spricht man, wenn man den gleichen Sachverhalt, etwa die Kohlenförderung einer bestimmten Zeche oder die Ausgaben eines bestimmten Haushaltes für Nahrungsmittel, über einen längeren Zeitraum beobachtet und zu bestimmten, oftmals äquidistanten Zeitpunkten einen Beobachtungswert registriert. Beispiele für ökonomische Größen, die über einen längeren Zeitraum beobachtet werden, sind beispielsweise Absatzmengen, Preise, Einkommen, Konsumausgaben, Bevölkerungszahlen, Geburtenziffern, Preisindizes und viele andere Größen. Die Aufgabe der Analyse besteht darin, eine solche beobachtete Zeitreihe auf gewisse Gesetzmäßigkeiten zu untersuchen. Dies geschieht

a) um die zeitliche Entwicklung verschiedener Tatbestände miteinander zu vergleichen,
b) um Aussagen zu gewinnen über Zeitpunkte des Beobachtungsintervalls, für die kein Wert beobachtet wurde (Interpolation),
c) um Aussagen zu treffen über Zeitpunkte die außerhalb des Beobachtungsintervalls liegen (Extrapolation, Prognose).

Ein Verfahren, um solche Gesetzmäßigkeiten aufzuzeigen, haben wir bereits mit der Regressions- und Korrelationsrechnung im Kapitel 7.4 kennengelernt. Bei dieser Methode wird versucht, die zeitliche Entwicklung einer ökonomischen Variablen mit Hilfe von anderen ökonomischen Einflußgrößen zu erklären. Man spricht von einer multivariablen Zeitreihenanalyse.

Eine andere Möglichkeit besteht nun darin, eine beobachtete Zeitreihe auf gewisse eigenständige Gesetzmäßigkeiten zu untersuchen, ohne andere ökonomische Einflußfaktoren zu berücksichtigen. Eine solche Analyse einer Folge von Beobachtungswerten wird daher nur das zeitliche Verhalten der beobachteten Größe selbst untersucht. Man spricht in diesem Zusammenhang von einer univariablen Zeitreihenanalyse.

Im Rahmen dieses Kapitels soll nur auf die univariable Zeitreihenanalyse eingegangen werden.

Hat man eine Folge von Beobachtungswerten vorliegen, dann bietet sich zunächst eine graphische Darstellung der Beobachtungs-
befunde im gewöhnlichen rechtwinkligen Koordinatensystem an.
Auf der Abszisse werden die Zeitpunkte bzw. das Zeitintervall
abgetragen und auf der Ordinate die beobachteten Merkmalswerte.
Eine solche graphische Darstellung erlaubt noch keine exakten
analytischen Rückschlüsse auf den Aufbau einer Zeitreihe. Der
graphische Vergleich vieler solcher Zeitreihen sowie wirtschafts-
theoretische Überlegungen haben jedoch zur Vorstellung geführt,
daß eine Zeitreihe durch das Zusammenwirken mehrerer zeitlicher
Bewegungskomponenten entsteht. Dabei hat es sich eingebürgert,
die folgenden einzelnen Komponenten voneinander zu unterscheiden:

a) eine Trend-Komponente, m_T, durch die eine langfristige Grund-
   richtung der zeitlichen Entwicklung erfaßt werden soll,
b) eine zyklische Komponente, z_T, durch die mittelfristige,
   sich periodisch wiederholende Einflüsse, insbesondere konjunkturelle Schwankungen, erfaßt werden sollen, die sich
   mit einer mehrjährigen aber nicht ganz konstant bleibenden
   Periode dem Trend überlagern,
c) eine saisonale Komponente, s_T, durch die jahreszeitliche Ereignisse erfaßt werden sollen, die mit einer konstanten jährlichen Periode auftreten und dem Trend und der zyklischen
   Komponente überlagert sind. Diese saisonalen Schwankungen
   sind teils durch natürliche, teils durch institutionelle Ursachen begründet, wie etwa Jahreszeiten, Feiertage, Urlaubs-
   zeiten, Steuertermine und andere,
d) eine zufällige Rest-Komponente, r_T, durch die alle Schwankungen der beobachteten Zeitreihe erfaßt werden sollen, die
   nicht durch die drei bereits genannten systematischen Komponenten erfaßt und gedeutet worden sind. Von dieser zufälligen Schwankung wird postuliert, daß ihr Mittelwert Null ist.

212

Außerdem hängt die Größe der Restkomponente von dem Verfahren ab, nach dem die anderen Komponenten bestimmt worden sind.

Da eine klare Trennung von Trend- und zyklischer Konjunkturkomponente oftmals nicht exakt möglich ist, werden beide meistens zu einer glatten Komponente, g_T, zusammengefaßt. Allerdings treten bei ökonomischen Zeitreihen die einzelnen systematischen Bewegungskomponenten nicht isoliert, sondern miteinander vermischt auf. Bei der Analyse einer solchen Zeitreihe stellt sich daher das Problem, wie sich die Zeitreihenwerte aus den einzelnen systematischen Komponenten zusammensetzen. Bezeichnet man die Beobachtungswerte für die Zeitpunkte T = 1, 2, ..., n mit Y_T, dann fordert das einfachste Modell eine additive Verknüpfung der einzelnen Komponenten

$$(1o.1) \qquad Y_T = g_T + s_T + r_T, \qquad T = 1, 2, \ldots, n.$$

Eine solche Verknüpfung erscheint immer dann sinnvoll, wenn die saisonale Komponente einen Ausschlag aufweist, der unabhängig vom Niveau der glatten Komponente g_T der Zeitreihe Y_T ist. Allerdings wird man bei vielen ökonomischen Zeitreihen beobachten, daß der Wert der Saisonkomponente vom Niveau der glatten Komponente abhängt, d.h. wenn die glatte Komponente steigt, werden auch die Saisonausschläge größer. Wird eine solche Erscheinung beobachtet, dann erscheint eine multiplikative Verknüpfung der einzelnen Komponenten vernünftiger, d.h.

$$(1o.2) \qquad Y_T = g_T \cdot s_T \cdot r_T, \qquad T = 1, 2, \ldots, n.$$

(vergl. Abb. 1o.1a und 1o.1b).

Wenn $Y_T > 0$ ist, kann dieser Ansatz durch Logarithmieren auf den additiven Ansatz zurückgeführt werden, d.h.

$$\log Y_T = \log g_T + \log s_T + \log r_T.$$

Man kann daher immer von einer additiven Verknüpfung der einzelnen Komponenten ausgehen. Modelle, in denen sowohl additive als auch multiplikative Verknüpfungen auftreten, sollen im folgenden nicht behandelt werden.

Stellt man außer der Art der Verknüpfung keine weiteren Forderungen an die einzelnen Bewegungskomponenten der Zeitreihe, so ist bezüglich der Zerlegung wenig festgelegt. Fordert man dagegen die Erfüllung exakter Bedingungen, etwa der Art, daß die glatte Komponente durch eine Gerade darstellbar sei und die

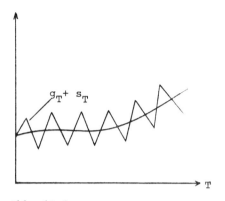

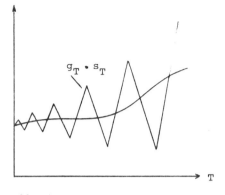

Abb. 10.1a:

glatte und Saisonkomponente bei
additiver Verknüpfung

Abb. 10.1b:

glatte und Saisonkomponente bei
multiplikativer Verknüpfung

Saisonkomponente eine starre, sich jedes Jahr wiederholbare
Form besitze, dann werden dadurch alle anderen Bewegungser-
scheinungen der Zeitreihe in die Restkomponente gedrängt, die
dann sicher nicht mehr nur zufällige Schwankungen enthält, sondern auch noch gewisse Reste der glatten und saisonalen Komponente. Man sollte daher, bevor man versucht, eine Zeitreihe
durch Zerlegung zu analysieren, erst aufgrund von sachlichen
Überlegungen prüfen, ob die unterstellten Modellannahmen annähernd erfüllt werden.

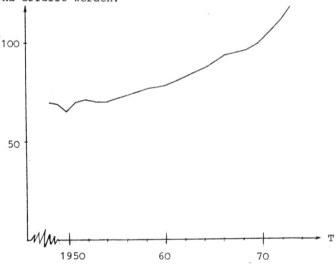

Abb. 10.2: Zeitliche Entwicklung des Preisindexes für die Lebenshal
tung in der BRD. Beispiel für eine Zeitreihe mit Trendkomponente

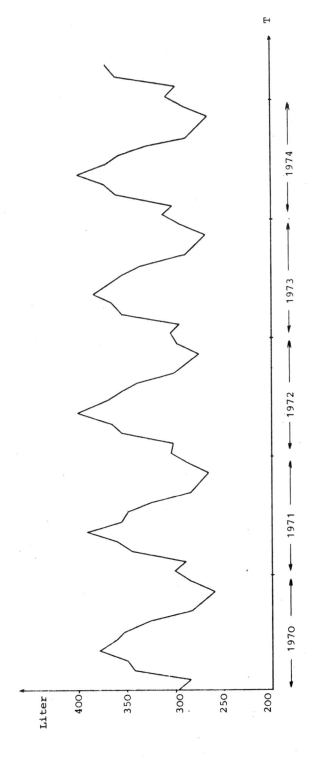

Abb. 1o.3: Zeitliche Entwicklung des durchschnittlichen Milchertrages pro Kuh und Monat in der BRD. Beispiel für eine Zeitreihe mit einer Saisonkomponente von fester Periodenlänge

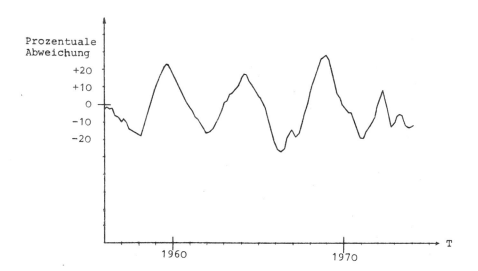

Abb. 10.4: Auftragseingang beim Maschinenbau aus dem Inland
(prozentuale Abweichung zweimonatlicher saisonberei-
nigter Werte vom Trend).

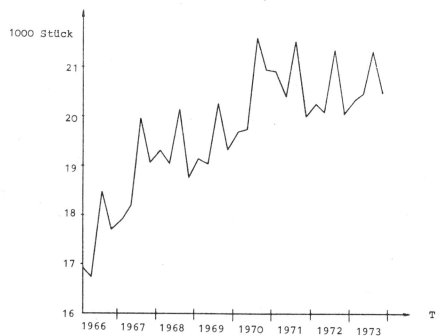

Abb. 10.5: Zeitliche Entwicklung des Schweinebestandes in der BRD,
Quartalsdaten. Beispiel für eine Zeitreihe mit Trend-
und **saisonaler** Komponente

1o.2 Schätzung der glatten Komponente einer Zeitreihe

Zunächst werde ein einfaches Modell betrachtet, bei dem eine glatte Komponente additiv von einer Restkomponente überlagert wird, d.h.

$$Y_T = g_T + r_T \; .$$

Die Aufgabe besteht dann darin, die glatte Komponente g_T dieser Zeitreihe aus einer gegebenen Menge von n Beobachtungswerten zu schätzen, d.h. man will die zeitliche Entwicklung bereinigt von zufälligen Schwankungen darstellen. Dazu stehen im wesentlichen zwei Methoden zur Verfügung.

1o.2.1 Die Methode der kleinsten Quadrate

Bei dieser Methode wird unterstellt, daß die glatte Komponente nur den Trend enthält und dieser durch einen bestimmten Funktionstyp dargestellt werden kann. Man kann etwa annehmen, daß sich der Trend durch ein Polynom k-ter Ordnung

$$g_T = b_o + b_1 T + b_2 T^2 + \ldots + b_k T^k \; .$$

hinreichend genau darstellen läßt. Dann kann man die unbekannten Koeffizienten b_i, i = o, 1, ..., k, nach der Methode der kleinsten Quadrate schätzen. Allerdings läßt sich durch einen solchen Polynomansatz nur der Trend erfassen, nicht die allgemeinere glatte Komponente, bei der ja noch die zyklische Konjunkturkomponente berücksichtigt wird.

Der einfachste Fall liegt vor, wenn die Trendkomponente eine lineare Funktion der Zeit ist, d.h.

$$(1o.3) \qquad g_T = b_o + b_1 T \; .$$

Ein solcher Ansatz ist dann vertretbar, wenn die Zeitreihenwerte pro Zeiteinheit um den gleichen Betrag zunehmen. Ist allerdings der Trend der Zeitreihenwerte durch abnehmende absolute Zuwachsraten pro Zeiteinheit gekennzeichnet, dann sollte die Trendkomponente durch einen in g_T quadratischen Ansatz erfaßt werden,

217

d.h.

$$g_T^2 = b_o + b_1 T .$$

Ein Exponentialansatz für den Trend in der Form

$$g_T = b_o (b_1)^T, \quad bzw.$$

$$\log g_T = \log b_o + T \log b_1,$$

erscheint dann angemessen, wenn der Zeitreihenwert Y_T einen konstanten prozentualen Anstieg pro Zeiteinheit aufweist.

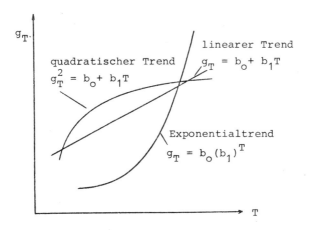

Abb. 10.6: Verschiedene Trendverläufe

Beispiel 1o.1:

Die Berechnung einer Trendgeraden nach der Methode der kleinsten Quadrate soll am Beispiel des Preisindex für die Lebenshaltung in der BRD für den Zeitraum von 1948 bis 1973 gezeigt werden.

Zunächst nimmt man eine Transformation der Zeitkomponente T_i derart vor, daß die transformierte Zeitkomponente t_i der Bedingung genügt

$$\sum_{i=1}^{n} t_i = 0,$$

wobei n die Zahl der Beobachtungswerte angibt.

218

Zweckmäßigerweise transformiert man die ursprüngliche Zeitkomponente T_i so, daß die transformierten Werte t_i nur ganzzahlige Werte annehmen. Bei einer äquidistanten Zeitreihe
wird dies durch folgende Transformation erreicht

$$t_i = \begin{cases} T_i - \overline{T} & \text{bei ungeradem } n, \text{ d.h. } n = 2k + 1, \\ 2(T_i - \overline{T}) & \text{bei geradem } n, \text{ d.h. } n = 2k. \end{cases}$$

Da $n = 26$ eine gerade Zahl $(2k)$ ist, wird die Transformation
der Zeitkomponente mittels der Beziehung

$$t_i = 2(T_i - \overline{T})$$

vorgenommen. Für $\overline{T}$ erhält man den Wert

$$\overline{T} = 1960,5 .$$

Für $T_i = 1948$ ergibt diese Transformation

$$t_i = 2(1948 - 1960,5) = -25 .$$

Bekanntlich erhält man den Wert für den Parameter b_1 der Trendgeraden

(1o.4) $g_t = a + b_1 t$

als

$$b_1 = \frac{\sum\limits_{i=1}^{n} y_i t_i}{\sum\limits_{i=1}^{n} t_i^2} = \frac{\sum\limits_{i=1}^{n} (Y_i - \overline{Y}) t_i}{\sum\limits_{i=1}^{n} t_i^2} .$$

Diese Beziehung läßt sich wie folgt zerlegen

$$b_1 = \frac{\sum\limits_{i=1}^{n} Y_i t_i}{\sum\limits_{i=1}^{n} t_i^2} - \frac{\overline{Y} \sum\limits_{i=1}^{n} t_i}{\sum\limits_{i=1}^{n} t_i^2} .$$

Wegen $\sum\limits_{i=1}^{n} t_i = 0$ vereinfacht sich diese Beziehung zu

(1o.5) $$b_1 = \frac{\sum\limits_{i=1}^{n} Y_i t_i}{\sum\limits_{i=1}^{n} t_i^2} .$$

Tabelle 1o.1: Rechentabelle zur Bestimmung der Trendgeraden
für den Preisindex der Lebenshaltung in
der BRD für den Zeitraum von 1948 bis 1973 (n=26)
4-Personen Arbeitnehmerhaushalt mit mittlerem Einkommen des alleinverdienenden Haushaltsvorstandes
(2 Kinder, mindestens eins unter 15 Jahren).

Jahr T_i	transformierte Zeitkoordinate t_i	Index der Lebenshaltung Y_i	$Y_i t_i$	t_i^2
1948	− 25	69,7	−1742,5	625
1949	− 23	68,9	−1584,7	529
1950	− 21	64,5	−1354,5	441
1951	− 19	69,6	−1322,4	361
1952	− 17	71,0	−1207,0	289
1953	− 15	69,8	−1047,0	225
1954	− 13	69,9	− 908,7	169
1955	− 11	71,0	− 781,0	121
1956	− 9	72,8	− 655,2	81
1957	− 7	74,4	− 520,8	49
1958	− 5	75,9	− 379,5	25
1959	− 3	76,7	− 230,1	9
1960	− 1	77,8	− 77,8	1
1961	+ 1	79,6	79,6	1
1962	+ 3	81,9	245,7	9
1963	+ 5	84,4	422,0	25
1964	+ 7	86,4	604,8	49
1965	+ 9	89,3	803,7	81
1966	+ 11	92,4	1016,4	121
1967	+ 13	93,8	1219,4	169
1968	+ 15	95,0	1425,0	225
1969	+ 17	96,9	1647,3	289
1970	+ 19	100,0	1900,0	361
1971	+ 21	105,1	2207,1	441
1972	+ 23	110,7	2546,1	529
1973	+ 25	118,2	2955,0	625
Summe	0	2165,7	5260,9	5850

$\overline{T}$ = 1960,5

220

Aus den Werten der Tabelle 1o.1 erhält man für die Parameter
der Trendgeraden

$$b_1 = \frac{5\ 260,9}{5\ 850} = 0,90\ ,$$

$$a = \overline{Y} = \frac{2\ 165,7}{26} = 83,3\ .$$

Somit lautet die Trendgerade in transformierten Zeitkoordinaten

$$g_t = a + b_1 t = 83,3 + 0,90t\ .$$

Wegen $t_i = 2(T_i - \overline{T})$ lautet die Trendgerade in den ursprünglichen Zeitkoordinaten

$$g_t = a + b_1 t_i$$
$$= a + 2b_1 (T_i - \overline{T})$$
$$= a - 2b_1 \overline{T} + 2b_1 T_i\ .$$

Für unser Beispiel folgt daraus

$$g_T = 83,3 + 1,8(T_i - 1960,5)$$
$$= -\ 3\ 445,6 + 1,8\ T_i\ .$$

Will man diese Trendgerade verwenden, um den Preisindex der
Lebenshaltung für das Jahr 1974 zu extrapolieren, so würde man
den Wert

$$g_{1974} = 107,6$$

erhalten. Dieser Wert wird mit Sicherheit den wahren Wert beträchtlich unterschätzen. Aus der Abbildung 1o.2 erkennt man,
daß der Anstieg dieses Indexes etwa seit 1970 überproportional
erfolgt, so daß die Annahme einer Trendgeraden mit konstanter
Steigung für den gesamten Zeitraum spätestens seit etwa 1970
nicht mehr gerechtfertigt erscheint (vgl. Abb. 1o.7).

Gegen die Methode der kleinsten Quadrate zur Trendbestimmung
kann unter anderem eingewendet werden, daß ihre Anwendung nur
dann möglich ist, wenn man bereits eine klare Vorstellung über
den Funktionstyp besitzt, der die Trendrichtung beschreibt.

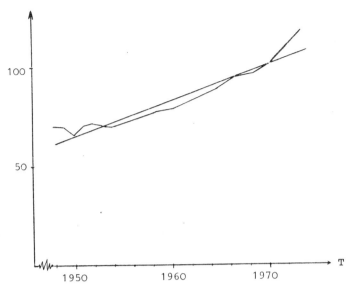

Abb. 10.7: Trendgerade nach der KQ-Methode für den Preisindex
der Lebenshaltung in der BRD von 1948 bis 1973

1o.2.2 Die Methode der gleitenden Durchschnitte

Neben der Methode der kleinsten Quadrate werden daher sehr
häufig sog. gleitende Durchschnitte verwendet, um bei einer
Zeitreihe der Form

$$Y_T = g_T + r_T$$

die Restschwankungen auszuschalten.

Es sei eine Zeitreihe mit den Beobachtungswerten Y_T zu den
Zeitpunkten   T = 1, 2, ..., n, gegeben. Man bildet aus jeweils 2k + 1 zeitlich aufeinander folgenden Beobachtungswerten
das arithmetische Mittel

(1o.6) $\overline{Y}_j(2k+1) = \frac{1}{2k+1} \sum_{h=-k}^{+k} Y_{j+h}$,   j = k+1, k+2, ..., n-k.

Die Größe $\overline{Y}_j(2k+1)$ bezeichnet man als (2k+1)-gliedrigen gleitenden
Durchschnitt, wobei k eine natürliche Zahl ist, deren Wahl
noch näher spezifiziert werden muß. Der Wert $\overline{Y}_j(2k+1)$ bezieht sich
auf den Beobachtungswert zum Zeitpunkt T=j, der in der Mitte
der Folge $Y_{j-k}, ..., Y_j, ..., Y_{j+k}$ liegt. Aus diesem Grund empfiehlt
es sich, für die Berechnung eines gleitenden Durchschnittes
eine ungerade Zahl von Zeitreihenwerten (2k+1) zu wählen, denn

222

dann bezieht sich der errechnete gleitende Durchschnitt auf
einen Beobachtungszeitpunkt. Bei einer geraden Zahl von Zeitreihenwerten (2k) bezieht sich der gleitende Durchschnitt auf
die Mitte eines Intervalls zwischen zwei Beobachtungszeitpunkten, wodurch gewisse praktische Schwierigkeiten bei der zeitlichen Zuordnung des gleitenden Durchschnitts zu einem Zeitreihenwert entstehen. Um diese auszuräumen, definiert man $\overline{Y}_j(2k)$
als arithmetisches Mittel zweier aufeinanderfolgender gleitender Durchschnitte aus jeweils (2k) Zeitreihenwerten

$$\overline{Y}_j(2k) = \frac{1}{2} \left[\frac{1}{2k} \sum_{h=-k}^{k-1} Y_{j+h} + \frac{1}{2k} \sum_{h=-k+1}^{k} Y_{j+h} \right] .$$

Dies läßt sich auch wie folgt umschreiben

$$(10.7) \qquad \overline{Y}_j(2k) = \frac{1}{2k} \left[\frac{1}{2} Y_{j-k} + \sum_{h=-k+1}^{k-1} Y_{j+h} + \frac{1}{2} Y_{j+k} \right] .$$

In dieser Teilfolge $Y_{j-k}, \ldots, Y_j, \ldots, Y_{j+k}$ gibt es einen genau
in der Mitte liegenden Beobachtungswert Y_j, auf dessen Zeitkomponente T=j sich der gleitende Durchschnitt bezieht.

Die praktische Berechnung der gleitenden Durchschnitte erweist
sich als numerisch relativ einfach. Man kann nämlich den (2k+1)-
gliedrigen gleitenden Durchschnitt $\overline{Y}_{j+1}(2k+1)$ aus dem gleitenden
Durchschnitt $\overline{Y}_j(2k+1)$ berechnen. Aus der Definition erhält man

$$\overline{Y}_{j+1}(2k+1) = \frac{1}{2k+1} \sum_{h=-k}^{+k} Y_{j+h+1}$$

$$= \frac{1}{2k+1} (Y_{j-k+1} + Y_{j-k+2} + Y_{j-k+3} + \cdots$$

$$\cdots + Y_{j+k-1} + Y_{j+k} + Y_{j+k+1} + Y_{j-k} - Y_{j-k})$$

$$= \frac{1}{2k+1} (Y_{j+k+1} - Y_{j-k}) + \frac{1}{2k+1} \sum_{h=-k}^{+k} Y_{j+h}$$

$$(10.8) \qquad = \overline{Y}_j(2k+1) + \frac{1}{2k+1} (Y_{j+k+1} - Y_{j-k}) .$$

Man sieht, daß man den gleitenden Durchschnitt $\overline{Y}_{j+1}(2k+1)$ aus dem
vorherigen gleitenden Durchschnitt $\overline{Y}_j(2k+1)$ erhalten kann, indem man
den $\frac{1}{2k+1}$ - Teil des nächsten Zeitreihenwertes Y_{j+k+1} addiert

und den $\frac{1}{2k+1}$ - Teil des ältesten Zeitreihenwertes Y_{j-k} subtrahiert.

Das Verfahren der gleitenden Durchschnitte ist das älteste Verfahren zur Analyse von Zeitreihen. Es besitzt allerdings einen entscheidenden Nachteil. Wenn man für eine Zeitreihe von n Beobachtungswerten

$$Y_1, \ldots, Y_k, Y_{k+1}, \ldots, Y_{n-k}, Y_{n-k+1}, \ldots, Y_n$$

(2k+1)-gliedrige gleitende Durchschnitte berechnet, dann gehen am Anfang und am Ende der Zeitreihe jeweils k Beobachtungswerte verloren, am Anfang die Werte $Y_1, \ldots, Y_k$ und am Ende die Werte $Y_{n-k+1} \ldots, Y_n$. Es lassen sich nämlich aus n Beobachtungswerten nur n-2k (2k+1)-gliedrige gleitende Durchschnitte berechnen, wobei sich der letzte gleitende Durchschnitt auf den Zeitpunkt T=n-k bezieht. Dies hat zur Folge, daß sich die mittels der Methode der gleitenden Durchschnitte bestimmte Trendkomponente kaum für Prognosezwecke eignet, es sei denn die Zeitreihe setzt sich aus zufälligen Schwankungen r_T um einen konstanten Niveauwert, d.h.

$$g_T = a_o$$

zusammen.

Bevor eine Berechnung mittels der Methode der gleitenden Durchschnitte durchgeführt werden kann, muß noch die Zahl k festgelegt werden, die bestimmt, wieviele Zeitreihenwerte in die Berechnung des gleitenden Durchschnittes eingehen. Diese Wahl hängt sowohl von der Größe der zufälligen Schwankungen als auch vom Verlauf der glatten Komponente ab. Die Zeitreihenwerte lassen sich wie folgt zerlegen

$$Y_T = g_T + r_T .$$

Es wird angenommen, daß sich die glatte Komponente nur langsam und stetig ändert und die zufälligen Schwankungen den Mittelwert Null besitzen, d.h. $\bar{r} = 0$. Bildet man für diese Zeitreihe (2k+1)-gliedrige gleitende Durchschnitte, so erhält man

$$\bar{Y}_T(2k+1) = \bar{g}_T(2k+1) + \bar{r}_T(2k+1).$$

Dabei stellt $\bar{r}_T(2k+1)$ das arithmetische Mittel aus den (2k+1) Werten $r_{T-k}, \ldots, r_{T-1}, r_T, r_{T+1}, \ldots, r_{T+k}$ dar. Wegen der Annahme, daß $\bar{r}=o$ ist, wird der Mittelwert $\bar{r}_T(2k+1)= O$ um so näher bei Null liegen, um so größer die Gliederzahl (2k+1) ist. Um die zufällige Komponente so weit wie möglich auszuschalten, empfiehlt es sich also die Gliederzahl möglichst groß zu wählen, so daß praktisch

$$\bar{Y}_T(2k+1) = \bar{g}_T(2k+1)$$

gilt. Der Wert $\bar{g}_T(2k+1)$ stellt dann eine Approximation für die glatte Komponente g_T dar. Man sollte aber darauf achten, daß die Gliederzahl (2k+1) nicht so groß gewählt wird, daß dadurch die glatte Komponente so stark geglättet wird, daß konjunkturelle Schwankungen durch den gleitenden Durchschnitt abgeschliffen werden.

Dazu muß man wissen, daß der (2k+1)-gliedrige gleitende Durchschnitt $\bar{g}_T(2k+1)$ nach der Methode der kleinsten Quadrate bestimmt werden kann, indem man den Kurvenverlauf durch (2k+1) Beobachtungswerte der Zeitreihe durch eine Gerade approximiert. Während bisher bei der Methode der kleinsten Quadrate der gesamte Kurvenverlauf durch einen angenommenen Funktionstyp approximiert wurde, wird bei der Methode der gleitenden Durchschnitte jeweils nur ein kleines Stück der Kurve durch eine Gerade approximiert. Um den (2k+1)-gliedrigen gleitenden Durchschnitt $\bar{Y}_T(2k+1)$ zu berechnen, wird eine Gerade durch die Zeitreihenwerte Y_{T-k} bis Y_{T+k} gelegt. Der Wert, den diese Gerade für den Zeitpunkt T annimmt, nämlich $\bar{Y}_T(2k+1)$, ergibt eine Approximation für den Zeitreihenwert Y_T. Um den gleitenden Durchschnitt $\bar{Y}_{T+1}(2k+1)$ zu berechnen, legt man eine Gerade durch die Zeitreihenwerte Y_{T-k+1} bis Y_{T+k+1}. Der Wert, den diese Gerade für den Zeitpunkt (T+1) annimmt, ergibt eine Approximation für den Zeitreihenwert Y_{T+1}. Aus diesen Überlegungen ersieht man, daß die Approximation nach der Methode der gleitenden Durchschnitte flexibler auf Änderungen im Verlauf der glatten Komponente reagieren kann als die Methode der kleinsten Quadrate. Andererseits liefern die gleitenden Durchschnitte bessere Approximationen, wenn die glatte

Komponente g_T eine geringe Krümmung aufweist. Aus diesen Überlegungen läßt sich als Faustregel ableiten:

a) Bei Kurvenverläufen mit schwacher Krümmung und starker zufälliger Komponente r_T empfiehlt es sich, eine große Gliederzahl zu wählen.

b) Bei Kurvenverläufen mit starker Krümmung und schwacher zufälliger Komponente r_T empfiehlt es sich, eine kleine Gliederzahl zu wählen.

Die Methode der gleitenden Durchschnitte beruht darauf, daß man den beobachteten Kurvenverlauf der Zeitreihe jeweils stückweise durch eine Gerade approximiert. Den Nachteil dieses Verfahrens, daß an Kurvenstellen mit starker Krümmung diese abgeschliffen wird, könnte man nun dadurch abzumildern versuchen, daß man die Approximation nicht durch eine Gerade sondern eine Kurve höherer Ordnung vornimmt. Es läßt sich zeigen, daß eine solche Approximation ebenfalls auf gleitende Durchschnitte führt, bei denen allerdings eine Gewichtung der einzelnen Beobachtungswerte vorgenommen wird, die zur Berechnung des gleitenden Durchschnitts benötigt werden. Neben der Schwierigkeit bei der Festlegung der einzelnen Gewichtsfaktoren besitzen die gewichteten gleitenden Durchschnitte den Nachteil, daß ihre numerische Berechnung wesentlich komplizierter ist.

Beispiel 1o.2: Der zeitliche Verlauf der Entwicklung des Preisindexes für die Lebenshaltung in der BRD für den Zeitraum 1948 bis 1973 soll anhand eines 3-gliedrigen gleitenden Durchschnitts aufgezeigt werden.

Tabelle 1o.2: Arbeitstabelle zur Berechnung der 3-gliedrigen gleitenden Durchschnitte

T	1948	1949	1950	1951	1952	1953	1954	1955
Y_T	69,7	68,9	64,5	69,6	71,0	69,8	69,9	71,0
$s_j = \sum\limits_{h=-1}^{+1} Y_{j+h}$		203,1	203,0	205,1	210,4	210,7	210,7	213,7
$\overline{Y}_j(3) = \frac{1}{3} s_j$		67,70	67,67	68,37	70,13	70,23	70,23	71,23

1956	1957	1958	1959	1960	1961	1962	1963	1964
72,8	74,4	75,9	76,7	77,8	79,6	81,9	84,4	86,4
218,2	223,1	227,0	230,4	234,1	239,3	245,9	252,7	260,1
72,73	74,37	75,67	76,80	78,03	79,77	81,97	84,23	86,70

1965	1966	1967	1968	1969	1970	1971	1972	1973
89,3	92,4	93,8	95,0	96,9	100,0	105,1	110,7	118,2
268,1	275,5	281,2	285,7	291,9	302,0	315,8	334,0	
89,37	91,83	93,73	95,23	97,30	100,67	105,27	111,23	

Man erkennt, daß sich die 3-gliedrigen gleitenden Durchschnitte dem Kurvenverlauf des Preisindexes sehr gut anpassen. Allerdings erweist es sich als sehr problematisch, mittels dieser gleitenden Durchschnitte eine Prognose für das Jahr 1974 zu treffen. Man könnte etwa den linearen Anstieg zwischen 1971 und 1972

$$\Delta \overline{Y}_{71,72} = \overline{Y}_{1972}(3) - \overline{Y}_{1971}(3) = 5,96$$

verwenden, um die Jahre 1973 und 1974 zu extrapolieren. Dies würde ergeben

$$Y_{1973} = 117,19 \quad \text{und} \quad Y_{1974} = 123,15 \ .$$

Der tatsächlich beobachtete Wert, entnommen aus dem Statistischen Jahrbuch 1975 ergab

$$Y_{1974} = 126,3 \ .$$

Dies bedeutet, daß die Entwicklung des Preisindexes für die Lebenshaltung in den Jahren zwischen 1971 und 1974 durch eine lineare glatte Komponente unterschätzt wird.

227

Man unterstellt jetzt, daß den Beobachtungswerten ein Modell
der Form

$$Y_T = f(g_T, s_T, r_T)$$

zugrundeliegt. Will man bei einer solchen Zeitreihe die zufällige Komponente r_T ausschalten, d.h. die Anteile g_T und s_T
möglichst unverzerrt darstellen, dann muß man die Methode der
gewichteten gleitenden Durchschnitte anwenden, da wegen der
saisonalen Komponente die Zeitreihe Stellen mit starker Krümmung aufweist.
Allerdings besteht das Interesse bei der Analyse von Zeitreihen
mit einer saisonalen Komponente oftmals nicht in der Ausschaltung der zufälligen Komponente r_T, sondern in der Elimination
des Saisoneinflusses s_T. Man ist also hauptsächlich an der Darstellung der Anteile der Komponenten g_T und r_T interessiert, d.h.
man möchte eine Vorstellung davon bekommen, wie sich die Zeitreihe entwickelt hätte, wenn ihr Verlauf nicht von saisonalen
Einflüssen überlagert worden wäre. So ist man beim monatlichen
Preisindex für die Lebenshaltung nicht an jährlich wiederkehren-
den, saisonbedingten Schwankungen interessiert, sondern man möchte wissen, wie er sich langfristig entwickelt.

Bevor man jedoch versucht, die Beobachtungswerte von einem eventuell vorhandenen Saisoneinfluß zu bereinigen, müßte man zunächst prüfen, ob nicht Teile der saisonalen Schwankung künstlich erzeugt worden sind. So können beispielsweise gewisse
regelmäßig wiederkehrende Schwankungen durch die Struktur unseres Kalenders hervorgerufen worden sein. Bekanntlich besitzen
die einzelnen Monate zwischen 28 und 31 Kalendertage, wodurch
Schwankungen bis zu 10% hervorgerufen werden können, was sich
etwa bei der Angabe der Zahl der Geborenen pro Monat bemerkbar
macht. Hier empfiehlt es sich, entweder die Angaben auf Kalendertage zu beziehen oder eine Umrechnung auf Normalmonate mit
30 Kalendertagen vorzunehmen.
Bei Daten aus dem Wirtschaftsleben ist meist die Zahl der Ar-

beitstage und nicht der Kalendertage entscheidend. Auch hier
gibt es in den einzelnen Kalendermonaten Schwankungen bis zu
26% (Januar mit 23 gegenüber Mai mit 17 Arbeitstagen). Eine
Angabe der Daten bezogen auf Arbeitstage kann zu einer klare-
ren Darstellung der Saisonkomponente führen, doch muß dabei
sichergestellt sein, daß in dem betreffenden Erhebungssektor
fehlende Arbeitstage nicht durch Überstunden oder Sonder-
schichten nachgeholt wurden. Besondere Probleme sind bei Zeitreihen zu berücksichtigen, die sich auf Umsatzdaten beziehen.
Hier erweist sich eine Angabe bezogen auf monatliche Arbeitstage oftmals als nicht zweckmäßig, da der monatliche Umsatz in
manchen Branchen von der Zahl der Feiertage und der Wochenenden
abhängt. Ein zusätzliches Problem ergibt sich auch aus der Lage
der beweglichen Feiertage Ostern und Pfingsten, die in verschiedenen Jahren in verschiedene Monate fallen können, und somit
die Struktur der Saisonkomponente verändern.

Bevor man daher bei einer Zeitreihe eine Saisonbereinigung vornimmt, sollte man zweckmäßigerweise die Beobachtungswerte zunächst vom Einfluß dieser störenden Faktoren, den sog. Kalen-
derunregelmäßigkeiten, bereinigen.

Im folgenden soll eine Zeitreihe mit einer starren, d.h. zeit-
unabhängigen Saisonkomponente und einer konstanten Periode der
Länge λ, d.h. $s_T = s_{T+\lambda}$, betrachtet werden. Wenn die Saisonkomponente eine Jahresperiode besitzt, beträgt $\lambda = 12$, wenn die
Zeitreihe aus Monatsdaten, und $\lambda = 4$, wenn sie aus Quartalsdaten
gebildet wird.

Angenommen, die vorliegenden Beobachtungswerte umfassen k vollständige Perioden, d.h. $n = k\lambda$. Die Beobachtungswerte können
übersichtlich in einem Tableau angeordnet werden, bei dem Werte, die sich auf den gleichen Zeitpunkt verschiedener Perioden
beziehen, in den Spalten untereinander angeordnet sind

$$
\begin{array}{cccc}
Y_1, & Y_2, & \cdots & Y_\lambda, \\
Y_{\lambda+1}, & Y_{\lambda+2}, & \cdots & Y_{2\lambda}, \\
\cdot & \cdot & \cdot \\
\cdot & \cdot & \cdot \cdot \\
\cdot & \cdot & \cdot \cdot \cdot \\
Y_{(k-1)\lambda+1}, & Y_{(k-1)\lambda+2}, & \cdots & Y_{k\lambda} = Y_n.
\end{array}
$$

Diese Anordnung läßt eine Doppelindizierung der Beobachtungswerte Y_T als vernünftig erscheinen, nämlich

$$Y_{ij} \quad \text{mit } i = 1, 2, \ldots, k \text{ und}$$
$$j = 1, 2, \ldots, \lambda,$$

wobei der erste Index i die Periode und der zweite Index j den
Zeitpunkt innerhalb einer Periode bezeichnet.
Das Ziel der folgenden Überlegungen besteht darin, eine saisonbereinigte Reihe zu bestimmen. Dazu ist zunächst die Saisonfigur
zu ermitteln und mit ihrer Kenntnis können danach die saisonbereinigten Werte berechnet werden. Je nach der Verknüpfungsart
der einzelnen Komponenten bieten sich verschiedene Verfahren an.

1o.3.1 Saisonbereinigung bei additiver Verknüpfung

Es wird jetzt eine Zeitreihe aus äquidistanten Beobachtungswerten
vom Typ

$$(1o.1) \quad Y_T = g_T + s_T + r_T, \qquad T = 1, 2, \ldots, n,$$

bzw.

$$(1o.9) \quad Y_{ij} = g_{ij} + s_{ij} + r_{ij}, \quad \begin{array}{l} i = 1, 2, \ldots, k, \\ j = 1, 2, \ldots, \lambda, \end{array} \quad n = k \cdot \lambda$$

betrachtet.
Wenn sich die glatte Komponente der Zeitreihe für jeweils ($\lambda+1$)
aufeinanderfolgende Werte durch eine Gerade approximieren läßt,
dann kann man durch die Bildung von λ-gliedrigen gleitenden
Durchschnitten,

$$\bar{Y}_T(\lambda) \text{ für } \begin{cases} T = \dfrac{\lambda}{2} + \dfrac{1}{2}; \ \dfrac{\lambda}{2} + \dfrac{3}{3}, \ \ldots, n - \dfrac{\lambda}{2} + \dfrac{1}{2} & \text{falls } \lambda \text{ ungerade} \\[2mm] T = \dfrac{\lambda}{2} + 1; \ \dfrac{\lambda}{2} + 2, \ \ldots, n - \dfrac{\lambda}{2} & \text{falls } \lambda \text{ gerade} \end{cases}$$

$(1o.1o)$
die Saison-
komponente aus den Zeitreihenwerten ausschalten. Wegen der Annahme einer konstanten Saisonperiode der Länge λ ist der λ-
gliedrige gleitende Durchschnitt der Saisonkomponente, $\bar{s}_T(\lambda)$,
für jeden Zeitpunkt T gleich Null. Man erhält daher

$$\bar{Y}_T(\lambda) = \bar{g}_T(\lambda) + \bar{s}_T(\lambda) + \bar{r}_T(\lambda)$$

$$= \bar{g}_T(\lambda) + \bar{r}_T(\lambda).$$

Wegen der Annahme, daß die Restkomponente r_T den Mittelwert
Null besitzen soll, d.h. $\bar{r} = 0$, kann man unterstellen, daß
$\bar{r}_T(\lambda)$ approximativ gleich Null ist. Somit stellt die Folge der
$\bar{Y}_T(\lambda)$-Werte approximativ die glatte Komponente g_T der Zeitreihe
dar.

230

Diese Analyse der Zeitreihe läßt sich noch vertiefen. Dazu bildet man die Differenz aus den Beobachtungswerten Y_T und den zugehörigen λ-gliedrigen gleitenden Durchschnitten $\overline{Y}_T(\lambda)$

$$d_T = Y_T - \overline{Y}_T(\lambda) = (g_T + s_T + r_T) - [\overline{g}_T(\lambda) + \overline{r}_T(\lambda)]$$

$$= [g_T - \overline{g}_T(\lambda)] + s_T + r_T - \overline{r}_T(\lambda).$$

Wegen $\overline{g}_T(\lambda) \approx g_T$ und $\overline{r}_T(\lambda) \approx 0$ folgt

(1o.11) $\qquad d_T = Y_T - \overline{Y}_T(\lambda) \approx s_T + r_T.$

Die Folge dieser Differenzen d_T stellt somit approximativ die Summe aus saisonaler und Restkomponente dar.
Diese Differenzen d_T kann man verwenden, um Saisonindexziffern zu bestimmen, mit deren Hilfe man dann eine saisonbereinigte Zeitreihe berechnen kann. Die Bestimmung der Saisonindexziffern erfolgt mit Hilfe des sog. Phasendurchschnittsverfahrens, das voraussetzt, daß die Zeitreihe keine glatte Komponente mehr besitzt, d.h. $g_T = 0$ ist.

Für die weitere Analyse empfiehlt es sich zu der Doppelindexschreibweise überzugehen, d.h.

(1o.12) $\qquad d_{ij} = Y_{ij} - \overline{Y}_{ij}(\lambda) \approx s_{ij} + r_{ij}.$

Man vergleicht nun für einen festen Zeitpunkt j der Saisonperiode die Differenzen

$$d_{1j}, \ d_{2j}, \ \ldots, \ d_{kj}$$

miteinander. Wegen

$$s_{1j} = s_{2j} = \ldots = s_{kj}$$

dürfen die Werte dieser Differenzen nur zufällige Schwankungen um einen gemeinsamen Wert aufweisen. Man bildet nun für jede einzelne j-Komponente das arithmetische Mittel dieser Differenzen für alle Perioden, d.h.

(1o.13) $\qquad \overline{d}_j = \frac{1}{k} \sum_{i=1}^{k} d_{ij} = \frac{1}{k} \sum_{i=1}^{k} [Y_{ij} - \overline{Y}_{ij}(\lambda)].$

Um sich gegenüber möglichen Ausreißern unter den d_{ij}-Werten zu schützen, kann man auch anstelle des arithmetischen Mittels den

231

Median $Z(d_j)$ wählen. Für eine konstante Saisonperiode muß die Summe dieser arithmetischen Mittelwerte über eine Periodenlänge Null ergeben, d.h.

$$\sum_{j=1}^{\lambda} \bar{d}_j = 0.$$

Dies wird jedoch - auch wegen noch verbliebener Restschwankungen - meist nicht genau der Fall sein. Daher müssen die $\bar{d}_j$-Werte noch so normiert werden, daß diese Summe Null ergibt. Dazu bildet man

$$\bar{d} = \frac{1}{\lambda} \sum_{j=1}^{\lambda} \bar{d}_j \qquad (1o.14)$$

und korrigiert die $\bar{d}_j$-Werte wie folgt

$$s_j^* = \bar{d}_j - \bar{d} . \qquad (1o.15)$$

Die Werte s_j^* bezeichnet man als Saisonindexziffern. Sie geben für den jeweiligen Zeitpunkt j der Periode den Einfluß der Saisonkomponente an. Wenn man diese Größe von den entsprechenden Beobachtungswerten Y_{ij} subtrahiert, erhält man sog. saisonbereinigte Beobachtungswerte $\qquad Y_{ij} - s_j^* , \qquad (1o.16)$

diese geben eine Approximation für die Summe aus glatter und zufälliger Komponente der Zeitreihe.

Beispiel 1o.3:

Für den durchschnittlichen Milchertrag pro Kuh und Monat in der BRD sollen für den Zeitraum von 1967 bis 1974 Saisonindexziffern und saisonbereinigte Werte durch die Bildung von 12-gliedrigen gleitenden Durchschnitten bestimmt werden.

Tabelle 1o.3: Ausgangsdaten für das Beispiel 1o.3

	Jan.	Febr.	März	Apr.	Mai	Juni	Juli	Aug.	Sept.	Okt.	Nov.	Dez.
1967	283	276	331	338	374	353	342	319	282	273	261	275
1968	289	289	337	349	384	359	349	326	283	27o	259	276
1969	291	281	338	349	378	359	35o	32o	287	279	267	281
197o	298	286	342	35o	378	361	351	326	284	272	259	283
1971	3o1	289	343	359	391	356	349	324	285	275	265	287
1972	3o4	3o2	354	366	4oo	374	359	338	3o1	289	274	297
1973	3o4	295	354	362	393	369	354	332	29o	277	268	292
1974	312	3o1	358	371	4oo	372	355	327	288	277	266	291

Tabelle 1o.4: 12-gliedrige gleitende Durchschnitte für das Beispiel 1o.3

	Jan.	Febr.	März	Apr.	Mai	Juni	Juli	Aug.	Sept.	Okt.	Nov.	Dez.
1967	.	.	.	.	.	.	3o9,17	3o9,96	31o,75	311,46	312,33	313,o
1968	313,54	314,13	314,46	314,38	314,17	314,13	314,25	314,o	313,71	313,75	313,5	313,25
1969	313,29	313,o8	313,o	313,54	314,25	314,79	315,29	315,79	316,17	316,38	316,42	316,5
197o	316,63	316,92	317,o4	316,63	316,o	315,75	315,96	316,21	316,38	316,79	317,71	318,o4
1971	317,75	317,58	317,54	317,71	318,o8	318,5	318,79	319,46	32o,46	321,21	321,88	323,o
1972	324,17	325,17	326,42	327,67	328,63	329,42	329,83	329,54	329,25	329,o8	328,63	328,13
1973	327,71	327,25	326,54	325,58	324,83	324,38	324,5	325,o8	325,5	326,o4	326,71	327,13
1974	327,29	327,5	327,5ℓ	327,5	327,42	327,29	.	.	.	.	.	.

Tabelle 1o.5: d_{ij}-, $\bar{d}_j$- und S_j^*-Werte für das Beispiel 1o.3

	Jan.	Febr.	März	Apr.	Mai	Juni	Juli	Aug.	Sept.	Okt.	Nov.	Dez.
1967	.	.	.	.	.	.	32,83	9,o4	-28,75	-38,46	-51,33	-38,o
1968	-24,54	-25,13	22,54	34,62	69,83	34,87	34,75	12,o	-3o,71	-43,75	-54,5	-37,25
1969	-22,29	-32,o8	25,o	35,46	63,75	44,21	34,71	4,21	-29,38	-37,38	-49,42	-35,5
197o	-18,63	-3o,92	24,96	33,37	62,o	45,25	35,o4	9,54	-32,38	-44,79	-58,71	-35,o4
1971	-16,75	-28,58	25,46	41,29	72,92	37,5	3o,21	4,54	-35,46	-46,21	-56,88	-36,oo
1972	-2o,17	-23,17	27,58	38,33	71,37	44,58	29,17	8,46	-38,25	-4o,o8	-54,63	-31,13
1973	-23,71	-32,25	27,46	36,42	68,17	44,62	29,5	6,92	-35,5o	-49,o4	-58,71	-35,13
1974	-15,29	-26,5o	3o,42	43,5o	72,58	44,71	.	.	.	.	.	.
$\bar{d}_j$	-2o,2o	-28,38	26,2o	37,57	68,66	42,25	32,32	7,82	-31,49	-42,82	-54,88	-35,44

$$d = \sum_{j=1}^{12} \bar{d}_j = +1,61 \ ; \quad \frac{d}{12} = 0,13$$

	Jan.	Febr.	März	Apr.	Mai	Juni	Juli	Aug.	Sept.	Okt.	Nov.	Dez.
S_j^*	-2o,33	-28,51	26,o7	37,44	68,53	42,12	32,19	7,69	-31,62	-42,95	-55,o1	-35,57

Tabelle 1o.6: Saisonbereinigte Werte Y_{ij}- S_j^* für das Beispiel 1o.3

	Jan.	Febr.	März	Apr.	Mai	Juni	Juli	Aug.	Sept.	Okt.	Nov.	Dez
1967	.	.	.	.	.	.	3o9,81	311,31	313,62	315,95	316,o1	31o,57
1968	3o9,33	317,51	31o,93	311,56	315,47	31o,88	316,81	318,31	314,62	312,95	314,o1	311,57
1969	311,33	3o9,51	311,93	311,56	3o9,47	31o,88	317,81	312,31	318,62	321,95	322,o1	316,57
197o	318,33	314,51	315,93	312,56	3o9,47	312,88	318,81	318,31	315,62	314,95	314,o1	318,57
1971	321,33	317,51	316,93	321,56	322,47	3o7,88	316,81	316,31	316,62	317,95	32o,o1	322,57
1972	324,33	33o,51	327,93	328,56	331,47	325,88	326,81	33o,31	332,62	331,95	329,o1	332,57
1973	324,33	323,51	327,93	324,56	324,47	32o,88	321,81	324,31	321,62	319,95	323,o1	327,57
1974	332,33	329,51	331,9?	333,56	331,47	323,88	.	.	.	.	.	.

234

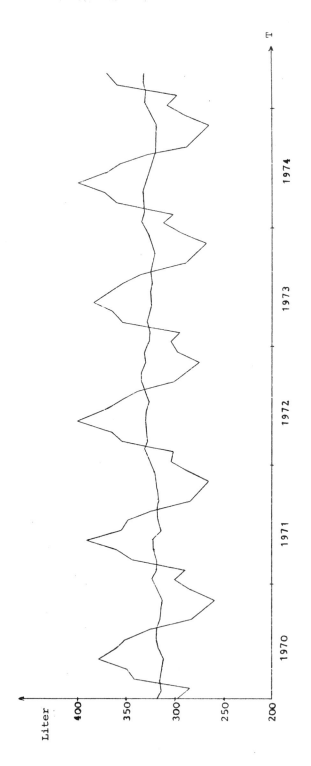

Abb. 1o.8: Kurvenverlauf für den durchschnittlichen Milchertrag pro Kuh und Monat und die zugehörige Kurve der saisonbereinigten Werte

Die Bestimmung von Saisonindexziffern ist unbedingt erforderlich, wenn man eine Zeitreihe analysieren will, die eine saisonale Komponente besitzt.

1o.3.2 Saisonbereinigung bei multiplikativer Verknüpfung

Es wurde im vorigen Abschnitt ein Verfahren angegeben, wie man
bei einer additiven Verknüpfung der Komponenten, nach Ausschaltung des Einflusses der glatten Komponente mittels gleitender
Durchschnitte, die Saisonindexziffern berechnen kann. Falls
eine multiplikative Verknüpfung der Komponenten vorliegt,

$$(1o.2) \qquad Y_T = g_T \cdot s_T \cdot r_T, \text{ bzw. } Y_{ij} = g_{ij} \cdot s_{ij} \cdot r_{ij}$$

kann man zur Berechnung der Saisonindexziffern das Gliedziffern-
verfahren von Persons oder das Phasendurchschnittsverfahren
verwenden, das bereits im vorigen Abschnitt behandelt wurde.

1o.3.2.1 Das Phasendurchschnittsverfahren

Da die Voraussetzung des Phasendurchschnittsverfahrens über
die glatte Komponente von den meisten Zeitreihen recht selten
erfüllt ist, bedeutet dies, daß man zunächst die glatte Komponente, etwa mit Hilfe von gleitenden Durchschnitten, auszuschalten hat. Da diese multiplikativ mit den anderen Komponenten verknüpft ist, bildet man zunächst aus den Beobachtungs-
werten Y_{ij} und den λ-gliedrigen gleitenden Mittelwerten $\overline{Y}_{ij}(\lambda)$
die trendbereinigten Werte d_{ij}

$$(1o.17) \qquad d_{ij} = \frac{Y_{ij}}{\overline{Y}_{ij}(\lambda)} .$$

Diese Werte kann man sich wieder in einem rechteckigen Tableau derart angeordnet denken, daß Werte d_{ij}, die sich auf den gleichen Zeitpunkt j, j = 1, 2, ..., λ, einer Periode beziehen spaltenweise untereinander stehen. Man bildet dann für jede Spalte entweder das arithmetische Mittel

(1o.13)
$$\bar{d}_j = \frac{1}{k} \sum_{i=1}^{k} d_{ij}, \quad j = 1, 2, \ldots, \lambda,$$

oder, um sich gegen Ausreißerwerte zu schützen, den Median $Z(d_j)$ aus den k Werten einer Spalte.

Das arithmetische Mittel $\bar{d}$ für alle Werte d_{ij} der Zeitreihe kann man aus den Spaltenmittelwerten wie folgt erhalten

(1o.14)
$$\bar{d} = \frac{1}{\lambda} \sum_{j=1}^{\lambda} \bar{d}_j = \frac{1}{\lambda k} \sum_{i=1}^{k} \sum_{j=1}^{\lambda} d_{ij} .$$

Bei einer konstanten Saisonfigur muß das Mittel dieser arithmetischen Mittelwerte über eine Periodenlänge den Wert Eins ergeben. Dies wird jedoch im allgemeinen nicht erfüllt sein. Daher müssen - analog zum Verfahren beim additiven Modell - die $\bar{d}_j$-Werte noch so normiert werden, daß ihr arithmetisches Mittel Eins ergibt.

Die Saisonindexziffer S_j^* erhält man dann dadurch, daß man die Spaltenmittelwerte $\bar{d}_j$ [bzw. den Spaltenmedian $Z(d_j)$] auf den Mittelwert der Trendabweichungen der gesamten Zeitreihe $\bar{d}$ bezieht und den Quotienten noch mit 100 multipliziert

(1o.18)
$$S_j^* = \frac{\bar{d}_j}{\bar{d}} \cdot 100, \quad j = 1, 2, \ldots, \lambda.$$

Diese Saisonindexziffern geben für jeden Zeitpunkt j einer Periode die durchschnittliche Abweichung der Beobachtungswerte dieses Zeitpunktes vom Trend der Zeitreihe an, bezogen auf den Mittelwert der Trendabweichungen der gesamten Zeitreihe. Um eine saisonbereinigte Zeitreihe zu erhalten, müssen die Beobachtungswerte jedes Zeitpunktes j einer Periode durch die zugehörige Saisonindexziffer S_j^* dividiert werden,

(1o.19)
$$\frac{Y_{ij}}{S_j^*} \cdot 100 .$$

236

Beispiel 1o.4:

Für den quartalsmäßig ermittelten Schweinebestand in der BRD
soll für die Jahre 1967 bis 1973 (Tabelle 1o.7) durch Bildung
der 4-gliedrigen gleitenden Durchschnitte $\overline{Y}_{ij}(4)$ (Tabelle 1o.8)
die trendbereinigten Werte d_{ij} bestimmt werden. Durch Anwendung
des Phasendurchschnittsverfahrens sollen aus diesen d_{ij}-Werten
die Saisonindexziffern S_j^* und sodann eine Zeitreihe mit saisonbereinigten Werten bestimmt werden.

Tabelle 1o.7: Ausgangsdaten für das Beispiel (Angaben in 1 000)

	1.Quartal	2.Quartal	3.Quartal	4.Quartal
1966	16 934,8	16 757,3	18 427,9	17 682,o
1967	17 858,8	18 181,3	19 948,6	19 032,5
1968	19 285,2	19 024,6	2o.117,4	18 731,8
1969	19 119,8	19 026,1	2o 271,6	19 323,2
197o	19 627,2	19 731,7	21 596,7	2o 968,9
1971	2o 9o1,o	2o 396,6	21 5o1,o	19 984,5
1972	2o 251,9	2o o7o,1	21 376,2	2o 028,2
1973	2o 331,8	2o 435,8	21 3oo,o	2o 451,6

Tabelle 1o.8: 4-gliedrige gleitende Durchschnitte

	1.Quartal (März)	2.Quartal (Juni)	3.Quartal (Sept.)	4.Quartal (Dez.)
1966	.	.	17 566,o	17 859,5
1967	18 227,59	18 586,49	18 933,6	19 217,31
1968	19 343,83	19 327,34	19 269,o8	19 248,59
1969	19 268,o5	19 361,25	19 498,6	19 65o,23
197o	19 9o4,o6	2o 275,41	2o 64o,35	2o 822,69
1971	2o 953,84	2o 818,83	2o 614,64	2o 492,69
1972	2o 436,28	2o 426,14	2o 441,59	2o 497,29
1973	2o 533,48	2o 576,88	.	.

Tabelle 1o.9: $d_{ij} = \dfrac{Y_{ij}}{\overline{Y}_{ij}}$ - Werte und Saisonindexziffern S_j^* für das Beispiel 1o.4

	1.Quartal	2.Quartal	3.Quartal	4.Quartal
1966	.	.	1.o491	o.99o1
1967	o.9798	o.9782	1.o536	o.99o4
1968	o.997o	o.9843	1.o44o	o.9732
1969	o.9923	o.9827	1.o396	o.9834
197o	o.9861	o.9732	1.o463	1.oo7o
1971	o.9975	o.9797	1.o43o	o.9752
1972	o.991o	o.9826	1.o457	o.9771
1973	o.99o2	o.9931	.	.
Summe	6.9339	6.8738	7.3213	6.8964
$\overline{d}_j$	o.99o5	o.982o	1.o459	o.9852
S_j^*	98.96	98.11	1o4.5o	98.43

$\overline{d} = 1.ooo9$

Tabelle 1o.1o:Saisonbereinigte Werte $\dfrac{Y_{ij}}{S_j^*} \cdot 100$

	1.Quartal	2.Quartal	3.Quartal	4.Quartal
1966	17 112,3	17 o8o,1	17 634,4	17 964,o
1967	18 o46,5	18 531,5	19 o89,6	19 336,1
1968	19 487,9	19 391,1	19 251,1	19 o3o,6
1969	19 32o,7	19 392,6	19 398,7	19 631,4
197o	19 833,5	2o 111,8	2o 666,7	21 3o3,4
1971	21 12o,7	2o 789,5	2o 575,1	2o 3o3,3
1972	2o 464,7	2o 456,7	2o 455,7	2o 347,7
1973	2o 545,5	2o 829,5	2o 382,8	2o 777,8

1o.3.2.2 Das Gliedzifferverfahren nach Person

Das Verfahren setzt eine Saisonkomponente mit einer konstanten Periode der Länge λ voraus. Zunächst muß auch hier der Einfluß der glatten Komponente g_T eliminiert werden. Dies geschieht nicht wie bisher mit Hilfe der Bestimmung gleitender Mittelwerte, sondern durch den sukzessiven Ver-

gleich zweier aufeinanderfolgender Zeitreihenwerte.

Das Verfahren läßt sich wie folgt darstellen:

1. Für jeden Zeitpunkt j einer Saisonperiode i bestimmt man eine Zahl q_{ij} als Quotient aus den Beobachtungswerten der Zeitpunkte j und j-1 multipliziert mit 100

(1o.2o)
$$q_{ij} = \frac{Y_{ij}}{Y_{ij-1}} \; 100 \; .$$

2. Aus den Werten q_{ij} wird für jeden Zeitpunkt j der Periode i eine Gliedziffer g_j entweder als arithmetisches Mittel oder als Median über alle Perioden j gebildet

(1o.21)
$$g_j = \frac{1}{k} \sum_{i=1}^{k} q_{ij} \quad \text{oder } Z(q_j), \quad j = 1, 2, \ldots, \lambda .$$

Auf diese Weise erhält man Gliedziffern, die für jeden Zeitpunkt die durchschnittliche Veränderung der Zeitreihenwerte gegenüber dem vorherigen Zeitpunkt in Indexform angeben.
Man möchte aber wissen, wie sich die durchschnittlichen Saisonwerte für alle Zeitpunkte zu ihrem Durchschnitt verhalten. Daher werden im nächsten Schritt zunächst alle Gliedziffern auf eine gemeinsame Basis bezogen.

3. Dies erfolgt durch sukzessive Bildung folgender Kettenmeßziffern K_j

$$K_1 = g_1 \; ,$$

(1o.22)
$$K_j = \frac{K_{j-1} \cdot g_j}{100} \quad \text{für } j = 2, \ldots, \lambda$$

Da die erste Gliedziffer einer Periode auf den letzten Zeitpunkt der Vorperiode bezogen ist, erhält man auf diese Weise Indexziffern, die alle auf diesen Zeitpunkt als Basis bezogen sind.

4. Wird durch diese Prozedur die Saisonbewegung vollständig erfaßt, dann muß $K_\lambda = 100$ sein. Auch dies wird nicht genau zutreffen, man bildet daher korrigierte Kettenmeßziffern K_j' wie folgt

(1o.23)
$$K_j' = \frac{K_j}{d^j} \; , \quad \text{mit } d = \sqrt[\lambda]{D} \text{ und } D = \frac{K_\lambda}{100} \; .$$

5. Die gesuchten Saisonindexziffern S_j^* erhält man, wenn man die korrigierten Kettenmeßziffern auf ihren Durchschnitt bezieht und mit 100 multipliziert

$$(1o.24) \qquad S_j^* = \frac{K_j'}{\overline{K}'} \cdot 100, \quad \text{mit } \overline{K}' = \frac{1}{\lambda} \sum_{j=1}^{\lambda} K_j' \; .$$

Beispiel 1o.5:

Für die Daten des Beispiels 1o.4 (Tabelle 1o.7) soll mittels des Gliedzifferverfahrens von Person eine saisonbereinigte Zeitreihe bestimmt werden.

Tabelle 1o.11: q_{ij}-Werte, Gliedziffern g_j, Kettenmeßziffern K_j, korrigierte Kettenmeßziffern K_j' und Saisonindexziffern S_j^* für das Beispiel 1o.5

	1.Quartal (März)	2.Quartal (Juni)	3.Quartal (Sept.)	4.Quartal (Dez.)
1967	1o1,oo	1o1,81	1o9,72	95,41
1968	1o1,33	98,65	1o5,74	93,11
1969	1o2,o7	99,51	1o6,55	95,32
197o	1o1,57	1oo,53	1o9,45	97,o9
1971	99,68	97,59	1o5,41	92,95
1972	1o1,34	99,1o	1o6,51	93,69
1973	1o1,52	1oo,51	1o4,23	96,o2
g_j	1o1,34	99,51	1o6,51	95,32
K_j	1o1,34	1oo,84	1o7,4o	1o2,37
	$D = 1,o237; \quad \sqrt[4]{1,o237} = 1,oo59$			
K_j'	1oo,75	99,66	1o5,52	99,99
	$\overline{K}' = 1o1,48$			
S_j^*	99,28	98,21	1o3,98	98,53

Tabelle 1o.12: Saisonbereinigte Werte $\frac{Y_{ij}}{S_j^*} \cdot 100$ für das Beispiel 1o.5

	1.Quartal (März)	2.Quartal (Juni)	3.Quartal (Sept.)	4.Quartal (Dez.)
1967	17 988,3	18 512,7	19 185,o	19 316,5
1968	19 425,1	19 371,3	19 347,4	19 o11,3
1969	19 339,o	19 372,9	19 495,7	19 611,5
197o	19 769,5	2o o91,3	2o 77o,1	21 281,7
1971	21 o52,6	2o 768,4	2o 678,o	2o 282,7
1972	2o 398,8	2o 435,9	2o 558,o	2o 327,o
1973	2o 479,3	2o 8o8,3	2o 484,7	2o 756,7

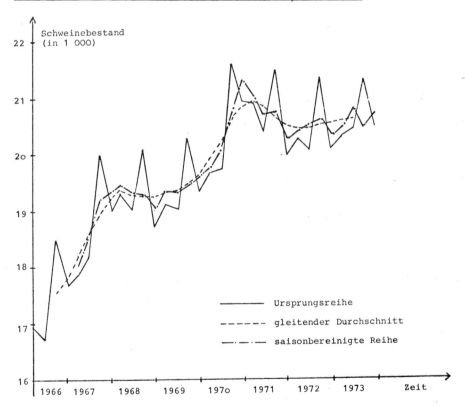

Abb. 1o.9: Kurvenverlauf für den quartalsmäßigen Schweinebestand in der BRD, zugehörige Kurve der 4-gliedrigen gleitenden Durchschnitte und der nach dem Gliedzifferverfahren von Person saisonbereinigten Kurve

1o.4 Übersicht über Bestimmung der einzelnen Komponenten einer Zeitreihe

Bei den bisher betrachteten Verfahren zur Bestimmung der Komponenten einer Zeitreihe wurde jeweils nur eine einzelne Komponente bestimmt, während die anderen als nicht existent angesehen wurden. Wenn nun eine Zeitreihe von der Form

$$(1o.1) \qquad Y_T = g_T + s_T + r_T$$

gegeben ist, so erhebt sich die Frage, wie die einzelnen Komponenten aus einem vorgegebenen Beobachtungsmaterial isoliert werden können. Es bieten sich prinzipiell zwei Möglichkeiten der Bestimmung an.

1o.4.1 Simultane Bestimmung

Man kann eine simultane Bestimmung der verschiedenen Komponenten vornehmen. Dies würde bedeuten, daß man die glatte Komponente etwa durch einen Polynomansatz von der Form

$$(1o.3) \qquad g_T = b_0 + b_1 T$$

und die saisonale Komponente durch eine Kombination von trigonometrischen Funktionen etwa in der Form

$$s_T = c \sin \omega T + d \cos \omega T$$

ansetzt. Mit Hilfe der Methode der kleinsten Quadrate wird man dann die Werte der Parameter b_0, b_1, c und d bestimmen.

1o.4.2 Sukzessive Bestimmung

In der Praxis wird man die Zerlegung der Zeitreihe in ihre Komponenten sukzessiv vornehmen, indem man die Komponenten einzeln bestimmt und vor der Bestimmung der nächsten Komponente die Zeitreihe bezüglich des Einflusses der bereits bestimmten Komponente bereinigt. Es gibt prinzipiell viele Möglichkeiten eine solche sukzessive Bestimmung vorzunehmen.
Eine Möglichkeit wäre die folgende Vorgehensweise:

242

1. Bestimmung der glatten Komponente g_T nach der Methode der gleitenden Durchschnitte.

2. Bereinigung der Originalzeitreihe vom Einfluß der glatten Komponente, d.h. man bildet

   a) im additiven Modell $\quad d_{ij} = Y_{ij} - \overline{Y}_{ij}(\lambda),\quad$ (1o.12)

   b) im multiplikativen Modell $\quad d_{ij} = Y_{ij} / \overline{Y}_{ij}(\lambda).\quad$ (1o.17)

3. Bestimmung von Saisonindexziffern S_j^* aus den bereinigten Werten d_{ij}

   a) im additiven Modell $\quad S_j^* = \overline{d}_j - \overline{d}\quad$ (1o.15)

   $$= \frac{1}{k}\sum_{i=1}^{k} d_{ij} - \frac{1}{\lambda k}\sum_{i=1}^{k}\sum_{j=1}^{\lambda} d_{ij},$$

   b) im multiplikativen Modell $\quad S_j^* = \dfrac{\lambda \sum\limits_{i=1}^{k} d_{ij}}{\sum\limits_{i=1}^{k}\sum\limits_{j=1}^{\lambda} d_{ij}}.\quad$ (1o.18)

4. Bestimmung von saisonbereinigten Werten aus den Daten der Originalzeitreihe

   a) im additiven Modell $\quad Y_{ij} - S_j^*,\quad$ (1o.19)

   b) im multiplikativen Modell $\quad Y_{ij} / S_j^*.\quad$ (1o.16)

5. Bestimmung der Restkomponente durch Elimination des Saisoneinflusses aus den um die glatte Komponente bereinigten Originalwerten

   a) im additiven Modell $\quad d_{ij} - S_j^*,$

   b) im multiplikativen Modell $\quad d_{ij} / S_j^*.$

Die sukzessive Vorgehensweise bei der Zerlegung einer Zeitreihe in ihre einzelnen Komponenten bietet Ansätze zur Kritik, da man im einzelnen nicht überschauen kann, welche Auswirkungen die einzelnen Bestimmungen auf die jeweils nicht berücksichtigten Komponenten besitzen.

Aufgabe 1 (Additive Überlagerung)

Die folgende Übersicht zeigt die Entwicklung der Produktionsin-
dices für das Tiefbaugewerbe im Zeitraum 1968-1971 (1962=1oo)

Quart.	1968	1969	197o	1971
I	8o	88	95	1o8
II	148	168	191	198
III	162	184	21o	226
IV	147	154	182	191

a) Stellen Sie die Zeitreihe graphisch dar.

b) Geben Sie an, welche Komponenten die Zeitreihe enthält und
   welches Verfahren Sie aufgrund der Struktur der Zeitreihe bei
   der Zerlegung verwenden.

c) Bestimmen Sie die trendbereinigte Reihe und erläutern Sie die
   Vor- und Nachteile des zur Trendbereinigung verwendeten Verfahrens.

d) Bestimmen Sie die Saisonfigur und interpretieren Sie die errechneten Werte.

e) Berechnen Sie die saisonbereinigten Werte für 1971.

Aufgabe 2 (Methode der kleinsten Quadrate)

Bestand an Kraftfahrzeugen 1967-1973 (Stichtag 1.7.)

Jahr	Kfz in Mio.
1967	13,7
1968	14,4
1969	15,3
197o	16,8
1971	18,o
1972	19,o
1973	2o,o

a) Bestimmen Sie den Trend der Zeitreihe mit Hilfe der Methode der
   kleinsten Quadrate.
   Welche Überlegungen sind vor der Anwendung des Verfahrens anzu-
   stellen?
   Erscheint Ihnen die Anwendung dieses Verfahrens zur Trendbestimmung in diesem Fall sinnvoll?

b) Prognostizieren Sie unter Verwendung der berechneten Trendfunk-
   tion den Bestand an Kraftfahrzeugen in den Jahren 1974 und 1975.
   Wie beurteilen Sie die Güte der Prognose?

c) Berechnen Sie einen dreigliedrigen Durchschnitt.

d) Was spricht bei der Berechnung gleitender Durchschnitte für einen möglichst langen, was für einen möglichst kurzen Stützbereich?

Aufgabe 3

Ein Unternehmen der Bekleidungsindustrie verzeichnete für die Zeit von 197o bis 1973 folgende Umsätze:

	Umsätze in 1o ooo DM			
Zeit	197o	1971	1972	1973
Jan. -Febr.	11	17	28	33
März -April	2o	23	31	35
Mai -Juni	17	21	28	34
Juli -Aug.	18	23	31	38
Sept.-Okt.	21	29	33	4o
Nov. -Dez.	28	39	48	6o

a) Berechnen Sie mit Hilfe des Phasendurchschnittsverfahrens die Saisonindexziffern und erklären Sie kurz die Bedeutung der einzelnen Rechenschritte.

b) Welche Annahme treffen Sie dabei über die Verknüpfung der Komponenten dieser Zeitreihe?
Geben Sie an, ob sie im vorliegenden Fall erfüllt ist.

Aufgabe 4

Gegeben sei folgende Zeitreihe:

Die Zahl der Neuzulassungen (Ang.in 1ooo) von Personen- und Kombinationskraftwagen in der BRD (einschl. W.-Berlin u. Saarland)

Jahre	Jan.-April	Mai-Aug.	Sept.-Dez.
1958	232	24o	219
1959	280	261	287
196o	344	325	3o1
1961	378	354	363
1962	437	417	364

a) Geben Sie an, welche Annahme man über den Zusammenhang der Komponenten in diesem Fall macht.

b) Zur Zerlegung dieser Zeitreihe in ihre Komponenten nach dem Gliedzifferverfahren werden zunächst für die einzelnen Abschnitte Kettenmaßziffern berechnet:

Jahr	I	II	III
1958		13o,45	91,25
1959		93,21	1o9,96
196o		94,48	92,62
1961	125,58	93,65	
1962	12o,39	95,42	

245

Berechnen Sie - soweit möglich - die noch fehlenden Werte.

c) Ermitteln Sie die Saisonindexziffern und erläutern Sie kurz, welche Bedeutung die zur Berechnung notwendigen Rechenabschnitte haben!

Aufgabe 5 (Additive Überlagerung)

1. a) Geben Sie an, welche Komponenten eine Zeitreihe enthalten kann und erläutern Sie diese.

   b) Erklären Sie die sachlichen Unterschiede zwischen einer multiplikativen und einer additiven Verknüpfung der Komponenten (evtl. mit Hilfe einer Zeichnung).

2. Die Entwicklung des Bierausstoßes in der BRD von 1968-1971 in 1 ooo hl ist aus nachstehender Tabelle zu entnehmen

Quartal Jahr	I.	II.	III.	IV.
1968	5623	7133	7154	6463
1969	6885	7436	7919	6752
197o	6181	7823	791o	71o3
1971	6559	79o9	83o8	7265

Bei der Zerlegung obiger Zeitreihe in ihre einzelnen Komponenten wurde von einem additiven Modell ausgegangen. Dabei ergaben sich folgende 4-gliedrige gleitende Durchschnitte:

Quartal Jahr	I.	II.	III.	IV.
1968			6626	6697
1969	683o	6962	7o35	712o
197o	7168	721o	73o2	736o
1971				

a) Bestimmen Sie die fehlenden 4-gliedrigen Durchschnitte.

b) Warum verwendet man bei der Schätzung der glatten Komponente der Zeitreihe nicht die Methode der kleinsten Quadrate?

In nachstehender Tabelle ist die trendbereinigte Zeitreihe angegeben.

Quartal Jahr	I.	II.	III.	IV.
1968			+ 528	- 234
1969	- 945	+ 474	+ 884	- 368
197o	- 987	+ 613	+ 6o8	- 257
1971				

c) Berechnen Sie die fehlenden Werte.

246

d) Bestimmen Sie die Saisonindexziffern und die saisonbereinigte Reihe für das Jahr 1971.

Aufgabe 6

Es soll die Entwicklung der Anzahl der Wohnräume in Frankfurt am
Main mit 6 und mehr qm Fläche in den Jahren 1963 bis 1971 untersucht werden [1]:

Jahr	Wohnräume in 1 ooo
1963	87o
1964	89o
1965	91o
1966	923
1967	933
1968	922
1969	931
197o	942
1971	956

[1] Daten entnommen: Statistisches Jahrbuch-Frankfurt am Main,
1972, S.87

a) Welche Komponenten enthält die Zeitreihe?

b) Berechnen Sie 3-gliedrige gleitende Durchschnitte und geben
Sie an, welche Komponente durch die Bildung gleitender Durchschnitte eliminiert wird.

c) Ermitteln Sie mit Hilfe der Methode der kleinsten Quadrate den
Trend dieser Zeitreihe.
Schildern Sie kurz die Nachteile dieses Verfahrens und verglei-
chen Sie es mit der Methode der gleitenden Durchschnitte.

Aufgabe 7   (multiplikative Überlagerung)

Die folgende Tabelle enthält die Entwicklung des Umsatzes des
Großhandels mit Elektro- und optischen Erzeugnissen und Uhren
in der BRD von 1972 bis 1975 in 1oo.ooo DM:

Jahr	1972	1973	1974	1975
I	22	24	30	35
II	15	18	25	27
III	25	35	45	60

a) Stellen Sie diese Zeitreihe graphisch dar.

b) Halten Sie es für sinnvoll, die Saisonschwankungen dieser Zeitreihe durch Phasendurchschnittsverfahren zu isolieren?
Welche Annahme treffen Sie dabei?

c) Bildung 3-gliedriger Durchschnitte

Jahr	1972	1973	1974	1975
I	.			
II		25,7	33,3	40,7
III		27,7	35,0	.

Berechnen Sie die noch fehlenden Werte.
Erläutern Sie die Vor- und Nachteile der Methode der gleiten-
den Durchschnitte und vergleichen Sie dieses Verfahren mit der
Methode der kleinsten Quadrate.

d) Berechnung der trendbereinigten Werte

Jahr	1972	1973	1974	1975
I	.			
II		0,70	0,75	0,66
III		1,26	1,29	.

Errechnen Sie die fehlenden Werte.

e) Bestimmen Sie die Saisonindexziffern.

f) In der folgenden Tabelle sind die saisonbereinigten Werte angegeben.
   Berechnen Sie die noch fehlenden Werte und interpretieren Sie
   diese.

Jahr	1972	1973	1974	1975
I			29,12	33,98
II		25,10	34,86	37,65
III				

Aufgabe 8

Die Ausgaben von Devisen deutscher Urlauber im Reiseverkehr nach
Spanien in den Jahren 1970-1974

Jahr	1970	1971	1972	1973	1974
Quartal					
I	17	16	27	28	33
II	33	53	64	77	102
III	51	78	109	117	167
IV	13	31	41	47	64

a) Geben Sie an, welche Komponenten die Zeitreihe enthält und welche Verfahren Sie aufgrund der Struktur der Zeitreihe für eine Saisonbereinigung verwenden können.

b) Berechnen Sie die durchschnittliche Veränderung der Zeitreihenwerte gegenüber dem vorherigen Zeitpunkt in Indexform. Um welche Maßgrößen handelt es sich hier?

c) Ermitteln Sie die Saisonindexziffern und erläutern Sie, auf welche Weise man aus den Kettenmeßziffern Saisonindexziffern erhält.

d) Bestimmen Sie für das Jahr 1974 die saisonbereinigten Werte dieser Zeitreihe.

e) Geben Sie einen kurzen Überblick über die Verfahren der Zeitreihenanalyse und ihre Voraussetzungen und erklären Sie, insbesondere welche Arten der Bestimmung der einzelnen Komponenten einer Zeitreihe Sie kennen.

11. Teilerhebungen

11.1 Total- und Teilerhebungen

Im Kapitel 3 war festgestellt worden, daß eine statistische Erhebung entweder als Totalerhebung oder als Teilerhebung durchgeführt werden kann. Bei der Teilerhebung wird aus der Gesamtheit der zu untersuchenden statistischen Einheiten, die man als Grundgesamtheit bezeichnet, nur eine Teilmenge ausgewählt. Teilerhebungen spielen heute eine viel größere Rolle als Totalerhebungen. Ihre wesentlichen Vorteile sind Kostenersparnisse und ein geringerer Zeitaufwand bei der Erhebung und der Auswertung des Datenmaterials, so daß die Ergebnisse früher zur Verfügung stehen. Zudem kann eine Teilerhebung auch gründlicher durchgeführt werden als eine Totalerhebung. Trotzdem ist nicht zu erwarten, daß auf Totalerhebungen völlig verzichtet werden kann, da nur sie zuverlässige Unterlagen über die Grundgesamtheit liefern. Diese Kenntnisse können dann verwendet werden, um Auswahlpläne für Teilerhebungen zu erhalten, die im Zeitablauf überprüft werden müssen.

Die Ergebnisse über die Eigenschaften der Einheiten der Teilerhebung werden sodann verwendet, um Rückschlüsse über die Eigenschaften der Einheiten der Grundgesamtheit zu ziehen. Dies ist aber nur dann sinnvoll, wenn die Auswahl der Einheiten aus der Grundgesamtheit so erfolgt, daß sie repräsentativ ist. Liefert die Teilerhebung ein vergröbertes, aber nicht entstelltes Abbild der Grundgesamtheit, dann spricht man auch von einer Stichprobenerhebung oder kurz von einer Stichprobe. Sie bildet im wesentlichen den Gegenstand dieses Kapitels.

Die statistischen Probleme, die bei Stichprobenerhebungen auftreten, können in den folgenden drei Fragestellungen zusammengefaßt werden:

1. Wie sollen die Einheiten der Stichprobe aus den Einheiten der Grundgesamtheit ausgewählt werden?
2. Wie groß soll der Umfang der Stichprobe gewählt werden?
3. Wie genau stellen die aus der Stichprobe gewonnenen Ergebnisse den wahren Sachverhalt in der Grundgesamtheit dar?

Die Beantwortung dieser Fragen erfolgt im Rahmen der Stichprobentheorie. Die erste Frage wird in diesem, die beiden anderen in den folgenden Kapiteln einführend behandelt.

11.2 Auswahlverfahren

Das Auswahlverfahren, nach dem die Einheiten der Grundgesamtheit für die Stichprobe ausgewählt werden, hängt davon ab, welche Information man über die Grundgesamtheit gewinnen will. Angenommen, es soll das verfügbare Einkommen der privaten Haushalte in der BRD für ein bestimmtes Jahr, etwa 1972, untersucht werden, dann bieten sich etwa folgende Untersuchungsziele an:

1. Man kann nach der Verteilung der Haushalte bezüglich der Höhe ihres verfügbaren Einkommens fragen.
2. Man kann nach dem durchschnittlichen verfügbaren Einkommen pro Haushalt fragen, oder
3. man kann die verfügbaren Einkommen der Haushalte unterteilen nach dem Erwerbskonzept und das verfügbare Einkommen der selbständigen mit dem der unselbständigen Haushalte vergleichen.

Je nachdem, welches Untersuchungsziel man verfolgt, werden andere Ansprüche an die Stichprobe gestellt. Beim ersten Untersuchungsziel wird man von der Stichprobe verlangen, daß sie eine getreue Darstellung der Verteilung der Höhe der verschiedenen Einkommen der Grundgesamtheit wiedergibt. Interessiert man sich dagegen für das zweite Untersuchungsziel, so ist es durchaus denkbar, daß man eine Stichprobenzusammensetzung wählt, die bezüglich der Verteilung der Einkommen verzerrt ist, jedoch das durchschnittliche Einkommen genauer repräsentiert als andere Stichproben.
Ist man dagegen am dritten Untersuchungsziel interessiert, so muß man darauf achten, daß die Proportion der beiden Gruppen in der Stichprobe derjenigen entspricht, die in der Grundgesamtheit gilt.
Ist das Untersuchungsziel vorgegeben, muß man das Prinzip festlegen, nach welchem diejenigen Einheiten der Grundgesamtheit ausgewählt werden, die in die Stichprobe gelangen sollen. Prinzipiell kann man zwischen zwei Möglichkeiten der Auswahl unterscheiden:

252

1. Prinzip der Zufallsauswahl, und
2. Prinzip der bewußten Auswahl.

Beim Prinzip der Zufallsauswahl wird ein Auswahlverfahren angewendet, bei dem jede Einheit der Grundgesamtheit die gleiche Chance besitzt in die Stichprobe zu gelangen. Diese Forderung hat zur Folge, daß man den 'Fehler' berechnen kann, der dadurch entsteht, daß man nicht die Grundgesamtheit als Ganzes, sondern nur einen Teil davon in die Erhebung einbezieht. Bei einer nach dem Prinzip der Zufallsauswahl erhaltenen Stichprobe ist man aufgrund des Stichprobenergebnisses in der Lage den Bereich abzugrenzen, in dem die wahren Werte der Grundgesamtheit mit einem bestimmten Sicherheitsgrad liegen. Eine solche Aussage kann zwar nicht mit absoluter Sicherheit gegeben werden, aber man kann den Sicherheitsgrad beliebig vergrößern. Dies hat allerdings zur Folge, daß der Bereich, in dem der wahre Wert der Grundgesamtheit liegt, größer wird, d.h. die Aussage wird mit steigendem Sicherheitsgrad unschärfer.

Stichprobenerhebungen nach dem Prinzip der Zufallsauswahl sind somit Teilerhebungen, bei dem der Fehler, der durch die Beschränkung auf einen Teil der Grundgesamtheit entsteht, berechenbar ist. Dies wird durch die Wahrscheinlichkeitsrechnung und die mathematische Statistik ermöglicht, mit der wir uns daher vom nächsten Kapitel an eingehender beschäftigen werden.

Beim Prinzip der bewußten Auswahl werden die Einheiten der Grundgesamtheit nach gewissen Vorkenntnissen über ihre Zusammensetzung ausgewählt. Die Auswahl der Stichprobenelemente erfolgt nicht nach zufälligen Kriterien, sondern ihre Bestimmung wird gezielt vorgenommen.

Ein Verfahren der bewußten Auswahl ist das sog. Quotenverfahren. Angenommen, es soll die Meinung der Bevölkerung zu einer bestimmten politischen Fragestellung erkundet werden. Unterstellt man, daß diese Meinung von der Konfession, dem Geschlecht und dem Alter der Bevölkerung beeinflußt wird, dann kann man wie folgt vorgehen.
Aus anderen Erhebungen kennt man die prozentualen Anteile der verschiedenen Konfessionen und der beiden Geschlechter an der

Gesamtbevölkerung. Ebenfalls sei die Aufteilung der Gesamtbevölkerung auf die einzelnen Altersklassen bekannt. Man stellt
dann den Interviewern die Aufgabe, die Befragung der vorgesehenen Bevölkerungsgruppen so vorzunehmen, daß die sich ergebende
Stichprobe bezüglich der Verteilung von Konfession, Geschlecht
und Aufteilung auf die einzelnen Altersgruppen ein genaues
Spiegelbild der Grundgesamtheit ergibt. Im Rahmen dieser vorgegebenen 'Quoten' besitzen die Interviewer völlig freie Hand,
welche Einheiten der Grundgesamtheit sie in die Stichprobe auf-
nehmen und welche nicht.
Ein weiteres Verfahren der bewußten Auswahl ist die sog. Teilerhebung nach dem Konzentrationsprinzip. Sie wird insbesondere
dann verwendet, wenn es weniger um einzelne Einheiten als vielmehr um aufsummierte quantitative Merkmale geht. Die Einheiten,
die nur einen unbedeutenden Beitrag zur Merkmalssumme liefern,
erfaßt man nicht, um die Erhebungskosten zu sparen. Ein Beispiel
hierfür ist die monatliche Industriestatistik in der BRD, bei
der nur Betriebe mit mehr als 10 Beschäftigten erfaßt werden. Es
werden 58% der Betriebe erfaßt und man erhält so Angaben über
98% der Beschäftigten und der Umsätze der Industrie. Es handelt
sich hierbei um eine nichtrepräsentative Teilerhebung.

Es erscheint nun theoretisch denkbar, obwohl es von der Praxis
nicht bestätigt wird, daß eine solche bewußte Anzahl zu genaueren
Ergebnissen führt als eine reine Zufallsauswahl. Entscheidend
ist jedoch die Tatsache, daß man nur bei einer Auswahl nach dem
Prinzip des Zufalls in der Lage ist, mit Hilfe der Wahrscheinlichkeitsrechnung Angaben über die Genauigkeit der Ergebnisse
bezüglich der Grundgesamtheit zu berechnen. Im folgenden soll
daher bei einer Stichprobe immer unterstellt werden, daß ihre
Einheiten nach dem Prinzip der Zufallsauswahl aus der Grundgesamtheit bestimmt wurden.

Auf welche Weise eine Auswahl der Stichprobenelemente nach dem
Zufallsprinzip erfolgen kann, soll kurz behandelt werden.

11.3 Stichprobenerhebungen

11.3.1 Das einfache Stichprobenverfahren

Das Prinzip der einfachen Stichprobe soll anhand des nachstehenden Beispiels erläutert werden: Als Grundgesamtheit werde die Wohnbevölkerung eines bestimmten Gebietes zu einem bestimmten Zeitpunkt betrachtet. Es soll die Geschlechterproportion dieser Bevölkerung bestimmt werden. Angenommen, die Grundgesamtheit bestehe aus N Einwohnern. Dann werden nach dem Zufallsprinzip n Einwohner aus der Grundgesamtheit als Stichprobe ausgewählt und aufgrund der Geschlechterproportion dieser Stichprobe wird auf die entsprechende Proportion in der Grundgesamtheit geschlossen. Wenn jede Einheit der Grundgesamtheit die gleiche Chance besitzt in die Stichprobe zu gelangen, spricht man von einer einfachen Stichprobe oder auch von einer reinen bzw. uneingeschränkten Zufallsauswahl.
Wie kann man nun erreichen, daß jede Einheit der Grundgesamtheit die gleiche Chance besitzt, als Stichprobenelement ausgewählt zu werden. Zunächst sei festgestellt, daß damit keine Auswahl 'aufs Geratewohl' gemeint ist, denn eine solche garantiert keineswegs, daß jede Einheit der Grundgesamtheit die gleiche Chance besitzt als Stichprobenelement ausgewählt zu werden.

Um die Meinung der Bevölkerung einer Großstadt zu einem bestimmten Problem zu erforschen, genügt es keineswegs sich an einem belebten Platz dieser Großstadt aufzustellen, und die vorbeigehende Bevölkerung nach ihrer Meinung zu einem bestimmten Problem zu befragen. Selbst wenn man dies über einen längeren Zeitraum durchführt, ist damit keineswegs gesichert, daß alle Bewohner dieser Stadt die gleiche Chance besitzen, befragt zu werden.

Eine Möglichkeit, jeder Einheit der statistischen Grundgesamtheit die gleiche Chance zu bieten, in die Stichprobe zu gelangen, kann man mit Hilfe von Zufallszahlen erreichen. Diese entnimmt man speziellen Tabellen, in denen mehrstellige Zufallszahlen in regelloser Folge aufgelistet sind, so daß sich kein Bildungsgesetz angeben läßt, nach dem aufeinanderfolgende Zahlen berechnet werden können. Auf die verschiedenen Möglichkeiten, solche Zufallszahlen zu erzeugen, soll hier nicht näher eingegangen werden.

Nehmen wir nun an, daß ein Adressenverzeichnis einer Bevölkerungsgrundgesamtheit zur Verfügung steht. Man kann dann diese Adressen durchnummerieren, etwa von 1 bis N. Dann beginnt man an einer beliebigen Stelle der Tabellen der Zufallszahlen und sucht - in einer beliebigen Richtung der Tabelle fortschreitend - diejenigen Adressen aus der Kartei heraus, deren Nummer durch die Zufallszahl bestimmt wird. Auf diese Weise fährt man fort, bis der gewünschte Stichprobenumfang erreicht ist. Handelt es sich beispielsweise bei der Adressenkartei um fünfstellige Adressennummern und liegt nur eine zweistellige Tabelle von Zufallszahlen vor, dann kann man durch Kombination aufeinanderfolgender Zufallszahlen fünfstellige Zahlen erhalten. Beispielsweise erhält man aus den zweistelligen Zufallszahlen

31	13	63	21	08
97	38	35	34	29

durch Kombination die fünfstelligen Zufallszahlen

31136   32108   97383   53419 .

Allerdings ist auch bei der Verwendung von Zufallszahlen die Erstellung einer exakten Zufallsauswahl relativ mühsam. Daher werden in der Praxis manchmal Auswahlverfahren angewendet, die zwar keine Zufallsauswahl im strengen Sinne garantieren, aber für praktische Zwecke zufriedenstellende Stichproben liefern. Ist beispielsweise die Durchnumerierung der einzelnen Adresskarten nicht durchführbar, so kann man das folgende Auswahlverfahren anwenden. Aus einer Grundgesamtheit von N = 100 000 Einheiten soll eine Stichprobe vom Umfang n = 5 000 gezogen werden. Man kann mit einer zufällig ausgewählten einstelligen Zufallszahl beginnen, etwa 6, und dann jede 20-te Adresskarte aus der Grundgesamtheit ziehen. Wenn die Anordnung der Adresskarten mit dem Untersuchungsmerkmal korreliert ist, kann ein solches syste-

matisches Auswahlverfahren zu groben Verfälschungen der Stichprobenresultate bezüglich der Grundgesamtheit führen. Je enger
dieser Zusammenhang ist, desto größer ist die Gefahr einer Verzerrung des Stichprobenergebnisses. Ein Beispiel mag dies ver-
deutlichen.

Beispiel 11.1 (Blind):

Es soll die durchschnittliche Miethöhe einer Gemeinde geschätzt
werden. Zu diesem Zweck wird aus dem Verzeichnis der Wohnungen
der Gemeinde, das nach Stadtteilen, Straßen und Häusern geordnet ist, jede 10. Wohnung ausgewählt. Bei der Festlegung des
Intervalls zwischen den auszuzählenden Einheiten ist darauf
zu achten, ob etwa in gewissen Zyklen hohe und niedrige Mieten
miteinander abwechseln, z.B. in Siedlungen mit einheitlichen
Haustypen mit jeweils 10 Wohnungen. Man könnte somit bei der
Entnahme nur Wohnungen eines bestimmten Typs, z.B. Dach- oder
Erdgeschoßwohnungen, auswählen.

Man muß daher darauf achten, ob es in der Grundgesamtheit bestimmte periodische Erscheinungen gibt, die für die Erhebungsmerkmale von Bedeutung sind. Wenn dies der Fall ist, darf die
Länge einer solchen Periode nicht mit dem Abstand zweier aufeinanderfolgender Elemente der Grundgesamtheit übereinstimmen, die
für die Stichprobe ausgewählt werden sollen.

Ein weiteres Verfahren, eine zufällige Auswahl aus der Grundgesamtheit zu erhalten, ist das sog. Schlußzifferverfahren.
Bei diesem wird gefordert, daß die Grundgesamtheit von 1 bis N
durchnumeriert ist, wobei die Einheiten nicht dieser Zahlenfolge
entsprechend geordnet sein müssen. Möchte man aus der Grundgesamtheit eine 10%-ige Stichprobe ziehen, so wird man alle Einheiten mit einer zufällig gewählten Endziffer, etwa 3, aus der
Grundgesamtheit auswählen. Möchte man einen Auswahlsatz von 5%
erzielen, so kann man aus einer Tabelle mit zweistelligen Zufallszahlen fünf aufeinanderfolgende Zufallszahlen, etwa

$$14, \quad 66, \quad 12, \quad 87, \text{ und } 22$$

auswählen.

Es werden dann alle Einheiten der Grundgesamtheit mit diesen
Endziffern in die Stichprobe gewählt. Bei der Anwendung dieses

Schlußziffernverfahrens muß auf jeden Fall gewährleistet sein, daß die Grundgesamtheit nicht gruppenweise, jeweils wieder mit 1 beginnend, durchnumeriert wurde. Sind nämlich diese Gruppen sehr klein, dann werden die ersten Schlußziffern häufiger vertreten sein als die übrigen, und die Stichprobe wird kein repräsentatives Abbild der Grundgesamtheit darstellen.

Es gibt allerdings auch Fälle, bei denen eine Auswahl nach den bisher geschilderten Zufallsprinzipien nicht möglich ist, etwa weil die Eintragungen in verschiedenen Karteien erfolgten, die sich nicht in ihrer Gesamtheit durchnumerieren lassen. In diesem Fall muß ein Auswahlverfahren angewandt werden, welches es erlaubt, eine zufällige Auswahl aus allen voneinander getrennt geführten Karteien zu ziehen. Dies läßt sich dadurch erreichen, daß man alle Einheiten in die Stichprobe aufnimmt, die ein bestimmtes Merkmal aufweisen. Dieses Merkmal sollte allerdings mit dem Erhebungsmerkmal in keinem Zusammenhang stehen, damit die Stichprobenauswahl keine Verzerrungen gegenüber der Grundgesamtheit aufweist. Es bieten sich eine Auswahl nach dem Geburtstag oder dem Anfangsbuchstaben des Familiennamens an. Allerdings hängt die Zugehörigkeit zu einer bestimmten Bevölkerungsgruppe oft mit dem Namen zusammen. In der Bundesrepublik ist dies beispielsweise bei den Heimatvertriebenen der Fall. Daher sollte man statt eines einzelnen Anfangsbuchstabens besser mehrere Buchstabenkombinationen wählen. Dies Verfahren setzt dann allerdings voraus, daß man den prozentualen Anteil dieser Buchstabenkombination in der Grundgesamtheit kennt.

Beispiel 11.2 (Schott) [1]:

Von den alphabetisch geordneten Familienbögen der Stadt Mannheim aus dem Anfang des 19. Jahrhunderts wurden willkürlich die mit den Anfangsbuchstaben A, B und M beginnenden Familiennamen herausgezogen und bezüglich der Kinderzahl pro Familie untersucht. Eine parallel durchgeführte Auszählung sämtlicher Familienbögen bezüglich der Kinderzahl pro Familie zeigte jedoch weit größere Differenzen zwischen dem Stichprobenergebnis und dem wahren Sachverhalt in der Grundgesamtheit als es theoretisch zulässig ge-

---

[1] S.Schott, Statistik, Teubner-Verlag, Leipzig 1923, S.44

258

wesen wäre. Eine genauere Nachforschung ergab, daß sich unter
den ausgewählten Anfangsbuchstaben relativ viele jüdische
Familiennamen befanden und die jüdischen Ehen waren zu jener
Zeit in Mannheim viel kinderreicher als die christlichen Ehen.

11.3.2 Das geschichtete Stichprobenverfahren

Das geschilderte Verfahren der einfachen Stichprobe erweist
sich immer dann als angemessen, wenn die Grundgesamtheit homogen ist. Nun sind derartige homogene Grundgesamtheiten in der
Wirtschafts- und Sozialstatistik relativ selten zu finden. Liegt
eine inhomogene Grundgesamtheit vor, dann kann man diese in
homogenere Teilgesamtheiten aufteilen, die in der Stichprobentheorie als Schichten bezeichnet werden. Es kann nämlich nach-
gewiesen werden, daß diese geschichtete Stichprobenerhebung
wesentlich bessere Ergebnisse liefert als eine reine Zufallsauswahl.

Beispiel 11.3:

Um bei landwirtschaftlichen Betriebserhebungen schneller zu vor-
läufigen Ergebnissen zu gelangen, entnimmt man der Grundgesamtheit, gebildet aus allen eingegangenen Erhebungsbögen, eine
Stichprobe und wertet diese aus. Bezüglich der Untersuchungsmerkmale Bodennutzung, Viehbestand, Arbeitskräfte, Maschinen
usw. handelt es sich um eine stark inhomogene Grundgesamtheit.
Daher bildet man aus ihr mehrere Schichten, in der Hoffnung auf
diese Weise homogenere Teilmassen zu erhalten, in denen die zu
untersuchenden Merkmalswerte nicht mehr so stark streuen wie in
der ursprünglichen Grundgesamtheit. Eine mögliche Schichtenbildung sieht etwa die folgenden fünf Klassen vor:

Nr. der Schicht	Landwirtschaftliche Nutzfläche in ha	Auswahlsatz
1	[0,5 ; 5)	2%
2	[5 ; 20)	5%
3	[20 ; 50)	10%
4	[50 ; 200)	20%
5	[200 ; ∞)	100%

Bei der Bestimmung des Auswahlsatzes für die einzelnen Schichten geht man von der Überlegung aus, daß die 1. Schicht besonders stark besetzt sein wird und außerdem die Streuung der Untersuchungsmerkmale in ihr nicht besonders groß sein wird. Später wird gezeigt werden, daß die Güte einer Stichprobenerhebung um so besser wird, je größer der Stichprobenumfang und je homogener die entsprechende Grundgesamtheit ist. Es genügt daher bei der ersten Schicht einen relativ geringen Auswahlsatz zu wählen. Dagegen ist die fünfte Schicht sowohl schwach besetzt als auch relativ inhomogen. Daher empfiehlt es sich, diese voll in die Stichprobenerhebung aufzunehmen.

Bei einer nach dem Prinzip des geschichteten Stichprobenverfahrens bestimmten Auswahl hat nun nicht mehr jede Einheit der Grundgesamtheit die gleiche Chance in die Auswahl zu gelangen. Jedoch kann man nach Festlegung des Auswahlsatzes für die einzelnen Schichten diese Chance berechnen. Man fordert nun, daß jede Einheit der Grundgesamtheit eine berechenbare, von Null verschiedene Chance besitzt in die Auswahl zu gelangen.

Wenn man sich für eine geschichtete Stichprobe entschieden hat und der Stichprobenumfang n festgelegt worden ist, bleiben bezüglich der Erhebung noch zwei Probleme zu klären, nämlich

1. Wie soll der Stichprobenumfang n auf die einzelnen Schichten aufgeteilt werden, und
2. wie sollen in der Grundgesamtheit die einzelnen Schichten abgegrenzt werden.

Angenommen, die Grundgesamtheit sei in j verschiedene Schichten aufgeteilt, dann muß für jede Schicht i, i = 1, 2, ..., j, mit N_i Einheiten,

$$N = \sum_{i=1}^{j} N_i,$$

die Anzahl der Elemente n_i festgelegt werden, die aus dieser Schicht in die Stichprobe gelangen sollen. Dabei müssen lediglich die beiden Bedingungen

$$\sum_{i=1}^{j} n_i = n \quad \text{und} \quad n_i \leq N_i$$

berücksichtigt werden.

Prinzipiell unterscheidet man zwei mögliche Aufteilungen:

1. Die proportionale Aufteilung, und
2. die bestmögliche (oder optimale) Aufteilung.

Bezeichnet man den Anteil der Einheiten der i-ten Schicht an der gesamten Grundgesamtheit mit p_i, d.h. $p_i = \frac{N_i}{N}$, dann besagt die proportionale Aufteilung, daß man aus der i-ten Schicht $n_i = np_i = n\frac{N_i}{N}$ Einheiten auswählt. Eine proportionale Aufteilung ist immer dann brauchbar, wenn innerhalb der einzelnen Schichten keine allzu großen Unterschiede bezüglich des Untersuchungsmerkmals bei den einzelnen Einheiten zu erwarten sind. Theoretisch läßt sich allerdings zeigen, daß die proportionale Aufteilung bei gegebenem n nicht die kleinste Varianz des Stichprobenergebnisses bezüglich des Untersuchungsmerkmals liefert.

Man kann daher eine optimale Aufteilung bestimmen, die bei gegebenem n diese Varianz minimiert. Dazu müssen allerdings die Varianzen des Untersuchungsmerkmals in den einzelnen Schichten bekannt sein. Wegen dieser Abhängigkeit der optimalen Aufteilung von den Varianzen in den einzelnen Schichten erhält man im allgemeinen für jeder Untersuchungsmerkmal eine andere optimale Aufteilung. Will man mehrere Merkmale der Grundgesamtheit gleichzeitig untersuchen, muß man daher entweder die optimale Aufteilung bezüglich eines Merkmals wählen oder sich auf eine proportionale Stichprobe beschränken.

Die Schichtenbildung in der Grundgesamtheit sollte so vorgenommen werden, daß diejenigen Elemente der Grundgesamtheit zu einer Schicht zusammengefaßt werden sollten, die bezüglich der Untersuchungsmerkmale die geringste Streuung aufweisen. Dieses Ziel kann man etwa dadurch erreichen, daß man einen Zusammenhang zwischen den Schichtungsmerkmalen und den Untersuchungsmerkmalen herstellt.

Ein mögliches Schichtungsmerkmal ist eine gebietsmäßige Aufgliederung der Grundgesamtheit. Eine solche bietet sich dann an, wenn die Zählpapiere von umfangreichen Erhebungen (etwa Volkszählungen)

261

bereits geographisch geordnet vorliegen. Dabei erweist sich die
regionale Schichtung einer stichprobenweisen Aufbereitung von
Volks- und Berufszählungen weniger wirksam bei den Volkszählungs-
merkmalen (Geschlecht, Familienstand, Altersgruppe) als bei den
Berufszählungsmerkmalen (Berufsgruppe, Wirtschaftszweig, soziale Stellung). Dies liegt darin begründet, daß die einzelnen Ge-
biete (z.B. Kreise, Stadtteile) hinsichtlich der Berufszählungs-
merkmale in sich einheitlicher sind als unter dem Gesichtspunkt
der meisten Volkszählungsmerkmale (eine Ausnahme bildet dabei
das Merkmal Religion). Ein anderes Schichtungsmerkmal ist die
Größenklassengliederung für die das Beispiel 11.3 eine Anwendung
darstellt.

11.3.3 Die Klumpenstichprobe

Die Klumpenstichprobe wird angewandt, um den mit der Auswahl
einer großen Zahl einzelner Einheiten verbundenen Aufwand zu
verringern. Der Vorteil der Klumpenauswahl besteht in einer wesentlichen Vereinfachung der Erhebung, weil alle Einheiten eines
Klumpens auf einmal erfaßt werden können, wodurch große Zeit-
und Kostenersparnisse erzielt werden. Diese Auswahl kommt insbesondere in Frage, wenn nur für die Klumpen und nicht für die
Untersuchungseinheiten eine Auswahlgrundlage vorliegt. (vgl.
Beispiel Qualitätskontrolle in 11.3.4)

Bei einer Klumpenstichprobe wird also die Grundgesamtheit in
m - nicht notwendig umfanggleiche - Klumpen aufgeteilt, und
dann eine bestimmte Anzahl von Klumpen zufällig ausgewählt und
diese mit allen ihren Einheiten in die Stichprobe einbezogen.
Man beachte den Unterschied zwischen einer Schichten- und einer
Klumpenstichprobe. Aus der in Teilmengen zerlegten Grundgesamtheit wird bei der Schichtenstichprobe jede Schicht in die Stichprobenerhebung einbezogen. Innerhalb jeder Schicht wird dann
durch Zufallsauswahl bestimmt, welche Einheiten in die Stichprobe einbezogen werden. Anders dagegen bei der Klumpenstichprobe.
Bei dieser werden durch Zufallsauswahl die Klumpen bestimmt, die
in die Erhebung einbezogen werden sollen. Bezüglich der ausgewählten Klumpen erfolgt dann eine Totalerhebung aller Einheiten.

Unterteilt man eine Grundgesamtheit in Klumpen, so darf jede
Untersuchungseinheit einem und nur einem Klumpen angehören.
In der Praxis ist es wichtig, diese Klumpenaufteilung so vorzunehmen, daß relativ einfach die Zugehörigkeit der Einheiten
der Grundgesamtheit zu den einzelnen Klumpen ermittelt werden
kann. Bei der Zerlegung der Grundgesamtheit in Klumpen sollte
man darauf achten, daß die einzelnen Klumpen in sich bezüglich
des Untersuchungsmerkmals möglichst inhomogen sind, d.h. aus
möglichst verschiedenen Einheiten bestehen. Auch dies ist ein
Gegensatz zur Schichtenstichprobe, bei der die einzelnen Schichten in sich möglichst homogen sein sollten. Der Grund für diesen Unterschied ist offensichtlich. Das Prinzip der Klumpenstichprobe kann an dem folgenden Beispiel deutlich gemacht werden.

Beispiel 11.4:

Es soll eine Erhebung über die Zahl der Haushalte und der Haushaltsnettoeinkommen in einer Großstadt, die ein Farbfernsehgerät besitzen, im Interviewverfahren durchgeführt werden. Es
stellt sich die Frage, wie man eine Stichprobe von Haushalten
dieser Stadt gewinnt. Es wäre denkbar, alle Haushalte zu befragen und auf diese Weise eine Liste der Zahl der Haushalte
in der Grundgesamtheit mit einem Farbfernsehgerät anzufertigen.
Dieses Verfahren wäre jedoch viel zu kostspielig und zu zeit-
aufwendig. Man wählt daher folgende Vorgehensweise: Das gesamte
Stadtgebiet wird in Teilflächen aufgegliedert, die man von 1
bis N durchnumeriert. Aus diesen Teilflächen wählt man dann eine
bestimmte Anzahl zufällig aus. Diese zufällig ausgewählten Teilflächen bilden die Stichprobe. In dieser werden alle Haushalte,
die ein Farbfernsehgerät besitzen, interviewt. Diese geschilderte Methode bezeichnet man als Flächenstichprobenverfahren. Sie
stellt einen Spezialfall der Klumpenstichprobe dar.

11.3.4 Mehrstufige Stichprobenverfahren

Das kennzeichnende Merkmal eines mehrstufigen Stichprobenverfahrens besteht darin, daß eine Reihe von Zufallsauswahlen nachein-

ander durchgeführt werden, wobei der Umfang der Teilmengen
mit wachsender Stufenzahl immer kleiner wird. Das Klumpenstich-
probenverfahren läßt sich beispielsweise zu einem zweistufigen
Verfahren erweitern, wenn man nach der zufälligen Auswahl der
Klumpen nicht alle Einheiten dieser ausgewählten Klumpen in
die Erhebung einbezieht, sondern erneut eine zufällige Auswahl
unter den Einheiten trifft.

Die mehrstufigen Stichprobenverfahren werden häufig in der Qualitätskontrolle angewandt, um die Güter einer Produktion zu
testen. Angenommen, die von einem Produzenten gelieferte Ware
ist in Kisten verpackt. Dann wählt der Abnehmer auf der ersten
Stufe eine bestimmte Anzahl von Kisten zufällig aus und auf der
zweiten Stufe werden aus der in diesen Kisten befindlichen Artikel erneut einige zufällig ausgewählt. Nur diese Artikel werden
dann vom Abnehmer auf ihre Qualität getestet. Aufgrund dieses
Testergebnisses schließt dann der Abnehmer auf die Qualität der
gesamten angelieferten Partie und entscheidet, ob die Gesamtheit
der angelieferten Ware seinen Qualitätsansprüchen genügt oder
nicht.
Eine weitere Anwendungsmöglichkeit des mehrstufigen Stichprobenverfahrens bietet zum Beispiel die landwirtschaftliche Statistik.
Wird kurz vor der Ernte ein Überblick über den zu erwartenden
Ernteertrag für ein bestimmtes Bundesland gewünscht, dann wählt
man auf der ersten Stufe nach dem Zufallsprinzip Dörfer dieses
Landes aus. Auf der zweiten Stufe werden aus jeder dieser ausgewählten Landgemeinde zufällig eine bestimmte Anzahl von Betrieben ausgewählt. Auf der dritten Stufe werden unter den ausgewählten Betrieben wieder zufällig eine bestimmte Anzahl von
Feldern ausgewählt, auf denen das gewünschte Getreide angebaut
wird. Von den so in die Endauswahl gelangten Feldern werden nach
bestimmten Vorschriften 5 Proben im Ausmaße von jeweils nur 1 qm
abgeerntet und deren Ertrag bestimmt. Auf diese Weise erhält man
einen Schätzwert für den durchschnittlichen Ertrag pro qm. Dieser wird dann auf die gesamte Anbaufläche hochgerechnet.

11.4 Induktive und deduktive Schlußweise in der Statistik

Bisher haben wir uns vorwiegend mit dem Problem beschäftigt, wie
aus einer Grundgesamtheit diejenigen Einheiten auszuwählen sind,
die durch eine Stichprobenerhebung erfaßt werden sollen. Die
sich bei einer Stichprobenerhebung ergebenden statistischen Probleme sind damit aber noch nicht erschöpft. Stichprobenerhebungen
werden durchgeführt, um Aussagen über die Eigenschaften der Merkmale von statistischen Einheiten einer Grundgesamtheit treffen
zu können. Nachdem die Stichprobe festgelegt worden ist, wird
man die Kenngrößen für die Untersuchungsmerkmale innerhalb der
Stichprobe bestimmen, etwa den Mittelwert, die Varianz oder die
Verteilung innerhalb der Stichprobenelemente. Nun ist man aber
nicht an deren Größe bezüglich der Stichprobe
interessiert, sondern man möchte aufgrund dieser Stichproben ergebnisse Rückschlüsse auf die Eigenschaften der betreffenden
Untersuchungsmerkmale in der unbekannten Grundgesamtheit ziehen.
Um solche Aussagen zu treffen, benötigt man jedoch zunächst Kenntnisse der Wahrscheinlichkeitsrechnung. Diese beschäftigt sich
mit der sog. deduktiven Schlußweise der Statistik. Sie geht von
einer Grundgesamtheit aus, deren Eigenschaften bezüglich gewisser Untersuchungsmerkmale bekannt sind. Man schließt dabei von
der bekannten Grundgesamtheit auf die unbekannte Stichprobe.
Aufgrund der Grundgesamtheitseigenschaften werden Aussagen über
die Eigenschaften der betreffenden Untersuchungsmerkmale in der
zu ziehenden Stichprobe getroffen.

Für die praktische Anwendung der statistischen Methoden ist jedoch die umgekehrte Schlußweise wichtiger und interessanter.
Meistens sind die Eigenschaften der Untersuchungsmerkmale in
der Grundgesamtheit nicht bekannt. Um über sie Aussagen machen
zu können, versucht man aufgrund von Stichprobenergebnissen auf
die Eigenschaften der Untersuchungsmerkmale in der unbekannten
Grundgesamtheit zu schließen. Man spricht in diesem Zusammenhang von der induktiven Schlußweise der Statistik (vgl. Abb.
11.1). Diese hat die Aufgabe, aufgrund von Stichprobenergebnissen die folgenden beiden Probleme zu behandeln:

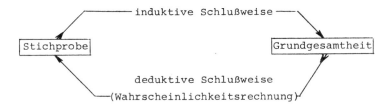

Abb. 11.1: Die beiden Schlußweisen in der Statistik

1. Die Schätzung von Kenngrößen für Untersuchungsmerkmale unbekannter Grundgesamtheiten sowie die Angabe von Vertrauensbereichen für diese Größen zu vorgegebenen Sicherheitswahrscheinlichkeiten aufgrund von Stichprobenergebnissen (Schätztheorie, Kapitel 15).

2. Die statistische Prüfung von Hypothesen bezüglich der Eigenschaften von Untersuchungsmerkmalen in der unbekannten Grundgesamtheit aufgrund von Stichprobenergebnissen (Testtheorie, Kapitel 16).

Damit ist die weitere Vorgehensweise festgelegt. Zunächst muß man sich mit der Wahrscheinlichkeitsrechnung vertraut machen, um die deduktive Schlußweise der Statistik zu verstehen (Kap. 12 bis 14). Danach wird, um Stichprobenerhebungen auswerten zu können, die induktive Schlußweise in Form einer Einführung in die Schätz- und Testtheorie behandelt.

12. Grundzüge der Wahrscheinlichkeitsrechnung

Im vorigen Kapitel war gesagt worden, daß es mit Hilfe der Wahrscheinlichkeitsrechnung möglich ist, Abschätzungen zu bestimmen, die angeben, wie weit beobachtete Stichprobenergebnisse von den entsprechenden Kenngrößen der Grundgesamtheit abweichen können. Voraussetzung für die Möglichkeit solcher Abschätzungen ist die Tatsache, daß die Einheiten der Stichprobe zufällig aus der Grundgesamtheit ausgewählt wurden. Die Wahrscheinlichkeitsrechnung beschäftigt sich mit der Untersuchung von Gesetzmäßigkeiten im Verhalten von zufälligen Ereignissen. Es werden daher in diesem Kapitel die grundlegenden Begriffe und Methoden der Wahrscheinlichkeitsrechnung behandelt.

12.1 Der Begriff des zufälligen Ereignisses

Einer der grundlegenden Begriffe der Wahrscheinlichkeitsrechnung ist der Begriff des zufälligen Ereignisses. Es werde unter genau definierten und konstant gehaltenen Bedingungen eine Serie von Experimenten durchgeführt, etwa das Werfen einer Münze oder das Ziehen einer Karte aus einem Kartenspiel. Nun unterstellt man, daß es sich um solche Experimente handelt, bei denen es nicht mit absoluter Sicherheit möglich ist, ihr Ergebnis vorherzusagen. Man spricht auch anstatt vom Eintreffen des Ergebnisses eines durchgeführten Experimentes von der Realisierung eines bestimmten Ereignisses. Kann nun bei einem Ereignis nicht mit absoluter Sicherheit auf seine Realisierung geschlossen werden, dann spricht man von einem zufälligen Ereignis. Diese Bezeichnung besagt, daß es vom Zufall abhängt, ob das betreffende zufällige Ereignis realisiert wird oder nicht.

Um zu zeigen, wie man solche zufälligen Ereignisse numerisch erfassen kann, sollen - gedanklich - zwei altbekannte Zufallsexperimente durchgeführt werden.

Beispiel 12.1:

Es werde eine Münze geworfen. Man interessiert sich nun dafür, welche der beiden Seiten - Wappen oder Zahl - nach dem Wurf oben liegt. Angenommen, für das Eintreffen des Ereignisses 'Wappen liegt oben' werden bei einer Serie von Würfen folgende Realisationen beobachtet:

Gesamtzahl der Würfe	absolute Häufigkeit des Ereignisses	relative Häufigkeit des Ereignisses
100	54	0,540
500	257	0,514
1 000	491	0,491
5 000	2 517	0,503
10 000	4 980	0,498

Die absolute Häufigkeit zeigt an, daß die Abweichungen von der 'erwarteten' Hälfte der Gesamtzahl der Würfe mit zunehmender Gesamtzahl immer größer werden. Bezogen auf die Gesamtzahl der durchgeführten Würfe (relative Häufigkeit) nähern sich die Ergebnisse jedoch mit wachsender Gesamtzahl der Würfe immer mehr dem 'erwarteten' Wert 0,5.

Beispiel 12.2:

Bei vielen Gesellschaftsspielen werden Würfel verwendet, dabei wird bei einigen Spielen einer bestimmten Augenzahl eine besondere Bedeutung zugeordnet. Etwa spielt die 'sechs' eine solche Sonderrolle. An Hand eines Zufallsexperimentes wird daher untersucht, wie häufig das Ereignis 'Würfeln einer sechs' eintritt. Angenommen, es werden nacheinander 200 Würfe durchgeführt und dabei folgende Realisierungen des gewünschten Ereignisses beobachtet:

Gesamtzahl der Würfe	absolute Häufigkeit	relative Häufigkeit
20	2	$1/10 = 0,100$
40	5	$1/8 = 0,125$
60	11	$11/60 \approx 0,183$
80	14	$7/40 = 0,175$
100	18	$9/50 = 0,180$
120	21	$21/120 = 0,175$
140	23	$23/140 \approx 0,164$
160	26	$13/80 \approx 0,163$
180	30	$1/6 \approx 0,167$
200	33	$33/200 = 0,165$

Man erkennt, daß sich die relative Häufigkeit der Realisierungen mit wachsender Gesamtzahl der Würfe einem bestimmten Wert nähert, der ungefähr bei 0,17 liegt. Dieser Wert, dem sich die relative Häufigkeit mit wachsender Gesamtzahl der Würfe (= Stichprobenumfang) nähert, läßt sich unter bestimmten Voraussetzungen auch ohne langwierige Zufallsexperimente rechnerisch ermitteln.

Grundsätzlich sind die Ergebnisse dieser beiden Zufallsexperimente nicht sonderlich verwunderlich. Geht man davon aus, daß Münze und Würfel noch solide deutsche Wertarbeit repräsentieren, dann müßten beide völlig symmetrisch aufgebaut sein, d.h. keine der Seiten dürfte ein Übergewicht besitzen. Unter diesen Voraussetzungen existiert kein Grund zu der Annahme, daß eine der Seiten bei den Realisierungen bevorzugt werden sollte. Anders sähe das Ergebnis aus, wenn man eine Seite zusätzlich durch einen Bleizusatz beschweren würde. Da sich jedoch in der Realität Münzen bzw. Würfel beim Werfen nicht immer so exakt verhalten, wie man es von ihnen in einem Modellversuch erwartet (z.B. wegen der verschiedenen Umwelteinflüsse), geht man gedanklich von einer idealen Münze bzw. von einem idealen Würfel aus. Darunter versteht man nicht nur, daß der betreffende Gegenstand völlig ausbalanciert sein soll, sondern man versteht darunter auch, daß beim mehrfachen Werfen stets die gleichen äußeren Bedingungen herrschen. Bei einer idealen Münze sind dann die beiden zufälligen Ereignisse 'Wappen' (W) und 'Zahl' (Z) prinzipiell gleich möglich Man sagt auch: beide zufälligen Ereignisse sind gleichwahrscheinlich. Bei dem Zufallsexperiment mit dem idealen Würfel würde nun keine Augenzahl gegenüber einer anderen bevorzugt. Bei jedem Wurf mit dem idealen Würfel kann also jede der sechs möglichen Augenzahlen gleich häufig realisiert werden. Auch in diesem Fall spricht man von gleichwahrscheinlichen zufälligen Ereignissen.

In der Wahrscheinlichkeitsrechnung ist es üblich, zur Beschreibung von zufälligen Ereignissen die Mengenschreibweise zu verwenden. {W} bedeutet das zufällige Ereignis 'Wappen liegt oben' und {6} bedeutet das zufällige Ereignis 'Würfeln einer 6'. In

diesen beiden Fällen handelt es sich jeweils um sog. einele-
mentige Ereignismengen.
Die Menge aller möglichen Ergebnisse eines Zufallsexperimentes
wird als Menge der Elementarereignisse bezeichnet. Jedes ihrer
Elemente, d.h. jedes einzelne mögliche Ergebnis des Zufallsexperimentes wird als Elementarereignis bezeichnet.

12.2 Der Begriff der Wahrscheinlichkeit

12.2.1 Die klassische Definition von Laplace

Im folgenden wird angenommen, daß die Menge der Elementarereignisse endlich sei, sie umfasse etwa m Elementarereignisse. Ferner werden folgende Voraussetzungen getroffen:

1. Die Elementarereignisse schließen einander aus, d.h. als Ergebnis eines Zufallsexperimentes kann nur ein Elementarereignis realisiert werden.
2. Alle Elementarereignisse seien gleichwahrscheinlich, d.h.
   jedes Elementarereignis besitzt die gleiche Chance realisiert
   zu werden.
3. Genau eines der möglichen Elementarereignisse tritt als Realisation des durchgeführten Zufallsexperimentes auf.

In solchen Fällen kann man den Wert berechnen, dem sich die relative Häufigkeit mit wachsender Zahl der durchgeführten Realisierungen des Zufallsexperimentes nähert.
Die Menge der Elementarereignisse kann nun in zwei Teilmengen
aufgeteilt werden. Die erste Teilmenge umfaßt diejenigen Elementarereignisse,deren Realisierung gleichbedeutend ist mit der Realisierung des betrachteten zufälligen Ereignisses. Die zu dieser
Teilmenge gehörenden Elementarereignisse bezeichnet man als günstig bezüglich des betrachteten zufälligen Ereignisses. Ihre
Anzahl bezeichnet man mit g. Zur zweiten Teilmenge gehören diejenigen Elementarereignisse, deren Realisierung nicht das Eintreffen des betrachteten zufälligen Ereignisses bedeutet. Ihre
Anzahl beträgt dann m-g, denn beide Teilmengen müssen zueinander disjunkt sein.

Das Zufallsexperiment 'Würfeln mit einem idealen Würfel und Feststellen der gewürfelten Augenzahl' besitzt sechs gleichwahrscheinliche Elementarereignisse. Man sagt auch, das Zufallsexperiment besitze eine sechselementige Elementarereignismenge. Interessiert man sich nun für das zufällige Ereignis 'Würfeln einer sechs', dann stellt dieses Elementarereignis ein für unsere Fragestellung günstiges Elementarereignis dar. Die übrigen Elementarereignisse sind dann bezüglich dieser Fragestellung ungünstig.

Man kann nun den Wert, gegen den die relative Häufigkeit mit wachsender Zahl der durchgeführten Realisationen des Zufallsexperimentes strebt dadurch berechnen, daß man den Quotienten bildet aus der Zahl der günstigen zur Zahl der überhaupt möglichen Elementarereignisse.

1. Beispiel 12.1: Ereignis: 'Würfeln einer 6'

$$\frac{\text{Zahl der günstigen Elementarereignisse}}{\text{Zahl der möglichen Elementarereignisse}} = \frac{g}{m} = \frac{1}{6} \approx 0,167 \ .$$

2. Beispiel 12.2: Ereignis: 'Wappen liegt oben'

$$\frac{\text{Zahl der günstigen Elementarereignisse}}{\text{Zahl der möglichen Elementarereignisse}} = \frac{g}{m} = \frac{1}{2} = 0,5 \ .$$

Unter der Voraussetzung der Gleichwahrscheinlichkeit aller Elementarereignisse läßt sich dieser Zahlenwert berechnen. Damit kann man für ein Zufallsexperiment drei verschiedene Zahlenwerte bestimmen:

(i)   Die absolute Häufigkeit, die angibt, wie oft das günstige Elementarereignis bei einer Serie von Realisationen aufgetreten ist.

(ii)   Die relative Häufigkeit, die angibt, in welchem Verhältnis die beobachtete absolute Häufigkeit des günstigen Elementarereignisses zur Gesamtzahl der Realisationen des Zufallsexperimentes steht.

(iii) Die Wahrscheinlichkeit, die angibt, mit welcher relativen Häufigkeit man bei einem idealen Zufallsexperiment mit dem Auftreten des günstigen Elementarereignisses zu rechnen hat.

Dieser dritte Wert, die Wahrscheinlichkeit, ist ein rein rechnerisches Ergebnis. Unter der Voraussetzung der Gleichwahrscheinlichkeit aller möglicher Elementarereignisse und deren Endlichkeit bildet man für das gewünschte zufällige Ereignis A den Quotienten

<u>Zahl der günstigen Elementarereignisse</u>
Zahl der möglichen Elementarereignisse

und bezeichnet diesen Wert als die Wahrscheinlichkeit des zufälligen Ereignisses A

(12.1) $$P(A) = \frac{g}{m} .$$

Diese Definition der Wahrscheinlichkeit stammt von Jakob Bernoulli (1654 - 1705) und Pierre Simon Laplace (1749 - 1827). Jedem Elementarereignis wird damit als Wahrscheinlichkeit eine Zahl zwischen Null und eins, $0 \leq P(A) \leq 1$, zugeordnet. Ein unmögliches Ereignis besitzt die Wahrscheinlichkeit Null, ein absolut sicheres Ereignis die Wahrscheinlichkeit eins. Diese Definition der Wahrscheinlichkeit besitzt natürlich nur dann einen Sinn, wenn alle möglichen Elementarereignisse gleichwahrscheinlich sind und sie läßt sich nur berechnen, wenn die Zahl aller Elementarereignisse endlich ist.

12.2.2 Beispiele zur Berechnung von Wahrscheinlichkeiten

Beispiel 12.3:

Von einem Monarchen aus früherer Zeit wird berichtet, daß er alle eines Verbrechens Verdächtige zunächst einmal einsperren ließ. Im Gefängnis wurden dann den Inhaftierten zwei Urnen vorgehalten. Die eine Urne enthielt schwarze, die andere Urne gleich viele weiße Kugeln. Mit verbundenen Augen mußten die Gefangenen eine Urne wählen und daraus eine Kugel ziehen. War die gezogene Kugel schwarz, so bedeutete dies 'schuldig' und damit Gefangenschaft. War die gezogene Kugel weiß, so wurde der Inhaftierte in die Freiheit entlassen.
Der Monarch hielt dieses Verfahren natürlich für gerecht, zeigte ihm doch die Erfahrung seiner langen Herrschaft, daß etwa die

272

Hälfte der Inhaftierten wieder entlassen werden mußte.

Eines Tages geriet der König jedoch in arge Bedrängnis. Ein Inhaftierter äußerte einen besonderen Wunsch. Bevor er eine Kugel ziehen sollte, wollte er die Kugeln in den beiden Urnen ein wenig umsortieren. Da sich beim Umsortieren die Zahl der schwarzen und weißen Kugeln nicht verändert, und der Monarch sich keine Blöße geben wollte, stimmte er dem Wunsche zu. Was sollte schon passieren? Darauf nahm der Gefangene aus der Urne mit den weißen Kugeln alle bis auf eine heraus und mischte sie in die Urne mit den schwarzen Kugeln. Danach ließ er sich die Augen verbinden, wählte eine Urne aus, zog aus dieser eine Kugel: sie war weiß, und er wurde in die Freiheit entlassen. Seit dieser Zeit hatte der Monarch keine rechte Freude mehr an seiner 'Rechtssprechung'. War er von dem Inhaftierten hereingelegt worden, oder war es Zufall, daß der Gefangene eine weiße Kugel zog?

Betrachten wir die Lösungen der beiden Situationen:

1. Normalfall:

In diesem Fall ist die Entscheidung über Freiheit oder Gefängnis bereits dann gefallen, wenn eine Urne gewählt wurde, da ja jede Urne nur eine Sorte von Kugeln enthält.
Man erhält somit

$$\frac{\text{Anzahl der günstigen Ereignisse}}{\text{Anzahl der möglichen Ereignisse}} = \frac{g}{m} = \frac{1}{2} \ .$$

Über einen längeren Zeitraum wird also die eine Hälfte der Inhaftierten in die Freiheit entlassen, während die andere Hälfte im Gefängnis bleiben muß.

2. Fall des listigen Gefangenen:

Durch das Mischen der Kugeln sind Verhältnisse geschaffen worden, die im Augenblick noch nicht vollständig rechnerisch erfaßt werden können. Dennoch kann man sich überlegen, ob der listige Gefangene einen Vorteil gegenüber seinen Mitgefangenen erzielt hat.
Zunächst muß zwischen beiden Urnen entschieden werden. Mit der Wahrscheinlichkeit 1/2 wird die Urne mit der weißen Ku-

gel gezogen, dies ist keine Veränderung gegenüber dem Normalfall. Hat jedoch der listige Gefangene die Urne mit dem Kugelge-
misch gewählt, die Wahrscheinlichkeit dafür ist ebenfalls 1/2,
dann ist für ihn noch nicht jede Hoffnung verloren, denn diese
Urne enthält ja neben schwarzen Kugeln auch noch weiße. Wenn
ursprünglich in jeder Urne m Kugeln enthalten waren, so sind
in dieser Urne neben m schwarzen noch (m-1) weiße Kugeln enthalten. Die Wahrscheinlichkeit, aus dieser Urne ebenfalls
eine weiße Kugel zu ziehen, beträgt für unseren listigen Gefangenen ebenfalls nochmals fast 1/2, nämlich

$$\frac{\text{Anzahl der günstigen Ereignisse}}{\text{Anzahl der möglichen Ereignisse}} = \frac{g}{m} = \frac{m-1}{2m-1} \approx 0,5 \ .$$

Der listige Gefangene hat sich auf diese Weise gegenüber seinen Mitgefangenen zwar einen Vorteil geschaffen, jedoch absolut sicher ist sein System nicht. Der Monarch kann sich damit
trösten, daß es noch immer vom Zufall abhängt, ob der Gefangene freigelassen werden muß oder nicht, allerdings hat der listige Gefangene seine Chancen auf diese Weise aufgebessert.
Wie groß diese Aufbesserung numerisch ist, kann erst zu einem
späteren Zeitpunkt exakt bestimmt werden.

Beispiel 12.4:

Antoine Gombould Chevalier de Méré, Sieur des Baussay (16o7-1685)
ist deshalb in die Geschichte eingegangen, weil er sich bei seinem Freund Blaise Pascal über die Mathematik beklagte: Ihre Ergebnisse schienen nicht mit den Erfahrungen des praktischen Lebens übereinzustimmen.
Das 'praktische Leben' bestand für den Chevalier im Würfelspiel.
Man spielte mit einem Würfel und die Bank des Herrn de Méré gewinnt, wenn der Spieler bei vier Würfen wenigstens eine sechs
wirft. Auf diese Weise soll Chevalier de Méré über einen längeren Zeitraum ein Vermögen gewonnen haben.
Eines Tages nun dachte sich unser Chevalier eine Variante dieses
Glücksspieles aus: Es sollte 24-mal mit zwei Würfeln gewürfelt
werden, und die Bank des Herrn de Méré gewinnt, sobald der Spieler eine doppelte sechs würfelt. Herr von Méré meinte, daß die

Chancen die gleichen seien wie bei dem vorigen Spiel. Die Zahl
der Würfe betrug beim ersten Spiel vier und die Zahl der Möglichkeiten sechs. Beim zweiten Spiel betrug die Zahl der Würfe
24 und die Zahl der Möglichkeiten 6 · 6 = 36. Das Verhältnis
zwischen beiden Spielen beträgt sowohl bei der Zahl der Würfe
als auch bei der Zahl der Möglichkeiten jeweils vier zu sechs.
Die Spielpraxis zeigte aber, daß beim zweiten Spiel die Bank
öfter verlor als die Spieler und der Chevalier hatte in kurzer
Zeit sein zuvor gewonnenes Vermögen wieder verspielt. Wie läßt
sich diese Beobachtung mit Hilfe der Wahrscheinlichkeitsrechnung erklären?

1. Spiel:
Die Wahrscheinlichkeit, bei einem Wurf mit einem Würfel eine
sechs zu würfeln, beträgt 1/6, die Wahrscheinlichkeit keine
sechs zu würfeln demnach 5/6.
Würfelt der Spieler zweimal, so gibt es für ihn 5 · 5 = 25
günstige Möglichkeiten bei insgesamt 6 · 6 = 36 Möglichkeiten.
Die Wahrscheinlichkeit für den Spieler, bei zwei Versuchen
keine sechs zu würfeln, beträgt somit

$$\frac{5 \cdot 5}{6 \cdot 6} = (\frac{5}{6})^2 .$$

Analog erhält man die Wahrscheinlichkeit bei vier Würfen zu

$$(\frac{5}{6})^4 = \frac{625}{1296} \approx 0,482 < \frac{1}{2} .$$

Man erkennt, daß dieses Spiel langfristig für den Spieler
ungünstig ist, und somit für die Bank ein lohnendes Geschäft
darstellt.

2. Spiel:
Es werde zunächst die Wahrscheinlichkeit bestimmt, bei einem
Wurf mit zwei Würfeln eine doppelte sechs zu werfen. Bei insgesamt 36 Möglichkeiten ist nur eine günstig, d.h. die Wahrscheinlichkeit beträgt 1/36, und die Wahrscheinlichkeit keine
doppelte sechs zu würfeln demnach 35/36. Bei insgesamt 24

Würfen beträgt somit die Wahrscheinlichkeit keine doppelte
sechs zu würfeln

$$(\frac{35}{36})^{24} \approx 0,508 > \frac{1}{2} \, .$$

Dies bedeutet, daß aus der Sicht des Spielers gesehen, dieses Spiel langfristig für ihn günstiger ist als für die Bank, und es ist daher für einen Kenner der Wahrscheinlichkeitsrechnung nicht erstaunlich, daß der Chevalier mit diesem Spiel sein zuvor gewonnenes Vermögen nun verlor.

Beispiel 12.5:

Mit einer Münze werden nacheinander 2 Würfe ausgeführt. Wie groß ist die Wahrscheinlichkeit P, daß bei den beiden Würfen mindestens einmal das Ereignis Wappen erscheint?

Der berühmte französische Mathematiker und Philosoph d´Alembert (1717-1783) hat durch folgenden Fehlschluß diese Aufgabe falsch gelöst: Wenn man 'Glück' hat und beim 1.Wurf schon Wappen (W) oben liegt, braucht man die Münze ein zweites Mal   nicht zu werfen, weil das Merkmal schon eingetreten ist. Auf diese Weise erhielt er die folgenden drei Elementarereignisse: W, ZW, ZZ, von denen die beiden ersten der insgesamt drei möglichen Elementarereignisse für das Merkmal günstig sind. Damit kam d´Alembert zu der Lösung

$$P = \frac{g}{m} = \frac{2}{3} \, .$$

Schon rein äußerlich hätte ihm auffallen müssen, daß das erste Elementarereignis W und die beiden anderen ZW und ZZ lauten. Das ist mathematisch gesehen unsymmetrisch und inhomogen. Diese drei von ihm aufgezeigten Fälle sind eben nicht gleichmöglich. Vielmehr besteht das von ihm angenommene Ereignis W seinerseits aus den zwei gleichmöglichen Elementarereignissen WW und WZ, die im Vergleich zu den beiden bereits als richtig erkannten Fällen ZW und ZZ auch gleichwertig sind. Somit ergibt sich für die Grundgesamtheit

$$G = \{WW, WZ, ZW, ZZ\} \, .$$

Davon sind die ersten drei für das Merkmal günstig, woraus sich als richtige Lösung

$$P = \frac{g}{m} = \frac{3}{4}$$

ergibt.

12.2.3 Kritik an dem Laplace'schen Wahrscheinlichkeitsbegriff

Die sog. klassische Definition der Wahrscheinlichkeit ist allerdings wenig befriedigend und im weiteren Verlauf der Entwicklung der Wissenschaft heftig kritisiert worden. Ein Kritikpunkt wendet sich sowohl gegen die geforderte Endlichkeit als auch die Möglichkeit der Abzählbarkeit der Menge der Elementarereignisse. Nicht immer besteht die Möglichkeit, die Zahl der Elementarereignisse eindeutig festzustellen. Will man die Wahrscheinlichkeit der Geburt eines Knaben bestimmen, so ist es nicht ohne weiteres möglich, die Menge der Elementarereignisse eindeutig zu bestimmen. Ähnlich verhält es sich mit der Sterbewahrscheinlichkeit. Die Zahl der Personen, die in einem bestimmten Alter, etwa 50 Jahren, sterben ist unter gegebenen Bedingungen relativ konstant. Man könnte vermuten, daß die relative Häufigkeit der gestorbenen 50-jährigen Personen als Stichprobe aus einer theoretischen Grundgesamtheit aufgefaßt werden kann. Es scheint jedoch völlig unmöglich, die Menge der Elementarereignisse zu definieren. Trotzdem wendet man auf solche Fälle mit Erfolg die Wahrscheinlichkeitsrechnung an, denn die Lebensversicherungen sind auf solche Berechnungen angewiesen.

Eine erste Erweiterung des Wahrscheinlichkeitsbegriffs erfolgte durch die Theorie der sog. geometrischen Wahrscheinlichkeiten. Es werde ein Kreis B betrachtet, in den ein kleinerer Kreis A eingezeichnet ist (vgl. Abb. 12.1). Es wird zufällig ein Punkt auf der Fläche des Kreises B ausgewählt und nach der Wahrscheinlichkeit gefragt, daß dieser Punkt auf der Fläche des Kreises A liegt. Zufällige Auswahl bedeutet in diesem Fall, daß bei einer großen Zahl derartiger Auswahlen jeder Punkt gleichhäufig ausgewählt wird. Das betreffende günstige Ereignis besteht darin, daß ein solcher zufällig ausgewählter Punkt auf der Fläche des kleineren Kreises A liegt. Die Menge aller Elementarereignisse wird

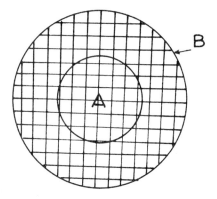

Abb. 12.1: Zum Begriff der geometrischen Wahrscheinlichkeiten

durch die Fläche des Kreises B gebildet und die Menge der günstigen Elementarereignisse wird von der Fläche des kleineren Kreises A gebildet. Wie definiert man nun den Umfang der Menge der Elementarereignisse, da diese Menge nicht endlich ist? Dazu konstruiert man zunächst ein Modell mit einer endlichen Menge von Elementarereignissen und gelangt dann mittels Grenzübergang zum Modell mit einer unendlichen Menge von Elementarereignissen.

In unserem Beispiel wird die Fläche des großen Kreises B mit einer endlichen Zahl von Quadraten gleicher Fläche überdeckt. Man betrachtet dann diejenigen Quadrate, die sich vollständig auf der Fläche des Kreises B befinden. Sie bilden die Menge aller Elementarereignisse. Die Wahrscheinlichkeit, daß sich ein zufällig ausgewähltes Quadrat vollständig auf der Fläche des kleineren Kreises A befindet, ist gleich dem Verhältnis der Zahl der Quadrate, die sich vollkommen auf der Fläche des kleineren Kreises A befinden zu der Gesamtzahl der Quadrate, die sich vollkommen auf der Fläche des Kreises B befinden. Jetzt möge sich die Zahl der Quadrate unbegrenzt vergrößern. Dies bedeutet, daß die Fläche aller Quadrate gegen Null streben, die vereinigte Fläche aller Quadrate strebt jedoch als Grenzwert gegen die Fläche des großen Kreises B. Die Summe derjenigen Quadrate, die sich vollständig auf der Fläche des kleineren Kreises A befinden, strebt gegen die Fläche des kleineren Kreises A. Das Verhältnis der Zahl der Quadrate auf dem kleineren Kreis A zur Gesamtzahl aller Quadrate strebt als Grenzwert gegen das Verhältnis der Fläche des Kreises A zur Fläche des Kreises B. Man erhält

$$(12.2) \qquad \lim_{m \to \infty} \frac{g}{m} = \frac{\text{Fläche des Kreises A}}{\text{Fläche des Kreises B}} .$$

Dieser Grenzwert stellt die Wahrscheinlichkeit dar, daß ein zufällig ausgewählter Punkt aus der Fläche des großen Kreises B auch auf der Fläche des kleinen Kreises A liegt. Diese Definition der Wahrscheinlichkeit besitzt jedoch den Nachteil, daß es oft mehr als eine Möglichkeit der Grenzwertbildung gibt. Dies hat zur Folge, daß der Zahlenwert dieser geometrischen Wahrscheinlichkeit vom gewählten Verfahren des Grenzübergangs abhängt. Ein weiterer Kritikpunkt gegen die klassische Definition der Wahrscheinlichkeit besteht darin, daß man den nicht definierten Begriff der 'Gleichwahrscheinlichkeit' benutzt, um den Begriff der Wahrscheinlichkeit zu definieren. Damit liegt ein Zirkelschluß in der Begriffsbildung vor. Außerdem erweist sich der Begriff der Gleichwahrscheinlichkeit bei manchen Ereignissen als problematisch. Dies soll anhand des sog. Bertrand'schen Paradoxon erläutert werden:

Beispiel 12.6:

In einem Kreis werde zufällig eine Sehne gezogen. Wie groß ist die Wahrscheinlichkeit, daß diese Sehne größer ist als die Seite des dem Kreis einbeschriebenen gleichseitigen Dreiecks?

Um das Problem zu behandeln bieten sich mehrere Lösungswege an, von denen zwei betrachtet werden sollen (vgl. Abb. 12.2).

1. Aus Symmetriegründen ist die Richtung der zufällig ausgewählten Sehne gleichgültig. Man gebe daher einen beliebigen Durchmesser des Kreises vor und betrachte nur solche Sehnen, die senkrecht auf diesem Durchmesser stehen. Diejenigen Sehnen, die zwischen $-\frac{1}{2}$ und $+\frac{1}{2}$ den Durchmesser schneiden,

sind länger als die Seite des einbeschriebenen gleichseitigen
Dreiecks. Die Länge der Strecke $-\frac{1}{2}$, $+\frac{1}{2}$ beträgt 1, die des
Durchmessers 2. Somit ergibt sich die gesuchte Wahrscheinlich-
keit zu $P = \frac{1}{2}$ (Abb. 12.2a).

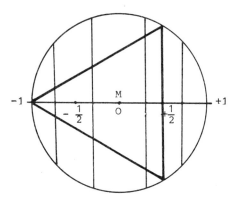

Abb.12.2a: Erste Möglichkeit der Sehnenkonstruktion

2. Aus Symmetriegründen kann man einen beliebigen Punkt P auf dem
   Rand des Kreises wählen und alle von diesem Punkt P ausgehenden
   Sehnen betrachten. Günstig im Sinne der Aufgabenstellung sind
   die Sehnen, die im Inneren des mittleren Winkels von 60° verlaufen, den man erhält, wenn man im Punkt P an den Kreis die Tangente zieht und den so im Punkt P erhaltenen gestreckten Winkel drit-
   telt. Für die ungünstigen Ereignisse bieten sich die beiden Rand-
   winkel von jeweils 60° an. Somit ergibt sich für die gesuchte
   Wahrscheinlichkeit $P = \frac{1}{3}$ (Abb. 12.2b).

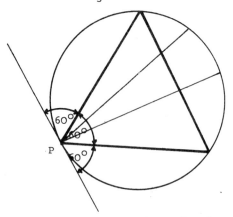

Abb.12.2b: Zweite Möglichkeit der Sehnenkonstruktion
280

Dieser Widerspruch entsteht dadurch, daß man in beiden Fällen verschiedene Vorstellungen vom Begriff der 'Gleichwahrscheinlichkeit' zugrunde gelegt hat. Im ersten Fall wird das Zeichnen einer Sehne senkrecht zu einem beliebig gewählten Durchmesser durch beliebige Punkte dieses Durchmessers als gleichwahrscheinlich vorausgesetzt und im zweiten Fall das Zeichnen einer Sehne durch einen beliebig gewählten Punkt auf dem Rand des Kreises in einem beliebigen Winkel α zur Tangente an den Kreis in diesem Punkt.

Dieses Beispiel zeigt die Problematik, die mit dem Begriff 'gleichwahrscheinlich' und damit mit den Grundlagen des klassischen Wahrscheinlichkeitsbegriffs verbunden ist. Um eine exakte Definition für den Begriff der Wahrscheinlichkeit zu erhalten, bedarf es daher weiterer Überlegungen. Aus den bisherigen Interpretationen kann als gemeinsame Aussage nur festgestellt werden, daß durch den Begriff der Wahrscheinlichkeit jedem zufälligen Ereignis eine Zahl zwischen Null und eins zugeordnet wird.

12.2.4 Die Häufigkeiten der Wahrscheinlichkeit

Die klassische Definition der Wahrscheinlichkeit geht von der Analyse der Bedingungen für das Auftreten von Elementarereignissen aus. Diese Analyse besteht im Vergleich der Realisierungen des jeweiligen Ereignisses mit dem Zufallsprozeß, bei dem eine endliche oder unendliche Zahl von Elementarereignissen existiert. Von diesen sind nur eine bestimmte Anzahl für das Eintreffen des Ereignisses günstig.

Bei der häufigkeitstheoretischen Wahrscheinlichkeit, die etwa um 1930 durch den deutschen Mathematiker Richard von Mises er-

folgte, wird von zwei Annahmen über das Zufallsexperiment ausgegangen:

1. Das Zufallsexperiment sei beliebig oft wiederholbar, und
2. die einzelnen Realisationen seien stochastisch voneinander
   unabhängig.

Man untersucht lediglich die bei statistischen Beobachtungen
aufgetretene relative Häufigkeit. Als Wahrscheinlichkeit definiert man dann den Grenzwert, dem die relative Häufigkeit bei
beliebig vergrößerter Beobachtungszahl zustrebt. Sei n die Anzahl der Beobachtungen und werde ein Ereignis A dabei m-mal
beobachtet, dann definiert Mises als Wahrscheinlichkeit für
dieses Ereignis A den Grenzwert

$$(12.3) \qquad P(A) = \lim_{n \to \infty} \frac{m}{n} = \lim_{n \to \infty} h_n(A).$$

Es werde beim Zufallsexperiment 'Werfen einer Münze' die relative Häufigkeit für das Eintreffen des Ereignisses 'Wappen liegt
oben' (W) beobachtet. Bei ständiger Erhöhung der Zahl der Beob-
chtungen wird man feststellen, daß sich die beobachtete relative Häufigkeit für das Ereignis (W) immer mehr dem Wert 0,5 nähert. Man sagt dann, die Wahrscheinlichkeit für das Eintreffen
des Ereignisses (W) betrage 0,5.

Die Problematik dieser Definition besteht darin, daß die Voraussetzung verwendet wird, daß die relative Häufigkeit einem
Grenzwert zustrebt. Die Richtigkeit dieser Annahme kann aber
nicht durch eine endliche Zahl von Beobachtungen bestätigt werden.

12.3 Grundlagen der Wahrscheinlichkeitstheorie

In der modernen Wahrscheinlichkeitstheorie werden die zufälligen
Ereignisse als Mengen aufgefaßt und die Wahrscheinlichkeit eines
zufälligen Ereignisses als Maß auf dieser Menge definiert. Grundlage der 1933 von Kolmogorov entwickelten Wahrscheinlichkeitstheorie bildet die Mengenlehre. Es wurde bereits von der Menge
der Elementarereignisse eines Zufallsexperimentes gesprochen,

wobei bisher gefordert wurde, daß diese Menge aus einer endlichen Zahl von Elementen besteht. Diese Endlichkeit wird im
folgenden nicht mehr unbedingt gefordert. Die Gesamtheit aller
Elementarereignisse E_i eines Zufallsexperimentes (oder Zufallsprozesses) wollen wir zu einer Grundgesamtheit G zusammenfassen.

Beispiel 12.7:

Beim Werfen eines Würfels sind insgesamt sechs Elementarereignisse möglich. Diese werden zur Grundgesamtheit G dieses Zufallsprozesses zusammengefaßt, also

$$G = \{E_1, E_2. \ldots, E_6\}.$$

Aus den Elementarereignissen eines Zufallsprozesses lassen sich
weitere, sog. zusammengesetzte Ereignisse bilden, etwa

A_1 : eine ungerade Zahl zu werfen, oder

A_2 : eine Zahl kleiner als drei zu werfen.

Jedes dieser Ereignisse ist aus bestimmten Elementarereignissen
zusammengesetzt:

$$A_1 = \{E_1, E_3, E_5\},$$
$$A_2 = \{E_1, E_2\}.$$

Falls zur Bildung eines Ereignisses A das Elementarereignis E_i
benötigt wird, schreibt man $E_i \in A$ und liest 'E_i ist Element
von A'. Dagegen bedeutet $E_i \notin A$, 'E_i ist kein Element von A'.
Für unsere beiden Beispiele gilt:

$$E_1 \in A_1, \text{ jedoch } E_4 \notin A_2.$$

Die Grundgesamtheit G wird auch als Ereignisraum oder Stichpro-
benraum bezeichnet. Dabei wird das Wort 'Raum' nicht im Sinne
eines dreidimensionalen Körpers gebraucht, sondern in der ab-
strakten Bedeutung zur Kennzeichnung von Mengen.
Man kann auch die gesamte Grundgesamtheit G eines Zufallsprozesses als Ereignis auffassen, es ist dies das sog. sichere Ereignis,

denn eines der in der Grundgesamtheit enthaltenen Elementarereignisse muß mit absoluter Sicherheit eintreffen. Betrachtet man beim Werfen eines Würfels die Grundgesamtheit G als Ereignis, so wird dieses Ereignis bei jedem Wurf realisiert. Ebenso kann man ein Ereignis definieren, das keine Elementarereignisse des betreffenden Zufallsprozesses enthält. Man spricht dann von einem unmöglichen Ereignis, da es nie realisiert werden kann. Beim Werfen eines Würfels kann man etwa als Ereignis das Werfen einer Zahl größer als sechs definieren. Dieses Ereignis kann nie realisiert werden, da dies so definierte Ereignis kein Elementarereignis der Grundgesamtheit enthält.

12.3.1 Das Rechnen mit zufälligen Ereignissen

Zunächst besteht die Notwendigkeit, Verknüpfungen zwischen verschiedenen Ereignissen zu definieren. Da die Ereignisse als Mengen aufgefaßt werden, bieten sich die Regeln der Mengenlehre an, um diese Verknüpfungen zu definieren. Im folgenden werden vier Rechenoperationen und eine Relation angegeben. Die Rechenoperationen gestatten es, aus gegebenen Ereignissen neue zu berechnen, während die Relation Aussagen über die Beziehung zwischen verschiedenen Ereignissen enthält.

A. Rechenoperationen:

1. Komplementbildung

   Gegeben sei das Ereignis A. Das Ereignis $\overline{A}$ (lies: 'nicht A') trifft dann ein, wenn das Ereignis A nicht eintrifft. Also

   (12.4) $\qquad \overline{A} = \{E_i | E_i \in G; \ E_i \notin A\}.$

   Mit $\overline{A}$ werden alle diejenigen Ereignisse der Grundgesamtheit G erfaßt, die nicht in A liegen.

2. Vereinigung

   Gegeben seien die beiden Ereignisse A und B. Das Ereignis A ∪ B (lies: 'A oder B') ist dasjenige Ereignis, das eintrifft, wenn das Ereignis A oder B eintrifft. Also

   (12.5) $A \cup B = \{E_i | E_i \in G; \ E_i \in A \ \text{oder} \ E_i \in B\}.$

A ∪ B heißt auch die Vereinigung der beiden Ereignisse
A und B. Sie umfaßt diejenigen Elementarereignisse der
Grundgesamtheit G, die in mindestens einem der beiden
Ereignisse A und B enthalten sind.

3. Durchschnitt

Gegeben seien die beiden Ereignisse A und B. Das Ereignis
A ∩ B, auch AB geschrieben, (lies: 'A und B') ist dasjenige Ereignis, das eintrifft, wenn sowohl A als auch B
eintrifft. Also

(12.6) $A \cap B = \{E_i | E_i \in G; \ E_i \in A \text{ und } E_i \in B\}$.

A ∩ B heißt auch der Durchschnitt der beiden Ereignisse
A und B. Es enthält diejenigen Elementarereignisse der
Grundgesamtheit G, die in beiden Ereignissen A und B
gleichzeitig enthalten sind.

Wenn $A \cap B = \emptyset$ ist, d.h. es existiert kein Ereignis E_i,
das sowohl zu A als auch gleichzeitig zu B gehört, dann
heißen die beiden Ereignisse A und B zueinander disjunkt.

4. Differenz

Gegeben seien die beiden Ereignisse A und B. Das Ereignis
A - B, auch A ∖ B geschrieben, (lies: 'A nicht B') ist dasjenige Ereignis, welches aus denjenigen Elementarereignissen der Grundgesamtheit G gebildet wird, die in A, jedoch
nicht in B enthalten sind. Also

(12.7) $A \setminus B = \{E_i | E_i \in G; \ E_i \in A \text{ und } E_i \notin B\}$.

A ∖ B heißt auch die Differenz der beiden Ereignisse.

B. Relationen

1. Enthaltensein

Gegeben seien die beiden Ereignisse A und B. Man kann die
Relation zwischen diesen beiden Ereignissen in der Form
A ⊂ B, auch A ⊆ B, (lies: 'B enthält A') darstellen, wenn
alle Ereignisse, die in A enthalten sind gleichzeitig auch
in B enthalten sind. Man kann sie in der Form B ⊂ A, auch

B ⊆ A, (lies: 'A enthält B') darstellen, wenn alle Ereignisse, die in B enthalten sind gleichzeitig auch in
A enthalten sind.

Diese Rechenoperationen und Relationen lassen sich graphisch
durch die sog. Eulerschen Kreise, auch Venn-Diagramme genannt,
darstellen.

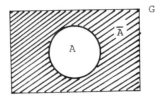

Abb. 12.3: Komplementbildung

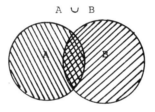

Abb. 12.4: Vereinigung

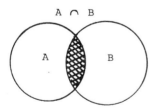
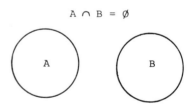

Abb. 12.5: Durchschnitt

286

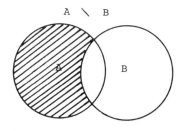
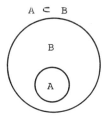

Abb. 12.6: Differenz   Abb. 12.7: Enthaltensein

Beispiel 12.8:

Als Zufallsexperiment werde das zweimalige Werfen einer idealen Münze mit den beiden Seiten Zahl und Wappen betrachtet.
Die Grundgesamtheit besteht aus den vier Elementarereignissen

$$G = \{(W,W); (W,Z); (Z,W); (Z,Z)\}.$$

Es werden nun die folgenden beiden Ereignisse definiert

$A = \{(W,W); (W,Z)\}$, im ersten Wurf werde Wappen beobachtet,
$B = \{(W,Z); (Z,Z)\}$, im zweiten Wurf werde Zahl beobachtet.

Es sollen die zu A und B komplementären Ereignisse $\overline{A}$ und $\overline{B}$ konstruiert werden:

$\overline{A} = \{(Z,W); (Z,Z)\}$, im ersten Wurf werde Zahl beobachtet,
$\overline{B} = \{(W,W); (Z,W)\}$, im zweiten Wurf werde Wappen beobachtet.

Die Vereinigung beider Ereignisse ergibt das Ereignis

$$A \cup B = \{(W,W); (W,Z); (Z,Z)\},$$

beim ersten Wurf wird Wappen oder beim zweiten Wurf Zahl beobachtet.

Als Durchschnitt der beiden Ereignisse erhält man

287

$A \cap B = \{(W,Z)\}$, beim ersten Wurf wird Wappen und beim zweiten Wurf wird Zahl beobachtet.

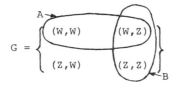

Abb. 12.8: Darstellung des Beispiels 12.8

Als sichere Ereignisse ergeben sich die Vereinigungen

$$A \cup \overline{A} = G, \quad \text{und}$$

$$B \cup \overline{B} = G,$$

und als unmögliche Ereignisse die Durchschnitte

$$A \cap \overline{A} = \emptyset, \quad \text{und}$$

$$B \cap \overline{B} = \emptyset.$$

Es wird noch der Begriff der Zerlegung eines Ereignisses B in eine Menge von Ereignissen A_1, A_2, ..., A_n eingeführt.

Definition: Eine Menge von Ereignissen A_1, A_2, ..., A_n heißt eine Zerlegung des Ereignisses B, wenn die Ereignisse A_1, A_2, ..., A_n paarweise zueinander disjunkt sind und ihre Vereinigung das Ereignis B ergibt, d.h. wenn gilt

a) $A_i \cap A_j = \emptyset$ für i, j = 1, 2, ..., n; i ≠ j,

b) $A_1 \cup A_2 \cup ... \cup A_n = B$,

c) $A_i \neq \emptyset$ für i = 1, 2, ..., n.

12.3.2 Das Axiomensystem von Kolmogorov

Um die grundlegenden Darstellungen der Wahrscheinlichkeitstheorie von Kolmogorov zu verstehen benötigt man sowohl Kenntnisse der Mengenlehre als auch der Theorie der reellen Funktionen. Da diese hier nicht vorausgesetzt werden können soll hier nur das Axiomensystem angegeben werden, aus dem auf deduktivem Wege die gesamte Wahrscheinlichkeitstheorie abgeleitet werden kann.

Axiome sind nicht beweisbare Aussagen, die nach Gesichtspunkten der Zweckmäßigkeit aufgestellt werden und von denen lediglich gefordert wird, daß das von ihnen gebildete Axiomensystem in sich widerspruchsfrei ist.

Axiom I : Jedem zufälligen Ereignis A wird eine bestimmte Zahl $P(A)$ zugeordnet, für die gilt

(12.8) $$0 \leq P(A) \leq 1.$$

Diese Zahl heißt die Wahrscheinlichkeit des zufälligen Ereignisses A.

Axiom II : Die Wahrscheinlichkeit des sicheren Ereignisses ist gleich 1, d.h.

(12.9) $$P(G) = 1.$$

Axiom III : Die Wahrscheinlichkeit der Vereinigung von endlich oder abzählbar unendlich vielen zufälligen Ereignissen, die paarweise disjunkt sind, ist gleich der Summe der Wahrscheinlichkeiten dieser Ereignisse

$$P(A_1 \cup A_2 \cup \ldots \cup A_n \cup \ldots) =$$
$$P(A_1) + P(A_2) + \ldots + P(A_n) + \ldots$$

bzw.

(12.1o) $$P(\bigcup_{i=1}^{\infty} A_i) = \sum_{i=1}^{\infty} P(A_i).$$

Aus diesem Axiomensystem folgt eine weitere Eigenschaft der Wahrscheinlichkeit. Wenn für zwei zufällige Ereignisse A und B die Relation $A \subseteq B$ gilt, dann gilt die Ungleichung

$$P(A) \leq P(B),$$

d.h. die Wahrscheinlichkeit des zufälligen Ereignisses A ist nicht größer als die Wahrscheinlichkeit des zufälligen Ereignisses B.

Das Axiomensystem von Kolmogorov kann als Definition der Wahrscheinlichkeit zufälliger Ereignisse angesehen werden. Allerdings ist diese Definition sehr allgemein gehalten und sagt nichts darüber aus, wie in einem konkreten Falle diese Wahrscheinlichkeit für ein bestimmtes zufälliges Ereignis berechnet werden kann.

289

Es lassen sich nun aus dem Axiomensystem einige einfache Folgerungen ableiten:

1. Für jedes Ereignis A gilt

$$P(A) = 1 - P(\overline{A}). \qquad (12.11)$$

Nach Definition sind die beiden Ereignisse A und $\overline{A}$ disjunkt und ihre Vereinigung ergibt die Grundgesamtheit G

$$A \cap \overline{A} = \emptyset \quad \text{und} \quad A \cup \overline{A} = G.$$

Wegen Axiom 2 und 3 gilt

$$P(A) + P(\overline{A}) = P(A \cup \overline{A}) = P(G) = 1.$$

Die Wahrscheinlichkeiten für ein Ereignis A und dessen Komplement $\overline{A}$ addieren sich zu 1. Man nennt 1 - P(A) auch die Gegenwahrscheinlichkeit des Ereignisses A.

2. Es gilt $\quad P(\emptyset) = 0. \qquad (12.12)$

Für das sichere Ereignis G gilt $\overline{G} = \emptyset$. Die Gegenwahrscheinlichkeit für das sichere Ereignis liefert dann die obige Behauptung.

3. Wahrscheinlichkeit für Differenzereignisse:
Es seien A und B zwei beliebige Ereignisse, dann gilt für die Wahrscheinlichkeit ihrer Differenzereignisse

$$P(A \setminus B) = P(A) - P(A \cap B),$$
$$P(B \setminus A) = P(B) - P(B \cap A). \qquad (12.13)$$

4. Additionssatz für nicht-disjunkte Ereignisse:
Es seien A und B zwei nicht notwendig disjunkte Ereignisse. Dann besagt der Additionssatz für die Wahrscheinlichkeit zweier beliebiger Ereignisse

(12.14) $P(A \cup B) = P(A) + P(B) - P(A \cap B)$.

Um die Gültigkeit dieser Beziehung zu beweisen, zerlegt man zunächst das zusammengesetzte Ereignis $A \cup B$ in die beiden disjunkten Ereignisse $\overline{A} \cap B$ und A,   .

$$A \cup B = A \cup (\overline{A} \cap B),$$

(12.15) $P(A \cup B) = P[A \cup (\overline{A} \cap B)] = P(A) + P(\overline{A} \cap B)$.

Um die Wahrscheinlichkeit $P(\overline{A} \cap B)$ zu bestimmen, stellt man B in der Form dar

$$B = (\overline{A} \cap B) \cup (A \cap B).$$

Da die beiden Ereignisse $A \cap B$ und $B \cap \overline{A}$ zueinander disjunkt sind, folgt für die Wahrscheinlichkeit

$$P(B) = P[(\overline{A} \cap B) \cup (A \cap B)] = P(\overline{A} \cap B) + P(A \cap B).$$

also ist

$$P(\overline{A} \cap B) = P(B) - P(A \cap B)$$

und damit ergibt sich die Behauptung

$$P(A \cup B) = P(A) + P(B) - P(A \cap B).$$

Es werde noch der Spezialfall betrachtet, daß die beiden Ereignisse A und B zueinander disjunkt sind, d.h. $A \cap B = \emptyset$. Dann reduziert sich der Additionssatz auf die Aussage des Axiom III:

(12.16) $P(A \cup B) = P(A) + P(B)$.

Beispiel 12.9:

Eine Würfelbude auf dem Oktoberfest bietet folgendes Glücksspiel an: Aus einer Urne mit sechs Kugeln, die von 1 bis 6 durchnumeriert sind, darf der Spieler zweimal eine Kugel ziehen. Dabei soll die erste Kugel nach dem Ziehen wieder in die Urne zurückgelegt werden. Gewonnen haben diejenigen Spieler, die mit beiden Kugeln zusammen genau die Summe acht erreichen, alle anderen Spieler verlieren ihren Einsatz. Dieses Ereignis soll mit A bezeichnet werden. Es fragt sich nun, ob dieses Spiel fair ist? Bevor eine Antwort auf diese Frage gegeben werden kann, müßten eigentlich noch der Einsatz der Spieler und die Gewinnsumme

bekannt sein. Wir wollen jedoch zunächst nur die Gewinnwahr-
scheinlichkeiten betrachten.

Die Grundgesamtheit für dieses Spiel besteht aus insgesamt 36
Elementarereignissen. Man kann diese Grundgesamtheit anschaulich in einem quadratischen Tableau darstellen.

1. Kugel	①	②	2. Kugel ③	④	⑤	⑥
①	(1,1)	(1,2)	(1,3)	(1,4)	(1,5)	(1,6)
②	(2,1)	(2,2)	(2,3)	(2,4)	(2,5)	(2,6)
③	(3,1)	(3,2)	(3,3)	(3,4)	(3,5)	(3,6)
④	(4,1)	(4,2)	(4,3)	(4,4)	(4,5)	(4,6)
⑤	(5,1)	(5,2)	(5,3)	(5,4)	(5,5)	(5,6)
⑥	(6,1)	(6,2)	(6,3)	(6,4)	(6,5)	(6,6)

Abb. 12.9: Grundgesamtheit des Beispiels 12.9

Von diesen 36 Elementarereignissen erweisen sich insgesamt fünf
für den Spieler als günstig, nämlich die Elementarereignisse

$$(2,6);(3,5);(4,4);(5,3);(6,2).$$

Das Ereignis A ist dann gegeben durch die Teilmenge:

$$A = \{(2,6);(3,5);(4,4);(5,3);(6,2)\}$$

Damit beträgt die Wahrscheinlichkeit, bei diesem Spiel zu gewinnen, wenn jedem Elementarereignis die Wahrscheinlichkeit $\frac{1}{36}$ zugeordnet wird:

$$P(A)= P(2,6)\cup P(3,5)\cup P(4,4)\cup P(5,3)\cup P(6,2)=P(2,6)+P(3,5)+P(4,4)+$$
$$+P(5,3)+P(6,2)$$
$$= \frac{1}{36}+\frac{1}{36}+\frac{1}{36}+\frac{1}{36}+\frac{1}{36}.$$
$$P(A) = \frac{5}{36} \approx 0,139.$$

Dieses Spiel ist somit aus der Sicht des Spielers dann zu empfehlen, wenn bei einem Einsatz von 5 DM pro Spiel die Gewinnsumme
mindestens 36 DM beträgt.

Im darauffolgenden Jahr ist vom Besitzer der Würfelbude der Ge-
winnplan geändert worden. Es wird jetzt nicht mehr ein Hauptge-
winn, sondern es werden mehrere kleinere Gewinne ausgezahlt.

Jetzt hat der Spieler gewonnen, wenn er mit beiden Kugeln einen Summenwert von mindestens 10 erzielt (Ereignis A) oder zwei gleiche Zahlen zieht (Ereignis B). Wie hat sich dadurch die Gewinnwahrscheinlichkeit für den Spieler verändert?

Man könnte wie folgt argumentieren: Für den Summenwert von mindestens 10 ergeben sich 6 günstige Ereignisse, und für das Merkmal zwei gleiche Zahlen nochmals 6 günstige Ereignisse. Damit könnte man die Wahrscheinlichkeit wie folgt berechnen

$$P(A \cup B) = P(A) + P(B) = \frac{6}{36} + \frac{6}{36} = \frac{12}{36} = \frac{1}{3} \approx 0,333.$$

Damit hätte sich die Gewinnwahrscheinlichkeit für den Spieler beträchtlich erhöht. Leider ist diese Berechnung falsch!

Aus der Abb. 12.9 erkennt man sofort, daß die beiden Ereignisse 'Summenwert mindestens 10' und 'zwei gleiche Zahlen' nicht zueinander disjunkt sind, $P(A \cap B \neq \emptyset)$. Die beiden Elementarereignisse (5,5) und (6,6) gehören beiden Ereignissen an. Will man daher die Wahrscheinlichkeit mit Hilfe des Additionssatzes berechnen, muß man diese Tatsache berücksichtigen. Somit lautet die richtige Lösung $\quad P(A \cup B) = P(A) + P(B) - P(A \cap B)$

$$P = \frac{6}{36} + \frac{6}{36} - \frac{2}{36} = \frac{10}{36} = \frac{5}{18} \approx 0,278.$$

Wenn also dieses zweite Spiel für den Spieler empfehlenswert sein soll, muß bei einem Einsatz von 5 DM pro Spiel jetzt die Gewinnsumme mindestens 18 DM betragen.

12.3.3 Bedingte Wahrscheinlichkeiten und stochastisch unabhängige Ereignisse

Bei der Anwendung der Wahrscheinlichkeitsrechnung tritt das Problem auf, ob gewisse zufällige Ereignisse voneinander unabhängig sind oder nicht. Es wird das Problem des Ziehens einer Kugel aus einer Urne betrachtet. Angenommen, die Urne enthalte n Kugeln, von denen m schwarz und n-m weiß sind. Die Wahrscheinlichkeit des zufälligen Ereignisses 'Ziehen einer Kugel und Feststellung ihrer Farbe' soll bestimmt werden.

Es sind nun zwei wesentlich verschiedene Sachverhalte zu unterscheiden. Wird die gezogene Kugel anschließend wieder in die
Urne zurückgelegt, der Urneninhalt danach gut durchgemischt
und die äußeren Bedingungen des Zufallsexperimentes nicht verändert, so sind die Ergebnisse einer Folge von Realisationen
des zufälligen Ereignisses voneinander unabhängig. Zufällige
Ereignisse heißen somit unabhängig, wenn sie unter festen Bedingungen wiederholbar sind und der Einfluß der vorhergehenden
Realisation vernachlässigt werden kann. Die zu diesen zufälligen Ereignissen gehörenden Wahrscheinlichkeiten heißen unbedingte Wahrscheinlichkeiten.

Ein davon wesentlich verschiedener Sachverhalt liegt vor, wenn
die gezogene Kugel nicht wieder in die Urne zurückgelegt wird.
Jetzt sind die Verhältnisse vor jeder Realisation des Zufallsexperimentes nicht mehr die gleichen, sie hängen von den jeweils bereits vorausgegangenen Realisationen ab. In diesem Fall
spricht man von abhängigen zufälligen Ereignissen und seine
Wahrscheinlichkeit als bedingt. Man kann nun nach der Wahrscheinlichkeit des Eintreffens eines bestimmten zweiten Ereignisses
fragen unter der Bedingung, daß ein bestimmtes erstes Ereignis
bereits eingetroffen ist. In diesem Fall bezieht man die Anzahl
der günstigen Ereignisse nicht auf die Gesamtheit aller möglicher Elementarereignisse, sondern nur auf die Zahl der unter
den gegebenen Bedingungen möglichen Elementarereignisse.

Beispiel 12.1o:

In einer Urne befinden sich zwei weiße und eine schwarze Kugel.
a) Fragestellung bei unabhängigen Ereignissen, d.h. mit Zurücklegen der gezogenen Kugel:
   Wie groß ist die Wahrscheinlichkeit, eine weiße (bzw. schwarze) Kugel zu ziehen?
   Bei jedem Zug beträgt die Wahrscheinlichkeit, eine weiße (bzw.
   schwarze) Kugel zu ziehen, 2/3 (bzw. 1/3), unabhängig davon,
   wieviel Realisationen bereits durchgeführt wurden.
b) Fragestellung bei abhängigen Ereignissen, d.h. ohne Zurücklegen der gezogenen Kugel:

294

Wie groß ist die Wahrscheinlichkeit beim zweiten Zug eine
weiße Kugel zu ziehen, vorausgesetzt, daß beim ersten Zug
ebenfalls eine weiße Kugel gezogen wurde?
Zunächst werden die folgenden beiden Ereignisse definiert:
Ereignis A = {Beim ersten Zug wird eine weiße Kugel gezogen},
Ereignis B = {Beim zweiten Zug wird eine weiße Kugel gezogen}.
Zum Zwecke der Unterscheidung werden die beiden weißen Ku-
geln mit W_1 und W_2 sowie die schwarze Kugel mit S bezeichnet.

Für den Fall des Ziehens ohne Zurücklegen bestehen diese beiden Ereignisse aus den folgenden Elementarereignissen

$$A = \{ (W_1,W_2); \; (W_1,S); \; (W_2,W_1); \; (W_2,S) \},$$
$$B = \{ (W_1,W_2); \; (W_2,W_1); \; (S,W_1); \; (S,W_2) \}.$$

Nun betrachtet man das Ereignis B unter der zusätzlichen Bedingung, daß das Ereignis A bereits eingetroffen ist. Dieses
neue Ereignis schreibt man B|A (lies: B gegeben A). Um seine
Wahrscheinlichkeit zu berechnen, betrachtet man das Verhältnis der Zahl der günstigen zu der Zahl der möglichen Ereignisse. Die Zahl der möglichen Ereignisse wird von den Elementarereignissen des Ereignisses A gebildet. Aus den Elementar-
ereignissen des Ereignisses B werden die für das Ereignis B|A
günstigen Fälle entnommen. Diese erhält man als Durchschnitt
der beiden Ereignisse A und B, es sind dies die beiden Elementarereignisse (W_1,W_2) und (W_2,W_1). Somit erhält man die Wahrscheinlichkeit

$$P(B|A) = \frac{P(B \cap A)}{P(A)} = \frac{2/8}{4/8} = \frac{2}{4} = \frac{1}{2} \; .$$

Dieses Beispiel gibt Anlaß zu folgender Definition der bedingten
Wahrscheinlichkeit:
Definition: Gegeben seien die beiden Ereignisse A und B.
Es sei $P(A) \neq 0$. Dann nennt man die Größe

$$(12.17) \quad P(B|A) = \frac{P(B \cap A)}{P(A)}$$

die bedingte Wahrscheinlichkeit des Ereignisses B
unter der Bedingung, daß das Ereignis A bereits
eingetroffen ist.

Analog gilt für P(B) ≠ 0

$$P(A|B) = \frac{P(A \cap B)}{P(B)} \; .$$

Aus der Definition der bedingten Wahrscheinlichkeit folgt unmittelbar der allgemeine Multiplikationssatz der Wahrscheinlichkeiten für zwei beliebige Ereignisse.

Definition: Es seien zwei beliebige, nichtdisjunkte Ereignisse A und B gegeben. Ferner sei mindestens eine der bedingten Wahrscheinlichkeiten P(A|B) oder P(B|A) bekannt. Dann gilt für die Wahrscheinlichkeit des Ereignisses A ∩ B

(12.18) $P(A \cap B) = P(B|A) \cdot P(A) = P(A|B) \cdot P(B).$

Dieser Multiplikationssatz läßt sich ohne Schwierigkeiten auf den Fall mehrerer Ereignisse erweitern.

Beispiel 12.11:

Zehn Prozent der Bevölkerung seien in einem gegebenen Zeitraum im Durchschnitt von einer Krankheit befallen, $P(E_1) = 0,10$. Von diesen Erkrankten mögen in der Regel 8% sterben, $P(E_2|E_1) = 0,08$. Die Wahrscheinlichkeit dafür, daß eine Person der betrachteten Bevölkerung in dem gegebenen Zeitraum erkrankt und an dieser Krankheit stirbt, $P(E_1 \cap E_2)$, ergibt sich dann zu

$$P(E_1 \cap E_2) = P(E_1) \cdot P(E_2|E_1) = 0,1 \cdot 0,08 = 0,008,$$

d.h. 0,8%.

Beispiel 12.12:

Von einer anderen Krankheit mögen 20% der Bevölkerung infiziert sein (E_1), von denen beispielsweise 30% erkranken (E_2) und von diesen sterben schließlich 5% (E_3).

$$P(E_1 \cap E_2 \cap E_3) = P(E_1) \cdot P(E_2|E_1) \cdot P(E_3|E_2)$$
$$= 0,20 \cdot 0,30 \cdot 0,05 = 0,003 \; ,$$

d.h. 0,3%.

Bei der stochastischen Unabhängigkeit zweier Ereignisse A und B
fordert man, daß die bedingte Wahrscheinlichkeit $P(B|A)$ für das
Eintreffen des Ereignisses B unabhängig davon ist, ob das Er-
eignis A oder $\overline{A}$ bereits eingetroffen ist, also $P(B|A) = P(B|\overline{A}) = P(B)$. Die Information über das Eintreffen des Ereignisses A än-
dert somit nichts an der Wahrscheinlichkeitsaussage bezüglich
des Ereignisses B. Man sagt 'B sei von A unabhängig'. Diese Beziehung ist symmetrisch, d.h. wenn sie erfüllt ist, gilt auch
'A ist von B unabhängig'.

Wegen

$$P(B|A) = P(B)$$

und dem Multiplikationssatz für nichtdisjunkte Ereignisse

$$P(A \cap B) = P(B|A) \cdot P(A)$$

folgt somit

$$P(A \cap B) = P(B) \cdot P(A) = P(A) \cdot P(B) \ .$$

Diese Beziehung wird zur Definition der Unabhängigkeit benutzt.

Definition: (Multiplikationssatz für unabhängige Ereignisse)
Die beiden Ereignisse A und B heißen unabhängig,
wenn

(12.19) $P(A \cap B) = P(A) \cdot P(B)$

gilt.

Gegenüber der Beziehung $P(B|A) = P(B)$ hat diese Unabhängigkeits-
definition $P(A \cap B) = P(A) \cdot P(B)$ den Vorteil, daß sie
a) symmetrisch in den Ereignissen A und B ist,
b) die Voraussetzungen $P(A) \neq 0$ und $P(B) \neq 0$ nicht benötigt.

Beispiel 12.13:

Eine ideale Münze wird zweimal hintereinander geworfen. Man
möchte wissen, mit welcher Wahrscheinlichkeit in beiden Würfen
das Wappen (W) oben liegt.
1. Lösungsmöglichkeit
    1a) Baumdiagramm:

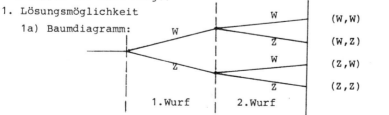

1b) Tabelle:

		2. Wurf	
		W	Z
1. Wurf	W	(W,W)	(W,Z)
	Z	(Z,W)	(Z,Z)

Somit besteht die Grundgesamtheit aus vier möglichen Elementarereignissen, die unter der Voraussetzung eines idealen Zufallsexperimentes gleichwahrscheinlich sind. Diese vier Elementarereignisse schließen sich gegenseitig aus, und für das gewünschte Ereignis ist eines davon günstig. Somit ergibt sich für die
Wahrscheinlichkeit

$$P(W,W) = \frac{1}{4} \; .$$

2. Lösungsmöglichkeit

Da die vier Elementarereignisse der Grundgesamtheit voneinander Unabhängig sind, kann man den entsprechenden Multiplikationssatz anwenden. Man erhält

$$P(W,W) = P(W) \cdot P(W) = \frac{1}{2} \cdot \frac{1}{2} = \frac{1}{4} \; .$$

12.3.4 Totale (vollständige) Wahrscheinlichkeit

In der Praxis sind häufig bedingte Wahrscheinlichkeiten bekannt
und es sollen mit ihrer Hilfe unbedingte Wahrscheinlichkeiten
berechnet werden. Ein wichtiges Hilfsmittel dazu ist der folgende Satz:

Satz von der totalen (vollständigen) Wahrscheinlichkeit:
Die Ereignisse A_1, A_2, ..., A_n bilden eine Zerlegung der Grundgesamtheit G, wobei $P(A_i) \neq 0$ für i = 1, 2, ..., n ist. Dann
gilt für ein beliebiges Ereignis B $\subseteq$ G

$$P(B) = P(B|A_1) \cdot P(A_1) + \ldots + P(B|A_n) \cdot P(A_n)$$

(12.2o)
$$= \sum_{i=1}^{n} P(B|A_i) \cdot P(A_i) \; .$$

298

Berücksichtigt man, daß die Ereignisse A_i paarweise zueinander disjunkt sind und damit auch die Ereignisse $B \cap A_i$, dann läßt sich das Ereignis B zerlegen in

$$(12.21) \qquad B = \bigcup_{i=1}^{n} (B \cap A_i)$$

(vergl. Abb. 12.1o). Daraus ergibt sich für die Wahrscheinlichkeit

$$P(B) = P\left[\bigcup_{i=1}^{n} (B \cap A_i)\right]$$

$$= \sum_{i=1}^{n} P(B \cap A_i) = \sum_{i=1}^{n} P(B|A_i)\, P(A_i).$$

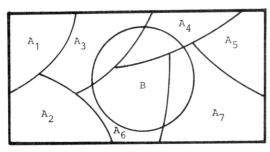

$$B = (B \cap A_3) \cup (B \cap A_4) \cup (B \cap A_6) \cup (B \cap A_7)$$

Abb. 12.1o: Darstellung des Ereignisses B mit Hilfe der Ereignisse A_i

Beispiel 12.14:

Wie groß ist die Wahrscheinlichkeit, aus einer Urne mit zwei weißen und einer schwarzen Kugel beim zweiten Zug eine weiße Kugel zu ziehen, wenn die erste gezogene Kugel nicht zurückgelegt wurde?

Man betrachtet die beiden Ereignisse
A = {Beim ersten Zug wird eine weiße Kugel gezogen},
C = {Beim ersten Zug wird eine schwarze Kugel gezogen}.

Diese beiden Ereignisse bilden eine Zerlegung der Grundgesamtheit G:

$$A \cup C = G \quad \text{und} \quad A \cap C = \emptyset.$$

Die Wahrscheinlichkeit des Ereignisses

B = {Beim zweiten Zug wird eine weiße Kugel gezogen}

läßt sich dann mit Hilfe des Satzes von der totalen Wahrscheinlichkeit berechnen:

$$P(B) = P(B|A) \cdot P(A) + P(B|C) \cdot P(C).$$

Nun ist $\quad P(A) = \frac{2}{3}, \; P(B|A) = \frac{1}{2}, \; P(C) = \frac{1}{3}, \; P(B|C) = 1.$

Somit ergibt sich

$$P(B) = \frac{1}{2} \cdot \frac{2}{3} + 1 \cdot \frac{1}{3} = \frac{2}{3}.$$

Man könnte nun argumentieren, daß dieser Weg recht umständlich erscheint, denn man hätte dasselbe Ergebnis viel einfacher erhalten können.

Die Grundgesamtheit für das Ziehen von Kugeln ohne Zurücklegen umfaßt für dieses Beispiel die folgenden sechs Elementarereignisse

$$G = \{(W_1, W_2); \; (W_2, W_1); \; (W_1, S); \; (W_2, S); \; (S, W_1); \; (S, W_2)\}.$$

Die Zahl der günstigen Fälle, beim zweiten Zug eine weiße Kugel zu ziehen, umfaßt vier Elementarereignisse, nämlich

$$(W_1, W_2); \; (W_2, W_1); \; (S, W_1) \text{ und } (S, W_2).$$

Damit ergibt sich als Wahrscheinlichkeit für das Ereignis B

$$P(B) = \frac{g}{m} = \frac{4}{6} = \frac{2}{3}.$$

Beim Ziehen einer Kugel aus einer Urne mit wenigen Kugeln läßt sich die Wahrscheinlichkeit unmittelbar erkennen. Bei der Lösung unserer Aufgabe bestand die Hauptarbeit in der vollständigen Aufzählung der Elementarereignisse der Grundgesamtheit G. Bei umfangreicheren Beispielen kann allerdings die vollständige Aufzählung der Elementarereignisse des Stichprobenraumes mühsam werden.

Beispiel 12.15:

Man bestimme die Wahrscheinlichkeit, daß in einem gut gemischten Kartenspiel aus 52 Karten Herz-As und Herz-König nebeneinander liegen.

300

Das Ereignis, dessen Wahrscheinlichkeit gesucht wird, werde mit A bezeichnet. 'Gut gemischt' ist eine Symmetrieannahme, so daß folgende Ereignisse betrachtet werden können:

B_1 = {Herz-As liegt am oberen Ende des Paketes},
B_2 = {Herz-As liegt im Inneren des Paketes},
B_3 = {Herz-As liegt am unteren Ende des Paketes}.

B_1, B_2 und B_3 bilden eine Zerlegung der Grundgesamtheit G. Für die bedingten und unbedingten Wahrscheinlichkeiten erhält man

$$P(B_1) = \frac{1}{52}, \quad P(B_2) = \frac{50}{52}, \quad P(B_3) = \frac{1}{52},$$

$$P(A|B_1) = \frac{1}{51}, \quad P(A|B_2) = \frac{2}{51}, \quad P(A|B_3) = \frac{1}{51}.$$

Somit

$$P(A) = P(A|B_1) \cdot P(B_1) + P(A|B_2) \cdot P(B_2) + P(A|B_3) \cdot P(B_3)$$

$$= \frac{1}{51} \cdot \frac{1}{52} + \frac{2}{51} \cdot \frac{50}{52} + \frac{1}{51} \cdot \frac{1}{52} = \frac{102}{51 \cdot 52} = \frac{1}{26}.$$

Hätte man die gesamte Grundgesamtheit, d.h. alle möglichen Lagen der Karten aufzählen wollen, so hätte man $8,066 \cdot 10^{67}$ Elementarereignisse berücksichtigen müssen.

Beispiel 12.16 (Fortsetzung von Beispiel 12.3):

Betrachten wir erneut den Fall des listigen Gefangenen, denn wir sind jetzt in der Lage, die Aufbesserung seiner Chancen exakt zu bestimmen. Er hatte die Kugeln so ausgetauscht, daß in der einen Urne (U_1) nur eine Kugel enthalten war, und zwar eine weiße, während in der anderen Urne (U_2) der Anteil der weißen Kugeln $\frac{m-1}{2m-1}$ betrug.

Zunächst soll eine der beiden Urnen (U_1 bzw. U_2) ausgewählt werden. Die Wahrscheinlichkeiten dafür betragen

$$P(U_1) = \frac{1}{2}, \quad P(U_2) = \frac{1}{2}.$$

Wird die Urne U_2 ausgewählt, dann beträgt die Wahrscheinlichkeit eine weiße Kugel zu ziehen

$$P(W/U_2) = \frac{m-1}{2m-1}.$$

301

Die totale Wahrscheinlichkeit für den listigen Gefangenen eine weiße Kugel zu ziehen ergibt sich somit zu

$$P(W) = P(W/U_1) \cdot P(U_1) + P(W/U_2) \cdot P(U_2)$$

$$= 1 \cdot \frac{1}{2} + \frac{m-1}{2m-1} \cdot \frac{1}{2}$$

$$= \frac{1}{2} + \frac{m-1}{4m-2} = \frac{2m-1+m-1}{4m-2} = \frac{3m-2}{4m-2} .$$

$$\lim_{m \to \infty} \frac{3m-2}{4m-2} = \frac{3}{4} .$$

Für eine hinreichend große Gesamtzahl von Kugeln nähert sich somit die Wahrscheinlichkeit für den listigen Gefangenen freizukommen dem Wert $\frac{3}{4}$. Dies bedeutet, daß er seine Chancen maximal um 25% aufbessern kann.

12.3.5 Der Satz von Bayes

Eine Anwendung finden die bedingten Wahrscheinlichkeiten in dem Satz von Bayes, der in speziellen Bereichen der Statistik eine große Rolle spielt.

Es seien die Ereignisse A_1, A_2, ..., A_n gegeben, die eine Zerlegung der Grundgesamtheit G darstellen mögen. Die unbedingten Wahrscheinlichkeiten dieser Ereignisse

$$P(A_1), P(A_2), ..., P(A_n)$$

seien bekannt und werden als a priori Wahrscheinlichkeiten bezeichnet. Ferner sei ein Ereignis B mit $P(B) > 0$ gegeben, und die bedingten Wahrscheinlichkeiten dieses Ereignisses

$$P(B|A_1), P(B|A_2), ..., P(B|A_n)$$

seien beobachtet worden.
Gesucht werden die bedingten Wahrscheinlichkeiten

$$P(A_1|B), P(A_2|B), ..., P(A_n|B),$$

die als a posteriori Wahrscheinlichkeiten bezeichnet werden, da die unbedingten Wahrscheinlichkeiten für die A_i revidiert wurden durch die Zusatzinformation, daß das Ereignis B eingetroffen ist.

302

Aus der Definition der bedingten Wahrscheinlichkeit

$$P(A_i|B) = \frac{P(A_i \cap B)}{P(B)}$$

folgt wegen

$$P(A_i \cap B) = P(B|A_i) \cdot P(A_i)$$

(Multiplikationssatz für nichtdisjunkte Ereignisse) und

$$P(B) = \sum_{i=1}^{n} P(B|A_i) \cdot P(A_i)$$

(Satz von der totalen oder vollständigen Wahrscheinlichkeit) die Beziehung

$$(12.22) \qquad P(A_i|B) = \frac{P(B|A_i) \cdot P(A_i)}{\sum_{i=1}^{n} P(B|A_i) \cdot P(A_i)}$$

Diese Formel wird als 'Satz von Bayes' oder 'Formel von Bayes' bezeichnet.

Beispiel 12.17:

In einer Reihenuntersuchung zur Ermittlung von Tbc werden Röntgenaufnahmen der zu untersuchenden Personen gemacht. Es bezeichne

A_1 = {der Untersuchte sei Tbc-krank},
A_2 = {der Untersuchte sei Tbc-frei},
B = {der Röntgentest ergibt Anzeichen für eine Tbc-Erkrankung}.

Die Auswahl der untersuchten Personen sei eine Zufallsauswahl aus einer bestimmten Gesamtbevölkerung.
Es ist

$P(A_1)$ = Anteil der Tbc-kranken ⎫ Personen an der
$P(A_2)$ = Anteil der Tbc-freien ⎬ Gesamtbevölkerung

Dies sind zugleich die Chancen, die man einer Person vor der Untersuchung - also 'a priori' - zubilligt, krank oder gesund zu sein.
Der Arzt muß auch die Güte des verwendeten Untersuchungsverfahrens kennen, d.h. er kennt

$P(B|A_1)$ die Wahrscheinlichkeit, daß sich Verdachtsmomente zeigen, wenn der Untersuchte Tbc-krank ist,
$P(B|A_2)$ die Wahrscheinlichkeit, daß sich Verdachtsmomente zeigen, wenn der Untersuchte Tbc-frei ist.

Arzt und Untersuchte interessieren sich aber vor allem für

$P(A_1|B)$ die Wahrscheinlichkeit, daß der Untersuchte Tbc-krank ist, wenn sich Verdachtsmomente zeigen,

$P(A_2|B)$ die Wahrscheinlichkeit, daß der Untersuchte Tbc-frei ist, wenn sich Verdachtsmomente zeigen.

$P(A_1|B)$ und $P(A_2|B)$ sind also die Chancen, die man nach der Kenntnis des positiven Untersuchungsergebnisses (etwa "Schatten im Lungenbereich") dem Untersuchten - also 'a posteriori' - in bezug auf Krankheit und Gesundheit geben muß.

Die Anwendung des Satzes von Bayes soll an einem Zahlenbeispiel erläutert werden.

Es sei $P(A_1) = 0,002$, d.h. 0,2% der Bevölkerung seien Tbc-krank (Schätzung), also

$$P(A_2) = 1 - P(A_1) = 0,998.$$

Ferner weiß man, daß durch den Röntgen-Test 90% der untersuchten Tbc-Kranken entdeckt werden, während 5% der Tbc-freien Personen irrtümlich als Tbc-verdächtig klassifiziert werden, d.h.

$$P(B|A_1) = 0,90; \quad P(B|A_2) = 0,05.$$

Eine Person wird durch die Röntgenuntersuchung als Tbc-verdächtig eingestuft. Wie groß ist die Wahrscheinlichkeit, daß sie tatsächlich Tbc-krank ist?

$$P(A_1|B) = \frac{P(B|A_1) \cdot P(A_1)}{P(B|A_1) \cdot P(A_1) + P(B|A_2) \cdot P(A_2)}$$

$$= \frac{0,90 \cdot 0,002}{0,90 \cdot 0,002 + 0,05 \cdot 0,998} = 0,0348 ,$$

d.h. ungefähr 3,5%

Aufgabe 1

Eine Münze werde dreimal geworfen.

a) Erläutern Sie an diesem Beispiel die Begriffe

- Elementarereignis
- Grundgesamtheit

und geben Sie an, aus welchen Elementarereignissen die Grundgesamtheit besteht.

b) Nehmen Sie an, Sie erhalten bei dreimaligem Werfen als Ergebnis die Reihenfolge "Zahl, Wappen, Wappen".
Bestimmen Sie die relative Häufigkeit für das Ereignis "Wappen" bei dieser Reihenfolge und geben Sie an, wie sich die relative Häufigkeit dieses Ereignisses mit steigendem Stichprobenumfang verändern wird, wenn man Folgen von dreimaligen Würfen betrachtet.

c) Erläutern Sie den Wahrscheinlichkeitsbegriff von Laplace und bestimmen Sie für das unter b) angegebene Ereignis diese Wahrscheinlichkeit.
Welche Annahmen treffen Sie dabei?

d) Berechnen Sie die Wahrscheinlichkeit, folgende Ergebnisse zu erhalten:

1. Folge "Wappen - Zahl - Wappen",
   "Zahl - Zahl - Zahl",

2. Gesamtergebnis "Anzahl der Zahlwürfe ist größer als Anzahl der Wappenwürfe",

3. mehr Zahl- als Wappenwürfe zu erhalten, wenn mindestens ein Wappenwurf gesichert sein soll,

4. mehr Zahl- als Wappenwürfe zu erhalten, wenn weniger als 2 Wappenwürfe gesichert sein sollen.

Aufgabe 2

Wie groß ist die Wahrscheinlichkeit

a) aus einer Urne mit 1oo Gewinnlosen und 4oo Nieten einen Gewinn zu ziehen;

b) aus 32 Skatkarten ein As (den Kreuzbuben) zu ziehen;

c) daß eine vierstellige Quadratzahl mit 5 (mit 9) endigt?

Aufgabe 3

Bei einem Pferderennen mit 4 Pferden A, B, C und D sollen der Sieger und der Zweitplacierte vorhergesagt werden.
a) Wie groß ist die Wahrscheinlichkeit, daß
 - A der Sieger ist,
 - die Reihenfolge BC gilt?
b) Die 4 Pferde A, B, C und D treffen am nächsten Tag bei einem weiteren Pferderennen wieder aufeinander.

Wie groß ist die Wahrscheinlichkeit, daß an beiden Tagen
 - A Sieger ist,
 - die Reihenfolge AD gilt,
 - die Reihenfolge ACDB gilt?

Aufgabe 4

Ein vollständiges Ereignissystem bestehe aus den Ereignissen A, B, C und D. Das Ereignis A kann zusammen mit dem Ereignis B auftreten, wobei jedoch A und B voneinander unabhängig sind. Alle anderen Ereignisse schließen sich gegenseitig aus.

Es ist $P(A) = o,3$
  $P(C) = o,2$
  $P(D) = o,15.$

Berechnen Sie $P(B)$ und $P(A \cap B)$.

Aufgabe 5

Die drei Nahverkehrsgesellschaften U, S und T einer Großstadt wollen aus Rationierungsgründen fusionieren.
Die folgenden Anteile an der Bevölkerung aller benutzer öffentlicher Verkehrsmittel in dieser Stadt sind bekannt:

$P(U) = o,4o;$ $P(S) = o,3o;$ $P(T) = o,15;$

$P(U \cap S) = o,o8;$ $P(U \cap T) = o,o2;$ $P(S \cap T) = o,o5;$

$P(U \cap S \cap T) = o,o1.$

Es soll eine Befragung bei den Benutzern öffentlicher Verkehrsmittel durchgeführt werden, wie groß die Wahrscheinlichkeit dafür ist, daß eine zufällig ausgewählte Person

a) kein Verkehrsmittel der U-Gesellschaft,

b) ein Verkehrsmittel der Gesellschaften S oder T,

c) keine Verkehrsmittel der drei fusionierenden Gesellschaften,

d) höchsten Verkehrsmittel von zwei der drei Gesellschaften,

e) Verkehrsmittel von zwei und mehr Gesellschaften benutzt.

Aufgabe 6

In der Abteilung Qualitätskontrolle eines Betriebes für Stellringe wird ein Posten von 1ooo Erzeugnissen untersucht, die unter gleichen produktionstechnischen Bedingungen hergestellt wurden. Dabei erwiesen sich 9oo als normgerecht, die verschiedenen Qualitätsstufen zugeordnet werden können. 18 gehörten der Qualitätsstufe I und 9o der Qualitätsstufe II an.

1. a) Wie groß ist die Wahrscheinlichkeit, einen der Norm entsprechenden Stellring zu erhalten?

   b) Bestimmen Sie die Wahrscheinlichkeit, daß ein Stellring entweder der Qualitätsstufe I oder II angehört.

2. Bei einer Qualitätskontrolle dieses Erzeignisses wird ein Kontrollsystem angewandt, das 98% der normgerechten Stellringe als normgerecht und 95% der nicht normgerechten Erzeugnisse als nicht normgerecht ausweist.

   a) Geben Sie die Wahrscheinlichkeit an, daß ein Stellring als normgerecht ausgewiesen ist, tatsächlich aber der Norm nicht entspricht.

   b) Berechnen Sie die Wahrscheinlichkeit, daß ein Stellring normgerecht ist, wenn er von der Kontrolle auch als normgerecht ausgewiesen wird.

   c) Erläutern Sie an diesem Beispiel den Satz der totalen Wahrscheinlichkeit.

Aufgabe 7

Ein Verlagshaus weiß aus Erfahrung, daß 4o v.H. der männlichen und 3o v.H. der weiblichen Bevölkerung seine Tageszeitung lesen. Der Anteil der weiblichen Bevölkerung an der Gesamtbevölkerung beträgt o,4.

a) Wie groß ist die Wahrscheinlichkeit, daß eine aus der Gesamtbevölkerung zufällig ausgewählte Person

   1. die Zeitung liest,

   2. männlich ist, wenn man weiß, daß die Person diese Zeitung liest,

   3. die Zeitung liest und weiblich ist?

b) Sind die Ereignisse

   - eine zufällig ausgewählte Person liest die Zeitung,
   - eine zufällig ausgewählte Person ist männlich

   stochastisch unabhängig?

Aufgabe 8

1o% der Angestellten einer Gesellschaft haben eine kaufmännische Lehre absolviert. 7o% dieser Personen arbeiten in der Verwaltung dieses Unternehmens; von denen, die keine kaufmännische Lehre absolviert haben, arbeiten 3o% in der Verwaltung.

a) Wie groß ist die Wahrscheinlichkeit, daß ein zufällig ausgewählter Angestellter in der Verwaltung arbeitet?

b) Berechnen Sie die Wahrscheinlichkeit dafür, daß ein zufällig ausgewählter Angestellter, der in der Verwaltung beschäftigt ist, tatsächlich eine kaufmännische Lehre hat.

Aufgabe 9

a) Gegeben sind $P(A) = 0,5$, $P(B) = 0,3$ und $P(A \cap B) = 0,2$.

Man berechne:

1. $P[\overline{A} \cap (A \cup B)]$
2. $P[A \cup (\overline{A} \cap B)]$
3. $P[(A \cap B) \cup (\overline{A} \cap \overline{B})]$.

b) Zwei ideale Würfel werden geworfen

1. Man untersuche die stochastische Abhängigkeit folgender Ereignisse:

   A = der erste Würfel zeigt eine gerade Augenzahl,
   B = der zweite Würfel zeigt eine ungerade Augenzahl.

2. Man berechne $P(C|A)$ und $P(C|B)$.

   C = die Summe der beiden Augenzahlen ist durch 3 teilbar.

   Kann man aus diesen beiden Ergebnissen auf die Unabhängigkeit von C bezüglich A,B schließen?

Aufgabe 1o

Zwei Bogenschützen A und B schießen auf Zielscheiben. Die Trefferwahrscheinlichkeit von A beträgt 8o%, die von B 6o%.

a) Wie groß ist die Wahrscheinlichkeit dafür, daß A bei zweimaligem Schießen keinen Treffer erzielt?

b) Mit welcher Wahrscheinlichkeit erzielt B bei zwei Versuchen mindestens einen Treffer?

c) Wie groß ist die Wahrscheinlichkeit dafür, daß B bei zwei Versuchen genau einen Treffer erzielt?

d) A und B schießen auf die gleiche Zielscheibe, wobei A doppelt so häufig schießt wie B.

1. Wie groß ist dann die Trefferwahrscheinlichkeit?

2. Wie groß ist die Wahrscheinlichkeit dafür, daß irgendein Treffer vom Schützen B erzielt wurde?

13. Zufallsvariable und Wahrscheinlichkeitsverteilungen

13.1 Begriff der Zufallsvariablen

Einer der wichtigsten Begriffe der Wahrscheinlichkeitsrechnung ist der Begriff der Zufallsvariablen. Es werde ein Zufallsexperiment betrachtet, dessen Realisationen reelle Zahlen sind.

Beispiel 13.1:

Beim Würfeln mit einem idealen Würfel kann als Realisation eine der ganzen Zahlen zwischen 1 und 6 auftreten. Welche ganze Zahl im Einzelversuch realisiert wird hängt vom Zufall ab, man spricht daher von einer Zufallsvariablen.

Man unterscheidet zwischen einer Zufallsvariablen und den Zahlenwerten, die diese Zufallsvariable bei den Realisationen annehmen kann. Die Zufallsvariablen bezeichnet man durch große lateinische Buchstaben X, Y, Z,... und die Zahlenwerte, die sich als Realisationen des Zufallsexperiments ergeben mit kleinen lateinischen Buchstaben x, y, z...

Definition (vorläufig):
Sind die möglichen Ergebnisse eines Zufallsexperimentes reelle Zahlen, so läßt sich dieses durch eine Zufallsvariable X beschreiben. Die Menge der Werte, die die Zufallsvariable bei der Realisation des Zufallsexperimentes annehmen kann, nennt man den Wertebereich R_X dieser Zufallsvariable.

Beispiel 13.2 Beispiele von Zufallsvariablen:

Zufallsexperiment	Zufallsvariable
1) Verkauf einer Zeitung an einem Kiosk,	Anzahl der täglich verkauften Exemplare,
2) Werfen mit einem Würfel,	geworfene Augenzahl,
3) Wägungskontrolle von abgepackten Konserven,	Abweichung vom Sollgewicht,
4) Werfen mit einem Würfel, bis eine '6' geworfen wird,	Anzahl der benötigten Würfe,
5) Bedienung von Kunden an einem Schalter,	Warte- u. Bedienungszeit eines Kunden.

309

Die Definition der Zufallsvariablen als Zahlenwert eines Zufallsexperimentes ist noch nicht völlig befriedigend. Selbst wenn das
Zufallsexperiment ein quantitatives Ergebnis besitzt, liegt dieses oft nicht unmittelbar als Zahlenwert vor. Erst ein Zähl- oder
Meßvorgang liefert im Anschluß an das Zufallsexperiment eine quantitative Charakterisierung des Ergebnisses.

Beispiel 13.3:

Eine Münze wird dreimal geworfen. Die Grundgesamtheit G dieses
Zufallsexperimentes besteht aus acht Elementarereignissen

$G = \{(ZZZ); (ZZW); (ZWZ); (WZZ); (ZWW); (WZW); (WWZ); (WWW)\}.$

Man interessiert sich für die Anzahl der Ergebnisse Wappen, die
bei diesen drei Würfen auftreten können. Durch Zählen der in den
Elementarereignissen auftretenden Wappen, ordnet man diesen die
Zahlen aus dem Wertebereich $R_X = \{0,1,2,3\}$ zu.

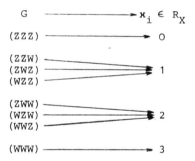

Durch diese Zuordnung werden die Elementarereignisse der Grundgesamtheit G auf die Menge R_X abgebildet. Es liegt nun nahe,
diese Abbildung als Zufallsvariable X aufzufassen.

Definition:
Es sei ein Zufallsexperiment mit der Grundgesamtheit G gegeben.
Eine Funktion (oder Abbildung) X, die jedem Elementarereignis
$E_i \in G$ eine reelle Zahl $X(E_i) \in R_X$ zuordnet, heißt Zufallsvariable.
Die reelle Zahl $x_i = X(E_i)$ nennt man auch Realisierung der Zufallsvariablen. Aus dem Beispiel wird ersichtlich, daß die Abbildung

der Elementarereignisse in die Menge der reellen Zahlen in der Regel nicht eineindeutig ist.

Mit Hilfe der Abbildung X kann man Ereignisse auch in anderer Form ausdrücken, als durch Aufzählen ihrer Elementarereignisse. Das Ereignis A, Auftreten eines Wappens beim dreimaligen Werfen einer idealen Münze, wird definiert durch

$$A = \{(ZZW); (ZWZ); (WZZ)\}.$$

Das Schaubild des Beispiels 13.3 zeigt, daß dieses Ereignis identisch ist mit der Menge aller Elementarereignisse, die auf die Zahl 1 abgebildet werden. Man kann daher das Ereignis A auch wie folgt definieren

$$A = \{E_i | X(E_i) = 1 \ (\text{oder kurz: } X = 1)\}.$$

Besonders wenn das Ergebnis eines Zufallsexperimentes unmittelbar als Zahl vorliegt (Längen- oder Gewichtsmessung) bereitet es erfahrungsgemäß Schwierigkeiten, den Abbildungscharakter einer Zufallsvariablen einzusehen. Wie unterscheidet man in solchen Fällen die beiden Mengen G und R_X? Man kann

a) entweder die Grundgesamtheit G vergessen und sofort mit der Menge R_X arbeiten, oder
b) man kann die beiden Mengen gleichsetzen. Dies ist die Idee der ersten Definition der Zufallsvariablen. Als Abbildung wird dann die identische Abbildung gewählt, die G auf sich selbst abbildet, d.h.
$$X(E_i) = E_i.$$

Man unterscheidet zwischen zwei wichtigen Arten von Zufallsvariablen, nämlich

1. die diskreten (oder diskontinuierlichen) Zufallsvariablen, und
2. die stetigen (oder kontinuierlichen) Zufallsvariablen.

Definition:
Eine diskrete Zufallsvariable X liegt dann vor, wenn ihr Wertebereich nur endlich oder abzählbar unendlich viele Werte x_1, x_2, ..., x_n, annehmen kann.

Beispiele für eine diskrete Zufallsvariable X sind die fehlerhaften Stücke einer Warensendung, die Registrierung der Zahl
der Kunden, die an einem Tag eine bestimmte Ware kaufen, oder
die Erfassung der Maschinenausfälle in einem bestimmten Zeitraum.

Definition:

Eine stetige Zufallsvariable X liegt dann vor, wenn ihr Wertebereich jeden beliebigen Zahlenwert $x_i \in R_X$ eines vorgegebenen
endlichen oder unendlichen Intervalles der reellen Zahlengera-
den annehmen kann.
Beispiele für eine stetige Zufallsvariable X sind Zerreißfestig-
keiten von Stoffen, Temperaturen, Bearbeitungszeiten, Körpergröße usw., vorausgesetzt, die Maßgenauigkeit läßt sich beliebig
verbessern.

13.2 Wahrscheinlichkeitsverteilungen

Will man eine Zufallsvariable X untersuchen, so genügt es nicht,
die Werte zu kennen, die X bei den einzelnen Realisationen annehmen kann. Man muß auch wissen, wie oft, d.h. mit welcher Wahrscheinlichkeit, die Zufallsvariable X die einzelnen Werte x_i annimmt. Diese Wahrscheinlichkeiten hängen auch davon ab, ob es
sich um eine diskrete oder eine stetige Zufallsvariable handelt.
Um sie darzustellen, bedient man sich in der Wahrscheinlichkeitsrechnung des Begriffs der Verteilungsfunktion einer Zufallsvariable.

13.2.1 Die Verteilungsfunktion F(x)

Für jede Zufallsvariable X ist $\{X \leq x\}$ ein Ereignis, dem sich eine
Wahrscheinlichkeit zuordnen läßt.

Definition:
Die Verteilungsfunktion F(x) einer Zufallsvariablen X ist gegeben
durch

(13.1) $$F(x) = P(X \leq x).$$

Sie gibt die Wahrscheinlichkeit dafür an, daß die Zufallsvariable
X einen Wert annimmt, der kleiner oder gleich der reellen Zahl
x ist. Dieser Begriffsbildung entspricht in der beschreibenden
312

Statistik die empirische Verteilungsfunktion. Allerdings stellen die Funktionswerte jetzt Wahrscheinlichkeiten dar und nicht relative Häufigkeiten wie bei der empirischen Verteilungsfunktion.

Beispiel 13.4 (diskrete Zufallsvariable):

Eine ideale Münze werde dreimal geworfen. Man bestimme die Verteilungsfunktion der Zufallsvariablen

$$X = \{\text{Anzahl der geworfenen Wappen}\}.$$

Die Grundgesamtheit besteht aus acht Elementarereignissen. Somit wird jedem Elementarereignis nach Laplace die Wahrscheinlichkeit 1/8 zugeordnet. Man erhält

$$A = \{(ZZZ)\} = \{X=0\}, \qquad P(X=0) = 1/8,$$
$$B = \{(ZZW); (ZWZ); (WZZ)\} = \{X=1\}, \quad P(X=1) = 3/8,$$
$$C = \{(ZWW); (WZW); (WWZ)\} = \{X=2\}, \quad P(X=2) = 3/8,$$
$$D = \{(WWW)\} = \{X=3\}, \qquad P(X=3) = 1/8.$$

Man erhält für die Funktionswerte der Verteilungsfunktion

$$F(-1)= 0, \quad F(0)= \frac{1}{8}, \quad F(1)= \frac{4}{8}, \quad F(2)= \frac{7}{8}, \quad F(2,4)= \frac{7}{8},$$
$$F(3) = 1, \quad F(4)= 1.$$

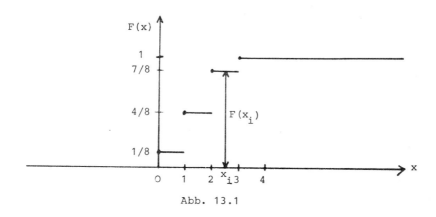

Abb. 13.1

Für eine diskrete Zufallsvariable X wird die Verteilungsfunktion F(x) durch eine Stufen- (Treppen-)funktion dargestellt. Man beachte, daß an den Sprungstellen der Funktionswert an der oberen Stufenkante gewählt werden muß.

Beispiel 13.5 (stetige Zufallsvariable):

In einem Supermarkt wurde die Abfertigungsdauer der Kunden an den Ladenkassen beobachtet. Die Zufallsvariable

$$X = \{\text{Abfertigungsdauer eines Kunden}\}$$

wurde dabei als stetig angenommen und ihre Realisationen in Sekunden gemessen. Die sich ergebende Verteilungsfunktion F(x) wird dann durch eine stetige Funktion dargestellt, deren Schaubild in Abb. 13.2 dargestellt ist.

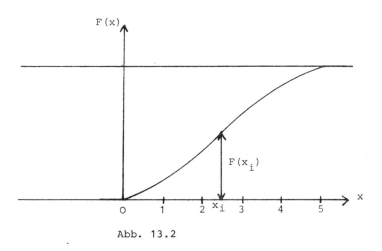

Abb. 13.2

Man kann eine Zufallsvariable auch mit Hilfe des Begriffs der Verteilungsfunktion definieren.

Definition:
Die Zufallsvariable X ist eine Größe, deren Wert vom Zufall abhängt und für die eine Verteilungsfunktion F(x) mit

(13.1) $F(x) = P(X \leq x)$

existiert.

314

Aus der Definition der Wahrscheinlichkeit und der Verteilungsfunktion ergeben sich einige wichtige Eigenschaften, die später
benötigt werden, und die hier ohne Beweis angegeben werden sollen.

1. Eigenschaft:

Für $x_1 < x_2$ gilt

(13.2) $P(x_1 < X \leq x_2) = F(x_2) - F(x_1)$,

d.h. die Wahrscheinlichkeit dafür, daß die Zufallsvariable X
einen Wert aus dem Intervall $(x_1, x_2]$ annimmt, ist gleich der
Differenz der Funktionswerte der Verteilungsfunktion an den
Endpunkten des Intervalls.

2. Eigenschaft:

Wenn $x_1 \leq x_2$ ist, dann gilt

(13.3) $F(x_1) \leq F(x_2)$,

d.h. die Verteilungsfunktion $F(x)$ einer Zufallsvariable X
ist stets eine monoton nicht fallende Funktion.

3. Eigenschaft:

Für beliebige x genügt die Verteilungsfunktion $F(x)$ der Ungleichung

(13.4) $0 \leq F(x) \leq 1$.

4. Eigenschaft:

$$\lim_{x \to -\infty} F(x) = F(-\infty) = 0, \text{ unmögliches Ereignis,}$$

$$\lim_{x \to +\infty} F(x) = F(\infty) = 1, \text{ sicheres Ereignis.}$$

13.2.2 Die Wahrscheinlichkeitsfunktion p(x)

Im folgenden werden nur diskrete Zufallsvariable X betrachtet,
die endlich oder abzählbar-unendlich viele verschiedene Werte
$x_1, x_2, \ldots, x_n, \ldots$ annehmen können. Die Wahrscheinlichkeiten,
mit denen diese Werte angenommen werden, sollen mit $p_1, p_2, \ldots,$
$p_n, \ldots$ [oder $p(x_1), p(x_2), \ldots, p(x_n), \ldots$] bezeichnet werden.
Es gilt dann

$$P(X = x_i) = p_i, \quad i = 1, 2, \ldots, n, \ldots$$

Definition:

Nimmt die diskrete Zufallsvariable X den Wert x_i mit der Wahrscheinlichkeit p_i an, dann bezeichnet man die Beziehung

$$P(X = x_i) = p_i \qquad (13.5)$$

als die Wahrscheinlichkeitsfunktion p_i [oder $p(x_i)$] der diskreten Zufallsvariable X.

Die Wahrscheinlichkeitsfunktion hat folgende Eigenschaften:

1) Sind die Realisierungen einer diskreten Zufallsvariablen unabhängige Zufallsereignisse, dann gelten die Beziehungen

$$P(X = x_k \cup X = x_j) = p_k + p_j, \qquad (13.6)$$
$$P(X = x_k \cap X = x_j) = p_k p_j, \qquad (13.7)$$

$$x_k, \; x_j \in R_X, \; k \neq j.$$

2) Es gilt

$$\sum_i p_i = 1, \qquad (13.8)$$

d.h. die diskrete Zufallsvariable X nimmt mit Sicherheit eine ihrer Realisierungen an.

Die graphische Darstellung der Wahrscheinlichkeitsfunktion erfolgt durch ein Stabdiagramm (vgl. Abb. 13.3).

Beispiel 13.6:

Es soll die Wahrscheinlichkeitsfunktion der diskreten Zufallsvariablen

X = {Anzahl der Wappen beim dreimaligen Werfen einer
      idealen Münze}

dargestellt werden. Man kann die Wahrscheinlichkeiten für die Werte x_i in einer Tabelle darstellen:

a) allgemein

X	x_1	x_2	$\ldots$	x_n	$\ldots$
$P(X=x_i) = p_i$	p_1	p_2	$\ldots$	p_n	$\ldots$

b) speziell

$X = x_i$	0	1	2	3
$P(X = x_i) = p_i$	1/8	3/8	3/8	1/8

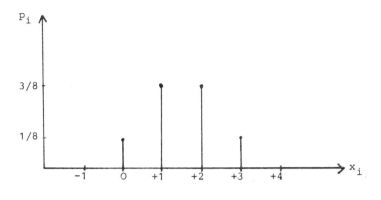

Abb. 13.3

Zwischen der Wahrscheinlichkeitsfunktion p_i und der Verteilungsfunktion $F(x)$ einer diskreten Zufallsvariablen besteht der folgende Zusammenhang

$$(13.9) \qquad F(x) = P(X \le x) = \sum_{x_i \le x} P(X = x_i) = \sum_{x_i \le x} p_i .$$

Die Verteilungsfunktion existiert sowohl für diskrete als auch
für stetige Zufallsvariable. Kann eine diskrete Zufallsvariable
nur die endlich vielen Werte x_1, x_2, ..., x_n annehmen, dann gilt
für die Verteilungsfunktion

$$F(x) = P(X \le x) = \sum_{x_i \le x} P(X = x_i) = \begin{cases} 0 & \text{für } x < x_1, \\ \sum_{i=1}^{k} p_i & \text{für } x_k \le x < x_{k+1}. \\ & \qquad (k=1,2,...,n-1) \\ 1 & \text{für } x \ge x_n. \end{cases}$$

13.2.3 Die Wahrscheinlichkeitsdichte oder Dichtefunktion $f(x)$

Als Gegenstück zur Wahrscheinlichkeitsfunktion wird für stetige
Zufallsvariable die Wahrscheinlichkeitsdichte (oder kurz Dichte-

funktion) f(x) eingeführt.

Der Wertebereich R_X einer stetigen Zufallsvariablen X besteht
aus allen reellen Zahlen eines vorgegebenen Intervalls

$$a \leq x \leq b,$$

wobei a gleich $-\infty$ und b gleich $+\infty$ sein können. Man sagt, eine
Verteilungsfunktion

(13.1) $$F(x) = P(X \leq x)$$

ist vom stetigen Typ, wenn eine Dichtefunktion $f(x) \geq 0$ existiert,
so daß sich jeder Funktionswert F(x) der Verteilungsfunktion als Flächeninhalt unter der zugehörigen Dichtefunktion f(x) von $-\infty$ bis
zur Stelle x darstellen läßt (vgl. Abb. 13.4).

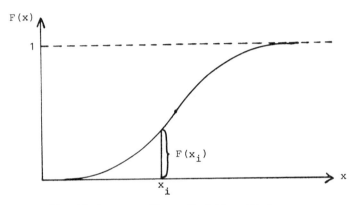

Abb. 13.4: Verteilungsfunktion F(x)

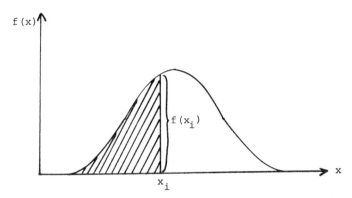

Abb. 13.4: Dichtefunktion f(x)

Diese Darstellung von F(x) als Flächeninhalt läßt sich mit Hilfe der Integralrechnung wie folgt darstellen

$$F(x) = \int_{-\infty}^{x} f(y)\,dy. \qquad (13.10)$$

Die Dichtefunktion f(x) und die stetige Verteilungsfunktion F(x) besitzen folgende Eigenschaften:

1. Eigenschaft:
   Falls F(x) eine differenzierbare Funktion ist, gilt

$$f(x) = \frac{d}{dx} F(x) = F'(x). \qquad (13.11)$$

2. Eigenschaft:
   Da F(x) eine im Intervall [0,1] monoton nichtfallende stetige Funktion ist, gilt

$$f(x) \geq 0. \qquad (13.12)$$

3. Eigenschaft:
   Es gilt

$$\int_{-\infty}^{\infty} f(y)\,dy = 1. \qquad (13.13)$$

4. Eigenschaft:
   Für die Wahrscheinlichkeit, daß eine Realisierung im Intervall a < X ≤ b liegt, gilt

$$P(a<X\leq b) = P(a\leq X\leq b) = \int_{a}^{b} f(y)\,dy = \int_{-\infty}^{b} f(y)\,dy - \int_{-\infty}^{a} f(y)\,dy = F(b)-F(a),$$
$$(13.14)$$

d.h. die Wahrscheinlichkeit ist gleich dem Flächeninhalt zwischen der Kurve y=f(x) und der Abszissenachse, die durch die Geraden x=a und x=b begrenzt wird (vgl. Abb. 13.5).

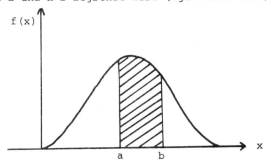

Abb. 13.5

5. Eigenschaft:

Es ist

(13.15) $P(X = a) = \int_a^a f(y)dy = 0,$

d.h. bei einer stetigen Verteilungsfunktion wird dem einzelnen Ereignis X=a nur die Wahrscheinlichkeit Null zugeordnet.
Dies bedeutet jedoch nicht, daß das Ereignis X=a ein unmögliches Ereignis ist. Bei stetigen Zufallsvariablen ist daher
immer nur die Angabe von Wahrscheinlichkeiten für Intervalle
von Realisierungen sinnvoll.

13.3 Momente von Wahrscheinlichkeitsverteilungen

Man kann die Wahrscheinlichkeiten der einzelnen Realisationen
einer Zufallsvariablen quantitativ vollständig beschreiben durch
die Angabe der Wahrscheinlichkeits-, Dichte- und Verteilungsfunktion. Damit verfügt man aber über weit mehr Information als
man zur praktischen Lösung von statistischen Problemen oft benötigt. Man versucht daher, die wichtigsten Eigenschaften einer
Wahrscheinlichkeitsverteilung durch einige wenige Maßzahlen
(Parameter) auszudrücken.

Beispiel 13.7:

Die Anzahl der von einem Händler verkauften Exemplare einer Tageszeitung wird durch die Zufallsvariable X beschrieben. Die
täglichen Absatzmengen x_i stellen die Realisationen dieser Zufallsvariablen dar. Allerdings wird der Zeitungshändler nicht
so sehr an den Werten der einzelnen Realisationen x_i interessiert sein. Für seine Einkaufsentscheidung ist die durchschnittliche Anzahl der in einem bestimmten Zeitraum verkauften Exemplare (etwa einem Monat) wichtiger.

Beispiel 13.8:

Bei einem Glücksspiel interessiert die Bestimmung des fairen Wett-
einsatzes. Angenommen, ein Bankhalter verpflichtet sich denjenigen Geldbetrag auszubezahlen, der durch die Augenzahl eines vom

Spieler geworfenen Würfels bestimmt wird. Um den fairen Wetteinsatz zu bestimmen, fragt man zunächst, welchen Betrag der Bankhalter im Querschnitt pro Spiel auszubezahlen hat. Diesen Wert
wird man als fairen Wetteinsatz für das Spiel ansehen. Natürlich
wird der Bankhalter noch einen Zuschlag zu diesem fairen Wetteinsatz verlangen, um einen Gewinn zu erzielen. Dieser Gewinn wird
sich jedoch erst 'auf lange Sicht', d.h. nach einer hinreichend
großen Zahl von durchgeführten Spielen einstellen.

13.3.1 Der Erwartungswert

Diese Idee der 'durchschnittlichen Zahlung auf lange Sicht' kann
mittels des arithmetischen Mittels und der Häufigkeitsdefinition
der Wahrscheinlichkeit präzisiert werden.

Mit den n Realisierungen eines Zufallsexperimentes seien Zahlungen
verbunden, welche die Werte x_1, x_2, ..., x_k (k < n) annehmen können. Die n Realisierungen bilden eine endliche Grundgesamtheit
mit den Merkmalsausprägungen x_i. Die beobachteten Realisierungen
werden in Tabellenform dargestellt.

Merkmalsausprägung	absolute Häufigkeit	relative Häufigkeit
x_1	n_1	$h(x_1)$
x_2	n_2	$h(x_2)$
.	.	.
.	.	.
.	.	.
x_k	n_k	$h(x_k)$
Summe	n	1

Das arithmetische Mittel der Zahlungen ergibt sich zu

$$\bar{x}(n) = \frac{1}{n} (n_1 x_1 + n_2 x_2 + \ldots + n_k x_k)$$

$$= h(x_1)x_1 + h(x_2)x_2 + \ldots + h(x_k)x_k = \sum_{i=1}^{k} h(x_i)x_i.$$

Wendet man die Häufigkeitsdefinition der Wahrscheinlichkeit

$$\lim_{n \to \infty} \frac{n_i}{n} = \lim_{n \to \infty} h(x_i) = p_i$$

auf $\bar{x}(n)$ an, dann erhält man

$$\lim_{n \to \infty} \bar{x}(n) = \lim_{n \to \infty} \sum_{i=1}^{k} h(x_i) x_i = \sum_{i=1}^{k} \lim_{n \to \infty} h(x_i) x_i$$

$$= \sum_{i=1}^{k} p_i x_i .$$

Dieser Grenzwert gibt Anlaß, den Erwartungswert einer diskreten Zufallsvariablen, der mit dem Symbol E(X) oder μ_X bezeichnet wird, wie folgt zu definieren.

Definition:

Es sei X eine diskrete Zufallsvariable mit den k Merkmalsausprägungen x_i, i=1,2,...,k. Der Erwartungswert E(X) dieser Zufallsvariable wird definiert als

(13.16) $\qquad E(X) = \mu_X = \sum_{i=1}^{k} x_i \, P(X = x_i) = \sum_{i=1}^{k} p_i x_i .$

In der beschreibenden Statistik wurde das arithmetische Mittel $\bar{x}$ einer Häufigkeitsverteilung mittels der relativen Häufigkeit $h(x_i)$ der Realisierung x_i berechnet. Jetzt tritt an die Stelle der relativen Häufigkeit die Wahrscheinlichkeit p_i für die Realisation x_i. Dies bedeutet, daß durch das Rechnen mit Durchschnitten ein stochastisches Problem wie ein deterministisches behandelt wird, wobei anstatt der gesamten Wahrscheinlichkeitsverteilung nur ihr Erwartungswert in der Rechnung berücksichtigt wird.

Beispiel 13.9:

Bei einem Würfelspiel wird die vom Spieler gewürfelte Augenzahl als Gewinn ausgezahlt, höchstens jedoch 4 Geldeinheiten. Wie groß ist der Erwartungswert der ausgesetzten Gewinnsumme?
Die Zufallsvariable sei X={ausgezahlte Gewinnsumme}.
Ihr Definitionsbereich ergibt sich aus der Menge G der Elementarereignisse und ihr Wertebereich R_X durch die folgende Zuordnungsvorschrift.

G $\longrightarrow x_i \in R$	p_i	$p_i x_i$
(1) $\longrightarrow$ 1	1/6	1/6
(2) $\longrightarrow$ 2	1/6	2/6
(3) $\longrightarrow$ 3	1/6	3/6
(4),(5),(6) $\longrightarrow$ 4	3/6	12/6
Summe	1	$\dfrac{18}{6} = 3$

Somit $$E(X) = \mu_X = \sum_{i=1}^{4} p_i x_i = 3$$

d.h. 'auf lange Sicht' werden bei diesem Würfelspiel im Durchschnitt 3 Geldeinheiten pro Spiel als Gewinnsumme ausgezahlt.

Ist die Zufallsvariable X stetig, dann wird zur Definition des
Erwartungswertes die Dichtefunktion verwendet. An die Stelle
der Summe tritt das Integral und man erhält:

Definition:
Es sei X eine stetige Zufallsvariable, deren Wahrscheinlichkeits-
verteilung eine Dichtefunktion f(x) besitzt. Der Erwartungswert
E(X) dieser Zufallsvariable wird definiert als

(13.17) $$E(X) = \mu_X = \int_{-\infty}^{\infty} x\, f(x)\, dx.$$

Wenn die Realisationen der Zufallsvariablen X nur aus dem endlichen Intervall (a,b) stammen können, erstreckt sich die Integration auch nur über dieses Intervall, d.h.

$$E(X) = \mu_X = \int_a^b x\, f(x)\, dx.$$

Beispiel 13.1o:

Die stetige Zufallsvariable X kann Realisierungen im Intervall
[0,2] annehmen. Ihre Dichtefunktion beträgt $f(x) = \frac{x}{2}$. Dann erhält man ihren Erwartungswert zu

$$E(X) = \mu_X = \int_0^2 x f(x)\,dx = \int_0^2 \frac{x^2}{2}\,dx = \frac{x^3}{6}\Big|_0^2 = \frac{8}{6} = \frac{4}{3}.$$

13.3.2 Die Varianz

Der Erwartungswert allein reicht oft nicht aus, um die Eigenschaften einer Wahrscheinlichkeitsverteilung zu beschreiben.
Ein weiterer wichtiger Parameter einer Wahrscheinlichkeitsverteilung ist die Streuung der Realisierungen um den Erwartungswert. Während der Erwartungswert das mittlere Niveau der von
einer Zufallsvariablen angenommenen Realisierungswerte kennzeichnet, charakterisiert die Varianz die Streuung der einzelnen Rea-

323

lisierungen um den Mittelwert der Wahrscheinlichkeitsverteilung.
Man definiert die Varianz als den Erwartungswert des Abweichungs-
quadrates der einzelnen Realisierungen vom Mittelwert der Verteilung. Man spricht daher auch von der mittleren quadratischen
Abweichung oder Dispersion. Die Varianz wird mit dem Symbol
$D^2(X)$ oder σ_X^2 bezeichnet.

Definition:

Es sei X eine Zufallsvariable.
Ihre Varianz wird definiert als

$$(13.18) \qquad D^2(X) = \sigma_X^2 = E\{[X - E(X)]^2\}$$

$$= \begin{cases} \sum_{i=1}^{k} (x_i - \mu)^2 \cdot p_i, & \text{falls X diskret,} \\[2ex] \int_{-\infty}^{+\infty} (x - \mu)^2 f(x)dx, & \text{falls X stetig.} \end{cases}$$

Die numerische Berechnung der Varianz σ^2 wird oft durch den
Streuungsverschiebungssatz erleichtert. Dieser besagt

$$(13.19) \qquad \sigma_X^2 = E\{[X - E(X)]^2\} = E(X^2) - \mu^2$$

$$= \begin{cases} \sum_{i=1}^{k} x_i^2 p_i - \mu^2, & \text{falls X diskret,} \\[2ex] \int_{-\infty}^{\infty} x^2 f(x)dx - \mu^2, & \text{falls X stetig.} \end{cases}$$

Dieser Streuungsverschiebungssatz läßt sich leicht beweisen, es
gilt nämlich

$$E\{[X-E(X)]^2\} = E\{X^2 - 2X\,E(X) + [E(X)]^2\}$$

$$= E(X^2) - 2[E(X)]^2 - [E(X)]^2$$

$$(13.2o) \qquad = E(X^2) - \mu^2.$$

Bei vielen Problemen besitzt die positive Quadratwurzel aus der
Varianz, $+\sqrt{\sigma_X^2} = \sigma_X$, eine größere Bedeutung. Man bezeichnet σ_X als
Standardabweichung.

Beispiel 13.11:

a) diskrete Zufallsvariable

Für das Würfelspiel aus Beispiel 13.9 soll die Varianz bestimmt werden. Man erhält

1. $\sum\limits_{i=1}^{4} (x_i - \mu)^2 \cdot p_i = \sum\limits_{i=1}^{4} (x_i - 3)^2 \cdot p_i$

$= (1-3)^2 \cdot 1/6 + (2-3)^2 \cdot 1/6 + (3-3)^2 \cdot 1/6 + (4-3)^2 \cdot 3/6$

$= 4/6 + 1/6 + 0 + 3/6 = 1\ 1/3.$

2. $\sum\limits_{i=1}^{4} x_i^2 p_i - \mu^2 = 1/6 + 4/6 + 9/6 + 48/6 - 9$

$= 10\ 1/3 - 9 = 1\ 1/3.$

b) stetige Zufallsvariable

Für die Zufallsvariable X des Beispiels 13.1o soll die Varianz bestimmt werden. Man erhält

1. $\int\limits_{0}^{2} (x - \frac{4}{3})^2 \cdot \frac{x}{2} dx = \int\limits_{0}^{2} (x^2 - \frac{8}{3}x + \frac{16}{9}) \cdot \frac{x}{2} dx$

$= \int\limits_{0}^{2} (\frac{x^3}{2} - \frac{4x^2}{3} + \frac{8x}{9}) dx = (\frac{x^4}{8} - \frac{4x^3}{9} + \frac{4x^2}{9}) \Big|_{0}^{2}$

$= \frac{16}{8} - \frac{32}{9} + \frac{16}{9} = \frac{16}{8} - \frac{16}{9} = \frac{2}{9}.$

2. $\int\limits_{0}^{2} x^2 \cdot f(x) dx - \mu^2 = \int\limits_{0}^{2} \frac{x^3}{2} dx - \frac{16}{9}$

$= \frac{x^4}{8} \Big|_{0}^{2} - \frac{16}{9} = \frac{16}{8} - \frac{16}{9} = \frac{2}{9}.$

13.3.3 Das Konzept der Momente von Wahrscheinlichkeitsverteilungen

Wie in der deskriptiven Statistik bei der Darstellung von empiri-schen Häufigkeitsverteilungen kann man auch in der Wahrschein-lichkeitsrechnung den Erwartungswert und die Varianz einer Zu-fallsvariablen als spezielle Momente dieser Zufallsvariable auf-fassen. Um eine deutliche Abgrenzung gegenüber den Momenten der empirischen Häufigkeitsverteilungen zu besitzen, benutzt man in der Wahrscheinlichkeitsrechnung griechische Buchstaben zur Kenn-zeichnung der Momente. Diese Momente besitzen in der Wahrschein-lichkeitsrechnung und der mathematischen Statistik eine große Be-deutung. Man kann nämlich die Form der Wahrscheinlichkeitsvertei-

lung durch die Angabe einiger spezieller Momente hinreichend
genau beschreiben.

Betrachtet man Potenzfunktionen der Zufallsvariablen X, die von
der Form

$$Y = (X - a)^k, \quad k=1,2,\ldots$$

sind, wobei a eine beliebige Konstante darstellt, dann bezeichnet man die Erwartungswerte dieser neuen Zufallsvariablen Y als
Momente.

Definition:
Das k-te Moment einer Zufallsvariablen X in Bezug auf die Konstante a ist der Erwartungswert.

$$(13.21) \quad E\{(X - a)^k\} = \begin{cases} \sum_i (x_i - a)^k p_i, & \text{falls X diskret,} \\ \int\limits_{-\infty}^{\infty} (x-a)^k f(x)dx, & \text{falls X stetig.} \end{cases}$$

Analog der Darstellung in der deskriptiven Statistik unterscheidet
man zwei Spezialfälle, je nachdem welchen Wert die Konstante a
annimmt.

Falls a=0 ist, spricht man von einem gewöhnlichen Moment k-ter
Ordnung, μ_k', und definiert

Definition:
Das gewöhnliche Moment k-ter Ordnung der Zufallsvariablen X lautet

$$(13.22) \quad E(X^k) = \mu_k' = \begin{cases} \sum_i x_i^k p_i, & \text{falls X diskret,} \\ \int\limits_{-\infty}^{\infty} x^k f(x)dx, & \text{falls X stetig.} \end{cases}$$

Das gewöhnliche Moment k-ter Ordnung kann somit als gewogenes
arithmetisches Mittel der k-ten Potenzen der Realisierungen der
Zufallsvariablen X aufgefaßt werden. Man erkennt sofort, daß der
Erwartungswert das gewöhnliche Moment 1-ter Ordnung ist, d.h.

$$E(X) = \mu_1' = \mu.$$

Diese gewöhnlichen Momente reichen aber oft noch nicht aus, um die Eigenschaften einer Wahrscheinlichkeitsverteilung hinreichend genau darzustellen. Man definiert daher auch noch gewogene arithmetische Mittel, die sich auf das gewöhnliche Moment erster Ordnung, den Erwartungswert, beziehen. Diese Momente, bei denen die Konstante a den Wert

$$a = \mu_1' = E(X) = \mu$$

annimmt, bezeichnet man als zentrale Momente k-ter Ordnung μ_k.

Definition:

Das zentrale Moment k-ter Ordnung der Zufallsvariablen X lautet

$$(13.23) \quad E\{[X - E(X)]^k\} = \mu_k = \begin{cases} \sum_i (x_i - \mu)^k \, p_i, & \text{falls X diskret,} \\ \int_{-\infty}^{\infty} (x-\mu)^k \, f(x)dx, & \text{falls X stetig.} \end{cases}$$

Man erkennt, daß das zentrale Moment 2-ter Ordnung die Varianz der Zufallsvariablen X darstellt, d.h.

$$\text{var}(X) = \mu_2 = \sigma^2.$$

Wie in der deskriptiven Statistik dienen die zentralen Momente dritter Ordnung, μ_3, zur Darstellung der Asymmetrie (Schiefe) einer Wahrscheinlichkeitsverteilung. Die zentralen Momente vierter Ordnung, μ_4, stellen ein approximatives Maß zur Beurteilung der Abflachung der Kurve der Dichtefunktion f(x) dar.

Die zentralen Momente μ_k lassen sich aus den gewöhnlichen Momenten μ_k' berechnen, wodurch ihre praktisch numerische Berechnung oft wesentlich erleichtert wird. Von besonderer Bedeutung ist dabei die Beziehung

$$(13.24) \quad \mu_2 = \mu_2' - (\mu_1')^2,$$

die früher bereits als sog. Verschiebungssatz in der Form

$$(13.2o) \quad \sigma^2 = E(X^2) - \mu^2$$

angegeben wurde.

13.4 Zweidimensionale Wahrscheinlichkeitsverteilungen

Bisher wurden Zufallsvariable betrachtet, deren Realisierungen reelle Zahlen waren. Es gibt aber auch Probleme, bei denen zwei und mehr Zufallsvariable gleichzeitig betrachtet werden müssen. Etwa das gleichzeitige Würfeln mit zwei Würfeln oder die Bestimmung von Körpergröße und -umfang einer Person zur Festlegung der Konfektionsgröße.

Um eine Theorie für mehrere Zufallsvariable zu entwickeln, kann man sich vorstellen,

a) daß man in einer konkreten Situation mehrere Beobachtungen anstellt und somit eine Menge von Zufallsvariablen erhält, und

b) daß man dem Ergebnis eines Zufallsexperimentes ein Zahlenpaar oder ein Zahlen n-tupel zuordnet.

Die Realisierungen eines solchen Systems von mehreren Zufallsvariablen lassen sich als Punkte in einem euklidischen Raum darstellen, dessen Dimension gleich der Anzahl der Zufallsvariablen ist. Man spricht dann von einer mehrdimensionalen Zufallsvariablen.

Im folgenden wollen wir uns auf die Untersuchung der Wahrscheinlichkeitsverteilungen von zweidimensionalen Zufallsvariablen beschränken.

13.4.1 Wahrscheinlichkeitsverteilungen

Bei der Untersuchung zweidimensionaler Zufallsvariablen unterscheidet man wieder zwischen diskreten und stetigen Variablen, deren Definition eine unmittelbare Verallgemeinerung der Definition der eindimensionalen Zufallsvariablen X darstellt. Man sagt, die zweidimensionale Zufallsvariable (X,Y) sei diskret, wenn die einzelnen Zufallsvariablen X und Y beide diskrete Zufallsvariable sind. Sind dagegen die beiden Zufallsvariablen X und Y beide stetig, so ist auch die zweidimensionale Zufallsvariable (X,Y) stetig. Bei praktischen Problemen findet man häufig auch gemischte Zufallsvariable, bei denen eine Komponente stetig und die andere diskret ist.

Bei zweidimensionalen Zufallsvariablen lassen sich, analog zur
beschreibenden Statistik, verschiedene Arten von Wahrscheinlichkeitsverteilungen angeben, nämlich die gemeinsame Verteilung,
die Randverteilung und die bedingten Verteilungen.

Als Wahrscheinlichkeitsfunktion der diskreten zweidimensionalen
Zufallsvariablen (X,Y) bezeichnet man die Funktion, die die Wahr-
scheinlichkeit angibt, daß die Zufallsvariable einen bestimmten
Wert (x_i, y_j) mit der Wahrscheinlichkeit p_{ij} annimmt, d.h.

(13.25) $$P(X = x_i, Y = y_j) = p_{ij}.$$

Für jede zweidimensionale diskrete Zufallsvariable gilt die Beziehung

$$\sum_i \sum_j p_{ij} = 1,$$

wobei über alle möglichen Realisierungen x_i und y_j summiert wird.
Die gemeinsame Verteilungsfunktion $F(x,y)$ einer stetigen oder
diskreten zweidimensionalen Zufallsvariablen (X,Y) gibt die Wahrscheinlichkeit an, daß sowohl $X \leq x$, als auch $Y \leq y$ ist, d.h.

(13.26) $$F(x,y) = P(X \leq x, Y \leq y).$$

Die Wahrscheinlichkeit, daß die zweidimensionale Zufallsvariable
(X,Y) im Intervall $(x_1 < X \leq x_2, y_1 < Y \leq y_2)$ liegt, läßt sich wie
folgt berechnen (vgl. Abb. 13.6)

$$P(x_1 < X \leq x_2, y_1 < Y \leq y_2)$$
$$= P(X \leq x_2, Y \leq y_2) - P(X \leq x_2, Y \leq y_1)$$
$$- P(X \leq x_1, Y \leq y_2) + P(X \leq x_1, Y \leq y_1)$$

(13.27) $$= F(x_2, y_2) - F(x_2, y_1) - F(x_1, y_2) + F(x_1, y_1).$$

Da die Verteilungsfunktion eine Wahrscheinlichkeit ist, gilt

$$0 \leq F(x,y) \leq 1, \quad \lim_{y \to -\infty} F(x,y) = \lim_{x \to -\infty} F(x,y) = 0, \quad \text{sowie} \lim_{\substack{x \to +\infty \\ y \to +\infty}} F(x,y) = 1.$$

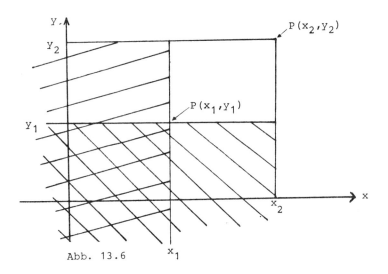

Abb. 13.6

Existiert in allen Punkten (x,y) des zweidimensionalen euklidischen Raumes der Grenzwert

$$\lim_{\substack{\Delta x \to 0 \\ \Delta y \to 0}} \frac{P(x \leq X \leq x+\Delta x,\ y \leq Y \leq y+\Delta y)}{\Delta x \Delta y} = \frac{\partial^2 F(x,y)}{\partial x \partial y} = f(x,y) \geq 0,$$

so heißt die zweidimensionale Zufallsvariable (X,Y) stetig. Die Funktion f(x,y) nennt man die Dichtefunktion der zweidimensionalen Zufallsvariablen (X,Y). Es gelten die folgenden beiden Beziehungen

$$\int_{-\infty}^{+\infty} \int_{-\infty}^{+\infty} f(x,y)\ dxdy = 1,\quad \text{und}$$

(13.28)
$$F(x,y) = \int_{-\infty}^{x} \int_{-\infty}^{y} f(x,y)\ dxdy.$$

Kann die stetige Zufallsvariable X Realisierungen im Intervall (a,b] und Y im Intervall (c,d] annehmen, so ergibt sich die Wahrscheinlichkeit, daß a < X ≤ b und c < Y ≤ d ist, zu

(13.29)
$$P(a < X \leq b,\ c < Y \leq d) = \int_{a}^{b} \int_{c}^{d} f(x,y)\ dxdy.$$

330

Beispiel 13.12:

Es wird die Zufallserscheinung betrachtet, daß ein schwarzer
und ein roter Würfel gleichzeitig geworfen werden. Als Zufallsvariable X wird die Augenzahl des roten Würfels und als Zufallsvariable Y die des schwarzen Würfels definiert.
Das Elementarereignis E_{ij} stellt das Ereignis dar, mit dem roten
Würfel die Augenzahl x_i und mit dem schwarzen Würfel die Augenzahl y_j zu werfen.
Die Menge G der Elementarereignisse enthält 36 Elemente, die alle
gleichwahrscheinlich sind, so daß die Wahrscheinlichkeiten $P(E_{ij})$
alle gleich $\frac{1}{36}$ sind.

Die gemeinsame Wahrscheinlichkeitsfunktion ist daher gegeben
durch:

$$P(E_{ij}) = P(X=x_i \text{ und } Y=y_i) = p(x_i,y_j) = p_{ij} = \frac{1}{36} .$$

Die gemeinsame Verteilungsfunktion ist definiert:

$$F(x,y) = \sum_{i=1}^{x} \sum_{j=1}^{y} p_{ij} = \sum_{i=1}^{x} \sum_{j=1}^{y} \frac{1}{36} .$$

Werte der Verteilungsfunktion $F(x,y)$:

x \ y	0	1	2	3	4	5	6
0	0	0	0	0	0	0	0
1	0	1/36	2/36	3/36	4/36	5/36	6/36
2	0	2/36	4/36	6/36	8/36	10/36	12/36
3	0	3/36	6/36	9/36	12/36	15/36	18/36
4	0	4/36	8/36	12/36	16/36	20/36	24/36
5	0	5/36	10/36	15/36	20/36	25/36	30/36
6	0	6/36	12/36	18/36	24/36	30/36	36/36

Beispiel 13.13:

Ein technisches Gerät besteht aus zwei Systemelementen. Das Gerät fällt aus, wenn beide Systemelemente ausfallen. Die Lebensdauer eines Elementes sei eine Zufallsvariable, die mit X bzw. Y
bezeichnet wird.

331

Die Wahrscheinlichkeit, daß das erste Element eine Lebensdauer kleiner als x besitzt, d.h. vorher ausfällt, wird gegeben durch:

$$P(X \leq x) = F(x) = 1 - e^{-\lambda_1 x}.$$

Analog ergibt sich für das zweite Element:

$$P(Y \leq y) = F(y) = 1 - e^{-\lambda_2 y}.$$

Die gemeinsame Verteilungsfunktion der Zufallsvariablen X und Y gibt dann die Wahrscheinlichkeit an, daß das Gerät ausfällt. Wegen der stochastischen Unabhängigkeit von X und Y erhält man

$$P(X \leq x) \text{ und } Y \leq y) = F(x,y) = F(x) \cdot F(y) = (1 - e^{-\lambda_1 x}) \cdot (1 - e^{-\lambda_2 y})$$

$$= 1 - e^{-\lambda_1 x} - e^{-\lambda_2 y} + e^{-\lambda_1 x - \lambda_2 y}.$$

Die gemeinsame Dichtefunktion ist gegeben durch:

$$\frac{\partial F(x,y)}{\partial x} = +\lambda_1 e^{-\lambda_1 x} - \lambda_1 e^{-\lambda_1 x - \lambda_2 y},$$

$$\frac{\partial^2 F(x,y)}{\partial x \, \partial y} = \lambda_1 \lambda_2 e^{-\lambda_1 x - \lambda_2 y} = f(x,y).$$

Es handelt sich hierbei um die Dichte der Ausfallwahrscheinlichkeit des Gerätes.

Bei praktischen Problemen wird oft die zweidimensionale Verteilung F(x,y) gegeben und die Verteilung der einen Variablen (beispielsweise X) gesucht, unabhängig davon, welche Werte die andere Variable (hier Y) angenommen hat. Diese Verteilung nennt man die Randverteilung der Zufallsvariablen X.

$$F_Y(x) = \begin{cases} \int\limits_{-\infty}^{+\infty} \int\limits_{-\infty}^{x} f(x,y) \, dx \, dy & \text{im stetigen Fall,} \\[2mm] \sum\limits_{j=-\infty}^{+\infty} \sum\limits_{i=1}^{x} p(x_i, y_j) & \text{im diskreten Fall.} \end{cases} \tag{13.3o}$$

Analog kann man eine Randverteilung der Zufallsvariablen Y einführen. Die Randdichtefunktionen $f_Y(x)$ und $f_X(y)$ lassen sich analog aus der gemeinsamen Dichtefunktion f(x,y) bestimmen.

$$f_Y(x) = \frac{dF_Y(x)}{dx} = \int\limits_{-\infty}^{+\infty} f(x,y) \, dy \quad \text{und} \quad f_X(y) = \frac{dF_X(y)}{dy} = \int\limits_{-\infty}^{+\infty} f(x,y) \, dx. \tag{13.31}$$

Die entsprechenden Wahrscheinlichkeitsfunktionen der diskreten Zufallsvariablen lauten:

$$p_Y(x) = \sum\limits_{j=-\infty}^{+\infty} p(x_i, y_j) \quad \text{und} \quad p_X(y) = \sum\limits_{i=-\infty}^{+\infty} p(x_i, y_j). \tag{13.32}$$

Randverteilung für Beispiel 13.12:

Fragt man nach der Wahrscheinlichkeit, mit dem roten Würfel eine beliebige Augenzahl x zu werfen, während man mit dem schwarzen die vorgegebene Augenzahl y_j wirft, dann ergibt sich diese zu:

$$p_X(y_j) = P(X=1 \text{ oder } 2 \text{ oder } 3 \text{ oder } 4 \text{ oder } 5 \text{ oder } 6 \text{ und } Y=y_j)$$

$$= \sum_{i=1}^{6} p_{ij} = p_{.j} \cdot$$

Die Verteilungsfunktion ergibt sich dann zu:

$$F_X(y_j) = P(-\infty < X < +\infty, \ Y \le y_j) = \sum_{i=1}^{6} \sum_{j=1}^{y_j} p_{ij}.$$

y_j	0	1	2	3	4	5	6
$p_X(y_j)$	−	6/36	6/36	6/36	6/36	6/36	6/36
$F_X(y_j)$	0	6/36	12/36	18/36	24/36	30/36	36/36

Auf analoge Weise erhält man die Randverteilung für $F_Y(x_i)$ bzw. $p_Y(x_i)$.

Randverteilung für Beispiel 13.13:

Fragt man nach der Wahrscheinlichkeit, daß das erste Element eine beliebige Lebensdauer erreicht und das zweite Element vor Erreichen eines vorgegebenen Alters ausfällt, dann läßt sich diese mit Hilfe der folgenden Verteilungsfunktion bestimmen:

$$F_X(y) = \int_{-\infty}^{y} \int_{-\infty}^{+\infty} f(x,y)\,dx\,dy$$

$$= \lambda_1 \lambda_2 \cdot \int_{0}^{y} \int_{0}^{\infty} e^{-\lambda_1 x} e^{-\lambda_2 y}\,dx\,dy$$

$$= \lambda_1 \lambda_2 \cdot \int_{0}^{y} -\left[\frac{1}{\lambda_1} e^{-\lambda_1 x}\right]_0^{\infty} e^{-\lambda_2 y}\,dy$$

$$= \lambda_2 \int_{0}^{y} e^{-\lambda_2 y}\,dy = \lambda_2 \left[-\frac{1}{\lambda_2} e^{-\lambda_2 y}\right]_0^{y} = 1 - e^{-\lambda_2 y} \cdot$$

Die Randdichte ergibt sich zu:

a) $f_X(y) = \int_{-\infty}^{+\infty} f(x,y)\,dx = \lambda_1 \lambda_2 \int_{0}^{\infty} e^{-\lambda_1 x - \lambda_2 y}\,dx = \lambda_1 \lambda_2\, e^{-\lambda_2 y} \int_{0}^{\infty} e^{-\lambda_1 x}\,dx$

$$= \lambda_1 \lambda_2\, e^{-\lambda_2 y}\left[-\frac{1}{\lambda_1} e^{-\lambda_1 x}\right]_0^{\infty} = \lambda_2\, e^{-\lambda_2 y}.$$

b) $$f_X(y) = \frac{dF_X(y)}{dy} = \lambda_2\, e^{-\lambda_2 y}.$$

333

Große Bedeutung besitzt ebenfalls der Begriff der bedingten Verteilung, darunter versteht man die Verteilung einer Zufallsvariablen, etwa X, unter der Voraussetzung, daß die andere Zufallsvariable, hier Y, einen bestimmten festen Wert, hier Y = y., angenommen hat. Man spricht dann von der bedingten Verteilung der Zufallsvariablen X unter der Bedingung Y = y und bestimmt die Dichtefunktion dieser bedingten Verteilung für eine stetige Zufallsvariable mittels der Beziehungen

$$(13.33) \qquad f(x|y) = \frac{f(x,y)}{f_X(y)} \quad \text{bzw.} \quad f(y|x) = \frac{f(x,y)}{f_Y(x)} \; .$$

Bei diskreten Zufallsvariablen bestimmt man die entsprechende Wahrscheinlichkeitsfunktion der bedingten Verteilungen durch

$$(13.34) \qquad p(x|y) = \frac{p(x,y)}{p_X(y)} \quad \text{bzw.} \quad p(y|x) = \frac{p(x,y)}{p_Y(x)} \; .$$

Die bedingten Verteilungsfunktionen ergeben sich dann analog, z.B.

$$(13.35)$$

$$F(x|y) = \frac{F(x,y)}{F_X(y)} = \begin{cases} \int\limits_{-\infty}^{y} \int\limits_{-\infty}^{x} f(x,y)\,dxdy \Big/ \int\limits_{-\infty}^{+\infty} \int\limits_{-\infty}^{y} f(x,y)\,dxdy & \text{im stetigen Fall,} \\[2ex] \sum\limits_{i=-\infty}^{x} \sum\limits_{j=-\infty}^{y} p(x_i,y_j) \Big/ \sum\limits_{i=-\infty}^{+\infty} \sum\limits_{j=-\infty}^{y} p(x_i,y_j) & \text{im diskreten Fall.} \end{cases}$$

Bedingte Verteilung für Beispiel 13.12:

Fragt man nach der Wahrscheinlichkeit, daß mit dem roten Würfel die Augenzahl x_i geworfen wird unter der Bedingung, daß beim schwarzen Würfel die Augenzahl y_j geworfen würde, dann gilt:

$$p(x_i|y_j) = \frac{p_{ij}}{p_X(y_j)} = \frac{1/36}{6/36} = 1/6.$$

Bedingte Verteilung für Beispiel 13.13:

Fragt man nach der Wahrscheinlichkeit, daß das zweite Element vor Erreichen eines vorgegebenen Alters ausfällt unter der Bedingung, daß das erste Element vor Erreichen eines bestimmten Alters ausgefallen ist, so ergibt sich diese mit Hilfe der bedingten Verteilung:

334

$$f(y|x) \doteq \frac{f(x,y)}{f_Y(x)} = \lambda_2\, e^{-\lambda_2 y}.$$

Viele Methoden der analytischen Statistik basieren auf der Annahme von stochastisch unabhängigen Zufallsvariablen. Man bezeichnet die beiden Zufallsvariablen X und Y der zweidimensionalen Zufallsvariablen (X,Y) als voneinander stochastisch unabhängig, wenn für alle Realisierungen x_i und y_j gilt

(13.36) $\qquad P(X \leq x_i,\ Y \leq y_j) = P(X \leq x_i) \cdot P(Y \leq y_j).$

Daraus folgt, daß zwei diskrete Zufallsvariable d.u.n.d. stochastisch unabhängig sind, wenn gilt

(13.37) $\qquad p(x,y) = p_Y(x) \cdot p_X(y),$

und bei stetigen Zufallsvariablen, wenn gilt

(13.38) $\qquad f(x,y) = f_Y(x) \cdot f_X(y).$

Stochastische Unabhängigkeit für Beispiel 13.12:

Wie man leicht sieht, sind in diesem Beispiel die beiden Zufallsvariablen X und Y stochastisch unabhängig, denn es gilt:

$$p(x_i,y_j) = p_X(y_j) \cdot p_Y(x_i) \quad \text{für alle } i,j.$$

Stochastische Unabhängigkeit für Beispiel 13.13:

Wie man leicht sieht, sind in diesem Beispiel die beiden Zufallsvariablen X und Y stochastisch unabhängig, denn es gilt:

$$\lambda_1\lambda_2\, e^{-\lambda_1 x - \lambda_2 y} = \lambda_1\, e^{-\lambda_1 x} \cdot \lambda_2\, e^{-\lambda_2 y}.$$

13.4.2 Momente der gemeinsamen Verteilung und der Randverteilungen

Wie bei den eindimensionalen Zufallsvariablen werden zur Charakterisierung der Wahrscheinlichkeitsverteilung zweidimensionaler Zufallsvariablen die Momente der Verteilung benutzt.

Als Moment der Ordnung r+s der zweidimensionalen Zufallsvariablen (X,Y) definiert man den Erwartungswert

(13.39) $$E\{(X - a)^r \cdot (Y - b)^s\}.$$

Für a = 0 und b = 0 erhält man das gewöhnliche Moment der Ordnung r+s

(13.4o) $$\mu'_{rs} = E\{X^r \cdot Y^s\},$$

und wenn man Erwartungswerte als Bezugsgrößen wählt, d.h. a = μ_X und b = μ_Y, dann erhält man das zentrale Moment der Ordnung r+s

(13.41) $$\mu_{rs} = E\{(X - \mu_X)^r \cdot (Y - \mu_Y)^s\}.$$

Setzt man r = 0, so stellen die erhaltenen Momente μ'_{os} und μ_{os} die Momente der Randverteilung der Variablen Y dar. Setzt man s = 0, so stellen die erhaltenen Momente μ'_{ro} und μ_{ro} die Momente der Randverteilung der Variablen X dar. Speziell erhält man demnach

$$\mu'_{1o} = E(X) = \mu_X, \quad \text{und}$$

$$\mu'_{o1} = E(Y) = \mu_Y.$$

Von großer Bedeutung für die Messung der Abhängigkeit der beiden Zufallsvariablen X und Y ist das zentrale Moment der Ordnung 1+1, die sog. Kovarianz

(13.42) $$\text{Cov}(X,Y) = \mu_{11} = E\{[X - E(X)][Y - E(Y)]\}.$$

Es gilt der Satz:
Wenn die beiden Zufallsvariablen X und Y voneinander stochastisch unabhängig sind, dann ist ihre Kovarianz gleich Null.

Aus dieser Aussage kann gefolgert werden, daß die Kovarianz als eine Art Maßzahl für den Grad der Abhängigkeit zweier Zufallsvariablen verwendet werden kann. Die Kovarianz ist Null, wenn die beiden Zufallsvariablen stochastisch unabhängig sind. Ist sie ungleich Null, dann besteht zwischen den beiden Zufallsvariablen eine Abhängigkeit. Allerdings sollte man beachten, daß die Umkehrung des obigen Satzes nicht gilt, d.h. wenn die Kovarianz zweier Zufallsvariabler Null ist, kann man nicht daraus schließen, daß die beiden Zufallsvariablen stochastisch unabhängig sind.

Es erweist sich jedoch als zweckmäßiger, als Maßgröße für die Abhängigkeit zweier Zufallsvariabler ein normiertes Maß zu verwenden, das nur Werte aus einem bestimmten endlichen Intervall annehmen kann. Als eine solche Maßgröße hat sich der Korrelationskoeffizient ρ erwiesen, der wie folgt definiert ist

$$(13.43) \qquad \rho = \frac{\text{Cov}(X,Y)}{\sqrt{\text{Var}(X) \cdot \text{Var}(Y)}} \; .$$

Es gilt dann die Aussage:
Sind die beiden Zufallsvariablen X und Y stochastisch unabhängig, dann ist der Korrelationskoeffizient ρ gleich Null.

Auch diese Aussage ist nicht umkehrbar. Wenn der Korrelationskoeffizient ungleich Null ist, so weiß man, daß die beiden Zufallsvariablen abhängig sind. Ist dagegen der Korrelationskoeffizient gleich Null, so kann man daraus nicht auf die Unabhängigkeit der beiden Zufallsvariablen schließen. Man spricht in einem solchen Fall davon, daß die beiden Zufallsvariablen X und Y unkorreliert seien. Zwei abhängige Zufallsvariable sind immer auch korreliert, dagegen können zwei nicht korrelierte Zufallsvariable auch voneinander abhängig sein.

Dies bedeutet, daß es relativ leicht ist, festzustellen, ob zwei Zufallsvariable korreliert sind, daß es jedoch im allgemeinen wesentlich schwieriger ist, nachzuprüfen, ob die beiden Zufallsvariablen auch stochastisch unabhängig sind. Letzteres erfordert die genaue Kenntnis der zweidimensionalen Wahrscheinlichkeitsverteilung (Dichtefunktion) der beiden Zufallsvariablen X und Y.

13.4.3 Berechnung des Erwartungswertes und der Varianz für Verknüpfungen von zwei Zufallsvariablen

Es werden die beiden Zufallsvariablen X und Y mit den Erwartungswerten

$$E(X) = \mu_X \quad \text{und} \quad E(Y) = \mu_Y,$$

sowie den Varianzen

$$Var(X) = \sigma_X^2 \quad und \quad Var(Y) = \sigma_Y^2$$

betrachtet.

Bezüglich des Erwartungswertes gelten die folgenden Aussagen:

1. Wenn a eine Konstante ist, dann gilt

(13.44) $E(aX) = a\,E(X)$.

2. Für den Erwartungswert der Summe und der Differenz gilt

$$(13.45) \qquad \begin{aligned} E(X + Y) &= E(X) + E(Y), \\ E(X - Y) &= E(X) - E(Y). \end{aligned}$$

3. Für den Erwartungswert des Produktes der beiden Zufallsvariablen gilt

$$E(X \cdot Y) = \begin{cases} E(X) \cdot E(Y), & \text{wenn X und Y stochastisch unabhängig sind,} \\ E(X) \cdot E(Y) + Cov(X,Y), & \text{wenn X und Y stochastisch abhängig sind.} \end{cases}$$

(13.46)

Bezüglich der Varianz gelten folgende Aussagen:

1. Wenn a eine Konstante ist, dann gilt

(13.47) $Var(aX) = a^2\,Var(X)$.

2. Sind a und b Konstante, dann gilt für die Varianz der gewichteten Summe

$$Var(aX+bY) = \begin{cases} a^2\,Var(X) + b^2\,Var(Y), & \text{wenn X und Y stochastisch unabhängig sind,} \\ a^2\,Var(X) + b^2\,Var(Y) + 2ab\,Cov(X,Y), & \text{wenn X und Y stochastisch abhängig sind.} \end{cases}$$

(13.48)

Erwartungswert und Varianz für Beispiel 13.12:

Bei stochastischer Unabhängigkeit gilt:

$$E\{(X,Y)\} = E(X) \cdot E(Y),$$

und $$Var\{(X,Y)\} = Var(X) + Var(Y).$$

Somit folgt für den Erwartungswert unseres Beispiels:

$$E\{(X,Y)\} = (\sum_{i=1}^{6} x_i \cdot p_{i.}) \cdot (\sum_{j=1}^{6} y_j \cdot p_{.j})$$

$$= 3,5 \cdot 3,5 = 12,25,$$

und für die Varianz:

$$\text{Var}\{(X,Y)\} = \sigma_X^2 + \sigma_Y^2$$

$$= 2,917 + 2,917$$

$$= 5,834.$$

Erwartungswert und Varianz für Beispiel 13.13:

Bei stochastischer Unabhängigkeit gilt:
$$E\{(X,Y)\} = E(X) \cdot E(Y),$$
und $\text{Var}\{(X,Y)\} = \text{Var}(X) \cdot \text{Var}(Y).$

Somit folgt für den Erwartungswert unseres Beispiels mittels partieller Integration:

$$E\{(X,Y)\} = [\int_0^\infty x \, f(x)dx] \cdot [\int_0^\infty y \, f(y)dy],$$

$$= [\lambda_1 \int_0^\infty x \, e^{-\lambda_1 x} dx] \cdot [\lambda_2 \int_0^\infty y \, e^{-\lambda_2 y} dy],$$

$$= \lambda_1 \left[-\frac{x}{\lambda_1} e^{-\lambda_1 x} - \frac{1}{\lambda_1^2} e^{-\lambda_1 x} \right]_0^\infty \cdot$$

$$\cdot \lambda_2 \left[-\frac{x}{\lambda_2} e^{-\lambda_2 y} - \frac{1}{\lambda_2^2} \cdot e^{-\lambda_2 y} \right]_0^\infty$$

$$= \frac{1}{\lambda_1} \cdot \frac{1}{\lambda_2},$$

und für die Varianz:

$$\text{Var}\{(X,Y)\} = E(X^2) - [E(X)]^2 + E(Y^2) - [E(Y)]^2,$$

$$= \lambda_1 \int_0^\infty x^2 \, e^{-\lambda_1 x} dx - \frac{1}{\lambda_1^2} + \lambda_2 \int_0^\infty y^2 \, e^{-\lambda_2 y} dy - \frac{1}{\lambda_2^2},$$

$$= \frac{2}{\lambda_1^2} - \frac{1}{\lambda_1^2} + \frac{2}{\lambda_2^2} - \frac{1}{\lambda_2^2},$$

$$= \frac{1}{\lambda_1^2} + \frac{1}{\lambda_2^2}.$$

Aufgabe 1

Das Statistische Amt einer Gemeinde erhob am 31.3.75 die Anzahl ihrer Einwohner und die Höhe ihres monatlichen Einkommens.

Die 1o.ooo Einwohner der Gemeinde verteilten sich dabei auf die folgenden Einkommensklassen:

Höhe des monatl. Einkommens in DM	Zahl der Einwohner
(0 - 400]	900
(400 - 800]	1.800
(800 - 1200]	3.300
(1200 - 1600]	3.000
(1600 - 2000]	1.000

Es wird eine Person zufällig herausgegriffen.

a) Berechnen Sie die Wahrscheinlichkeitsverteilung für die Zufallsvariable X (= Höhe des Einkommens).
   Erläutern Sie den Begriff der Zufallsvariablen.

b) Wie groß ist die Wahrscheinlichkeit, daß ein zufällig ausgewählter Einwohner

   - 12oo DM oder weniger,
   - mehr als 8oo DM,
   - mehr als 4oo DM aber weniger oder gleich 16oo DM

   monatlich verdient?

c) Bestimmen Sie die Wahrscheinlichkeit, beim 2. Zug einen Einwohner zu erhalten, der in die Einkommensklasse (800 - 12oo] DM fällt, wenn im 1. Zug ein Einwohner von 8oo DM oder weniger herausgegriffen wurde. (Ziehen ohne Zurücklegen)

d) Ermitteln Sie das durchschnittliche monatliche Einkommen und seine Standardabweichung in dieser Gemeinde.
   Welche Annahme trifft man dabei?

Aufgabe 2

Auf einem Jahrmarkt erhält man für das Umwerfen von 9 Blechdosen einen Gewinn von DM 50.- und für das Umwerfen von 4 Blechdosen einen Gewinn von DM 20.-. Der Einsatz pro Wurf beträgt DM 3.-.

a) Berechnen Sie die Wahrscheinlichkeit für das Umwerfen von 9 (4) Blechdosen.

b) Wie groß ist langfristig der durchschnittliche Reingewinn des Veranstalters pro Spiel?

c) Ermitteln Sie die Standardabweichung des Reingewinns des Veranstalters pro Spiel.

d) Wie würden sich die unter b) und c) erhaltenen Ergebnisse ändern, wenn man sowohl den Einsatz als auch die Gewinne verdoppeln würde?

Aufgabe 3

Es sei X eine diskrete Zufallsvariable mit der Wahrscheinlichkeitsfunktion p(x).

Beweisen Sie die folgenden Behauptungen:

a) $E(aX) = aE(X)$,

b) $E(aX+b) = aE(X)+b$,

c) $E(X-\mu) = 0$,

d) $E\{(X-\mu)^2\} = E(X^2)-\mu^2$,

e) $E\{(X-x_0)^2\}$ nimmt für $x_0 = \mu$ sein Minimum an.

Aufgabe 4

Erläutern Sie, welcher Zusammenhang zwischen dem Erwartungswert einer Zufallsvariablen X mit der Wahrscheinlichkeitsfunktion p(x) und dem arithmetischen Mittel eines Stichprobenbefundes besteht.

Aufgabe 5

In einer Schachtel liegen 2o Dichtungen, darunter 8 defekte. Es werden 2 Dichtungen nacheinander zufällig ohne Zurücklegen entnommen.

Man betrachte die Zufallsvariablen

X_1 = Anzahl der beim 1. Zug erhaltenen defekten Dichtungen,

X_2 = Anzahl der beim 2. Zug erhaltenen defekten Dichtungen.

a) Man gebe die zweidimensionale Wahrscheinlichkeitsfunktion der Zufallsvariablen (X_1, X_2) an.

b) Wie groß ist die Wahrscheinlichkeit, beim 2. Zug eine defekte Dichtung zu ziehen, wenn im 1. Zug

- eine defekte Dichtung
- keine defekte Dichtung

gezogen wurde?

c) Man bestimme die Randverteilungen und interpretiere die errechneten Werte.

d) Erläutern Sie den Begriff der stochastischen Unabhängigkeit
und geben Sie an, ob die beiden Variablen X_1 und X_2 stochastisch unabhängig sind.
Wie würde sich die Aussage ändern, wenn die Dichtungen mit
Zurücklegen entnommen würden?

Aufgabe 6

Die störungsfreie Laufzeit einer Stanzmaschine in einem Betrieb
der eisenverarbeitenden Industrie besitzt die Dichtefunktion

$f(x) = a\ e^{-ax}$ für $x \geq 0$ und $a = 0,02$.

a) Bestimmen Sie die Verteilungsfunktion $f(x)$ und geben Sie an,
wie groß die Wahrscheinlichkeit ist, daß die Maschine 40 Stunden oder weniger ohne Störung läuft.

b) Wie groß ist die Wahrscheinlichkeit, daß die Maschine mindestens 30 Stunden aber höchstens 60 Stunden ohne Störung läuft?

c) Berechnen Sie die durchschnittliche störungsfreie Laufzeit der
Maschine und ihre Standardabweichung.

d) Halten Sie es für sinnvoll, die Dichtefunktion für den Bereich
$x < 0$ zu definieren?

Aufgabe 7

Ein Hersteller von Garnen hat bei einer Qualitätskontrolle für die
Reißfestigkeit seiner Garnarten A und B folgende Wahrscheinlichkeiten ermittelt:

Reißfestigkeit in g	P_{Ai}	P_{Bi}
20	0,20	0,45
30	0,10	0,20
40	0,20	0,15
50	0,10	0,10
60	0,40	0,10

a) Berechnen Sie die gemeinsame Verteilungsfunktion der Garnsorten A und B und ihre Randverteilungen.
Wie groß sind die Wahrscheinlichkeitsfunktionen der Randverteilungen?

b) Bestimmen Sie die durchschnittliche Reißfestigkeit und die
Varianz der Garnsorten A und B.

c) Nehmen Sie an, daß durch die Einführung eines neuen Produktionsverfahrens die Reißfestigkeit der Garnsorte A verdoppelt und
die der Garnsorte B verdreifacht werden kann.
Wie groß ist dann die Varianz der Garnsorten A und B?

Aufgabe 8

Die Reparaturzeit Z für das Steuerwerk einer elektronischen Datenverarbeitungsanlage besteht aus der Fehlersuche X_1 und der Reparaturzeit X_2.
Diese seien beide exponentialverteilt mit den Verteilungsfunktionen

$$F(x_1) = 1 - e^{-a_1 x_1} \text{ und } F(x_2) = 1 - e^{-a_2 x_2}.$$

a) Bestimmen Sie die mittlere Fehlersuchzeit $\overline{X}_1$ und die mittlere Reparaturzeit $\overline{X}_2$ sowie die gesamte durchschnittliche Reparaturzeit $\overline{Z}$, wenn $a_1 = 0,5$ und $a_2 = 0,2$ ist.

b) Berechnen Sie die gemeinsame Dichtefunktion!
Wie groß ist die Wahrscheinlichkeit, daß die gesamte Reparatur 4 Stunden beträgt, wenn davon 1 Stunde für die Fehlersuche verwendet wird?

c) Ermitteln Sie die Randverteilung der Zufallsvariablen X_2 und die zugehörige Randdichte.
Berechnen Sie die Werte $F_{X_1}(3)$ und $f_{X_1}(3)$ und erläutern Sie ihre Bedeutung.

d) Wie groß ist die Wahrscheinlichkeit, daß die Reparaturzeit X_2 höchstens 5 Stunden beträgt, wenn die Fehlersuche 2 Stunden oder weniger betragen hat?

e) Geben Sie an, ob die Fehlersuche und die Reparaturzeit voneinander stochastisch unabhängig sind.
Welche Aussage gilt dann bezüglich der Varianz für die Reparaturzeit Z?

14. Einige spezielle Wahrscheinlichkeitsverteilungen

Bisher wurden nur allgemeine Wahrscheinlichkeitsverteilungen
betrachtet. Bei vielen Anwendungen der statistischen Methodenlehre, etwa im Bereich der Stichprobentheorie, werden oftmals
nur einige wenige spezielle Wahrscheinlichkeitsverteilungen
benötigt. Die Kunst bei der Anwendung besteht dann häufig darin, zu erkennen, welche typischen Situationen und entsprechend
welche speziellen Wahrscheinlichkeitsverteilungen vorliegen.
So läßt sich zum Beispiel das Ziehen einer Stichprobe aus einer
Grundgesamtheit recht übersichtlich am Beispiel des Ziehens von
Kugeln aus einer Urne darstellen. Dabei wird unterstellt, daß
die Kugeln so beschaffen sind, daß nach gründlichem Mischen des
Urneninhaltes keine der Kugeln beim Ziehen bevorzugt werden kann.
Dadurch wird die Annahme des Gleichwahrscheinlichkeitsmodells
erfüllt.

Man spricht von einer einfachen Stichprobe, wenn jedes Element
der Grundgesamtheit dieselbe Wahrscheinlichkeit besitzt, in die
Stichprobe zu gelangen. Bezogen auf das Urnenmodell bedeutet
dies, daß jede Kugel dieselbe Wahrscheinlichkeit besitzt, gezogen zu werden. Legt man nach jedem Zug die gezogene Kugel wieder in die Urne zurück, und stellt durch gründliches Mischen den
Gleichgewichtszustand wieder her, so spricht man von einer Stichprobe mit Zurücklegen. Legt man dagegen die gezogene Kugel vor
dem nächsten Zug nicht zurück, so spricht man von einer Stichprobe ohne Zurücklegen.

Diese Unterscheidung wird sich noch als grundlegend und wichtig
herausstellen. Beim Ziehen einer einfachen Stichprobe mit Zurücklegen ändert sich der Urneninhalt vor den einzelnen Zügen
eines Auswahlprozesses nicht. Befinden sich N Kugeln in der
Urne, so besitzt jede Kugel wegen des Gleichmöglichkeitszustan-
des die gleiche Wahrscheinlichkeit von 1/N bei einem bestimmten
Zug gezogen zu werden.

Man könnte nun vermuten, daß die einzelnen Kugeln bei einer Stich-
probenziehung ohne Zurücklegen verschiedene Auswahlwahrscheinlich-
keiten besitzen. Es läßt sich jedoch zeigen, daß die Wahrschein-

lichkeit, eine bestimmte Kugel bei einem bestimmten Zug zu
ziehen, ebenfalls 1/N beträgt. Als Beispiel soll die Wahrscheinlichkeit berechnet werden, daß man die i-te Kugel beim zweiten
Zug zieht. Man erhält

$$P_2(i) = \frac{N-1}{N} \cdot \frac{1}{N-1} = \frac{1}{N} \; ,$$

dabei gibt der erste Faktor $\frac{N-1}{N}$ die Wahrscheinlichkeit an, daß
beim ersten Zug eine beliebige Kugel, ausgenommen die i-te gezogen wird. Der zweite Faktor gibt die Wahrscheinlichkeit an,
beim zweiten Zug aus den verbleibenden N-1 Kugeln genau die i-te
zu ziehen. Dabei sollte jedoch der folgende Unterschied beachtet
werden:
Bei der Stichprobe mit Zurücklegen handelt es sich um die Wahrscheinlichkeit, eine beliebige Kugel bei einem beliebigen Zug
zu ziehen. Bei der Stichprobe ohne Zurücklegen handelt es sich
dagegen um die Wahrscheinlichkeit, eine bestimmte Kugel bei
einem bestimmten Zug zu ziehen.

Die Wahrscheinlichkeitsverteilungen lassen sich einteilen in
die beiden Gruppen der diskreten und stetigen Verteilungen, je
nachdem, ob die zugrundeliegende Zufallsvariable nur endlich
viele oder abzählbar unendlich viele Realisationen annehmen kann,
oder ob alle Realisationen $x \in \mathbb{R}$ möglich sind. Die wichtigsten
diskreten Verteilungen, die im folgenden behandelt werden, sind

1) die Binomialverteilung (BV), die von der Idee einer Stichprobe mit Zurücklegen ausgeht,
2) die hypergeometrische Verteilung (HV), die von der Idee einer
   Stichprobe ohne Zurücklegen ausgeht, und
3) die Poissonverteilung (PV).

Von den stetigen Verteilungen soll die wichtigste behandelt
werden, nämlich

4) die Normalverteilung (NV).

14.1 Die Binomialverteilung (BV)

14.1.1 Wahrscheinlichkeitsfunktion und Wahrscheinlichkeitsverteilung

Es wird ein Zufallsexperiment betrachtet, das nur die beiden Elementarereignisse E_0 und E_1 aufweist. Die Grundgesamtheit G ist dann die Menge $G = \{E_0, E_1\}$. Man definiert nun eine diskrete Zufallsvariable Y, die dem Elementarereignis E_0 bzw. E_1 die reelle Zahl $Y(E_0) = 0$ bzw. $Y(E_1) = 1$ zuordnet. Die Wahrscheinlichkeit, daß die Zufallsvariable Y den Wert 1 annimmt, soll mit $P(Y=1) = p$ bezeichnet werden. Nach den Axiomen von Kolmogoroff gilt:

1. $P(G) = 1$ und
2. $P(G) = P(E_0 \cup E_1) = P(E_0) + P(E_1)$.

Dann folgt $\quad P(E_0) = P(Y=0) = P(G) - P(E_1) = 1-p = q$.

Die Wahrscheinlichkeitsfunktion der Zufallsvariablen Y wird somit gegeben durch:

Y	$Y(E_1)=1$	$Y(E_0)=0$
$P\{Y=Y(E_i)\}=f[Y(E_i)]$	p	1-p = q

Als Zufallsexperiment könnte man beispielsweise die Auswahl einer Person aus der Wohnbevölkerung der BRD betrachten, deren Geschlecht bestimmt werden soll. E_1 gibt dann das Ereignis an, daß die betreffende Person männlich ist und E_0, daß sie weiblich ist. Die Zufallsvariable Y ist in diesem Falle das Geschlecht. Ist die Geschlechterproportion der Wohnbevölkerung bekannt, dann kann man nach der Wahrscheinlichkeit fragen, daß eine beliebige ausgewählte Person männlich ist. Diese wird durch $P(Y=1)=p$ gegeben.

Man kann diesen Auswahlvorgang wiederholen und nacheinander n beliebige Personen auf zufällige Weise herausgreifen, wobei jede Person vor der nächsten Auswahl wieder in die Grundgesamtheit zurückgelegt wird. Für jeden Zug k kann man eine Zufallsvariable Y_k definieren, welche die Werte 0 oder 1 mit der Wahrscheinlich-

keit $P(Y_k=1)=p$ bzw. $P(Y_k=o)=1-p=q$ annehmen kann. Man fragt
dann nach der Wahrscheinlichkeit, mit der genau x aus den n
herausgegriffenen Personen männlich sind. Diese Fragestellung
führt zur Definition einer neuen Zufallsvarablen X, die die
Anzahl der männlichen Personen angibt, Anzahl der Realisationen,
die den Wert 1 annehmen, und zur Binomialverteilung führt. Diese
soll allerdings mit Hilfe eines Urnenmodells abgeleitet werden.

Eine Urne enthalte insgesamt N Kugeln, von denen N_1 weiß und
$N-N_1$ schwarz sind. Aus dieser Urne wird eine Stichprobe vom
Umfang n gezogen.

Wir betrachten einen beliebigen Zug einer Kugel aus dieser Urne mit Zurücklegen, etwa den k-ten Zug. Für diesen existieren
die beiden Elementarereignisse W_k (die gezogene Kugel ist weiß)
und S_k (die gezogene Kugel ist schwarz). Die Funktion Y_k, die
den beiden Elementarereignissen W_k bzw. S_k die reellen Zahlen
$Y(W_k)=y_k=1$ und $Y(S_k)=y_k=0$ zuordnet, stellt in diesem Fall
die Zufallsvariable dar. Die beiden reellen Zahlen y_k stellen
die Realisationen der Zufallsvariablen Y_k dar. Für jeden einzelnen Zug existiert nun eine solche Zufallsvariable, d.h. für
eine einfache Stichprobe vom Umfang n erhält man den Vektor Y
von Zufallsvariablen

$$Y = (Y_1, Y_2, \ldots, Y_k, \ldots, Y_n).$$

Da bei einer einfachen Stichprobe mit Zurücklegen der Urneninhalt bei jedem Zug unverändert gleich N ist, sind die Realisationen der einzelnen Züge voneinander unabhängig. Somit sind
die Zufallsvariablen Y_k voneinander unabhängig und besitzen alle
die gleiche Wahrscheinlichkeitsfunktion.

Y	$y_k = 1$	$y_k = 0$
$f(y_k)$	$p = \dfrac{N_1}{N}$	$1-p = q = \dfrac{N-N_1}{N}$

Man kann nun für eine einfache Stichprobe vom Umfang n eine
neue diskrete Zufallsvariable X wie folgt definieren:
X = {Anzahl der weißen Kugeln in der Stichprobe vom Umfang n}

Die Zufallsvariable X ist damit durch die Summe

$$X = Y_1 + Y_2 + Y_3 + \ldots + Y_k + \ldots + Y_n$$

gegeben. Sie kann die Werte $x \in \{0, 1, 2, \ldots, n\}$ annehmen.

Unter der Annahme, daß die Zufallsvariablen Y_i voneinander stochastisch unabhängig sind, liefern die Wahrscheinlichkeiten der Ereignisse

$$P\{X=0\}, \ P\{X=1\}, \ P\{X=2\}, \ \ldots, \ P\{X=k\}, \ \ldots, \ P\{X=n\}$$

die Wahrscheinlichkeitsfunktion der Zufallsvariablen X. Man bezeichnet diese mit dem Symbol

(14.1) $\qquad P(X=k) = f_{BV}(x_k) = f_{BV}(x_k; n, p).$

Ihre zugehörige Wahrscheinlichkeitsverteilung nennt man Binomialverteilung und bezeichnet sie mit dem Symbol

(14.2) $\qquad P(X \leq k) = F_{BV}(x_k) = F_{BV}(x_k; n, p)$

Eine Realisation der Zufallsvariablen X=k, nämlich k weiße Kugeln in der Stichprobe, kann auf verschiedene Möglichkeiten erhalten werden. Sie kann z.B. dadurch zustande kommen, daß die ersten k Zufallsvariablen den Wert 1 und die restlichen (n-k) den Wert 0 annehmen, d.h.

$$\{Y_1 = 1, \ Y_2 = 1, \ \ldots, \ Y_k = 1, \ Y_{k+1} = 0, \ \ldots, \ Y_n = 0\}.$$

Sodann muß die Wahrscheinlichkeit für diese Stichprobe berechnet werden. Wegen des Multiplikationssatzes für stochastisch unabhängige Zufallsvariable folgt

$$P\{Y_1 = 1, \ Y_2 = 1, \ \ldots, \ Y_k = 1, \ Y_{k+1} = 0, \ \ldots, \ Y_n = 0\}$$

$$= P\{Y_1 = 1\} \cdot P\{Y_2 = 1\} \cdot \ldots \cdot P\{Y_k = 1\} \cdot P\{Y_{k+1} = 0\} \cdot \ldots \cdot P\{Y_n = 0\}$$

$$= \prod_{i=1}^{k} P\{Y_i = 1\} \cdot \prod_{i=k+1}^{n} P\{Y_i = 0\}$$

$$= \prod_{i=1}^{k} p \cdot \prod_{i=k+1}^{n} (1-p)$$

$$= p^k (1-p)^{n-k}.$$

Dies ist die Wahrscheinlichkeit für das Eintreffen dieser
speziellen Stichprobe. Nun gibt es aber verschiedene Möglichkeiten für die Anordnung der Zufallsvariablen Y_k, um die Bedingung X=k, d.h. die Stichprobe enthalte genau k weiße Kugeln,
zu erfüllen. Jede dieser Möglichkeiten besitzt die gleiche
Wahrscheinlichkeit, und da sich die Möglichkeiten gegenseitig
ausschließen, addieren sich ihre Wahrscheinlichkeiten. Man muß
daher die Zahl der Möglichkeiten für die Anordnung von k weißen
Kugeln unter insgesamt n Kugeln bestimmen.
Aus der Kombinatorik ist die folgende Aussage bekannt.

Satz: Die Anzahl der verschiedenen Möglichkeiten, k Elemente
   unter n anzuordnen, beträgt genau

$$(14.3) \qquad \frac{n!}{k!\,(n-k)!} = \binom{n}{k}\,,$$

   die sich gegenseitig ausschließen.

Die in diesem Satz auftretenden Größen werden wie folgt
definiert:

1. Definition: Es sei n eine nichtnegative ganze Zahl.
   Die Funktion n! (lies: n-Fakultät) ist gegeben
   durch

   $0! = 1,$

   $n! = n(n-1)(n-2) \cdot \ldots \cdot 2 \cdot 1$ für $n \geq 1$.

2. Definition: Es seien n und k nichtnegative ganze Zahlen mit
   $k \leq n$. Der Binomialkoeffizient $\binom{n}{k}$ (gelesen als
   n über k) ist gegeben durch

   $$\binom{n}{k} = \frac{n!}{k!\,(n-k)!} \;;\qquad \binom{n}{n} = 1.$$

Der Binomialkoeffizient läßt sich auch in der Form schreiben

$$\binom{n}{k} = \frac{n(n-1) \cdot \ldots \cdot (n-k+1)}{1 \cdot 2 \cdot \ldots \cdot k}$$

Die im obigen Satz aufgestellte Behauptung aus dem Bereich der
Kombinatorik soll hier nicht bewiesen werden. Ihre Gültigkeit
soll nur anhand eines Zahlenbeispiels gezeigt werden.

350

Beispiel 14.1 :

Es soll eine Stichprobe vom Umfang n=5 gezogen werden, die aus
k=2 weißen und n-k=3 schwarzen Kugeln bestehen soll. Wieviele
Möglichkeiten gibt es, eine solche Stichprobe zu erhalten?
Der obige Satz liefert als Ergebnis

$$\binom{n}{k} = \binom{5}{2} = \frac{5 \cdot 4}{1 \cdot 2} = 10 \text{ Möglichkeiten.}$$

Diese lauten:

1) $\{W,W,S,S,S\}$;   6) $\{S,W,S,W,S\}$;
2) $\{W,S,W,S,S\}$;   7) $\{S,W,S,S,W\}$;
3) $\{W,S,S,W,S\}$;   8) $\{S,S,W,W,S\}$;
4) $\{W,S,S,S,W\}$;   9) $\{S,S,W,S,W\}$;
5) $\{S,W,W,S,S\}$;   10) $\{S,S,S,W,W\}$.

Unter den folgenden Bedingungen:

1. die Auswahl der n Stichprobenelemente erfolgt mit Zurücklegen,

2. jede diskrete Zufallsvariable Y_k kann nur die Werte 0 oder 1
   annehmen,

3. die Zufallsvariablen Y_k sind voneinander stochastisch unabhängig und besitzen die gleiche Wahrscheinlichkeitsfunktion,

ist die Zufallsvariable X binomialverteilt mit der Wahrscheinlichkeitsfunktion

$$(14.1) \quad P(X=k) = f_{BV}(x_k) = f_{BV}(x_k;n,p) = \begin{cases} \binom{n}{k} p^k (1-p)^{n-k} & \text{für } k=0,1,2,\dots,n \\ 0 & \text{sonst,} \end{cases}$$

und der Wahrscheinlichkeitsverteilung

$$(14.2) \quad P(X \leq k) = F_{BV}(x_k) = F_{BV}(x_k;n,p) = \begin{cases} \sum_{i \leq k} \binom{n}{i} p^i (1-p)^{n-i} & \text{für } k \geq 0 \\ 0 & \text{für } k < 0. \end{cases}$$

Die beiden Größen

  n, der Umfang der Stichprobe, und

  p, die Erfolgswahrscheinlichkeit des Ereignisses

sind die Parameter der Binomialverteilung. Durch ihre Angabe
wird eine Binomialverteilung vollständig beschrieben. Man erhält alle Binomialverteilungen, wenn die Zahl n alle positiven
ganzen Zahlen und p alle Zahlen aus dem Intervall (0,1) durch-
läuft, d.h. $n \in \mathbb{N}$ und $p \in (0,1)$. Damit bilden die Binomialverteilungen eine zweiparametrige Schar.

Um die gewünschten Wahrscheinlichkeiten numerisch zu bestimmen, kann man **die** angegebenen Formeln verwenden. Wegen der oft mühsamen Berechnung der Binomialkoeffizienten ist dies jedoch recht umständlich. Daher ist die Binomialverteilung für eine Reihe von Erfolgswahrscheinlichkeiten $p \leq 0,5$ tabelliert worden.

14.1.2 Graphische Darstellung

Da die Binomialverteilung eine diskrete Verteilung ist, erfolgt die graphische Darstellung der Wahrscheinlichkeitsfunktion als Stabdiagramm und die der Wahrscheinlichkeitsverteilung als Treppenfunktion. Die Darstellung hängt von den numerischen Werten der beiden Parameter ab. Dies soll anhand des folgenden Beispiels deutlich gemacht werden.

Beispiel 14.2:

Tabelle 14.1: Darstellung der Binomialverteilung für n=6 und p=0,1; 0,5 sowie 0,9.

x	p=0,1		p=0,5		p=0,9	
	$f_{BV}(x)$	$F_{BV}(x)$	$f_{BV}(x)$	$F_{BV}(x)$	$f_{BV}(x)$	$F_{BV}(x)$
0	0,53	0,53	0,02	0,02	0,00	0,00
1	0,35	0,88	0,09	0,11	0,00	0,00
2	0,10	0,98	0,23	0,34	0,00	0,00
3	0,02	1,00	0,32	0,66	0,02	0,02
4	0,00	1,00	0,23	0,89	0,10	0,12
5	0,00	1,00	0,09	0,98	0,35	0,47
6	0,00	1,00	0,02	1,00	0,53	1,00

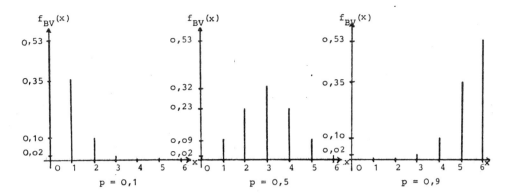

Abb. 14.1: Wahrscheinlichkeitsfunktionen

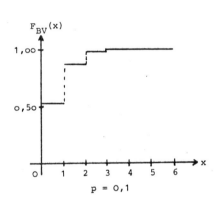

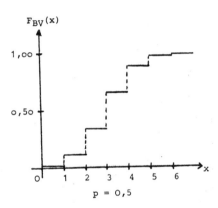

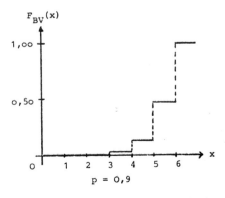

Abb. 14.2: Verteilungsfunktionen

353

14.1.3 Momente der Binomialverteilung

Die Zufallsvariable X läßt sich als Summe der Zufallsvariablen Y_k, $X = Y_1 + Y_2 + Y_3 + \ldots + Y_n$, darstellen.

Die Wahrscheinlichkeitsfunktion jeder Zufallsvariablen Y_k lautet:

Y	$y_k = 1$	$y_k = 0$
$f(y_k)$	p	$1-p = q$

so daß sich Erwartungswert und Varianz der Zufallsvariablen Y_k ergeben durch

$$E(Y_k) = \Sigma y \cdot f(y) = 1 \cdot p + 0(1-p) = p$$
$$\text{Var}(Y_k) = E(Y_k^2) - [E(Y_k)]^2 = \Sigma y^2 f(y) - |E(Y_k)|^2 = 1^2 p + 0^2(1-p) - p^2$$
$$= p(1-p) = pq .$$

Da die Y_k alle die gleiche Wahrscheinlichkeitsfunktion besitzen und stochastisch unabhängig sind, ergeben sich der Erwartungswert und die Varianz wie folgt

$$E(X) = E[Y_1 + Y_2 + \ldots + Y_n] = E(Y_1) + E(Y_2) + \ldots + E(Y_n)$$

(14.4)
$$= p + p + \ldots + p + p = n \cdot p,$$

$$\text{Var}(X) = \text{Var}[Y_1 + Y_2 + \ldots + Y_n] = \text{Var}(Y_1) + \text{Var}(Y_2) + \ldots + \text{Var}(Y_n)$$

(14.5)
$$= p \cdot q + p \cdot q + \ldots + p \cdot q = n \cdot p \cdot q .$$

14.1.4 Anwendungen der Binomialverteilung

1. Eine Maschine produziert Stanzstücke. Es ist bekannt, daß bei dieser Maschine langfristig 5% Ausschuß anfällt. Wie groß ist die Wahrscheinlichkeit, daß unter 10 hintereinander produzierten Stücken kein Ausschuß vorkommt?

Es bezeichne
E_0 = {Produktion eines defekten Stückes}, $P(E_0) = 0,05$,
E_1 = {Produktion eines guten Stückes} , $P(E_1) = 0,95$,
X = {Anzahl der defekten Stücke bei einer Produktion von 10 Stücken}

Parameter der Binomialverteilung: $n = 10$, $p = 0,05$.
Betrachtetes Ereignis {X = 0}.

Wahrscheinlichkeit

$$P\{X = 0\} = f_{BV}(0; 10, 0,05)$$

$$= \binom{10}{0} 0,05^0 \cdot 0,95^{10} = 0,95^{10}$$

$$\approx 0,5987,$$

d.h. die Wahrscheinlichkeit beträgt rund 60%.

2. In einem Konstruktionsbüro arbeiten fünf Personen, die unabhängig voneinander für ihre Tätigkeit eine elektronische Rechenmaschine benötigen und zwar jeder durchschnittlich etwa 6 Minuten pro Stunde mit Unterbrechungen. Wie groß ist die Wahrscheinlichkeit, daß Wartezeiten auftreten, wenn man 1 (oder 2) Rechenmaschinen für das gesamte Büro zur Verfügung stellt.

Es bezeichnen

E_0 = {Benutzung einer Rechenmaschine durch eine Person während einer Stunde}, $P(E_0) = \frac{1}{10}$,

E_1 = {Nichtbenutzung einer Rechenmaschine durch eine Person während einer Stunde}, $P(E_1) = \frac{9}{10}$.

X = {Anzahl der Personen, die eine Rechenmaschine gleichzeitig benötigen}.

Parameter der Binomialverteilung: n=5, p=0,1.

$$P\{X=0\} = \binom{5}{0}\left(\frac{1}{10}\right)^0\left(\frac{9}{10}\right)^5 = 1 \cdot 1 \cdot 0,59049 = 0,590,$$

$$P\{X=1\} = \binom{5}{1}\left(\frac{1}{10}\right)^1\left(\frac{9}{10}\right)^4 = 5 \cdot 0,1 \cdot 0,6561 = 0,328,$$

$$P\{X=2\} = \binom{5}{2}\left(\frac{1}{10}\right)^2\left(\frac{9}{10}\right)^3 = 10 \cdot 0,01 \cdot 0,729 = 0,073,$$

$P\{X \leq 1\}$ = 0,918; $P\{X \leq 2\}$ = 0,991;

$1-P\{X \leq 1\}$ = 0,082; $1-P\{X \leq 2\}$ = 0,009.

Die Wahrscheinlichkeit, daß höchstens eine Person eine Rechenmaschine benötigt, beträgt 91,8%, während sie sich für höchstens zwei Personen auf 99,1% erhöht. Stellt man somit dem Büro eine Rechenmaschine zur Verfügung, beträgt die Wahrscheinlichkeit für das Auftreten von Wartezeiten 8,2%. Diese verringert sich bei zwei zur Verfügung stehenden Rechenmaschinen auf 0,9%.

3. Zur Fertigung eines Werkstückes stehen acht Maschinen zur Verfügung. Durch Beobachtung über einen längeren Zeitraum wurde festgestellt, daß die einzelnen Maschinen unabhängig voneinander mit einer Wahrscheinlichkeit von p=0,8 arbeiten. Wieviel Maschinen arbeiten langfristig im Durchschnitt und wie groß ist die mittlere quadratische Abweichung (=Varianz)?

Parameter der Binomialverteilung: n=8, p=0,8.

Antwort:
$$\mu_X = n \cdot p = 8 \cdot 0,8 = 6,4 ,$$
$$\sigma_X^2 = n \cdot p \cdot q = 8 \cdot 0,8 \cdot 0,2 = 1,28,$$
$$\sigma_X = 1,13.$$

14.2 Die Hypergeometrische Verteilung (HV)

14.2.1 Wahrscheinlichkeitsfunktion und -verteilung

Bei der im Abschnitt 14.1 behandelten Binomialverteilung wurde die Unabhängigkeit der einzelnen Ereignisse vorausgesetzt. Dies bedeutet, daß die Wahrscheinlichkeit $P(E_o)$ für das Eintreten des Ereignisses E_o bei jeder Realisation konstant sein muß. Dies wurde durch die Bedingung des Ziehens einer Stichprobe mit Zurücklegen erreicht.

Diese Bedingung des Zurücklegens des gezogenen Stückes wird bei der hypergeometrischen Verteilung nicht mehr vorausgesetzt. Dafür muß jetzt der Umfang der Grundgesamtheit berücksichtigt werden, da sich dieser vor jeder Realisation ändert.

Es werde folgendes Urnenmodell betrachtet:

In einer Urne befinden sich N Kugeln, von denen wieder N_1 weiß und $N-N_1$ schwarz sind. Aus dieser Urne werden n Kugeln gezogen, wobei die gezogenen Kugeln nicht wieder zurückgelegt werden (einfache Stichprobe ohne Zurücklegen).

Es werde wieder die Zufallsvariable X definiert.
X = {Anzahl der weißen Kugeln in der Stichprobe vom Umfang n}.

Es werde dann nach der Wahrscheinlichkeit des Ereignisses X=k gefragt,
$$P\{X = k\},$$

d.h. mit welcher Wahrscheinlichkeit befinden sich genau k
weiße Kugeln in der Stichprobe vom Umfang n.

Bei der Binomialverteilung war bereits gesagt worden, daß es
genau

$$\binom{N}{n} \text{ Möglichkeiten}$$

gibt, aus einer Grundgesamtheit vom Umfang N eine Stichprobe
von n Elementen zu ziehen. Nach Voraussetzung sind alle diese
Stichproben gleichwahrscheinlich. Beim Ziehen einer Stichprobe
ohne Zurücklegen kommt es nicht auf die Reihenfolge der gezogenen Kugeln an. Man muß daher nur diejenigen Stichproben ab-
zählen, die genau k weiße Kugeln enthalten. Dazu müssen zunächst k weiße Kugeln aus den insgesamt N_1 weißen herausgegriffen werden, dies kann auf $\binom{N_1}{k}$ verschiedene Möglichkeiten geschehen. Daneben müssen noch (n-k) schwarze Kugeln aus den
restlichen $(N-N_1)$ schwarzen Kugeln entnommen werden. Dies kann
auf $\binom{N-N_1}{n-k}$ verschiedene Möglichkeiten geschehen. Jede der Möglichkeiten für die weißen Kugeln läßt sich dann mit jeder der
Möglichkeiten für die schwarzen Kugeln verbinden. Die Laplace-
Definition für die Wahrscheinlichkeit ergibt somit

$$P\{X = k\} = \frac{\binom{N_1}{k}\binom{N-N_1}{n-k}}{\binom{N}{n}} \,.$$

Eine diskrete Zufallsvariable X, deren Wahrscheinlichkeiten
sich nach diesem Bildungsgesetz berechnen lassen, nennt man
hypergeometrisch verteilt. Die hypergeometrische Verteilung
wird durch drei Parameter bestimmt, nämlich den Größen n, N
und N_1. Man kann die Wahrscheinlichkeitsfunktion durch das
Symbol $f_{HV}(x_k;n,N,N_1)$ darstellen, sie lautet

$$P(X=k) = f_{HV}(x_k) = f_{HV}(x_k;n,N,N_1)$$

(14.6)
$$= \begin{cases} \dfrac{\binom{N_1}{k} \cdot \binom{N-N_1}{n-k}}{\binom{N}{n}} & \text{für } k=0,1,\ldots,n \\[2em] 0 & \text{sonst.} \end{cases}$$

Die Verteilungsfunktion einer hypergeometrisch verteilten Zufallsvariablen X lautet dann

$$P\{X \leq k\} = H_{HV}(x_k) = F_{HV}(x_k;n,N,N_1)$$

$$(14.7) \qquad = \begin{cases} \sum\limits_{i \leq k} \dfrac{\binom{N_1}{i} \cdot \binom{N - N_1}{n - i}}{\binom{N}{n}} & \text{für } k = 0,1,\ldots,n\ , \\[2em] 0 & \text{sonst.} \end{cases}$$

14.2.2 Momente der hypergeometrischen Verteilung

Der Erwartungswert und die Varianz einer mit den Parametern n, N und N_1 hypergeometrisch-verteilten Zufallsvariablen X seien ohne Beweis angegeben. Es gilt

$$(14.8) \qquad E\{X\} = \mu_X = n \cdot \frac{N_1}{N} = n \cdot p, \quad \text{und}$$

$$(14.9) \qquad \text{Var}\{X\} = \sigma_X^2 = \frac{N-n}{N-1} \cdot n \cdot \frac{N_1}{N} \left(1 - \frac{N_1}{N}\right) = \frac{N-n}{N-1} \cdot n \cdot p \cdot q\ ,$$

wobei die Bezeichnungen $p = \dfrac{N_1}{N}$ und $q = 1-p = 1 - \dfrac{N_1}{N}$ verwendet wurden.

14.2.3 Vergleich der hypergeometrischen Verteilung und der Binomialverteilung

Die numerische Berechnung der Wahrscheinlichkeiten einer hypergeometrisch-verteilten Zufallsvariablen erweist sich meist als recht mühsam. Daher sind . Tabellenwerke erstellt worden, um diese Wahrscheinlichkeiten aus ihnen ablesen zu können. Da es sich jedoch um eine dreiparametrige Verteilung handelt, muß eine solche Tabellierung recht umfangreich sein. Eine andere Möglichkeit besteht darin, die hypergeometrische Verteilung durch andere Verteilungen zu approximieren.
Man kann zeigen, daß sich für große N, N_1 und $N-N_1$ und im Vergleich dazu kleines n die hypergeometrische Verteilung bei gegebenem p recht gut durch die Binomialverteilung approximieren läßt.

Beispiel 14.3:

Die beiden Verteilungen sollen für die Parameterwerte N=200, N_1=100, n=10 und somit p= $\frac{N_1}{N}$ =0,5 miteinander verglichen werden.

Tabelle 14.2:

x	$f_{HV}(x)$	$F_{HV}(x)$	$f_{BV}(x)$	$F_{BV}(x)$
0	0,001	0,001	0,001	0,001
1	0,009	0,010	0,010	0,011
2	0,041	0,051	0,044	0,055
3	0,115	0,166	0,117	0,172
4	0,208	0,347	0,205	0,377
5	0,252	0,626	0,246	0,623
6	0,208	0,834	0,205	0,828
7	0,115	0,949	0,117	0,945
8	0,041	0,990	0,044	0,989
9	0,009	0,999	0,010	0,999
1o	0,001	1,000	0,001	1,000

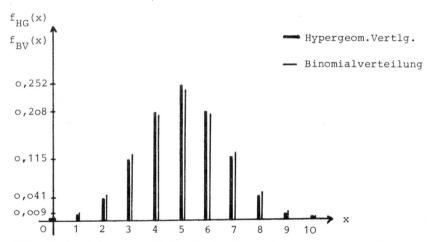

Abb. 14.3: Wahrscheinlichkeitsfunktion der hypergeometrischen Verteilung und der Binomialverteilung

Als Regel für die praktische Anwendung kann man bei Parameterwerten von N ≥ 2ooo und $\frac{n}{N}$ ≤ o,1 eine Übereinstimmung beider Verteilungen in der dritten und vierten Stelle nach dem Komma erreichen.

14.2.4 Beispiele für die Anwendung der hypergeometrischen
        Verteilung

1. In einer Sendung von 5o Bildröhren für Fernsehapparate befinden sich 5 defekte Röhren. Es wird eine Stichprobe von
   1o Bildröhren herausgegriffen und untersucht. Wie groß ist
   die Wahrscheinlichkeit, daß sich X=2 defekte Röhren in der
   Stichprobe befinden?

Parameter der Verteilung:
Grundgesamtheit   N=5o, N_1=5
Stichprobe   n=1o.
Gesucht   P{X=2}.

$$P\{X=2\} = f_{HV}(2) = \frac{\binom{5}{2}\binom{45}{8}}{\binom{50}{10}} = \frac{5 \cdot 9 \cdot 13 \cdot 19}{23 \cdot 47 \cdot 49} = 0,2098.$$

Die Wahrscheinlichkeit beträgt rund 21%.

Hätte man nicht die hypergeometrische Verteilung, sondern die
Binomialverteilung der Berechnung zugrundegelegt, so würde
sich ergeben:

Parameter der Verteilung: n=1o und p= $\frac{5}{50}$ = 0,10.

$$f_{BV}(2) = \binom{10}{2} \cdot 0,10^2 \cdot 0,90^8 = 45 \cdot 0,01 \cdot 0,4304 = 0,1937.$$

Will man wissen, wieviel defekte Bildröhren sich langfristig
in einer Stichprobe vom Umfang n=10 befinden werden, muß
man den Erwartungswert bestimmen. Man erhält

$$E\{X\} = n \cdot p = 10 \cdot 0,1 = 1,$$

mit der Varianz

$$Var\{X\} = \frac{N-n}{N-1} \cdot n \cdot p \cdot q = \frac{40}{49} \cdot 10 \cdot 0,1 \cdot 0,9 = 0,7347,$$
$$\sigma = 0,8571.$$

2. Eine Firma liefert Dichtungen in Packungen zu 100 Stück.
   Eine Packung darf laut Liefervertrag höchstens 10% Ausschuß
   enthalten. Jede Packung wird geprüft, indem man 10 Stück zufällig und ohne Zurücklegen entnimmt. Sind diese 10 Stück

alle einwandfrei, wird die Packung angenommen. Anderen-
falls wird sie zurückgewiesen. Wie groß ist bei diesem
Prüfverfahren die Wahrscheinlichkeit ungerechtfertigter
Reklamationen, indem eine Packung zurückgewiesen wird, obwohl sie den Lieferbedingungen entspricht?

Parameter der Verteilung:

Grundgesamtheit $N=100$, $N_1=10$

Stichprobe $n=10$.

Gesucht $1 - P\{X=0\} = P\{X=1, 2, 3, ..., 10\}$

$$P\{X=0\} = f_{HV}(0) = \frac{\binom{10}{0}\binom{100-10}{10}}{\binom{100}{10}} = \frac{\binom{90}{10}}{\binom{100}{10}}$$

$$= \frac{90!}{10! \cdot 80!} \cdot \frac{10! \cdot 90!}{100!}$$

$$= \frac{81 \cdot 82 \cdot 83 \cdot 84 \cdot 85 \cdot 86 \cdot 87 \cdot 88 \cdot 89 \cdot 90}{91 \cdot 92 \cdot 93 \cdot 94 \cdot 95 \cdot 96 \cdot 97 \cdot 98 \cdot 99 \cdot 100}$$

$$= 0,3305$$

$1 - P\{X=0\} = 1 - 0,3305 \approx 0,67.$

Die Wahrscheinlichkeit für unberechtigte Reklamation beträgt rund 67%.

Approximation mit der Binomialverteilung: $n=10$; $p = \frac{N_1}{N} = 0,1$

$$P(X=0) = \binom{10}{0} \cdot 0,1^0 \cdot 0,9^{10} = 0,349; \quad 1-P(X=0) = 0,651 \quad \text{d.h.}$$

$$\approx 65\%$$

14.3 Die Poissonverteilung (PV)

14.3.1 Wahrscheinlichkeitsfunktion und -verteilung

Aus der graphischen Darstellung der Binomialverteilung erkennt
man, daß sich für kleine Werte der Erfolgswahrscheinlichkeit,
etwa $p < 0,1$, stark linkssteile (rechtsschiefe) Verteilungskur-
ven ergeben. Wird nun bei wachsendem n der Wert für die Erfolgswahrscheinlichkeit kleiner, und zwar so, daß der Mittelwert der
Verteilung, $\mu = n \cdot p$, endlich bleibt, dann geht die Binomialverteilung in eine sog. Poissonverteilung über.

Diese Poissonverteilung spielt dann eine Rolle, wenn punktuelle
Ereignisse im Zeitablauf betrachtet werden, etwa Geburten, Ster-

befälle, vorbeifahrende Autos, Bedarfsmeldungen von Ersatzteilen, Telefonanrufe usw. Betrachtet man dieses Geschehen im Zeitablauf, dann spricht man von der Realisierung eines sog. Punktprozesses. Dabei müssen folgende Bedingungen erfüllt sein:

a) Die Zeitpunkte des Eintreffens eines Ereignisses sollen unabhängig sein, d.h. die Wahrscheinlichkeit, daß in einem festen Zeitintervall Ereignisse eintreten, soll unabhängig davon sein, was sich vor dem Beginn dieses Zeitintervalls abgespielt hat.

b) Die Intensität des "Stromes" der eintretenden Ereignisse soll im Zeitablauf konstant sein, d.h. verschiebt man ein Intervall fester Länge auf der Zeitachse, so soll die mittlere Anzahl der in das Intervall fallenden Ereignisse unabhängig von der Lage des Intervalls auf der Zeitachse sein.

Sind für einen Punktprozeß diese Eigenschaften erfüllt, so spricht man von einem Poissonprozeß.

Beispiel 14.4:
Die Bedingung für die Unabhängigkeit der eintreffenden Ereignisse muß jeweils genau überprüft werden. Betrachtet man etwa die an einer Beobachtungsstelle an einer Autobahn vorbeifahrenden Autos. Bei mäßigen Verkehr sind die Bedingungen für das Zustandekommen eines Poissonprozesses erfüllt. Bei dichtem Verkehr werden sich jedoch wegen der Notwendigkeit von Überholvorgängen gewisse Anhäufungen von Fahrzeugen bilden, durch deren Existenz die Bedingung der 'Regellosigkeit des Verkehrsablaufs' zum Teil aufgehoben wird.

Es wird nun eine Folge von unabhängigen Ereignissen betrachtet, die einen Poissonprozeß bilden. In einem Zeitintervall fester Länge sollen im Durchschnitt λ Einheiten eintreffen. Die Zufallsvariable X bezeichnet die in einem solchen Zeitintervall fester Länge auftretenden Ereignisse. Dann gilt:

In einem Poissonprozeß besitzt die Zufallsvariable X die Wahrscheinlichkeitsfunktion

(14.1o)
$$P\{X=k\} = f_{PV}(x_k;\lambda) = \frac{\lambda^k}{k!}\, e^{-\lambda} \, ,$$

für k=0,1,2... mit e ⩶ 2,71828...

Diese Wahrscheinlichkeit hängt von der Konstanten λ ab, es handelt sich somit um eine einparametrige Wahrscheinlichkeitsverteilung. Eine Zufallsvariable X heißt poisson-verteilt, wenn sie der Verteilungsfunktion

(14.11)
$$P\{X \le k\} = F_{PV}(x_k;\lambda) = \begin{cases} \sum_{i\le k} \dfrac{\lambda^i}{i!}\, e^{-\lambda} & \text{für } k \ge 0, \\[2mm] 0 & \text{für } k < 0 \end{cases}$$

genügt. Natürlich gilt für die Wahrscheinlichkeitsfunktion

$$\sum_{k=0}^{\infty} f_{PV}(x_k;\lambda) = \sum_{k=0}^{\infty} \frac{\lambda^k}{k!}\, e^{-\lambda} = 1 \, .$$

Für die Momente einer poisson-verteilten Zufallsvariablen X gilt

(14.12)
$$E\{X\} = \mu_X = \lambda = np,$$

(14.13)
$$Var\{X\} = \sigma_X^2 = \lambda = np.$$

Beispiel 14.5:

Tabelle 14.3: Darstellung der Poissonverteilung für $\lambda=1$ und $\lambda=2$

x	$\lambda = 1$		$\lambda = 2$	
	$f_{PV}(x)$	$F_{PV}(x)$	$f_{PV}(x)$	$F_{PV}(x)$
0	0,368	0,368	0,135	0,135
1	0,368	0,736	0,271	0,406
2	0,184	0,920	0,271	0,677
3	0,061	0,981	0,180	0,857
4	0,015	0,996	0,090	0,947
5	0,003	0,999	0,036	0,983

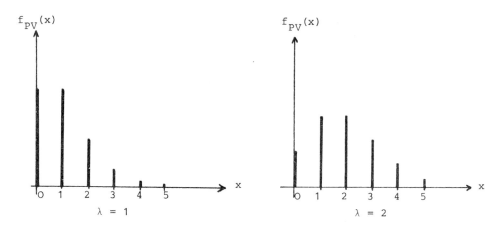

Abb. 14.4: Wahrscheinlichkeitsfunktion der Poissonverteilung

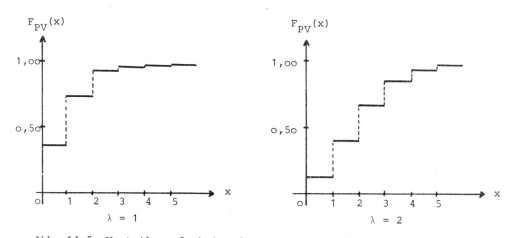

Abb. 14.5: Verteilungsfunktion der Poissonverteilung

14.3.2 Anwendungen der Poissonverteilung

1. In einer Großstadt wurden bisher im langjährigen Durchschnitt 3 unaufgeklärte Mordfälle pro Jahr registriert. Von den Polizeibehörden wurde berichtet, daß man durch verstärkte und intensivierte Verbrechensbekämpfung diese jährliche Rate auf die Hälfte zu drücken hoffe. Unterstellt man, daß diese Behauptung zutreffen würde. Wie groß ist dann die Wahrscheinlichkeit, daß in Zukunft scheinbar kein Erfolg bei der Bekämp-

fung registriert wird, d.h. daß weiterhin 3 oder mehr unaufgeklärte Morde registriert werden?

Die unaufgeklärten Mordfälle bilden pro Jahr eine Zufallsgröße, die poisson-verteilt ist, mit dem Parameter $\lambda = 1,5$.
Gesucht ist
$$P\{X \geq 3\}.$$
Es gilt

$$P\{X \geq 3\} = 1 - P\{X=0\} - P\{X=1\} - P\{X=2\}$$

$$= 1 - \sum_{k=0}^{2} f_{PV}(x_k;1,5)$$

$$= 1 - (0,2231 + 0,3347 + 0,2510)$$

$$= 1 - 0,8088 = 0,1912 .$$

Die Wahrscheinlichkeit für das Registrieren eines Mißerfolges beträgt also etwas weniger als ein Fünftel ($< 1/5$).

2. Eine Maschinenfabrik, die eine große Anzahl von Menschen beschäftigt, stellt fest, daß während einer bestimmten Zeitperiode die Abwesenheitsrate 3 Mann pro Schicht beträgt.
Man berechnet die Wahrscheinlichkeit, daß in einer Schicht

a) genau 2 Mann fehlen,

b) mehr als 4 Mann fehlen,

$$\lambda = 3; \quad P(x) = \frac{e^{-\lambda}\,\lambda^x}{x!} .$$

Rekursive Berechnung der Wahrscheinlichkeiten:

$$P(0) = \frac{e^{-\lambda}\,\lambda^0}{0!} = e^{-\lambda} ,$$

$$P(1) = \frac{e^{-\lambda}\,\lambda^1}{1!} = \lambda e^{-\lambda} = \lambda P(0),$$

$$P(2) = \frac{e^{-\lambda}\,\lambda^2}{2!} = \frac{\lambda}{2} \cdot \frac{e^{-\lambda}\,\lambda}{1!} = \frac{\lambda}{2} P(1),$$

$$P(3) = \frac{e^{-\lambda}\,\lambda^3}{3!} = \frac{\lambda}{3} \cdot \frac{e^{-\lambda}\,\lambda^2}{2!} = \frac{\lambda}{3} P(2), \text{ usw.}$$

$$e^{-\lambda} = e^{-3} = 0,0498 \quad \text{(aus Tabellen)}$$

Lösung:

a) $P(2) = \dfrac{e^{-\lambda}\,\lambda^2}{2!} = \dfrac{0{,}0498}{2} \cdot 9 = 0{,}2241$,

d.h. die Wahrscheinlichkeit, daß genau 2 Mann fehlen beträgt 22,4%.

b) $P(X>4) = 1 - P(X\underset{=}{<}4)$

$= 1 - \left[P(X=0) + P(X=1) + P(X=2) + P(X=3) + P(X=4)\right]$

$= 1 - \left[0{,}0498 + 0{,}1494 + 0{,}2241 + 0{,}2241 + 0{,}1681\right]$

$= 1 - 0{,}8155$

$= 0{,}1845$,

d.h. die Wahrscheinlichkeit, daß mehr als 4 Mann fehlen werden beträgt $\approx$ 18,5%.

14.3.3 Vergleich der Poissonverteilung und der Binomialverteilung

Der französische Mathematiker Poisson leitete die Poissonverteilung durch eine Grenzbetrachtung aus der Binomialverteilung her. Man kann sein Ergebnis wie folgt formulieren:

Satz: Ist die mittlere Anzahl der Erfolge bei einer Folge von Zufallsvariablen Y_k, die nur die Werte 0 oder 1 annehmen können, eine Konstante λ, so gilt

(14.14) $\quad \lim\limits_{n \to \infty} f_{BV}(x_k;n,p) = \lim\limits_{n \to \infty} \binom{n}{k} p^k q^{n-k} = \dfrac{e^{-\lambda}\lambda^k}{k!} = f_{PV}(x_k;\lambda)$.

Interpretation:

Gegeben sei eine feste Erfolgswahrscheinlichkeit p. Läßt man nun die Länge der Versuchsserie n sehr groß werden, dann wird $f_{BV}(x_k;n,p)$ immer kleiner. Dies ist auch einleuchtend, denn nun wächst auch die mittlere Anzahl der Erfolge np proportional mit n und 'kleine' Erfolgszahlen k werden immer unwahrscheinlicher.

Kompensiert man das Wachstum von n durch eine gleichzeitige Verkleinerung von p derart, daß die mittlere Erfolgszahl n·p konstant bleibt, dann kann man einen nichttrivialen Grenzwert erwarten.

Der Anwendungsbereich der Poissonverteilung läßt sich daher
erweitern:
Ist λ klein gegenüber $\sqrt{n}$, so kann die Binomialverteilung durch
die einfachere Poissonverteilung approximiert werden. Faust-
regeln für diese Approximation können etwa sein:

a) $n \geq 100$ und $p \leq 0,05$, oder
b) $n \geq 100$, $p \leq 0,25$ und $np \leq 5$.

Beispiel 14.6:
  Wie groß ist die Wahrscheinlichkeit, daß unter den 250 Hörern
  einer Statistikvorlesung k = 0, 1, 2 Hörer am 1. Januar Geburtstag haben?

Zunächst trifft die Binomialverteilung zu, denn jeder Student
repräsentiert ein Zufallsexperiment mit den Ereignissen

$$E_0 : \text{Geburtstag am 1.Januar,} \quad P(E_0) = \frac{1}{365} ,$$

$$E_1 : \text{Geburtstag sonst} \quad P(E_1) = \frac{364}{365} .$$

$$p = \frac{1}{365} ; \quad q = \frac{364}{365} ; \quad n = 250.$$

Man müßte nun $f_{BV}(x_k; 250, \frac{1}{365})$ berechnen.
Es wird diese Berechnung durch eine Poissonverteilung ap-
proximiert mit dem Parameter $\lambda = n \cdot p = 250 \cdot \frac{1}{365} = 0,685$.

Man erhält: $P\{X=0\} = e^{-0,685} = 0,5041$,

$$P\{X=1\} = 0,685 \cdot e^{-0,685} = 0,3453 ,$$

$$P\{X=2\} = \frac{0,685^2}{2} \cdot e^{-0,685} = 0,1183.$$

Zum Vergleich die ungefähren Werte der Binomialverteilung:

$$f_{BV}(0; 250, \frac{1}{365}) \approx 0,501,$$

$$f_{BV}(1; 250, \frac{1}{365}) \approx 0,344,$$

$$f_{BV}(2; 250, \frac{1}{365}) \approx 0,118.$$

Beispiel 14.7:

Eine Zufallsstichprobe von 5o Einheiten wird aus einer Menge, die 2% defekte Stücke enthält, gezogen.

Wie groß ist die Wahrscheinlichkeit, daß die Stichprobe weniger als drei defekte Stücke enthält?

$$n = \text{Umfang der Stichprobe} = 50,$$
$$p = \text{Anteil der fehlerhaften Stücke} = 0,02.$$

$$\lambda = n \cdot p = 50 \cdot 0,02 = 1.$$

$$e^{-\lambda} = e^{-1} = 0,3679 ;$$

$$P(0) = e^{-\lambda} = 0,3679,$$

$$P(1) = \lambda P(0) = 0,3679,$$

$$P(2) = \frac{\lambda}{2} P(1) = 0,18395,$$

$$P(0) + P(1) + P(2) = 0,91975,$$

d.h. die Wahrscheinlichkeit, daß die Stichprobe weniger als 3 fehlerhafte Stücke aufweist, beträgt 91,975% also rund $\approx$ 92%.

(Exakte Berechnung mit der Binomialverteilung ergibt 0,9216, d.h. $\approx$ 92,2%).

14.4 Die Normalverteilung (NV)

Die bis jetzt betrachteten Verteilungen bezogen sich auf Zufallsvariable, deren Realisierungen durch diskrete Zahlenwerte dargestellt wurden. Die Normalverteilung bezieht sich dagegen auf Zufallsvariable, deren Realisierungen jeden Wert aus der Menge der reellen Zahlen annehmen kann. Sie stellt den für die statistische Praxis wichtigsten stetigen Verteilungstyp dar. Außerdem kann sie sehr oft zur Approximation anderer Verteilungen benutzt werden.

Historisch ist die Normalverteilung mit Namen wie 'Glockenkurve', 'Fehlergesetz' oder 'Gaus-Verteilung' verbunden. Es zeigte sich nämlich, daß viele in der Natur vorkommenden Größen, z.B. das Gewicht von Eiern, die Körpergröße von Männern, die Durchmesser von Kugellagern u.a. Verteilungen aufweisen, die alle ungefähr die gleiche Form besitzen. Diese Form ist glockenförmig und symmetrisch (vgl. Abb. 14.7). Mathematisch wird sie durch den Grundtyp e^{-x^2} dargestellt.

Wissenschaften, die sich mit Präzissionsmessungen beschäftigen, wie etwa die Astronomie oder die Geodäsie, stellten bereits früh fest, daß keine vollständig genauen Messungen möglich sind. Bei mehrmaligen Wiederholungen der gleichen Messung ergaben sich verschiedene Resultate, die sich alle um einen Mittelwert μ wie folgt gruppierten

$$\text{tatsächlicher Meßwert} = \text{'wahrer Wert'} + \text{Meßfehler}$$
$$X = \mu + U.$$

Dabei ist der Meßfehler U per Definitionen eine Zufallsvariable mit dem Mittelwert $E(U) = O$. Die graphische Darstellung der tatsächlichen Meßwerte X ergab eine Verteilung, deren Form durch eine solche Glockenkurve dargestellt wird.

Summiert man eine genügend große Zahl von Zufallsvariablen - es kann sich hierbei um stetige oder diskrete handeln - so zeigt sich, daß mit wachsender Summandenzahl die Form der Verteilung der Summe sich einer Glockenkurve nähert, die sich auch für die Verteilung der Meßfehler ergab. Diese Betrachtung legt es nahe, das gemeinsame Auftreten ein und derselben Verteilungsform durch eine gemeinsame Ursache zu erklären, nämlich als Ergebnis der Summierung vieler kleiner 'Elementarfehler' bzw. 'Störungen'. Theoretisch wird diese Vermutung gestützt durch die Aussage des zentralen Grenzwertsatzes, auf den noch eingegangen wird.

14.4.1 Die zweiparametrige Schar von Normalverteilungen, die standardisierte Normalverteilung

Viele Situationen im Bereich der statistischen Anwendungen lassen sich durch eine stetige Zufallsvariable X beschreiben, deren Wahrscheinlichkeitsverteilung sich durch folgende Beziehungen beschreiben lassen:

a) Wahrscheinlichkeitsdichte

$$P(X = x) = f_{NV}(x;\mu,\sigma^2) = \frac{1}{\sigma\sqrt{2\pi}}\, e^{-\frac{(x-\mu)^2}{2\sigma^2}}, \qquad (14.15)$$

mit e = 2,7128... und π = 3,1415...

b) Verteilungsfunktion

$$P(X \le x) = F_{NV}(x;\mu,\sigma^2) = \frac{1}{\sigma\sqrt{2\pi}}\int_{-\infty}^{x} e^{-\frac{(x-\mu)^2}{2\sigma^2}}\, dx. \qquad (14.16)$$

Eine Zufallsvariable X, die diesen Verteilungsgesetzen gehorcht, wird als normalverteilte Zufallsvariable bezeichnet. Das Verteilungsgesetz bezeichnet man als Normalverteilung $N(\mu,\sigma^2)$. Die beiden Größen μ und σ^2 stellen die Parameter der Verteilung dar. Dies bedeutet, daß die Menge aller Normalverteilungen $N(\mu,\sigma^2)$ eine zweiparametrige Schar darstellen.

Man kann zeigen, daß diese Parameter gerade den Mittelwert und die Standardabweichung der Zufallsvariable X darstellen. Es gilt nämlich

c) Momente

$$(14.17) \qquad E(X) = \mu, \quad \text{und} \quad Var(X) = \sigma^2 \qquad (14.18)$$

Betrachten wir zunächst die nachstehende Abbildung der Normalverteilung.

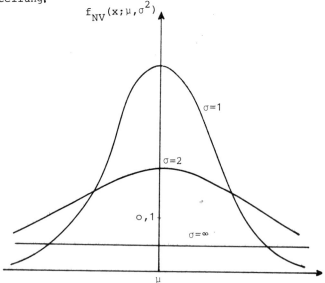

Abb. 14.6: Wahrscheinlichkeitsdichten der Normalverteilung bei konstantem Mittelwert und verschiedenen Werten für die Varianz

Aus der Graphik lassen sich unmittelbar folgende Eigenschaften
der Normalverteilung ersehen:

1. Die Normalverteilung ist symmetrisch.
2. Das Maximum liegt stets an der Stelle $x=\mu$.
3. Je kleiner σ ist, um so stärker konzentrieren sich die Werte
   um μ.
4. Die Wendepunkte der Verteilung sind um $\pm\sigma$ von μ entfernt.
5. Die Verteilung nähert sich auf beiden Seiten asymptotisch
   der x-Achse.
6. Durch Veränderung von μ verschiebt sich die ganze Kurve ohne
   Veränderung ihrer Gestalt.
7. Durch Vergrößerung bzw. Verkleinerung von σ wird sie jedoch
   auseinandergezogen bzw. zusammengedrückt, gleichzeitig steigt
   bzw. sinkt das Maximum.

Man kann nun zeigen, daß die graphische Form der Wahrscheinlich-
keitsdichte $f_{NV}(x;\mu,\sigma)$ und der Verteilungsfunktion $F_{NV}(x;\mu,\sigma^2)$ vollständig beschrieben werden kann, wenn man auf der x-Achse nur
die Punkte $\mu\pm z\sigma$ betrachtet und auf der Ordinatenachse die Einheit σ^{-1} wählt (vgl. Abb. 14.7).

Diese graphische Darstellung zeigt, daß die Fläche unter der
Wahrscheinlichkeitsdichte für ein Intervall $\left[\mu+z_1\sigma, \mu+z_2\sigma\right]$,
mit $z_1 < z_2$, nur von den Werten z_1 und z_2 abhängt, nicht jedoch
von den beiden Parametern μ und σ. Es erscheint daher sinnvoll,
eine Koordinatentransformation der Form

$$x = \mu + z\sigma \quad \text{bzw.} \quad z = \frac{x - \mu}{\sigma}$$

vorzunehmen. Dem entspricht die Einführung einer standardisierten Zufallsvariablen

(14.19) $$Z = \frac{X - \mu}{\sigma} .$$

Die Zufallsvariable Z gibt also die Werte der Zufallsvariablen X
als Abweichungen von ihrem Mittelwert in Einheiten der Standardabweichungen an.

Sei X eine Zufallsvariable, die $N(\mu,\sigma^2)$-verteilt ist, dann erhält man durch die Transformation $Z = \frac{X-\mu}{\sigma}$ ebenfalls eine normalverteilte Zufallsvariable, die $N(o,1)$-verteilt ist, d.h. mit dem Mittelwert O und der Varianz 1.

Man spricht von einer standardnormalverteilten Zufallsvariablen Z und sagt , Z sei $N(o,1)$-verteilt. Es gelten die Beziehungen

a) Wahrscheinlichkeitsdichte einer $N(0,1)$-verteilten Zufallsvariablen Z

   (14.2o)　　$f_{NV}(z;0,1) = P(Z = z) = \frac{1}{\sqrt{2\pi}}\, e^{-\frac{z^2}{2}},$

b) Verteilungsfunktion einer $N(0,1)$-verteilten Zufallsvariablen Z

   (14.21)　　$F_{NV}(z;0,1) = P(Z \leq z) = \frac{1}{\sqrt{2\pi}} \int_{-\infty}^{z} e^{-\frac{u^2}{2}}\, du$

Die Indices μ,σ^2 bzw.0,1 zur Unterscheidung einer normalverteilten Zufallsvariablen X von einer standardnormalverteilten Zufallsvariablen Z werden weggelassen, wenn keine Verwechslungen möglich sind.

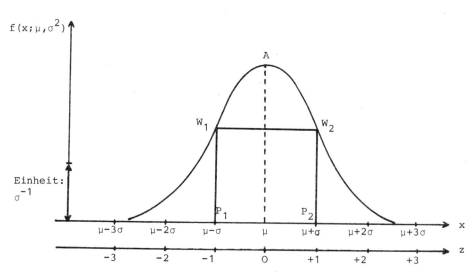

Abb. 14.7: Wahrscheinlichkeitsdichte der Normalverteilung

14.4.2 Das Rechnen mit normalverteilten Zufallszahlen

Die numerische Berechnung der Wahrscheinlichkeitswerte von normalverteilten Zufallsgrößen erweist sich als äußerst schwierig,
da das in der Wahrscheinlichkeitsdichte auftretende Integral
nicht mit elementaren Methoden ausgewertet werden kann. Durch
die Transformation auf eine standardnormalverteilte Zufallsvariable Z gelingt es die Wahrscheinlichkeitswerte zu berechnen, wobei die Verteilungsfunktion $F_{NV}(z;0,1)$ in Tabellenform
vorliegt. Diese Tabellen umfassen in der Regel nur die Werte
$z \geq 0$, da man wegen der Symmetrie der Normalverteilung die
Verteilungswerte für negative Werte aus der Beziehung

(14.22) $$F_{NV}(-z) = 1 - F_{NV}(z)$$

bestimmen kann (vgl. Abb. 14.8).

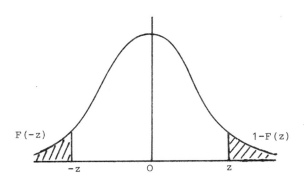

Abb. 14.8: $F_{NV}(-z) = P(Z \leq -z) = P(Z \geq z) = 1-P(Z \leq z) = 1-F_{NV}(z)$

Das Berechnen der Wahrscheinlichkeitswerte mit Hilfe der Tabelle
soll anhand von sechs Grundaufgaben für eine nach $N(0,1)$-ver-
teilte Zufallsgröße Z gezeigt werden

1) $P(Z \le 1,413) = F(1,413)$

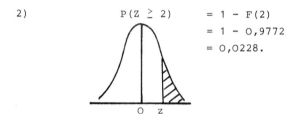

$= F(1,41) + 0,3 \left[F(1,42) - F(1,41) \right]$

$= 0,9207 + 0,3 \left[0,9222 - 0,9207 \right]$

$= 0,9207 + 0,0005$

$= 0,9212.$

2) $P(Z \ge 2) \qquad = 1 - F(2)$

$= 1 - 0,9772$

$= 0,0228.$

3) $P(Z \le -1,72) = 1 - F(1,72)$

$= 1 - 0,9573$

$= 0,0427.$

4) $P(Z \ge -0,48) = F(0,48)$

$= 0,6844.$

5) $P(-2,7 \leq Z \leq 2,7) = 2F(2,7) - 1$

$\qquad\qquad\qquad\qquad = 2 \cdot 0,9965 - 1$

$\qquad\qquad\qquad\qquad = 0,9930.$

−z   0 +z

6) $P(-1,2 \leq Z \leq -0,3) = F(-0,3) - F(-1,2)$

$\qquad\qquad\qquad\qquad\quad = 1 - F(0,3) - [1 - F(1,2)]$

$\qquad\qquad\qquad\qquad\quad = F(1,2) - F(0,3)$

$\qquad\qquad\qquad\qquad\quad = 0,8849 - 0,6179$

$\qquad\qquad\qquad\qquad\quad = 0,2670.$

$-z_1 -z_2 0$

Es werde nun der Fall betrachtet, daß X eine nach $N(\mu,\sigma^2)$-verteilte Zufallsgröße ist. Um ihre Wahrscheinlichkeitswerte zu bestimmen, muß man den Zusammenhang zwischen X und der zugehörigen standardnormalverteilten Zufallsgröße Z kennen. Dieser ergibt sich durch

$$(14.23) \quad F_{NV}(x;\mu,\sigma) = P(X \leq x) = P(Z \leq \frac{x-\mu}{\sigma}) = F_{NV}(\frac{x-\mu}{\sigma};0,1).$$

Diese Beziehung erlaubt es, die Berechnung der Wahrscheinlichkeitswerte von beliebigen normalverteilten Zufallsgrößen mit Hilfe der Tabellen von $F_{NV}(z)$ für die standardnormalverteilte Zufallsgröße vorzunehmen.

Für einen endlichen Bereich lautet die Beziehung

$$P(x_1 \leq X \leq x_2) = F_{NV}(\frac{x_2-\mu}{\sigma};0,1) - F_{NV}(\frac{x_1-\mu}{\sigma};0,1)$$

$$(14.24) \qquad\qquad\qquad = F_{NV}(z_2) - F_{NV}(z_1)$$

Beispiel 14.8:

Angenommen, das Gewicht von Briefumschlägen sei normalverteilt mit dem Mittelwert $\mu = 0,8$ g und der Varianz $\sigma^2 = 0,0025$. Wieviele Briefumschläge unter 10 000 Stück werden mehr als 0,95 g wiegen?

Es sind $\mu = 0,8$, $\sigma = 0,05$.

Gesucht: $P(X \geq 0,95)$

Antwort $P(X \geq 0,95) = P(Z \geq \dfrac{0,95-0,80}{0,05})$

$= P(Z \geq 3) = 1 - F(3)$

$= 1 - 0,9987 = 0,0013$,

d.h. 0,13% oder 13 Briefumschläge werden mehr als 0,95 g wiegen.

Bisher wurde bei einer $N(\mu,\sigma^2)$-verteilten Zufallsvariablen X nach der Wahrscheinlichkeit gefragt, mit der sie in einem vorgegebenen Intervall $[x_1,x_2]$ liegt. Nun kann diese Fragestellung umgekehrt werden. Man kann einen Wert für die Wahrscheinlichkeit, er möge mit δ bezeichnet werden, vorgeben. Es soll dann ein Bereich bestimmt werden, in dem die Zufallsvariable X mit dieser vorgegebenen Wahrscheinlichkeit liegen wird. Allerdings hat diese Umkehraufgabe keine eindeutige Lösung (vgl. Abb.14.9). Selbst wenn man den Bereich als zusammenhängend voraussetzt, kann man durch Verschieben eine kontinuierliche Menge von Bereichen zu einer vorgegebenen Wahrscheinlichkeit δ konstruieren.

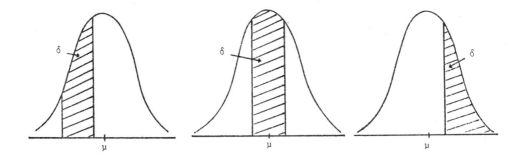

Abb. 14.9: Verschiedene Bereiche zu einer bestimmten Wahrscheinlichkeit δ

376

Eine eindeutige Lösung dieser Umkehraufgabe läßt sich erreichen, wenn man eine bestimmte Form für den gesuchten Bereich
vorschreibt.

Zunächst soll die Lösung dieser Umkehraufgabe für die standardisierte Zufallsvariable Z gezeigt werden:
Gegeben sei eine reelle Zahl δ mit $0 < \delta < 1$. Es soll die Gleichung $F(z) = \delta$ nach z aufgelöst werden. Da die Funktion $F(z)$
als stetige Verteilungsfunktion streng monoton ist, existiert
eine eindeutige Lösung $z = F^{-1}(\delta)$. Diese besagt, daß die standardisierte Zufallsvariable Z mit der Wahrscheinlichkeit δ
in dem Bereich $(-\infty, F^{-1}(\delta)]$ liegt.
Aus den Tabellen für die standardisierte Normalverteilung läßt
sich aber nur die obere Bereichsgrenze $F^{-1}(\delta)$ für die Werte
$\delta \geq 0,5$ ablesen. Für die Werte $\delta < 0,5$ muß man wieder die Eigenschaft $F(-z) = 1 - F(z)$ verwenden. Aus $F(z) = \delta$ folgt

$$1 - F(z) = 1 - \delta,$$
$$F(-z) = 1 - \delta,$$
$$-z = F^{-1}(1 - \delta),$$
(14.25) $$z = -F^{-1}(1 - \delta).$$

Um zu diesem Ergebnis zu gelangen, war von der Gleichung $F(z) = \delta$
ausgegangen werden. Damit müssen die beiden Ergebnisse, sowohl
$z = F^{-1}(\delta)$ als auch $z = -F^{-1}(1-\delta)$ übereinstimmen, d.h. es gilt

(14.26) $$F^{-1}(\delta) = -F^{-1}(1 - \delta).$$

Beispiel 14.9:

Es soll die Gleichung $F(z) = \delta$ gelöst werden für
a) $\delta = 0,93$ und
b) $\delta = 0,02$.

a) $$F(z) = 0,93,$$
$$z = F^{-1}(0,93),$$
$$z = 1,476.$$

b) $$F(z) = 0,02,$$
$$z = F^{-1}(0,02),$$
$$z = -F^{-1}(1-0,02) = -F^{-1}(0,98),$$
$$z = -2,054.$$

Es wird jetzt wieder eine $N(\mu,\sigma^2)$-verteilte Zufallsvariable X betrachtet. Für diese sollen gewisse Standardbereiche bestimmt werden, in denen die Zufallsvariable X mit einer vorgegebenen Wahrscheinlichkeit δ liegt. Die folgenden vier Standardbereiche werden betrachtet:

1. links-offener Bereich

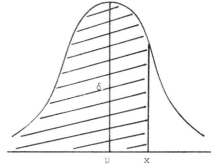

$$P(X \leq x) = \delta,$$

$$P(Z \leq \frac{x-\mu}{\sigma}) = \delta,$$

$$\frac{x-\mu}{\sigma} = F^{-1}(\delta),$$

$$x = \mu + \sigma F^{-1}(\delta).$$

2. rechts-offener Bereich

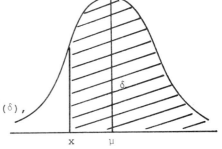

$$P(X \geq x) = \delta,$$

$$P(Z \geq \frac{x-\mu}{\sigma}) = \delta,$$

$$1 - F(\frac{x-\mu}{\sigma}) = \delta,$$

$$F(\frac{x-\mu}{\sigma}) = 1 - \delta,$$

$$\frac{x-\mu}{\sigma} = F^{-1}(1-\delta) = -F^{-1}(\delta),$$

$$x = \mu - \sigma F^{-1}(\delta).$$

3. Symmetrischer Bereich um den Mittelwert

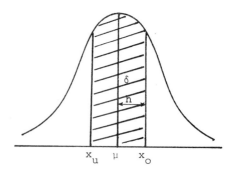

$$P(\mu-h \leq X \leq \mu+h) = \delta,$$

$$P(-\frac{h}{\sigma} \leq Z \leq \frac{h}{\sigma}) = \delta,$$

$$P(Z \leq \frac{h}{\sigma}) - P(-\frac{h}{\sigma} \leq Z) = \delta,$$

$$P(Z \leq \frac{h}{\sigma}) - [1 - P(Z \leq \frac{h}{\sigma})] = \delta,$$

$$2P(Z \leq \frac{h}{\sigma}) - 1 = \delta,$$

$$2F(\frac{h}{\sigma}) - 1 = \delta,$$

$$F(\frac{h}{\sigma}) = \frac{1+\delta}{2},$$

$$\frac{h}{\sigma} = F^{-1}\left(\frac{1+\delta}{2}\right),$$

$$h = \sigma F^{-1}\left(\frac{1+\delta}{2}\right).$$

Die beiden Bereichsgrenzen x_u und x_o ergeben sich somit zu

$$x_u = \mu - \sigma F^{-1}\left(\frac{1+\delta}{2}\right), \quad \text{und}$$

$$x_o = \mu + \sigma F^{-1}\left(\frac{1+\delta}{2}\right).$$

4. Beidseitig abgeschlossener Bereich, dessen untere Bereichsgrenze durch x_u vorgegeben ist

$$P(x_u \leq X \leq x) = \delta,$$

$$P\left(\frac{x_u - \mu}{\sigma} \leq Z \leq \frac{x - \mu}{\sigma}\right) = \delta,$$

$$F\left(\frac{x-\mu}{\sigma}\right) - F\left(\frac{x_u - \mu}{\sigma}\right) = \delta,$$

$$F\left(\frac{x-\mu}{\sigma}\right) = \delta + F\left(\frac{x_u - \mu}{\sigma}\right),$$

$$\frac{x-\mu}{\sigma} = F^{-1}\left\lceil \delta + F\left(\frac{x_u - \mu}{\sigma}\right)\right\rceil,$$

$$x = \mu + \sigma F^{-1}\left\lceil \delta + F\left(\frac{x_u - \mu}{\sigma}\right)\right\rceil.$$

Beispiel 14.1o:

Eine Großhandlung muß einem Kunden nach Eintreffen seiner Bestellung die Ware binnen 6o Minuten ausgeliefert haben. Der Kunde kann entweder über die Autobahn oder über eine Landstrasse mit vielen Ortsdurchfahrten angefahren werden. Die Fahrzeiten X seien normalverteilte Zufallsvariablen mit den Verteilungen

$$\text{Autobahn} : N(26,9)\text{-verteilt,}$$
$$\text{Landstraße} : N(20,1oo)\text{-verteilt.}$$

Da die Zusammenstellung des Auftrags im Lager eine gewisse Zeit benötigt, stehen dem Fahrer zur Auslieferung nicht mehr die vollen 6o Minuten zur Verfügung. Angenommen, ihm stehen nur noch 28 bzw. 29 Minuten zur Verfügung. Welche Route soll er wählen, um die Wahrscheinlichkeit einer verspäteten Auslieferung so gering wie möglich zu halten? Welche Route würde man für die Rückfahrt vorschlagen, damit der Wagen mit größerer Wahrscheinlichkeit früher wieder zum Lager zurückkommt?

379

1. Fahrt auf der Landstraße, X ist N(20,100)-verteilt.

   a) $P(X \geq 28) = P(Z \geq \frac{28-20}{10}) = P(Z \geq 0,8)$

   $= 1 - F(0,8) = 1 - 0,79 = 0,21$,

   d.h. die Wahrscheinlichkeit einer Verspätung beträgt 21%.

   b) $P(X \geq 29) = P(Z \geq \frac{29-20}{10}) = P(Z \geq 0,9)$

   $= 1 - F(0,9) = 1 - 0,82 = 0,18$,

   d.h. die Wahrscheinlichkeit einer Verspätung beträgt 18%.

2. Fahrt auf der Autobahn, X ist N(26,9)-verteilt.

   a) $P(X \geq 28) = P(Z \geq \frac{28-26}{3}) = P(Z \geq 0,67)$

   $= 1 - F(0,67) = 1 - 0,75 = 0,25$,

   d.h. die Wahrscheinlichkeit einer Verspätung beträgt 25%.

   b) $P(X \geq 29) = P(Z \geq \frac{29-26}{3}) = P(Z \geq 1)$

   $= 1 - F(1) = 1 - 0,84 = 0,16$,

   d.h. die Wahrscheinlichkeit einer Verspätung beträgt 16%.

Daraus folgt, daß der Fahrer die Autobahn wählen sollte, wenn ihm 29 Minuten (oder mehr) für die Fahrt zur Verfügung stehen. Hat er dagegen nur 28 Minuten (oder weniger) Zeit für die Fahrt, dann sollte er die Route auf der Landstraße wählen.
Für die Rückfahrt ist wegen der fehlenden Zeitbeschränkung auf jeden Fall die Autobahn-Route zu wählen. Bekanntlich liegen bei einer normalverteilten Zufallsvariablen X rund 84% der Realisierungen x im Intervall $(-\infty, \mu+\sigma]$. Dies bedeutet, daß man in rund 84% aller Fälle das Lager über die Autobahn nach 29 Minuten, über die Landstraße jedoch erst nach 30 Minuten erreichen würde.

Beispiel 14.11:

Es sei X eine nach N(5;2,25)-verteilte Zufallsvariable.
1. Man bestimme einen symmetrischen Bereich um den Mittelwert so, daß 99% der Realisierungen von X in diesem Bereich liegen werden.
2. Man bestimme eine Zahl x so, daß 10% der Realisierungen in einem Bereich liegen werden, dessen untere Begrenzung $x_u = 6,5$ gegeben wird.

Lösung:

1. Es ist $\mu = 5$, $\sigma = 1,5$, $\delta = 0,99$ und $\frac{1+\delta}{2} = 0,995$.

   Somit ergeben sich die beiden Bereichsgrenzen zu

   $$x_u = \mu - \sigma F^{-1}(\frac{1+\delta}{2}) = 5 - 1,5 \cdot F^{-1}(0,995)$$

   $$= 5 - 1,5 \cdot 2,576 = 5 - 3,864 = 1,136,$$

   $$x_o = \mu + \sigma F^{-1}(\frac{1+\delta}{2}) = 5 + 3,864 = 8,864.$$

   Mit einer Wahrscheinlichkeit von 99% liegt die Zufallsvariable
   X im Bereich $[1,14; 8,86]$.

2. $P(6,5 \leq X \leq x) = 0,1$

   $$P(\frac{6,5-5}{1,5}) \leq z \leq \frac{x-5}{1,5}) = 0,1$$

   $$F(\frac{x-5}{1,5}) - F(1) = 0,1$$

   $$F(\frac{x-5}{1,5}) \qquad = 0,1 + F(1) = 0,941$$

   $$\frac{x-5}{1,5} \qquad = F^{-1}(0,941) = 1,572$$

   $$x \qquad = 5 - 1,5 \cdot 1,572 = 7,358.$$

   Mit einer Wahrscheinlichkeit von 10% liegt die Zufallsvariable
   X im Bereich $[6,5; 7,36]$.

14.4.3 Die Normalverteilung als Näherungsverteilung für be-
        stimmte Verteilungstypen

Für große Werte gewisser Parameter nähert sich die Form vieler,
durch ein bestimmtes Gesetz gegebener Typen von Verteilungsfunktionen der Form der 'Glockenkurve' an. Dies gilt insbesondere für folgende diskrete Verteilungen:

a. Binomialverteilung für große Werte von np.
b. Hypergeometrische Verteilung für große Werte von N, N_1 und n.
c. Poissonverteilung für große Werte von λ.

Es läßt sich dabei folgendes Schema für die Übergänge zwischen
den einzelnen Verteilungen aufstellen:

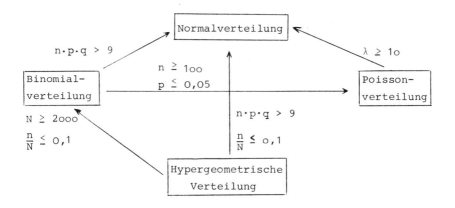

14.4.3.1 Approximation der Binomialverteilung durch die Normalverteilung

Für große Werte von n sind der Binomialkoeffizient $\binom{n}{k}$ sowie
die Potenzen p^k und q^{n-k} in der Formel für die Binomialverteilung numerisch mühsam zu berechnen. Es wurde bereits gezeigt,
daß für kleine Werte der Erfolgswahrscheinlichkeit p die Poissonverteilung als Approximation verwendet werden kann. Nun
möchte man aber auch für solche Werte von p, bei denen die
Poissonverteilung als Approximation nicht geeignet ist, eine
brauchbare Näherungslösung besitzen. Man kann zur Approximation
einer Binomialverteilung die Normalverteilung benutzen. Je näher
die Erfolgswahrscheinlichkeit p der Binomialverteilung bei 0,5
liegt, desto symmetrischer ist die Verteilung, und um so besser
wird ihre Approximation durch die Normalverteilung. Ein kleiner
Wert für p bedingt eine größere Schiefe der Binomialverteilung.
Um eine brauchbare Approximation zu erzielen, benötigt man deshalb ein größeres n zum Erzielen einer brauchbaren Näherung.
Als Faustregel für eine hinreichende Genauigkeit der Approximation benutzt man die folgende Ungleichung

$$n > \frac{9}{p(1-p)} \; .$$

Dies besagt, daß man für npq > 9 eine Binomialverteilung durch
eine Normalverteilung mit der standardisierten Zufallsvariablen

$$Z = \frac{X - np}{\sqrt{npq}}$$

approximieren kann.

Beispiel 14.12:

Bei einer Produktion von Leuchtstoffröhren fallen im Durchschnitt 6% defekte Röhren an. Die Ware wird in Partien von je 1000 Stück versandt. Die Qualitätskontrolle eines Abnehmers reklamiert, wenn in einer Partie mehr als 80 defekte Röhren enthalten sind. Wie groß ist die Wahrscheinlichkeit einer Reklamation?

Die Anzahl X der defekten Röhren in einer Partie ist binomialverteilt mit den Parametern $n = 1000$ und $p = 0,06$ bzw. $q = 0,94$. Somit ist $\mu = np = 60$, $\sigma^2 = npq = 1000 \cdot 0,06 \cdot 0,94 = 56,4$ und $\sigma = \sqrt{npq} = 7,51$.

Weil $56,4 > 9$ ist, kann die Binomialverteilung durch eine Normalverteilung approximiert werden, d.h. X ist approximativ $N(60; 56,4)$-verteilt.
Eine Reklamation tritt ein, wenn $X > 80$, bzw. $X \geq 81$ ist. Da die diskrete Binomialverteilung durch die stetige Normalverteilung approximiert wird, rechnet man mit dem Korrekturwert $X = 80,5$.

$$P(X \geq 80,5) = P(Z \geq \frac{80,5-60}{7,51}) = P(Z \geq 2,73)$$
$$= 1 - F(2,73) = 1 - 0,997 = 0,003,$$

d.h. die gesuchte Wahrscheinlichkeit beträgt 0,3%.

14.4.3.2 Approximation der Poissonverteilung durch die Normalverteilung

Auch die Poissonverteilung läßt sich für große Werte des Parameters λ durch eine Normalverteilung approximieren. Dieser Approximationsfehler wird kleiner als 0,01, wenn $\lambda \geq 100$ ist. Für die Praxis brauchbare Resultate der Approximation erreicht man aber bereits für $\lambda \geq 10$. Wenn X eine poissonverteilte Zufallsvariable mit $\lambda \geq 10$ ist, dann ist X approximativ normalverteilt mit den beiden Parametern $\mu = \lambda$ und $\sigma = \sqrt{\lambda}$.

383

Beispiel 14.13:

Aus einem Ersatzteillager werden durchschnittlich pro Woche 9 Austauschmotoren benötigt. Es soll der Anfangsbestand einer Woche so bemessen werden, daß man durchschnittlich

a) höchstens zweimal im Jahr,
b) höchstens einmal in zwei Jahren,

mit den gelagerten Ersatzteilen während einer Woche nicht auskommt.

Der Wochenbedarf ist eine Zufallsvariable, die mit X bezeichnet wird, und von der man annimmt, daß sie poisson-verteilt mit $\lambda = 9$ ist. Dazu muß allerdings gefordert werden, daß die Ersatzteile einzeln und nicht gruppenweise benötigt werden. Die Angaben über die durchschnittliche Häufigkeit des Überschreitens des Lagerbestandes sollen mit Hilfe der Häufigkeitsinterpretation als Wahrscheinlichkeiten gedeutet werden. Man erhält

a) $\delta = \frac{2}{52} = 0,0385$ und b) $\delta = \frac{1}{104} = 0,0096$.

Die gesuchte Stückzahl des Lagerbestandes sei x.
Dann muß gelten

$$P(X > x) = \delta \quad \text{bzw.} \quad P(X \geq x+1) = \delta.$$

Da die diskrete Poissonverteilung durch die stetige Normalverteilung approximativ wird, rechnet man mit dem Korrekturwert x + 0,5. Standardisierung ergibt

$$P(Z \geq \frac{x+0,5-\lambda}{\sqrt{\lambda}}) = \delta.$$

Somit erhält man

$$1 - F(\frac{x+0,5-\lambda}{\sqrt{\lambda}}) = \delta,$$

$$\frac{x+0,5-\lambda}{\sqrt{\lambda}} = F^{-1}(1-\delta),$$

$$x = \lambda-0,5+\sqrt{\lambda} \cdot F^{-1}(1-\delta).$$

Einsetzen der numerischen Werte ergibt

a) $1 - \delta = 0,962;$ $\quad F^{-1}(1 - \delta) = 1,770;$ $\quad \lambda = 9;$

$\quad x = 9 \quad - 0,5 + 3 \cdot 1,770 = 13,81.$

b) $1 - \delta = 0,990;$ $\quad F^{-1}(1 - \delta) = 2,34;$ $\quad \lambda = 9;$

$\quad x = 9 \quad - 0,5 + 3 \cdot 2,34 = 15,52.$

Da es sich hierbei um diskrete Größen handelt, rundet man auf die nächstgrößere ganze Zahl auf. Es ist üblich, den Lagerbestand wie folgt zu zerlegen.

$\qquad$ Lagerbestand = durchschnittlicher Bedarf plus Sicherheits-
$\qquad\qquad\qquad\qquad\qquad$ bestand.

Somit lautet das Ergebnis:

a) $x = 14 = 9 + 5$, d.h. ein Sicherheitsbestand von 5 Einheiten garantiert, daß man durchschnittlich höchstens zweimal im Jahr während einer Woche mit dem Anfangsbestand nicht auskommt.

b) $x = 16 = 9 + 7$, d.h. ein Sicherheitsbestand von 7 Einheiten garantiert, daß man durchschnittlich höchstens einmal in zwei Jahren während einer Woche mit dem Anfangsbestand nicht auskommt.

14.4.4 Lineare Funktionen mehrerer normalverteilter Zufalls-
$\qquad$ variablen

Ohne Beweis werde der folgende Satz angeführt:

Satz: Eine Linearform, gebildet als lineare Funktion aus voneinander unabhängigen, normalverteilten Zufallsvariablen, ist ebenfalls normalverteilt.

Die Anwendung dieses Satzes soll an einigen Beispielen gezeigt werden:

1. Es seien $\quad X_1$ nach $N(\mu_1, \sigma_1^2)$-verteilt, und

$\qquad\qquad\qquad X_2$ nach $N(\mu_2, \sigma_2^2)$-verteilt.

Dann ist $\quad X_1 + X_2$ nach $N(\mu_1 + \mu_2, \sigma_1^2 + \sigma_2^2)$-verteilt

$\quad\quad\quad\quad\quad X_1 - X_2$ nach $N(\mu_1 - \mu_2, \sigma_1^2 + \sigma_2^2)$-verteilt.

2. Es seien $\quad X_1$ und X_2 beide nach $N(\mu, \sigma^2)$-verteilt.
   Dann ist

$\quad\quad\quad\quad\quad X_1 + X_2$ nach $N(2\mu, 2\sigma^2)$-verteilt,

$\quad\quad\quad\quad\quad X_1 - X_2$ nach $N(0, 2\sigma^2)$-verteilt.

3. Es seien $\quad X_1, X_2, \ldots, X_n$ nach $N(\mu, \sigma^2)$-verteilt.
   Dann ist

$$S_n = \sum_{i=1}^{n} X_i \text{ nach } N(n\mu, n\sigma^2)\text{-verteilt.}$$

Da für das arithmetische Mittel $\overline{X} = \frac{1}{n} S_n$ gilt, folgt, daß

$$\overline{X} \text{ nach } N(\mu, \frac{\sigma^2}{n})\text{-verteilt ist.}$$

Beispiel 14.14:

Eine Verpackungsmaschine füllt Butterpakete ab.
Diese Packungen werden in Kartons zu je 50 Stück versandt.
Die Gewichte von Füllung, Verpackung und Karton seien normal-
verteilt mit folgenden Mittelwerten und Standardabweichungen:

	Mittelwert	Standardabweichung
Füllung	$\mu_f = 250$ g,	$\sigma_f = 10$ g,
Verpackung	$\mu_p = 10$ g	$\sigma_p = 2$ g,
Karton (leer)	$\mu_1 = 200$ g,	$\sigma_1 = 20$ g.

1. Man vergleiche Mittelwert und Standardabweichung einer gefüllten Packung und eines vollgepackten Kartons.

   Zunächst führt man folgende Bezeichnungen ein:

   X_i = Füllgewicht der i-ten Packung,

   V_i = Gewicht der i-ten leeren Packung,

   T = Gewicht des leeren Kartons,

   U_i = Gewicht der i-ten gefüllten Packung,

   K = Gewicht des vollgepackten Kartons.

   i = 1, 2, ..., 100.

Es wird

$$E(X_i) = \mu_{if}, \qquad E(V_i) = \mu_{ip}, \qquad E(K) = \mu_K$$

$$\text{Var}(X_i) = \sigma_{if}^2, \quad \text{Var}(V_i) = \sigma_{ip}^2, \quad \text{Var}(K) = \sigma_K^2.$$

X_i, V_i und T können als unabhängige Zufallsvariablen aufgefaßt werden.

Dann gilt

$$U_i = X_i + V_i$$

$$E(U_i) = \mu_u = \mu_{if} + \mu_{ip} = 250 + 10 = 260,$$

$$\text{Var}(U_i) = \sigma_u^2 = \sigma_{if}^2 + \sigma_{ip}^2 = 10^2 + 2^2 = 104.$$

Damit ist U_i nach N(260,104)-verteilt.

$$K = X_1 + X_2 + \ldots + X_{100} + V_1 + V_2 + \ldots + V_{100} + T$$

$$E(K) = \mu_k = \sum_{i=1}^{50} \mu_{if} + \sum_{i=1}^{50} \mu_{ip} + \mu_1$$

$$= 50 \cdot 250 + 50 \cdot 10 + 400 = 13\ 200,$$

$$\text{Var}(K) = \sigma_k^2 = \sum_{i=1}^{50} \sigma_{if}^2 + \sum_{i=1}^{50} \sigma_{ip}^2 + \sigma_1^2$$

$$= 50 \cdot 10^2 + 50 \cdot 2^2 + 20^2 = 5\ 600.$$

Damit ist K nach N(13 200 , 5 600)-verteilt, und man erhält das Ergebnis

	Mittelwert	Standardabweichung
gefüllte Packung	260 g	10,20 g
gefüllter Karton	13 200 g	74,83 g

2. Wie groß ist die Wahrscheinlichkeit, daß das Gewicht des vollgepackten Kartons in den Grenzen ± 1% des Normalgewichts liegt?

Die Zufallsvariable K = {Gewicht des vollgepackten Kartons} ist nach N(13 200 , 5 600)-verteilt.

Als 'Normalgewicht' von K werde $\mu_K = 13\ 200$ aufgefaßt.
Der geforderte Bereich wird dann durch das Intervall

$$(13\ 200 - 132\ ;\ 13\ 200 + 132)$$

gegeben.
Zu berechnen ist

$$P\{13\ 200 - 132 < X \le 13\ 200 + 132\}.$$

Übergang zur standardisierten Variablen ergibt

$$P\{-\frac{132}{74,83} < Z \le \frac{132}{74,83}\}$$

$$= P\{-1,76 < Z \le 1,76\} = 2F(1,76) - 1$$

$$= 2 \cdot 0,9608 - 1 = 0,9216.$$

Die Wahrscheinlichkeit, daß das Gewicht eines vollgepackten Kartons in den Grenzen ±1% des Normalgewichts liegt, beträgt 92,16%.

14.4.5 Der zentrale Grenzwertsatz

Die Aussage des vorigen Abschnittes, daß die Summe (und damit auch das arithmetische Mittel) von n unabhängigen Zufallsvariablen ebenfalls normalverteilt ist, läßt sich noch etwas abschwächen. Besitzt man eine große Zahl von 'Summanden', dann kann man auf die Bedingung, daß diese normalverteilt sein müssen, verzichten. Es gilt nämlich der folgende Satz, der als Grenzwertsatz bezeichnet wird:

Satz: Es sei eine Folge von n unabhängigen Zufallsvariablen X_1, X_2, ..., X_n mit der gleichen unbekannten Wahrscheinlichkeitsfunktion f(x) gegeben. Erwartungswert $E(X_i) = \mu$ und Varianz $Var(X_i) = \sigma^2$ mögen existieren. Für die aus den beiden Zufallsvariablen

$$S_n = \sum_{i=1}^{n} X_i \quad \text{und} \quad \overline{X}_n = \frac{1}{n} \sum_{i=1}^{n} X_i = \frac{1}{n} S_n$$

gewonnenen standardisierten Zufallsvariablen gilt dann

$$(14.27) \quad \lim_{n \to \infty} P(\frac{S_n - n\mu}{\sigma\sqrt{n}} \le z) = \lim_{n \to \infty} P(\frac{\overline{X}_n - \mu}{\sigma/\sqrt{n}} \le z) = F_{NV}(z;0,1).$$

Verbal besagt dies, daß für hinreichend großes n die Zufallsvariable S_n approximativ nach $N(n\mu, n\sigma^2)$-verteilt
ist, und die Zufallsvariable $\overline{X}_n$ approximativ nach $N(\mu, \frac{\sigma^2}{n})$-
verteilt ist.

Der zentrale Grenzwertsatz ist für die praktischen Anwendungen
der Statistik von großer Bedeutung. Er besagt u.a., daß bei
hinreichend großem Stichprobenumfang n das arithmetische Mittel
der Stichprobenwerte $\overline{X}$ approximativ normalverteilt ist, unabhängig von der Verteilung der Zufallsvariable X in der Grundgesamtheit. Für die praktische Anwendung unterstellt man, daß bei
einem Stichprobenumfang von $n \geq 100$ die Approximation hinreichend
genau ist.

Aufgabe 1

Ein Fragebogen zu Prüfungszwecken enthält 16 Fragen. Zu jeder Frage werden 4 Antwortmöglichkeiten angeboten, von denen nur eine richtig ist.

a) Wie groß ist die Wahrscheinlichkeit, durch von Sachkenntnis unbeeinflußtem Raten mindestens 8 Fragen richtig zu beantworten?

b) Wieviele Fragen werden mit Wahrscheinlichkeit o,o5 mindestens richtig erraten? $P(x \geq k) = o,o5$.

c) Wieviele richtige Antworten sind im Durchschnitt zu erwarten?

Aufgabe 2

Ein Schraubenhersteller liefert Schrauben in Packungen zu je 1oo Stück. Die Ausschußquote beträgt 1o%. Ein Kunde prüft den Inhalt einer Packung, indem er ihr 1o Schrauben zufällig und ohne Zurücklegen entnimmt und diese kontrolliert.

a) Welches ist die in diesem Fall interessierende Zufallsvariable und welche Werte kann sie annehmen?

b) Berechnen Sie den Erwartungswert und die Varianz dieser Zufallsvariable.

c) Wie groß ist die Wahrscheinlichkeit, daß genau 2 fehlerhafte Schrauben in die Stichprobe gelangen?

d) Wie groß ist die Wahrscheinlichkeit, daß mehr als eine Schraube fehlerhaft ist?

e) Aus fertigungstechnischen Gründen werden in Zukunft nur noch Packungen zu je 2ooo Schrauben geliefert. Der Kunde entnimmt diesen Packungen 2o Schrauben zufällig und ohne Zurücklegen. Berechnen Sie die Wahrscheinlichkeit dafür, daß höchstens 3 der in die Stichprobe gelangten Schrauben fehlerhaft sind.

Aufgabe 3

Bei einer Untersuchung wurde festgelegt, daß 1973 60% aller Haushalte eine Feuerversicherung in der BRD besaßen.
Eine Versicherungsgesellschaft führte im folgenden Jahr eine Stichprobe vom Umfang n=2o durch, von denen 14 Haushalte eine Feuerversicherung hatten.

a) Wie groß ist die Wahrscheinlichkeit, daß in einer Stichprobe mehr als 15 Haushalte mit einer Feuerversicherung sind, wenn der Anteil der Haushalte, die eine Feuerversicherung abgeschlossen hatten, sich nicht erhöht hat?

b) Können Sie mit einer Irrtumswahrscheinlichkeit von 5% aus dem Ergebnis der Stichprobe schließen, daß sich die Anzahl der Haushalte mit einer Feuerversicherung 1973 erhöht hat?

c) Bei einer weiteren Stichprobe vom Umfang n=1oo wurden 7o Haushalte festgestellt, die eine Feuerversicherung abgeschlossen hatten. Wie groß ist die Wahrscheinlichkeit, daß die Zahl der Haushalte mit einer Feuerversicherung größer 0 gleich 7o ist?

Aufgabe 4

Bei einer Radarkontrolle für Kraftfahrzeuge auf einer Autobahn werden in einer Stunde durchschnittlich 5 Fahrzeuge mit zu hoher Geschwindigkeit registriert.

a) Wie groß ist die Wahrscheinlichkeit, daß in einer Stunde kein Fahrzeug mit zu hoher Geschwindigkeit registriert wird?

b) Wieviele Kraftfahrzeuge werden mit einer Wahrscheinlichkeit von 0,08 höchstens registriert, wenn sich die durchschnittliche Zahl der Fahrzeuge mit zu hoher Geschwindigkeit auf 7 erhöht hat?

c) Mit welcher Wahrscheinlichkeit wird in 3 Stunden kein Kraftfahrzeug mit zu hoher Geschwindigkeit erfaßt?

d) Welche Annahme treffen Sie?

Aufgabe 5

Von den 1o ooo Haushalten einer Stadt sind 2 ooo mit einem Farbfernsehgerät ausgestattet.
Wie groß ist die Wahrscheinlichkeit, daß von 16 zufällig ausgewählten Haushalten

a) 4 Haushalte im Besitz eines Farbfernsehgeräts sind?

b) mehr als 6 Haushalte ein Farbfernsehgerät haben?

c) mindestens 4 mit Farbfernsehgeräten ausgestattete Haushalte in die Stichprobe gelangen?

d) höchstens 14 Haushalte kein Farbfernsehgerät haben?

e) zwischen 8 und 12 Haushalte, die nicht mir einem Farbfernsehgerät ausgestattet sind, in die Stichprobe gelangen?

Aufgabe 6

Ein Hersteller von Metallstiften garantiert seinen Abnehmern, daß im Durchschnitt nur jeder 2o. Metallstift von der vorgeschriebenen Norm abweicht. Die Metallstifte werden in Packungen zu je 1oo Stück geliefert.

a) Zur Kontrolle einer Lieferung entnimmt ein Abnehmer aus einer Packung 2o Metallstifte zufällig und "ohne Zurücklegen".

1. Mit wieviel defekten Metallstiften muß er in dieser Stichprobe rechnen?

2. Wie groß ist die Standardabweichung der interessierenden Zufallsvariable?

3. Wie groß ist die Wahrscheinlichkeit für
   - genau 2
   - höchstens 3
   defekte Metallstifte in der Stichprobe?

b) Nach Eingang verschiedener Reklamationen überprüft der Hersteller die Metallstifte, indem er aus der laufenden Produktion 2o Metallstifte zufällig entnimmt.
   Wie groß ist die Wahrscheinlichkeit dafür, daß
   - keiner
   - genau 2
   - höchstens 3
   - mindestens 3
   der in die Stichprobe gelangten Metallstifte fehlerhaft sind?

c) Mit einer neuen Maschine kann der Ausschußanteil auf 2% gesenkt werden. Weiter werden die Metallstifte nur noch in Pakkungen zu je 2ooo Stück geliefert.
   Wie groß ist dann die Wahrscheinlichkeit dafür, daß ein Kunde in einer Stichprobe von 1oo Metallstiften mehr als 2 fehlerhafte Metallstifte findet?

Aufgabe 7

An einer Drehbank kommen in einer Stunde durchschnittlich 5 Werkstücke zur Bearbeitung an.

a) Wie groß ist die Wahrscheinlichkeit dafür, daß der Dreher eine Stunde lang ohne Beschäftigung ist?

b) Mit welcher Wahrscheinlichkeit kann der Dreher drei Stunden die Drehbank verlassen, ohne daß ein Werkstück unbearbeitet bleibt?

c) Welche Annahmen treffen Sie bei diesen Berechnungen?

Aufgabe 8

Auf einer Hobelmaschine werden Platten hergestellt. Es fallen jedoch nicht alle Stücke gleich aus, so daß die Plattendicke X verschiedene Werte annehmen kann.
Die Zufallsvariable ist normalverteilt mit dem Mittelwert μ = 1o mm und der Standardabweichung σ = o,o2 mm.

a) Wieviel Prozent Ausschuß sind zu erwarten, wenn die Platten mindestens 9,97 mm stark sein sollen?

b) Wie sind die Toleranzgrenzen festzulegen, wenn sie nach oben oder unten höchstens mit einer Wahrscheinlichkeit von 5% überschritten werden dürfen?

c) Wie ändert sich der Ausschußprozentsatz für die unter b) bestimmten Toleranzgrenzen, wenn sich μ nach 1o,o1 mm verschiebt?

Aufgabe 9

Eine Baufirma verfügt in ihrem Lagerbestand über Stahlrohre unterschiedlicher Länge, die aus verschiedenen, voneinander unabhängigen Produktionen stammen.
Die Länge der Rohre sei normalverteilt; die folgenden Daten seien bekannt:

Produktion	mittlere Länge	Varianz
A	$\mu_A = 1o$ m	$\sigma_A^2 = 2$ mm
B	$\mu_B = 2o$ m	$\sigma_B^2 = 3$ mm
C	$\mu_C = 3o$ m	$\sigma_C^2 = 3,5$ mm

a) Berechnen Sie den Mittelwert der Rohrleitung bei Verlegung

   1. einer Rohrleitung X, die aus 1o Rohren der Produktion A und 1o Rohren der Produktion B besteht,

   2. einer Rohrleitung Y, die aus 18 Rohren der Produktion A und 4 Rohren der Produktion C besteht.

b) Ist bei Verlegung einer Rohrleitung von 3oo m Länge in diesem Fall deren Standardabweichung ein Kriterium für eine Entscheidung zwischen den Kombinationen a)1. oder a)2.?

Aufgabe 1o

Bei der Herstellung eines Produktes A wird eine gewisse Anzahl von Zwischenprodukten benötigt. Die Fertigungszeiten der einzelnen Produkte U, V und W sind unabhängig normalverteilte Zufallsvariablen mit den Mittelwerten

$\mu_U = 20$ Min, $\mu_V = 40$ Min, $\mu_W = 25$ Min und den Standardabweichungen

$\sigma_U = 1$ Min, $\sigma_V = \sigma_W = 2$ Min.

Zur Herstellung des Endproduktes werden 5 Einheiten von U, 1o Einheiten von V und 2 Einheiten von W verwendet.

a) Bestimmen Sie die durchschnittliche Fertigungszeit für das Produkt A.

b) Ein Abnehmer bestellt 5o Einheiten des Produktes A. Wie groß ist die durchschnittliche Fertigungszeit für diesen Auftrag?

c) Wie groß ist die Wahrscheinlichkeit, daß die Fertigungszeit für A höchstens um 10 Min von ihrem Mittelwert abweicht?

15. Einführung in die Schätztheorie

Die bisherige Betrachtungsweise ging von einer Grundgesamtheit aus, deren stochastische Eigenschaften bezüglich eines oder mehrerer Merkmale als bekannt vorausgesetzt wurden. Aus dieser Grundgesamtheit wird eine Stichprobe vom Umfang n nach dem Zufallsprinzip gezogen. Man kann dann die Wahrscheinlichkeit bestimmen, mit der gewisse Stichprobenresultate eintreten. Diese Vorgehensweise bezeichnet man als den deduktiven (oder direkten) Schluß in der Statistik. Er bietet die Möglichkeit, theoretisch interessante Probleme zu behandeln. Für die praktische Anwendung der Statistik ist jedoch die umgekehrte Vorgehensweise wichtiger. Man geht von einem bekannten Stichprobenbefund aus und möchte Aussagen machen über die unbekannten Eigenschaften der Grundgesamtheit, aus der die Stichprobe gezogen wurde. Man spricht vom induktiven (oder indirekten) Schluß in der Statistik. Dabei kann man zwei zentrale Aufgabenstellungen der induktiven Schlußweise der Statistik unterscheiden. Man kann aufgrund des Stichprobenergebnisses unbekannte Parameter der Wahrscheinlichkeitsverteilungen in der Grundgesamtheit schätzen und ferner Vertrauensbereiche für diese Schätzungen berechnen. Zum anderen kann man fragen, ob die Ergebnisse einer Stichprobenerhebung Entscheidungen bezüglich gewisser Hypothesen über bestimmte Eigenschaften der Grundgesamtheit erlauben. Entsprechend dieser beiden Aufgabenstellungen der induktiven Schlußweise der Statistik unterscheidet man zwischen Schätz- und Testtheorie. Von diesen wird die Schätztheorie in diesem und die Testtheorie im nächsten Kapitel behandelt.

Allgemein beinhaltet die induktive Schlußweise immer die Gefahr von Fehlern oder von Fehlurteilen, da durch die Stichprobe nur ein Teil der Grundgesamtheit überdeckt wird. Diese Gefahr verringert sich, wenn der Stichprobenumfang vergrößert wird, sie verschwindet jedoch niemals, es sei denn, aus der Stichprobenerhebung wird eine Totalerhebung. Man muß daher bei einer Stichprobenerhebung versuchen, eine Wahrscheinlichkeitsaussage über die Richtigkeit der Schätz- bzw. Testergebnisse zu erhalten. Auf diese Weise erhalten sowohl das Schätzen von Parameterwerten als auch das Prüfen von Hypothesen einen wahrscheinlichkeitstheoretischen Charakter. Um jedoch von Stichprobenergebnissen auf die unbekannte Grundgesamtheit zu schließen, reichen die Begriffe der Wahrscheinlichkeitsrechnung allein nicht aus. Um beispielsweise eine Stichprobenfunktion zu finden, die eine möglichst gute Schätzung des Parameters der Grundgesamtheit erlaubt, benötigt man zusätzliche Regeln und Vorschriften, die nicht direkt aus der Wahrscheinlichkeitsrechnung folgen.

Die Theorie des statistischen Schätzens umfaßt zwei grundlegende Aufgabenstellungen: die Punktschätzung und die Intervallschätzung. Die Aufgabe der Punktschätzung besteht darin, aufgrund eines Stichprobenergebnisses eine möglichst genaue Schätzung für den unbekannten Parameter der Grundgesamtheit zu bestimmen. Man kann dazu aus einer Reihe von Schätzfunktionen diejenige auswählen, die unter Berücksichtigung bestimmter Kriterien den besten Schätzwert liefert. Aber dieser stimmt bei einer Stichprobenerhebung niemals mit dem exakten Parameterwert der Grundgesamtheit überein. Man möchte daher noch eine Aussage besitzen, mit welcher Wahrscheinlichkeit der Schätzwert in der Nähe des gesuchten unbekannten Parameters liegt. Diese Überlegung führt dazu, zwei weitere Gesichtspunkte bei der Schätzung zu berücksichtigen, nämlich die Genauigkeit und die Sicherheit der Schätzung. Beide Begriffe können berücksichtigt werden, wenn man anstelle einer Punktschätzung für den unbekannten Parameter eine Intervallschätzung vornimmt. Ein solches Intervall heißt Konfidenz- (oder Vertrauens-) intervall. Die Genauigkeit der Schätzung kann durch die Länge des Intervalls und die Sicherheit durch die Wahrscheinlichkeit ausgedrückt werden, mit der das Intervall den unbekannten Parameter enthält.

15.1 Grundlagen der Punktschätzung

15.1.1 Der Begriff der Schätzfunktion (Stichprobenfunktion)

Die Aufgabe der Schätztheorie besteht darin, bestimmte Eigen-

396

schaften der Wahrscheinlichkeitsverteilung einer Zufallsvariablen X in der Grundgesamtheit aufgrund von Stichprobenrealisationen zu bestimmen. Beispielsweise kann es sich hierbei um eine Parameterschätzung handeln. Dabei werde der zu schätzende Parameter mit Δ bezeichnet. Zu diesem Zweck wird eine Zufallsstichprobe vom Umfang n betrachtet, die die Realisierungen x_1, x_2, ..., x_n für die Zufallsvariablen X liefert. Jede eindeutig bestimmte Funktion der Realisierungen der Zufallsvariablen X, die einen Wert für den unbekannten Parameter Δ liefert, heißt Schätzfunktion $\hat{\Delta}$ für Δ und der von dieser Funktion konkret angenommene Wert δ heißt Schätzwert für den Parameter Δ.

Beispiel 15.1:

Angenommen, eine uns interessierende Zufallsvariable X sei in einer Grundgesamtheit normalverteilt, $N(\mu, \sigma^2)$. Wir möchten möglichst genau die beiden Parameter μ und σ^2 schätzen. Dazu entnehmen wir der Grundgesamtheit eine Zufallsstichprobe vom Umfang n, die die Realisationen x_1, x_2, ..., x_n liefert. Es erhebt sich nun die Frage, welche Funktionen der Realisierungen x_i man als beste Schätzung für die Parameter μ und σ^2 verwenden sollte. Folgende Möglichkeiten bieten sich an:

a) Mögliche Schätzfunktionen für den Mittelwert μ:

1. Das arithmetische Mittel $\overline{X}$

(6.3)
$$\overline{X} = \frac{1}{n} \sum_{i=1}^{n} X_i .$$

2. Der Median

(6.1)
$$Z = \begin{cases} X_{(\frac{n+1}{2})} & \text{falls n ungerade,} \\ \frac{1}{2}[X_{(\frac{n}{2})} + X_{(\frac{n}{2}+1)}] & \text{falls n gerade.} \end{cases}$$

b) Mögliche Schätzfunktionen für die Varianz σ^2:

1. Die 'gewöhnliche' Stichprobenvarianz

$$s_1^2(\mu) = \frac{1}{n} \sum_{i=1}^{n} (X_i - \mu)^2 \quad \text{bei bekanntem } \mu, \quad (15.1)$$

$$s_1^2(\overline{X}) = \frac{1}{n} \sum_{i=1}^{n} (X_i - \overline{X})^2 \quad \text{bei unbekanntem } \mu. \quad (15.2)$$

2. Die 'modifizierte' Stichprobenvarianz

$$s^2(\overline{X}) = \frac{1}{n-1} \sum_{i=1}^{n} (X_i - \overline{X})^2. \quad (15.3)$$

3. Die Spannweite R, versehen mit einem geeigneten Korrekturfaktor c_n

$$s_R^2 = c_n R = c_n [X_{max} - X_{min}]. \quad (15.4)$$

Man erkennt, daß es im allgemeinen verschiedene Möglichkeiten gibt, Schätzfunktionen für ein und denselben Grundgesamtheitsparameter zu konstruieren. Ferner sind diese Schätzfunktionen selbst Funktionen der Realisierungen x_1, x_2, ..., x_n. Diese Realisierungen hängen aber von der Wahl der Stichprobe ab, d.h. für verschiedene Stichproben erhält man auch verschiedene Realisierungen. Dies bedeutet, daß die Schätzfunktionen selbst Zufallsvariable sind, die je nach Stichprobenrealisation zu anderen Schätzwerten führen. Man kann daher eine Wahrscheinlichkeitsverteilung der Schätzfunktion $\hat{\Delta}$ bestimmen und ihre Momente, etwa Mittelwert und Varianz, berechnen. Diese Wahrscheinlichkeitsverteilung hängt natürlich von der Verteilung der Zufallsvariablen X in der Grundgesamtheit und von der gewählten Schätzfunktion ab. Bei wiederholter Durchführung der Stichprobenerhebung wird man verschiedene Realisierungen und damit auch verschiedene Schätzwerte $\hat{\delta}$ erhalten, die sich irgendwie um den 'wahren' Parameterwert der Grundgesamtheit gruppieren. Man wird daher bemüht sein, nur solche Schätzfunktionen zuzulassen, die näher zu definierende optimale Eigenschaften besitzen.
Als Schätzfehler bezeichnet man die Differenz zwischen dem Schätzwert und dem wirklichen Parameterwert, also die Größe $\hat{\delta}-\Delta$.

Die Wahl der besten Schätzfunktion ist das Grundproblem der Punktschätzung. Um allerdings die beste Schätzfunktion auswählen zu können, muß die Schätzfunktion bestimmte Grundeigenschaften aufweisen und nach diesen Eigenschaften auch klassifizierbar sein. Im folgenden soll daher kurz auf diese 'wünschenswerten' Eigenschaften der Schätzfunktionen eingegangen werden.

15.1.2 Wünschenswerte Eigenschaften von Schätzfunktionen

15.1.2.1 Die Erwartungstreue (Unverfälschtheit, unbiasedness)

Definition: Eine Schätzfunktion $\hat{\Delta}(X_1, X_2, \ldots, X_n)$ für den unbekannten Parameter Δ heißt erwartungstreu, wenn der Erwartungswert $E(\hat{\Delta})$ existiert und mit Δ übereinstimmt, d.h.

$$(15.5) \qquad E(\hat{\Delta}) = \Delta.$$

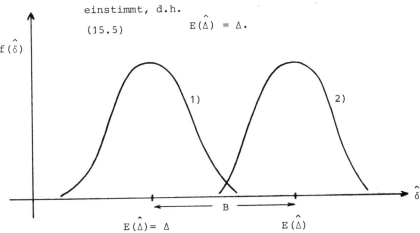

Abb. 15.1: Erwartungstreue (1) und nicht-erwartungstreue (2) Schätzfunktion

Eine Schätzfunktion heißt somit erwartungstreu, wenn der Erwartungswert der Schätzfunktion gleich dem tatsächlichen Parameterwert ist. Die Erwartungstreue ist eine Minimalforderung an eine Schätzfunktion. Ist eine Schätzfunktion erwartungstreu, dann werden sich bei einer hinreichend großen Zahl von Stichproben die Schätzfehler für die sich ergebenden Schätzwerte zu

Null addieren, da sich die positiven und negativen Schätzfehler der einzelnen Stichproben gegenseitig aufheben. Eine erwartungstreue Schätzfunktion liefert also 'im Durchschnitt' eine exakte Schätzung des gesuchten, unbekannten Parameters. Es erweist sich als vorteilhaft, erwartungstreue Schätzfunktionen zu verwenden, doch ist die Erwartungstreue nicht das einzige Kriterium für eine gute Schätzfunktion. Die Differenz zwischen dem Erwartungswert der Schätzfunktion und dem wirklichen Parameter wird als Verzerrung (Diskrepanz oder bias) bezeichnet, d.h.

$$(15.6) \qquad B = E(\hat{\Delta}) - \Delta.$$

Eine erwartungstreue Schätzfunktion läßt sich somit auch als eine Schätzfunktion mit der Verzerrung Null auffassen.

Beispiel 15.2:

Der Stichprobenmittelwert

$$\overline{X} = \frac{1}{n} \sum_{i=1}^{n} X_i$$

ist eine erwartungstreue Schätzfunktion für den Mittelwert μ einer Grundgesamtheit.

Bildet man den Erwartungswert des Stichprobenmittelwertes, so erhält man

$$E(\overline{X}) = E(\frac{1}{n} \sum_{i=1}^{n} X_i) = \frac{1}{n} \sum_{i=1}^{n} E(X_i).$$

Wegen der Annahme, daß in der Grundgesamtheit alle Zufallsvariablen X_i den Mittelwert μ besitzen, gilt $E(X_i) = \mu$, und somit erhält man

$$E(\overline{X}) = \frac{1}{n} \cdot n\mu = \mu.$$

Beispiel 15.3:

Als mögliche Schätzfunktionen einer normalverteilten Grundgesamtheit bieten sich die folgenden drei Schätzfunktionen an:

a) $\qquad S_1^2(\mu) = \frac{1}{n} \sum_{i=1}^{n} (X_i - \mu)^2,$

b) $\qquad S_1^2(\overline{X}) = \frac{1}{n} \sum_{i=1}^{n} (X_i - \overline{X})^2,$ \qquad c) $\qquad S^2(\overline{X}) = \frac{1}{n-1} \sum_{i=1}^{n} (X_i - \overline{X})^2.$

400

Es soll untersucht werden, ob diese Schätzfunktionen erwartungstreu sind. Um dies nachzuweisen, werden die folgenden Beziehungen benötigt:

1. $\text{Var}(X_i) = E\{(X_i - \mu)^2\} = \sigma^2,$

2. $\text{Var}(\overline{X}) = E\{(\overline{X} - \mu)^2\} = \dfrac{\sigma^2}{n},$

voreausgesetzt, die einzelnen Zufallsvariablen X_i sind voneinander stochastisch unabhängig.

3. $\displaystyle\sum_{i=1}^{n}(X_i - \overline{X})^2 = \sum_{i=1}^{n}\left[(X_i - \mu) - (\overline{X} - \mu)\right]^2$

$\displaystyle = \sum_{i=1}^{n}(X_i - \mu)^2 - 2(\overline{X} - \mu)\sum_{i=1}^{n}(X_i - \mu) + \sum_{i=1}^{n}(\overline{X} - \mu)^2$

$\displaystyle = \sum_{i=1}^{n}(X_i - \mu)^2 - 2(\overline{X} - \mu)\left[\sum_{i=1}^{n}X_i - n\mu\right] + n(\overline{X} - \mu)^2$

$\displaystyle = \sum_{i=1}^{n}(X_i - \mu)^2 - 2(\overline{X} - \mu)(n\overline{X} - n\mu) + n(\overline{X} - \mu)^2$

$\displaystyle = \sum_{i=1}^{n}(X_i - \mu)^2 - 2n(\overline{X} - \mu)^2 + n(\overline{X} - \mu)^2$

$\displaystyle = \sum_{i=1}^{n}(X_i - \mu)^2 - n(\overline{X} - \mu)^2.$

Fall a: $E\{S_1^2(\mu)\} = E\{\dfrac{1}{n}\displaystyle\sum_{i=1}^{n}(X_i - \mu)^2\} = \dfrac{1}{n}\sum_{i=1}^{n}E\{(X_i - \mu)^2\}$

$= \dfrac{1}{n} \cdot n \cdot \sigma^2 = \sigma^2.$

Fall b: $E\{S_1^2(\overline{X})\} = E\{\dfrac{1}{n}\displaystyle\sum_{i=1}^{n}(X_i - \overline{X})^2\} = \dfrac{1}{n}E\{\sum_{i=1}^{n}(X_i - \overline{X})^2\}$

$= \dfrac{1}{n}\left[E\{\displaystyle\sum_{i=1}^{n}(X_i - \mu)^2\} - n\,E\{(\overline{X} - \mu)^2\}\right]$

$= \dfrac{1}{n}(n \cdot \sigma^2 - n \cdot \dfrac{\sigma^2}{n}) = \dfrac{n-1}{n}\sigma^2.$

Fall c: $\quad s^2(\overline{X}) = \dfrac{n}{n-1} \cdot \dfrac{1}{n} \cdot \displaystyle\sum_{i=1}^{n}(X_i - \overline{X})^2.$

Daher $\qquad$ $E\{s^2(\bar{x})\} = \dfrac{n}{n-1} \cdot \dfrac{n-1}{n} \cdot \sigma^2 = \sigma^2.$

Damit ist gezeigt, daß die gewöhnliche Stichprobenvarianz bei
unbekanntem Mittelwert μ keine unverfälschte Schätzung der
Grundgesamtheitsvarianz σ^2 darstellt. Mit Hilfe des Bruches
$\dfrac{n}{n-1}$, der auch als Besselsche Korrektur bezeichnet wird, kann
man aus der gewöhnlichen Stichprobenvarianz die sog. modifizierte Stichprobenvarianz erhalten. Bei dieser handelt es sich dann
um eine erwartungstreue Schätzfunktion für die Varianz der
Grundgesamtheit σ^2.

15.1.2.2 Die asymptotische Erwartungstreue

In der Praxis müssen oft Schätzfunktionen verwendet werden, die
nicht erwartungstreu sind, die allerdings oft nur eine kleine
Verzerrung besitzen. Es fragt sich nun, welche zusätzlichen Bedingungen diese Schätzfunktionen aufweisen müssen, damit auch
sie brauchbare Schätzwerte liefern, d.h. große Schätzfehler
(Verzerrungen) nur mit geringer Wahrscheinlichkeit auftreten.
Dazu betrachtet man die gewöhnliche Stichprobenvarianz als
Schätzfunktion für die Varianz der Grundgesamtheit. Um diese
nicht erwartungstreue Schätzfunktion in eine erwartungstreue
umzuwandeln, mußte mit dem Faktor $\dfrac{n}{n-1}$ multipliziert werden.
Der Wert dieses Korrekturfaktors hängt von der Größe des Stichprobenumfanges n ab. Je größer n ist, um so mehr nähert sich
der Wert dieses Korrekturfaktors dem Wert eins. Dies bedeutet
aber, daß die Verzerrung für hinreichend große n nahezu verschwindet. Damit eine nicht erwartungstreue Schätzfunktion
brauchbar wird, muß man daher sinnvollerweise zusätzlich verlangen, daß die vom Stichprobenumfang n abhängige Verzerrung
B_n mit wachsendem n verschwindet, d.h. es muß

(15.7) $\qquad$ $\lim_{n \to N} B_n = \lim_{n \to N} \{E(\hat{\Delta}) - \Delta\} = 0$

gelten.
Man bezeichnet eine Schätzfunktion, die diese Eigenschaft besitzt als asymptotisch erwartungstreu.

402

15.1.2.3 Die absolute Effizienz

Zusätzlich muß aber auch berücksichtigt werden, daß jede Schätzfunktion neben dem Erwartungswert auch noch eine Varianz besitzt, die mit $Var(\hat{\Delta})$ bezeichnet werden soll. Die Eigenschaft dieser Varianz hat nun wesentliche Bedeutung für die Güte einer Schätzfunktion. Je größer die Varianz ist, umso größer ist die Wahrscheinlichkeit, große Schätzfehler zu begehen. Man wird daher solche Schätzfunktionen bevorzugen, die eine kleine Varianz besitzen. Dies ist allerdings nur dann sinnvoll, wenn es sich um eine erwartungstreue Schätzfunktion handelt, da eine nichterwartungstreue Schätzfunktion selbst bei einer Varianz nahe bei Null, im Mittel nicht den wahren Parameter der Grundgesamtheit liefert (vergl. Abb. 15.2).

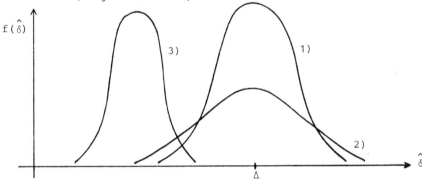

Abb. 15.2: Nicht-erwartungstreue Schätzfunktion (3). Erwartungstreue Schätzfunktion mit absoluter (1) und mit nicht-absoluter Effizienz (2).

Unter allen erwartungstreuen Schätzfunktionen wird man dann diejenige Schätzfunktion auswählen, die die kleinste Varianz besitzt. Dies führt zu der folgenden Definition.

Definition: Eine erwartungstreue Schätzfunktion $\hat{\Delta}$ heißt absolut effizient, wenn ihre Varianz $E\{(\hat{\Delta}-\Delta)^2\}$ minimal ist im Vergleich zur Varianz jeder anderen erwartungstreuen Schätzfunktion. Eine erwartungstreue Schätzfunktion $\hat{\Delta}$ heißt relativ effizient gegenüber einer erwartungstreuen Schätzfunktion $\hat{\Delta}_1$, wenn die Varianz von $\hat{\Delta}$ kleiner ist als die von $\hat{\Delta}_1$.

403

15.1.2.4 Die Konsistenz

Oft hängt die Größe der Varianz ebenfalls vom Stichprobenumfang n ab. Man wird daher Schätzfunktionen wünschen, für die
mit wachsendem Stichprobenumfang n die Varianz kleiner wird.
Schätzfunktionen, die asymptotisch erwartungstreu sind und deren Varianz mit wachsendem Stichprobenumfang n kleiner wird,
nennt man konsistent (vgl. Abb. 15.3).

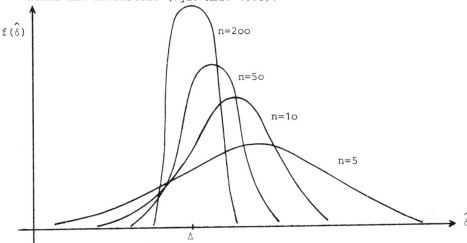

Abb. 15.3: Konsistente Schätzfunktion, mit wachsendem Stichprobenumfang konzentriert sich die Verteilung von $\hat{\Delta}$ um
den Wert Δ

Definition: Eine Schätzfunktion $\hat{\Delta}$ für den Parameter Δ heißt

konsistent, wenn Verzerrung und Varianz mit wachsendem Stichprobenumfang n gegen Null streben, d.h.
wenn gilt

$$(15.8) \quad \lim_{n \to N} B_n = \lim_{n \to N} \left[E(\hat{\Delta}) - \Delta \right] = 0, \quad \underline{und}$$

$$\lim_{n \to N} Var(\hat{\Delta}) = \lim_{n \to N} \{ E(\hat{\Delta} - \Delta)^2 \} = 0.$$

Beispiel 15.4:

Es soll untersucht werden, ob das arithmetische Mittel $\bar{X}$ einer
Stichprobe eine konsistente Schätzfunktion für den Mittelwert μ
einer Grundgesamtheit ist.

404

Da die Schätzfunktion erwartungstreu ist, gilt $E(\overline{X}) = \mu$, d.h.
die erste Forderung $\lim\limits_{n \to N} B_n = 0$ ist automatisch erfüllt.

Wegen $Var(\overline{X}) = \dfrac{\sigma^2}{n}$ ist aber auch die zweite Forderung wegen
$\lim\limits_{n \to N} \dfrac{\sigma^2}{n} = 0$ erfüllt.

Wenn die Stichprobe aus unabhängigen Realisierungen besteht, so
ist das Stichprobenmittel $\overline{X}$ eine konsistente Schätzfunktion für
das arithmetische Mittel μ der Grundgesamtheit.

15.1.3 Methoden zur Konstruktion von Schätzfunktionen

Bisher wurden die Eigenschaften von Schätzfunktionen behandelt.
Im folgenden sollen Methoden zur Bestimmung von Schätzfunktionen
entwickelt werden. Dabei werden vor allem solche Methoden bevorzugt, die im Hinblick auf die wünschenswerten Eigenschaften gute
Schätzfunktionen liefern.

15.1.3.1 Die Momentenmethode

Das älteste Verfahren zur Bestimmung von Schätzfunktionen für
die Punktschätzung ist die Momentenmethode. Sie beruht auf der
Überlegung, daß die Parameter einer Verteilung häufig die Momente selbst oder einfache Funktionen der Momente sind. Es liegt
deshalb nahe, zur Schätzung der Parameter die Momente der Grundgesamtheit durch die entsprechenden Momente der Stichprobe zu
approximieren. So wird beispielsweise zur Schätzung des Mittelwertes der Grundgesamtheit der Stichprobenmittelwert verwendet
und zur Schätzung der Varianz, die Stichprobenvarianz.

Diese Methode wird insbesondere dann angewandt, wenn die Verteilung in der Grundgesamtheit nicht bekannt ist. Allerdings besitzt sie den Nachteil, daß die mit ihrer Hilfe konstruierten
Schätzfunktionen im allgemeinen nur wenige der wünschenswerten
Eigenschaften besitzen.

15.1.3.2 Die Maximum-Likelihood Methode

Diese Methode besitzt eine große Bedeutung, da sie im allgemeinen Schätzfunktionen liefert, die viele der wünschenswerten

Eigenschaften besitzen. So erhält man durch sie die absolut effiziente Schätzfunktion, vorausgesetzt, eine solche existiert.

Der Grundgedanke der Maximum-Likelihood Methode soll an dem folgenden Beispiel erläutert werden.

Beispiel 15.5:

Es sei ein Lagerbestand (Grundgesamtheit) von $N = 10\ 000$ Stahlseilen gegeben. Wenn die Stahlseile einen vorgegebenen Durchmesser überschreiten, werden sie als Ausschuß deklariert, da sie dann unbrauchbar sind. Zur Vereinfachung werde angenommen, daß die Grundgesamtheit entweder

1. 10%, oder
2. 20%

Ausschuß enthalte. Aufgrund einer Stichprobe vom Umfang $n = 3$ soll entschieden werden, welcher Ausschußanteil in der Grundgesamtheit vorhanden ist.

Aus der Wahrscheinlichkeitsrechnung (deduktive Schlußweise) ist bekannt, daß die Zahl der unbrauchbaren Stücke in der Stichprobe binomialverteilt ist. Somit ergeben sich die folgenden beiden Binomialverteilungen für die Stichprobe:

x	0	1	2	3	4
$f_{BV}(x;10,0.1)$	0,349	0,387	0,194	0,057	0,011
$f_{BV}(x;10,0.2)$	0,107	0,268	0,302	0,201	0,088 .

Kennt man diese beiden Verteilungen, dann ist es nicht schwer, eine Entscheidung aufgrund des Stichprobenergebnisses zu treffen. Man wird sich nämlich jeweils für diejenige Grundgesamtheit entscheiden, die bei einem bestimmten, beobachteten Stichprobenergebnis die größere Wahrscheinlichkeit besitzt. Wird etwa $x = 1$ beobachtet, dann entstammt diese Stichprobe mit einer größeren Wahrscheinlichkeit (39% zu 27%) aus einer Grundgesamtheit mit $p = 0.1$, d.h. 10% Ausschußanteil. Beobachtet man dagegen ein Stichprobenergebnis von $x \geq 2$, so entstammt ein solches Ergebnis mit einer größeren Wahrscheinlichkeit aus einer Grundgesamtheit mit $p = 0.2$, d.h. 20% Ausschußanteil.

406

Dieses Problem läßt sich zwar auch als Testproblem auffassen. Hier wollen wir uns aber zunächst für das Schätzproblem interessieren. Dies bedeutet, daß wir aufgrund eines Stichprobenergebnisses den unbekannten Parameterwert p in der Grundgesamtheit schätzen wollen. In diesem speziellen Fall würde man sich bei einem Stichprobenergebnis von x = 1 für den Schätzwert $\hat{p}$ = 0.1 und bei einem von x $\geq$ 2 für den Schätzwert $\hat{p}$ = 0.2 entscheiden.

Aus diesem Prinzip kann man eine Methode (Verfahren) entwickeln, die es erlaubt, Schätzfunktionen bzw. Schätzwerte in der Statistik zu bestimmen. Man wählt nämlich diejenige Schätzung, die für das beobachtete Stichprobenergebnis am wahrscheinlichsten ist. Dies bedeutet,daß man denjenigen Parameterwert als Schätzung für den unbekannten Parameterwert der Grundgesamtheit wählt, der das Stichprobenergebnis am wahrscheinlichsten erscheinen läßt. Diese Schätzung nennt man die MAXIMUM - LIKELIHOOD Schätzung.

Es wird jetzt allgemein angenommen, daß die Verteilung einer Zufallsvariablen X in der Grundgesamtheit einer einparametrigen Dichtefunktion, etwa $f(x;\Delta)$, genügt. Aus dieser Grundgesamtheit wird eine Zufallsstichprobe vom Umfang n

$$x_1, x_2, \ldots, x_n$$

gezogen. Es wird vorausgesetzt, daß diese n Zufallsvariablen, die in die Stichprobe gelangen, voneinander stochastisch unabhängig sind. Aufgrund dieser Annahme läßt sich die Wahrscheinlichkeit, die Realisierung $(x_1, x_2, \ldots, x_n)$ zu erhalten, durch das Produkt

$$f(x_1,x_2,\ldots,x_n;\Delta) = f(x_1;\Delta) \cdot f(x_2;\Delta) \cdot \ldots \cdot f(x_n;\Delta)$$

berechnen.

Der Wert dieses Produktes hängt nun nicht nur von den einzelnen Realisierungen $x_1, x_2, \ldots, x_n$, sondern auch von dem Parameter Δ ab. Es wird nun die Stichprobenrealisierung fest vorgegeben. Dann hängt der Wert des Produktes nur noch von dem Parameter Δ ab. Man nennt das Produkt 'Likelihood-Funktion' und bezeichnet es mit $L(\Delta)$.

Somit erhält man

$$L(\Delta) = L(x_1, x_2, \ldots, x_n; \Delta)$$
$$= f(x_1; \Delta) \cdot f(x_2; \Delta) \cdot \ldots \cdot f(x_n; \Delta)$$
$$(15.9) \qquad = \prod_{i=1}^{n} f(x_i; \Delta).$$

Die Maximum-Likelihood Schätzung besteht nun darin, daß man als Schätzung für den unbekannten Parameter Δ denjenigen Wert wählt, der die Funktion $L(\Delta)$ maximiert. Unter gewissen Regularitätsvoraussetzungen besitzt die Likelihood-Funktion $L(\Delta)$ genau ein Maximum. Es wird angenommen, daß diese Bedingungen erfüllt sind. Ferner sei $L(\Delta)$ eine in Δ differenzierbare Funktion.

Eine notwendige Bedingung dafür, daß $L(\Delta)$ als differenzierbare Funktion in Δ ein Maximum besitzt, ist das Verschwinden der ersten Ableitung nach Δ, d.h.

$$\frac{\partial L}{\partial \Delta} = 0.$$

Hier wurde die partielle Ableitung benutzt, da $L(x; \Delta)$ auch noch von der Stichprobenrealisation $x = (x_1, x_2, \ldots, x_n)$ abhängt, eine Größe, die bei der Lösung unseres Problems als konstant angenommen wurde.

Da $f(x; \Delta)$ nicht negativ ist, ist auch $L(x; \Delta)$ an der Stelle seines Maximums im allgemeinen positiv. Da der natürliche Logarithmus $\ln L(\Delta)$ eine monotone Funktion von $L(\Delta)$ ist, besitzt $\ln L(\Delta)$ genau an der Stelle sein Maximum, an der auch $L(\Delta)$ sein Maximum besitzt. Man kann daher $L(\Delta)$ durch $\ln L(\Delta)$ ersetzen und erhält als Bestimmungsgleichung für dieses Maximum die Beziehung

$$\frac{\partial \ln L}{\partial \Delta} = 0.$$

15.1.3.3 Anwendung der Maximum-Likelihood Methode

a) Schätzfunktion für den Parameter p der Binomialverteilung

Es wird jetzt angenommen, daß die Zufallsvariable X in der Grundgesamtheit binomialverteilt sei, mit dem unbekannten Parameter p.
Eine Zufallsstichprobe vom Umfang n liefere die Realisationen $(x_1, x_2, \ldots, x_n)$. Die Summe dieser Realisationen werde mit y abgekürzt, d.h.

$$y = \sum_{i=1}^{n} x_i.$$

Unter der Annahme, daß bei den Realisationen y-mal der Wert 1 und (n-y)-mal der Wert 0 vorkommt, erhält man für die Likelihood-Funktion

$$L(y;p) = \prod_{i=1}^{n} f(x_i;p) = \binom{n}{y} p^y (1-p)^{n-y}.$$

Logarithmieren ergibt

$$\ln L(y;p) = \ln \binom{n}{y} + y \cdot \ln p + (n-y)\ln(1-p).$$

Partielle Differentiation nach p ergibt

$$\frac{\partial \ln L}{\partial p} = y \cdot \frac{1}{p} + (n-y) \cdot \frac{-1}{1-p}.$$

Nullsetzen der partiellen Ableitung ergibt den Schätzwert

$$\frac{\partial \ln L}{\partial p} = 0 \implies \frac{y}{\hat{p}} - \frac{n-y}{1-\hat{p}} = 0 \; ;$$

und somit

$$\hat{p} = \frac{y}{n}.$$

Wegen $y = \sum_{i=1}^{n} x_i$ erhält man

(15.1o)
$$\hat{p} = \frac{1}{n} \sum_{i=1}^{n} x_i = \bar{x}.$$

Die Maximum-Likelihood Schätzung liefert also als Schätzwert für den unbekannten Parameter p der Grundgesamtheit den Stichprobenmittelwert $\bar{x}$.

409

Wäre man nicht von der Realisierung $(x_1, x_2, \ldots, x_n)$, sondern von den Zufallsvariablen $(X_1, X_2, \ldots, X_n)$ ausgegangen, dann hätte man als Maximum-Likelihood Schätzfunktion die Zufallsvariable

(15.11)
$$\hat{P} = \overline{X}$$

erhalten.

Beispiel 15.6:

In einer Stichprobe von $n = 100$ Stahlseilen sind 58 unbrauchbare Stahlseile ermittelt worden. Es werde die Zufallsvariable

Y = {Anzahl der unbrauchbaren Stahlseile in der Stichprobe}

betrachtet. Da in der Stichprobe 58 unbrauchbare Stahlseile beobachtet wurden, erhält man

$$y = \sum_{i=1}^{58} x_i = 58.$$

Der Maximum-Likelihood Schätzwert für den Parameter p der Grundgesamtheit lautet daher

$$\hat{p} = \frac{y}{n} = \frac{58}{100} = 0,58.$$

b) Schätzfunktion für die Parameter μ und σ^2 der Normalverteilung

Jetzt wird angenommen, daß die Zufallsvariable X in der Grundgesamtheit $N(\mu, \sigma^2)$-verteilt sei. Die beiden Parameter μ und σ^2 seien unbekannt und sollen aufgrund einer Zufallsstichprobe vom Umfang n geschätzt werden. Die Realisationen der Zufallsvariablen X_i in der Stichprobe werden wieder mit $(x_1, x_2, \ldots, x_n)$ bezeichnet.

Da die Dichtefunktion der Normalverteilung

$$f(x; \mu, \sigma^2) = \frac{1}{\sigma\sqrt{2\pi}} \exp\left[-\frac{(x-\mu)^2}{2\sigma^2}\right]$$

beträgt, erhält man für die Likelihood-Funktion

$$L(x; \mu, \sigma^2) = f(x_1; \mu, \sigma^2) \cdot f(x_2; \mu, \sigma^2) \cdot \ldots \cdot f(x_n; \mu, \sigma^2)$$

$$= \prod_{i=1}^{n} \frac{1}{\sigma\sqrt{2\pi}} \exp\left[-\frac{(x_i-\mu)^2}{2\sigma^2}\right]$$

410

$$= \left(\frac{1}{\sigma\sqrt{2\pi}}\right)^n \cdot \exp\left[-\frac{1}{2\sigma^2}\sum_{i=1}^{n}(x_i - \mu)^2\right].$$

Logarithmieren ergibt

$$\ln L(x;\mu,\sigma^2) = -\frac{n}{2}\ln 2\pi - \frac{n}{2}\ln \sigma^2 - \frac{1}{2\sigma^2}\sum_{i=1}^{n}(x_i - \mu)^2.$$

Partielle Differentiation nach μ und Nullsetzen der Ableitung
ergibt

$$\frac{\partial \ln L}{\partial \mu} = \frac{2\sum_{i=1}^{n}(x_i - \mu)}{2\sigma^2},$$

$$\sum_{i=1}^{n}(x_i - \hat{\mu}) = 0,$$

(15.12)
$$\hat{\mu} = \frac{1}{n}\sum_{i=1}^{n}x_i = \bar{x}.$$

Wenn man nicht von der Realisierung $(x_1, x_2, \ldots, x_n)$, sondern von
der Zufallsvariablen $(X_1, X_2, \ldots, X_n)$ ausgeht, erhält man als Maximum-Likelihood Schätzfunktion die Zufallsvariable $\hat{M} = \bar{X}$.

Partielle Differentiation nach σ^2 und Nullsetzen der Ableitung
ergibt

$$\frac{\partial \ln L}{\partial \sigma^2} = -\frac{n}{2}\cdot\frac{1}{\sigma^2} + \frac{\sum_{i=1}^{n}(x_i - \mu)^2}{2(\sigma^2)^2};$$

$$-\frac{n}{2}\cdot\frac{1}{\tilde{\sigma}^2} + \frac{\sum_{i=1}^{n}(x_i - \mu)^2}{2(\tilde{\sigma}^2)^2} = 0,$$

$$\frac{n}{2}\cdot\frac{1}{\tilde{\sigma}^2} = \frac{\sum_{i=1}^{n}(x_i - \mu)^2}{2(\tilde{\sigma}^2)^2},$$

$$\tilde{\sigma}^2 = \frac{1}{n}\sum_{i=1}^{n}(x_i - \mu)^2, \text{ bzw.}$$

(15.13)
$$\tilde{\sigma}^2 = \frac{1}{n}\sum_{i=1}^{n}(x_i - \bar{x})^2.$$

Dieser Schätzwert $\tilde{\sigma}^2$ stimmt mit der Stichprobenvarianz $s_1^2(\bar{x})$
bei unbekanntem Mittelwert μ der Grundgesamtheit überein.
Wäre man nicht von der Realisierung $(x_1, x_2, \ldots, x_n)$ sondern von
den Zufallsvariablen $(X_1, X_2, \ldots, X_n)$ ausgegangen, dann hätte man
als Maximum-Likelihood Schätzfunktion die Zufallsvariable $S_1^2(\bar{X})$
erhalten.

Von dieser war bereits früher gezeigt worden, daß sie nicht erwartungstreu ist. Man sieht daraus, daß Maximum-Likelihood Schätzfunktionen nicht erwartungstreu sein können.

15.2 Grundlagen der Intervallschätzung

Auch bei Verwendung einer Schätzfunktion, die im Sinn der wünschenswerten Eigenschaften eine gute Schätzfunktion ist, können sich Abweichungen der Schätzwerte vom wahren Parameterwert der Grundgesamtheit ergeben. Es erscheint daher sinnvoll, eine Punktschätzung durch die Angabe eines Intervalles zu ergänzen, in dem der wahre Parameterwert mit einer gegebenen Wahrscheinlichkeit enthalten sein wird (vgl. Abb. 15.4).

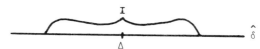

Abb. 15.4: Intervall I zur Lokalisierung des Parameters Δ

Ein solches Intervall wird als Konfidenz- (oder Vertrauens-) intervall bezeichnet. Die Genauigkeit der Schätzung wird durch die Länge des Intervalls, ihre Sicherheit durch die Wahrscheinlichkeit ausgedrückt, mit der das Intervall den unbekannten Parameter Δ überdeckt. Allerdings stehen bei einer solchen Schätzung die Begriffe Genauigkeit und Sicherheit in einem Widerspruch zueinander. Erhöht man nämlich die Genauigkeit, d.h. verkleinert man das Intervall, dann wird dadurch automatisch die Sicherheit verringert. Umgekehrt kann man eine grössere Sicherheit nur durch eine kleinere Genauigkeit erkaufen, d.h. durch Verbreiterung des Intervalls.

Zunächst werde nochmals der deduktive Schluß der Statistik - von der bekannten Grundgesamtheit auf die Stichprobe - betrachtet. Man geht davon aus, daß eine Zufallsvariable X in der Grundgesamtheit $N(\mu, \sigma^2)$-verteilt sei. Zu einer vorgegebenen Sicherheitswahrscheinlichkeit $1-\alpha$ konnte ein symmetrisches Intervall um den Mittelwert μ mit der Breite 2h so konstruiert werden, daß die Zufallsvariable X mit der Wahrscheinlichkeit $1-\alpha$ in diesem Intervall liegt, nämlich

412

$$P(\mu - h \leq X \leq \mu + h) = 1 - \alpha.$$

Bezeichnet man den Abstand h der Intervallgrenzen vom Mittelwert in Einheiten der Standardabweichung σ, so lautet dieses Intervall

(15.14) $\qquad P(\mu - z\sigma \leq X \leq \mu + z\sigma) = 1 - \alpha,$

wobei die Konstante z von der Sicherheitswahrscheinlichkeit $1-\alpha$ abhängt. Für einige spezielle ganzzahlige Werte der Konstanten z ergaben sich folgende Intervalle

$$P(\mu - \sigma \leq X \leq \mu + \sigma) = 0,6827,$$

$$P(\mu - 2\sigma \leq X \leq \mu + 2\sigma) = 0,9545,$$

$$P(\mu - 3\sigma \leq X \leq \mu + 3\sigma) = 0,9973.$$

Ein solches Intervall wird ein z-faches zentrales Schwankungsintervall für die Zufallsvariable X genannt. Seine Berechnung ist allerdings nur dann möglich, wenn die Parameter μ und σ der Grundgesamtheit bekannt sind.

Jetzt wird aus der Grundgesamtheit eine Zufallsstichprobe vom Umfang n gezogen und das arithmetische Mittel $\overline{x}$ der Stichprobe berechnet. Es ist bekannt, daß $\overline{X}$ eine Zufallsvariable ist, die $N(\mu, \frac{\sigma^2}{n})$-verteilt ist. Diese Verteilungsaussage gilt, da die Grundgesamtheit als $N(\mu, \sigma^2)$-verteilt angenommen wurde. Falls der Stichprobenumfang hinreichend groß ist (etwa $n \geq 100$) gilt diese Verteilungsaussage auch dann, wenn die Zufallsvariable X in der Grundgesamtheit einer beliebigen Verteilung gehorchte, die den Mittelwert μ und die Varianz σ^2 besitzt.

Bei Kenntnis der beiden Parameter μ und σ kann man nun ebenfalls ein z-faches Schwankungsintervall für die Zufallsvariable $\overline{X}$ berechnen. Zu einer vorgegebenen Sicherheitswahrscheinlichkeit $1-\alpha$ erhält man

$$P(\mu - z\sigma_{\overline{X}} \leq \overline{X} \leq \mu + z\sigma_{\overline{X}}) = 1 - \alpha,$$

$$P(\mu - z\frac{\sigma}{\sqrt{n}} \leq \overline{X} \leq \mu + z\frac{\sigma}{\sqrt{n}}) = 1 - \alpha.$$

Diese Beziehung läßt sich dann noch wie folgt umformen

413

$$P(-\,z\frac{\sigma}{\sqrt{n}} \leq \overline{X}-\mu \leq z\frac{\sigma}{\sqrt{n}}) = 1 - \alpha,$$

(15.15) $\qquad P(-\,z \leq \dfrac{\overline{X}-\mu}{\sigma/\sqrt{n}} \leq z) = 1 - \alpha.$

Auf diese Weise hat man ein Schwankungsintervall für die standardnormal-verteilte Zufallsvariable

$$\frac{\overline{X} - \mu}{\sigma/\sqrt{n}} \quad : \quad N(0,1) - \text{verteilt}$$

erhalten.

Man beachte, daß sich nach Vorgabe einer Sicherheitswahrscheinlichkeit 1-α bei Kenntnis der Parameterwerte μ und σ ein Schwankungsintervall berechnen läßt, dessen Intervallgrenzen konstant
sind.

Das Problem bei einer Intervallschätzung ist aber ein anderes.
Jetzt sind die Parameter der Grundgesamtheit μ und σ nicht mehr
beide bekannt, sondern ein unbekannter Parameter soll geschätzt
werden. Angenommen, der Mittelwert μ sei unbekannt. Als Schätzwert wird das arithmetische Mittel $\overline{x}$ einer Zufallsstichprobe
vom Umfang n verwendet. Es soll nun eine Wahrscheinlichkeitsaussage getroffen werden, wie groß ein Intervall um das arithmetische Mittel $\overline{x}$ der Stichprobe sein muß, damit der wahre Mittelwert μ der Grundgesamtheit mit einer bestimmten Wahrscheinlichkeit davon überdeckt wird. Dazu geht man vom z-fachen
Schwankungsintervall für die N(0,1)-verteilte Zufallsvariable
$\frac{\overline{X} - \mu}{\sigma/\sqrt{n}}$ aus. Dieses lautet für eine Sicherheitswahrscheinlichkeit
von 1-α

$$P(-\,z \leq \frac{\overline{X} - \mu}{\sigma/\sqrt{n}} \leq z) = 1 - \alpha.$$

Durch die folgenden Umformungen kann man nun daraus eine Inter-
vallaussage für den unbekannten Parameter μ erhalten, nämlich

$$P(-\,z\frac{\sigma}{\sqrt{n}} \leq \overline{X}-\mu \leq z\frac{\sigma}{\sqrt{n}}) = 1 - \alpha,$$

$$P(-\,z\frac{\sigma}{\sqrt{n}} - \overline{X} \leq -\mu \leq z\frac{\sigma}{\sqrt{n}} - \overline{X}) = 1 - \alpha.$$

414

Multiplikation der Ungleichung in der Klammer mit -1 ergibt

$$P(z\frac{\sigma}{\sqrt{n}} + \overline{X} \geq \mu \geq -z\frac{\sigma}{\sqrt{n}} + \overline{X}) = 1 - \alpha,$$

(15.16) $$P(\overline{X} - z\frac{\sigma}{\sqrt{n}} \leq \mu \leq \overline{X} + z\frac{\sigma}{\sqrt{n}}) = 1 - \alpha.$$

Auf diese Weise erhält man eine Aussage über ein Intervall, in dem der unbekannte Parameter mit der vorgegebenen Sicherheitswahrscheinlichkeit 1-α liegt. Dabei sind die Intervallgrenzen jetzt Funktionen des Stichprobenmittelwertes $\overline{X}$. Da dieser aber eine Zufallsvariable ist, sind auch die Intervallgrenzen Zufallsvariable , deren Wert mit der Stichprobenrealisation variiert. Ein solches Intervall heißt Konfidenz- (oder Vertrauens-) intervall. Die Realisationen eines solchen Konfidenzintervalls aus verschiedenen Stichproben lassen sich durch die Abb. 15.5 anschaulich darstellen.

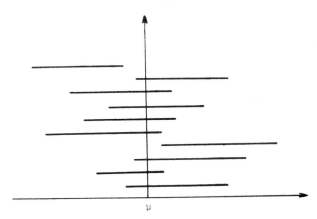

Abb. 15.5: Lage verschiedener Konfidenzintervalle für den Mitwert μ

Man interpretiert ein Konfidenzintervall wie folgt:
Das Intervall überdeckt mit einer Wahrscheinlichkeit von 1-α den unbekannten Parameter μ der Grundgesamtheit, d.h. bei mehrmaligen, häufigen Wiederholungen der Stichprobenerhebung werden (1-α)% der Intervalle den Parameter μ überdecken.

415

Nachteilig bei der Berechnung eines solchen Konfidenzintervalles wirkt sich allerdings die Tatsache aus, daß zu seiner Berechnung der Parameter σ der Grundgesamtheit benötigt wird. Daher kann diese Intervallschätzung für den unbekannten Parameter μ nur in zwei Fällen angewendet werden:

1. Die Grundgesamtheit ist normalverteilt mit bekannter Varianz. Dann kann das Konfidenzintervall aufgrund einer Stichprobe beliebigen Umfanges (auch eines kleinen) berechnet werden.
2. Die Verteilung der Zufallsvariablen X in der Grundgesamtheit ist nicht bekannt, es liegt aber eine Zufallsstichprobe von genügend großem Umfang ($n \geq 100$) vor. Dann ist der Stichprobenmittelwert $\overline{X}$ approximativ normalverteilt. Die unbekannte Varianz σ^2 der Grundgesamtheit kann dann durch die Schätzfunktion $S^2(\overline{X})$ ersetzt werden.

Beispiel 15.7:

Aus der laufenden Produktion von Glühlampen wird eine Zufallsstichprobe vom Umfang $n = 100$ entnommen und in einer zerstörenden Prüfung die Brenndauer jeder Glühbirne bestimmt. Das arithmetische Mittel für die Brenndauer ergab $\overline{x} = 1\,300$ Stunden und für die Stichprobenvarianz $s^2 = 15\,625$. Mit einer Sicherheitswahrscheinlichkeit von 95% bestimme man ein symmetrisches Konfidenzintervall für den Mittelwert μ der Brenndauer der Gesamtproduktion.

Zunächst betrachte man die standardnormal-verteilte Zufallsvariable $\frac{\overline{X} - \mu}{s/\sqrt{n}}$. Das Schwankungsintervall für eine Sicherheitswahrscheinlichkeit von 95% ergibt sich zu

$$P(- z \leq \frac{\overline{X} - \mu}{s/\sqrt{n}} \leq z) = 0,95.$$

Diese Beziehung wird verwendet, um z zu bestimmen. Man erhält

$$F(z) - F(-z) = 0,95 \ ,$$

$$z = F^{-1}(0,975) = 1,96 \ .$$

Dieser Zusammenhang zwischen z und $F^{-1}(1-\alpha)$ muß nun nicht jedes-

mal auf diese etwas mühsame Weise bestimmt werden. Da in der
Praxis nur wenige Werte für die Sicherheitswahrscheinlichkeit
1-α interessieren, kann man die wichtigsten Werte in Tabellen
erfassen.

Tabelle 15.1: Symmetrisches Intervall um den Mittelwert μ

$1 - \alpha$	0,90	0,95	0,99	0,9545	0,9973
$1 - \frac{\alpha}{2}$	0,95	0,975	0,995	0,9772	0,9987
z	1,645	1,960	2,575	2,0	3,0

Tabelle 15.2: Halbseitig offene Intervalle um den Mittelwert μ

$1 - \alpha$	0,90	0,95	0,99	0,9772	0,9987
z	1,280	1,645	2,330	2,0	3,0

Das gesuchte Konfidenzintervall, das den unbekannten Parameter
μ mit einer Sicherheitswahrscheinlichkeit von 95% enthält, ergibt sich somit zu

$$P(\overline{x} - 1,96 \frac{s}{\sqrt{n}} \leq \mu \leq \overline{x} + 1,96 \frac{s}{\sqrt{n}}) = 0,95.$$

Einsetzen der Zahlenwerte ergibt

$$P(1300 - 1,96 \cdot \frac{125}{10} \leq \mu \leq 1300 + 1,96 \cdot \frac{125}{10}) = 0,95 ,$$

$$P(1300 - 24,5 \leq \mu \leq 1300 + 24,5) = 0,95.$$

Für den unbekannten Mittelwert μ der Gesamtproduktion ergibt
sich somit bei einer Sicherheitswahrscheinlichkeit von 95% die
Beziehung

$$\mu \in [1\ 275;\ 1\ 325].$$

Man beachte, daß die Intervallgrenzen auf ganze Zahlen gerundet
wurden. Wenn dies geschieht muß man darauf achten, daß man immer auf der 'sicheren Seite' des Intervalls bleibt.

Das Intervall $[1275;1325]$ überdeckt mit einer Sicherheitswahrscheinlichkeit von 95% den unbekannten Parameterwert μ
der Grundgesamtheit. Dies bedeutet, daß bei einer häufigen
Wiederholung der Stichprobenerhebung 95% der erhaltenen Konfidenzintervalle den Parameter μ enthalten.

Vom Standpunkt des Produzenten erscheint es nicht immer sinnvoll, den unbekannten Mittelwert nach beiden Seiten abzugrenzen. Ein Produzent wird vor allem daran interessiert sein,
daß seine Glühlampen eine bestimmte Mindestbrenndauer aufweisen. Dies bedeutet, daß der unbekannte Mittelwert nach unten
abgegrenzt wird.

Man wird daher fragen: In welchem nach links abgeschlossenen
und rechts offenen Intervall liegt der unbekannte Mittelwert μ
mit einer Sicherheitswahrscheinlichkeit von 95% ?

$$P(\mu > \bar{x} - z\frac{s}{\sqrt{n}}) = 1 - \alpha,$$

$$P(\mu > \bar{x} - 1,645 \cdot \frac{s}{\sqrt{n}}) = 1 - \alpha.$$

Einsetzen der Zahlenwerte ergibt

$$P(\mu > 1300 - 1,645 \cdot \frac{125}{10}) = 0,95 ,$$

$$P(\mu > 1300 - 20,56) = 0,95 .$$

Das einseitige Konfidenzintervall für den unbekannten Mittelwert der Gesamtproduktion lautet somit bei einer Sicherheitswahrscheinlichkeit von 95%

$$\mu > 1280 \quad \text{bzw.} \quad \mu \in (1280,\infty).$$

Einen graphischen Vergleich der beiden Konfidenzintervalle ver-
deutlicht Abb. 15.6.

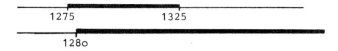

1275   1325

1280

Abb. 15.6: Vergleich der beiden Konfidenzintervalle

Beispiel 15.8: (Binomialverteilung)

Eine Umfrage unter 2oo Hausfrauen ergab, daß 63 von ihnen das Waschmittel XYZ kannten. Dies sind 31,5% der befragten Hausfrauen. Es wird mit einer Sicherheitswahrscheinlichkeit von 99% nach dem prozentualen Anteil derjenigen Hausfrauen in der Grundgesamtheit gefragt, die das Waschmittel XYZ kennen.
Die Punktschätzung für den Parameter p der Binomialverteilung liefert den Wert

$$\hat{p} = \frac{x}{n} = 0,315.$$

Der Stichprobenumfang erlaubt die Annahme, daß die Schätzfunktion $\hat{P}$ approximativ $N(p, \sigma_p^2)$-verteilt ist, mit $\sigma_p^2 = \frac{pq}{n}$ und $q = 1-p$. Die Größe des Stichprobenumfanges erlaubt es ferner, die unbekannte Varianz σ^2 durch ihren Schätzwert

$$\tilde{\sigma}_{\hat{p}}^2 = \frac{\hat{p}(1-\hat{p})}{n}$$

zu ersetzen.
Für die approximativ $N(0,1)$-verteilte Zufallsvariable

$$\frac{\hat{P} - p}{\sqrt{\frac{\hat{P}(1-\hat{P})}{n}}}$$

liefert die Tabelle 15.1 für die Sicherheitswahrscheinlichkeit $1-\alpha = 0,99$ den Wert $z = 2,575$.
Damit ergibt sich das gesuchte Konfidenzintervall für den unbekannten Parameter p der Grundgesamtheit aller Hausfrauen zu

$$P(\hat{P} - 2,575\sqrt{\frac{\hat{P}(1-\hat{P})}{n}} \leq p \leq \hat{P} + 2,575\sqrt{\frac{\hat{P}(1-\hat{P})}{n}}) = 0,99.$$

Einsetzen der Zahlenwerte ergibt

$$P(0,315 - 2,575\sqrt{\frac{0,315 \cdot 0,685}{2oo}} \leq p \leq 0,315 + 2,575\sqrt{\frac{0,315 \cdot 0,685}{2oo}} = 0,99 ,$$

$$P(0,315 - 0,085 \leq p \leq 0,315 + 0,085) = 0,99 ,$$

$$P(0,230 \leq p \leq 0,400) = 0,99.$$

Damit liegt der Anteil der Hausfrauen, die das Waschmittel XYZ kennen mit einer Sicherheitswahrscheinlichkeit von 99% zwischen

23% und 40%, bzw. das Konfidenzintervall (0,23;0,40) enthält
mit 99%-iger Sicherheit den 'wahren' Parameterwert der Grundgesamtheit.

15.3 Der Stichprobenumfang

Es leuchtet ein, daß die Größe des Konfidenzintervalls nicht
nur von der vorgegebenen Sicherheitswahrscheinlichkeit, sondern auch vom Stichprobenumfang n abhängt. Bei den bisherigen
Überlegungen war immer angenommen worden, daß der Stichprobenumfang n fest vorgegeben war. In der Praxis wird jedoch oft
auch die umgekehrte Situation vorkommen. Man gibt die Größe
des Konfidenzintervalles sowie die gewünschte Sicherheitswahrscheinlichkeit $1-\alpha$ vor, und fragt nach der Größe des Stichprobenumfanges n, der gewählt werden muß, um die geforderten
Bedingungen zu erfüllen. Diese Problemstellung soll an zwei
Beispielen erläutert werden.

Beispiel 15.7:

Der Glühlampenproduzent möchte wissen, mit welchem Stichprobenumfang n er seine Produktion testen muß, wenn er

a) mit einer 95%-igen Sicherheitswahrscheinlichkeit,
b) mit einer 99%-igen Sicherheitswahrscheinlichkeit

garantieren will, daß die mittlere Brenndauer seiner Glühlampen
im Intervall (1275;1325) liegt.

Um die Aufgabe zu lösen, muß man eine maximale Abweichung A
des Stichprobenmittelwertes $\overline{X}$ vom Mittelwert μ der Grundgesamtheit bestimmen, die mit der vorgegebenen Sicherheitswahrscheinlichkeit $1-\alpha$ nicht überschritten wird, d.h.

$$P(|\overline{X} - \mu| \leq A) = 1 - \alpha.$$

Dieser Ausdruck wird umgeformt in

$$P(\mu - A \leq \overline{X} \leq \mu + A) = 1 - \alpha.$$

Unter der Annahme, daß der Stichprobenmittelwert $\overline{X}$ approximativ

$N(\mu,\frac{\sigma^2}{n})$-verteilt ist, kann man für die Abweichung A

$$A = z \, \frac{\sigma}{\sqrt{n}}$$

schreiben. Falls σ nicht bekannt ist, kann man es bei hinreichend großem Stichprobenumfang ($n \geq 1oo$) durch den Schätzwert $s(\bar{x})$ ersetzen. Damit ist in der obigen Beziehung nur der Stichprobenumfang n unbekannt. Durch Auflösen nach n erhält man

(15.17)
$$n = \frac{z^2 \cdot s^2(\bar{x})}{A^2} \, .$$

In unserem Beispiel beträgt die Intervallbreite 5O Stunden, d.h. die Abweichung vom Mittelwert ±25 Stunden, da es sich um ein symmetrisches Intervall handelt. Der Wert von z kann aus der Tabelle 15.1 entnommen werden. Man erhält

      a) $1 - \alpha = 0,95$; $z = 1,96$,
      b) $1 - \alpha = 0,99$; $z = 2,575$.

Einsetzen der Zahlenwerte ergibt für die Lösung

      a) $n = \dfrac{1,96^2 \cdot 125^2}{25^2} \approx 96,04$,

d.h. wenn eine Sicherheitswahrscheinlichkeit von 95% gewünscht wird, muß eine Stichprobe vom Umfang n = 97 gezogen werden.

      b) $n = \dfrac{2,575^2 \cdot 125^2}{25^2} \approx 165,77$,

d.h. wenn eine Sicherheitswahrscheinlichkeit von 99% gewünscht wird, muß eine Stichprobe vom Umfang n = 166 gezogen werden.

Man beachte, daß die Approximation durch eine Normalverteilung bei der Lösung des Problems nur dann zulässig ist, wenn sich als Lösung ein Stichprobenumfang ergibt für den $n \geq 1oo$ gilt.

Beispiel 15.8:

Wie groß muß der Stichprobenumfang n gewählt werden, wenn man mit einer Sicherheitswahrscheinlichkeit von 99% wissen will, daß der Anteil der Hausfrauen, die das Waschmittel XYZ kennen in einem symmetrischen Intervall der Breite von 10% um den Anteilswert p liegen?

Zur Lösung der Aufgabe wird unterstellt, daß der Anteilswert der Grundgesamtheit $p = 0,315$ bekannt ist. Es sei $A = 0,05$. Man geht aus von dem Intervall

$$P(|\hat{P} - p| \leq A) = 1 - \alpha.$$

Umformung ergibt

$$P(p - A \leq \hat{P} \leq p + A) = 1 - \alpha.$$

Unter der Annahme, daß $\hat{P}$ approximativ $N(p, \frac{p(1-p)}{n})$-verteilt ist, läßt sich die Abweichung A in der Form schreiben

$$A = z \sqrt{\frac{p(1-p)}{n}}.$$

Auflösen dieser Beziehung nach n ergibt

(15.18)
$$n = \frac{z^2 \cdot p \cdot (1-p)}{A^2}.$$

Einsetzen der Zahlenwerte liefert

$$n = \frac{2,575^2 \cdot 0,315 \cdot 0,685}{0,05^2} \approx 572,29.$$

Es müßten also insgesamt 573 Hausfrauen befragt werden, um die gewünschte Genauigkeit und Sicherheit zu erhalten.

Sollte man den benötigten Stichprobenumfang n aus praktischen Gründen nicht realisieren können, dann muß man entweder die Anforderungen an die statistische Sicherheit herabsetzen, oder aber die Breite des Konfidenzintervalls vergrößern. Um n zu bestimmen, benötigte man in diesem Beispiel den Parameter p der Grundgesamtheit. Wenn dieser unbekannt ist, und man sich keine Information über seinen Wert beschaffen kann, gibt es folgende Näherungsmöglichkeit. Das Produkt $pq = p(1-p)$ ist eine Funktion von p, die im Intervall $[0,1]$ definiert ist. Das Produkt erreicht für p = 0,5 sein Maximum, man kann daher diesen Wert als grobe Näherung annehmen. In unserem Beispiel würde sich dadurch der benötigte Stichprobenumfang auf n = 664 erhöhen.

Aufgabe 1

Zeigen Sie daß

a) der Stichprobenmittelwert $\overline{X} = \frac{1}{n} \sum_{i=1}^{n} X_i$

eine erwartungstreue Schätzfunktion für den Mittelwert μ einer Grundgesamtheit ist;

b) die Varianz $\quad S_1^2(\overline{X}) = \frac{1}{n} \sum_{i=1}^{n} (X_i - \overline{X})^2$

nur eine asymptotisch erwartungstreue Schätzfunktion für die Varianz σ^2 der Grundgesamtheit ist;

c) die Schätzfunktion $\hat{P} = \frac{Y}{n}$ einer binomialverteilten Zufallsvariablen X erwartungstreu und konsistent ist;

d) die lineare Stichprobenfunktion

$$\tilde{X} = \sum_{i=1}^{n} c_i X_i \quad \text{mit } c_i \geq 0 \text{ und } \sum_{i=1}^{n} c_i = 1$$

für $\sum_{i=1}^{n} c_i^2 > \frac{1}{n}$ nicht effizienter ist als die unter a) angegebene Schätzfunktion.

Aufgabe 2

Nehmen Sie an, Sie befragen 1o zufällig ausgewählte Bundesbürger nach ihren Reiseplänen im Jahre 1976. Vier davon geben an, bereits eine Urlaubsreise gebucht zu haben.

a) Wie groß ist die Wahrscheinlichkeit, daß Sie ein solches Stichprobenergebnis erhalten, wenn 1o% (2o%, 3o%, 4o%, 5o%, 6o%, 7o%, 8o%, 9o%, 1oo%) der Bundesbürger bereits ihre Urlaubsreise 1976 gebucht haben?

b) Von welchem Anteilswert für die Grundgesamtheit würden Sie bei Kenntnis des Stichprobenergebnisses ausgehen?

Aufgabe 3

In einem Unternehmen mit 2o ooo Beschäftigten, von denen 2o% Angestellte und 8o% Arbeiter sind, soll auf der Grundlage einer Zufallsstichprobe die Einstellung der Beschäftigten zur betrieblichen Sozialpolitik erforscht werden.

a) In welchem symmetrischen Bereich um den Erwartungswert wird
   der Anteil der Angestellten in der Stichprobe bei einem Sicherheitsgrad von 99% liegen, wenn 1 225 Beschäftigte zufällig ausgewählt werden?

b) Wieviel Beschäftigte müssen betragt werden, wenn der Anteil
   der Angestellten in der Stichprobe bei einem Sicherheitsgrad
   von 95% zwischen 18% und 22% liegen soll?

Aufgabe 4

Ein Hersteller von Garnen weiß aus langjähriger Erfahrung, daß
die Reißfestigkeit der von ihm hergestellten Garne durchschnittlich 2oo g beträgt bei einer Standardabweichung von $\sigma = 2$ g.
Die Reißfestigkeit der Garne kann als normalverteilt angenommen
werden.

a) In welchem symmetrischen Bereich um den Mittelwert μ liegt
   die Reißfestigkeit der Garne mit einer Wahrscheinlichkeit
   von 95%?

b) Wie groß ist die Wahrscheinlichkeit, daß die Reißfestigkeit
   der Garne größer als 2o2 g ist?

c) In welchem symmetrischen Bereich um den Mittelwert μ kann die
   durchschnittliche Reißfestigkeit der Garne mit einer Wahrscheinlichkeit von 99% erwartet werden, wenn man aus der Produktion eine Stichprobe vom Umfang n = 1oo entnimmt?

Aufgabe 5

In einer Klinik wurden bei 4oo Geburten 2o8 Knabengeburten registriert (ohne Mehrlingsgeburten).

a) Wie groß ist der Maximum-Likelihood-Schätzwert $\hat{p}$ für den Anteil p aller Knabengeburten?

b) Bestimmen Sie das o,95 Konfidenzintervall für den Anteil p
   der Knabengeburten in der Grundgesamtheit.

c) Für die 4oo Neugeborenen wurde ein durchschnittliches Gewicht
   von 3,2 kg festgestellt, wobei die Stichprobenvarianz $s^2 = 0,81$
   betrug.
   In welchem symmetrischen Bereich kann der Mittelwert μ der
   Grundgesamtheit mit einer Sicherheit von 99% erwartet werden?

Aufgabe 6

Ein Hersteller von Textilien will mit Hilfe einer Stichprobe aus
einem Lagerbestand von 1o ooo Stück feststellen, wieviel Prozent
seiner hergestellten Waren einen Webfehler besitzen. Nehmen Sie
an, er wüßte bereits, daß entweder 5% oder 15% einen Webfehler
aufweisen können.
Anhand einer Stichprobe vom Umfang n = 4 (ohne Zurücklegen) soll
nun entschieden werden, welcher dieser Anteilswerte richtig ist.

a) 1. Bestimmen Sie die Wahrscheinlichkeiten für die möglichen Stichprobenergebnisse.

2. Angenommen, in der Stichprobe ist kein fehlerhaftes Stück enthalten. Für welchen Anteilswert in der Grundgesamtheit würden Sie sich dann entscheiden?

3. Erklären Sie anhand dieses Beispiels, was Sie unter dem "Maximum-Likelihood-Schätzprinzip" verstehen und bestimmen Sie allgemein den Maximum-Likelihood-Schätzwert für p.

4. Zeigen Sie, daß die zugehörige Schätzfunktion erwartungstreu ist.

b) 1. Bestimmen Sie das 95%-ige Konfidenzintervall für den Anteil der fehlerhaften Stücke in der Grundgesamtheit, wenn der Hersteller nun 4oo Stücke zufällig auswählt und davon 4o einen Webfehler aufweisen.

2. Wie groß muß der Stichprobenumfang n gewählt werden, damit

$$P\{|\hat{p} - p| \leq 0,01\} = 0,9o$$

ist, wenn der Hersteller keine Informationen über den wahren Anteilswert in der Grundgesamtheit besitzt?

3. Geben Sie an, wie sich das Konfidenzintervall verändert, wenn man bei gegebener Sicherheitswahrscheinlichkeit den Stichprobenumfang erhöht.

Aufgabe 7

Es sei X eine poissonverteilte Zufallsvariable. Bestimmen Sie mit Hilfe einer Stichprobe x_1, x_2, ..., x_n einen Schätzwert für den Parameter λ.

Aufgabe 8

Im Jahre 1972 wurde in einer Zufallsstichprobe bei 4oo hessischen Industriearbeitern ein durchschnittlicher Wochenlohn in Höhe von 325 DM festgestellt. Die Standardabweichung der Grundgesamtheit sei bekannt und betrage $\sigma = 8o$ DM.

a) Bestimmen Sie das 95%-Konfidenzintervall für den durchschnittlichen Wochenlohn aller hessischen Industriearbeiter.

b) Wie hoch dürfte bei einem Sicherheitsgrad von 9o% der durchschnittliche Wochenlohn aller hessischen Industriearbeiter mindestens sein?

c) Wie groß ist das 95%-Konfidenzintervall, wenn bei der Befragung von 16oo Industriearbeitern ein durchschnittlicher Wochenlohn von 325 DM festgestellt worden wäre?

d) Wie groß muß der Stichprobenumfang n mindestens sein, wenn gelten soll: $P(|\overline{X} - \mu| \leq 6) = 0,9$?

e) Auf welche Weise läßt sich das Konfidenzintervall verkleinern?

426

Aufgabe 9

In einem Land A gibt es 1 Million landwirtschaftliche Betriebe. Durch eine Stichprobenerhebung soll die durchschnittliche Betriebsgröße ermittelt werden.

a) In welchem Bereich ist bei einem Sicherheitsgrad von 99% die durchschnittliche Betriebsgröße aller landwirtschaftlicher Betriebe zu vermuten, wenn für 1o ooo zufällig ausgewählte landwirtschaftliche Betriebe eine durchschnittliche Betriebsgröße von 15 ha und eine mittlere quadratische Abweichung von $s^2 = 25$ ha festgestellt wurde?

b) Innerhalb welcher Grenzen kann die Gesamtfläche aller landwirschaftlicher Betriebe im Land A bei einem Sicherheitsgrad von 99% erwartet werden?

Aufgabe 1o

Eine Werbeagentur möchte überprüfen, wie stark sie die Leser einer Zeitung mit einer Auflage von 1o ooo Exemplaren mit ihrer Anzeige angesprochen hat. Dazu werden 5o verschiedene, zufällig ausgewählte Leser befragt, ob sie die Anzeige gelesen hätten.

a) Bestimmen Sie den Maximum-Likelihood-Schätzwert für den unbekannten Anteil der Leser, die die Anzeige gelesen haben, wenn 15 der Befragten angeben, sie haben die Anzeige gelesen.

b) Aufgrund des sehr geringen Stichprobenumfangs entschloß sich die Werbeagentur, eine zweite Stichprobe von 4oo Personen zu ziehen.
Bestimmen Sie die 95%-Konfidenzintervalle für den unbekannten Anteil der Leser und deren Anzahl in der Grundgesamtheit, die die Anzeige gelesen haben, wenn 2o% der Befragten angeben, die Anzeige gelesen zu haben (N = 1o ooo).

c) Wie groß hätte der Stichprobenumfang gewählt werden müssen, wenn mit einer 97% Sicherheit der Anteil der Leser, die die Anzeige gelesen haben, in einem symmetrischen Intervall der Breite von 6% um den Anteilswert p liegen soll, wenn man keine Informationen über den Wert dieses Parameters besitzt?

d) Welcher Zusammenhang besteht zwischen der Breite eines Konfidenzintervalls, der zugehörigen Sicherheitswahrscheinlichkeit und dem Stichprobenumfang n?
Worin unterscheidet sich ein Schwankungsintervall von einem Konfidenzintervall?

16. Einführung in die Testtheorie

Die Aufgabe der statistischen Schätztheorie besteht u.a. darin, für die unbekannten Parameter von Verteilungen aufgrund eines Stichprobenergebnisses einen numerischen Wert zu bestimmen, bzw. ein Intervall anzugeben, das den 'wahren' Wert des betreffenden Parameters mit einer vorgegebenen Sicherheitswahrscheinlichkeit enthält. Nun wollen wir uns mit der Frage beschäftigen, ob Annahmen über die numerischen Werte dieser Parameter oder Annahmen über die Form der Verteilung in der Grundgesamtheit durch ein Stichprobenergebnis mit einer vorgegebenen Irrtumswahrscheinlichkeit abgelehnt werden müssen oder nicht. Es handelt sich dabei um Problemstellungen, die in das Gebiet der Testtheorie einzuordnen sind, dem zweiten wichtigen Zweig der induktiven Schlußweise in der Statistik.

16.1 Grundbegriffe der Testtheorie

Zunächst sollen einige Begriffe der Testtheorie erläutert werden.

16.1.1 Die statistische Hypothese

Unter einer statistischen Hypothese versteht man Annahmen über die Form der Wahrscheinlichkeitsverteilung einer Zufallsvariablen X oder der numerischen Werte der Parameter einer solchen Verteilung in der Grundgesamtheit. Solche Hypothesen werden aufgrund theoretischer Überlegungen, früherer Beobachtungen oder Erfahrungen aufgestellt. Man kann etwa fragen, ob ein realisierter Stichprobenmittelwert $\bar{x}$ einem vorgegebenen Mittelwert μ der Grundgesamtheit widerspricht, bzw. ob eine Hypothese über die Form einer Verteilung in der Grundgesamtheit aufgrund einer Stichprobenverteilung abzulehnen ist.

16.1.2 Der statistische Test

Als statistischen Test bezeichnet man eine eindeutig bestimmte Vorschrift, die Bedingungen angibt, unter denen die aufgestellte Hypothese abgelehnt bzw. nicht abgelehnt werden muß. Zu diesem

429

Zweck wird nach Vorgabe einer Irrtumswahrscheinlichkeit α ein sog. kritischer Bereich K_α bestimmt. Liegt der Wert der Stichprobenrealisation in diesem kritischen Bereich, dann betrachtet man die aufgestellte Hypothese als widerlegt. Die Überlegungen, die der Prüfung von statistischen Hypothesen zugrunde liegen, basieren darauf, daß eine Realisation genügt, um eine Hypothese zu widerlegen. Es können aber noch so viele Realisationen der Hypothese nicht widersprechen, endgültig bestätigt wird sie dadurch nicht.

16.1.3 Formen der statistischen Hypothesen

Man kann nun die statistischen Tests entsprechend der aufgestellten Hypothesen klassifizieren. Bisher war nur davon ausgegangen worden, daß eine einzige Hypothese, die als Nullhypothese H_0 bezeichnet werden soll, aufgestellt worden war. Es sollte lediglich geprüft werden, ob diese'nicht falsch'ist, d.h. man entscheidet nur zwischen der Ablehnung und der Nicht-Ablehnung einer einzigen Hypothese. Derartige Entscheidungen werden als Signifikanztests bezeichnet.
Bei vielen praktischen Problemen sind aber neben der Nullhypothese H_0 noch weitere Hypothesen denkbar, die als Alternativhypothesen H_a bezeichnet werden sollen. Beschränkt man sich auf den Fall einer einzigen Alternativhypothese H_a, die dann oft auch mit H_1 bezeichnet wird, dann kann man die Verfahren, die zwischen den beiden Hypothesen H_0 und H_a entscheiden, als Alternativtests bezeichnen.
Statistische Hypothesen, die nur die Paramterwerte einer Zufallsvariablen festlegen, heißen Parameterhypothesen und die zugehörigen Entscheidungsvorschriften Parametertests. Legt die Parameterhypothese dem unbekannten Parameter einen bestimmten Wert zu, etwa H_0: $\mu = \mu_0$, dann spricht man von einer einfachen Hypothese. Besagt die Hypothese jedoch, daß der unbekannte Parameterwert einer bestimmten Menge angehört, etwa H_0: $\mu < \mu_0$, so spricht man von einer zusammengestzten Hypothese.
Eine andere Möglichkeit der Klassifizierung ergibt sich aus der Fragestellung, ob Abweichungen zwischen Realisierung und Soll-

wert der Grundgesamtheit in beiden oder nur in einer Richtung interessieren. Entsprechend spricht man von zweiseitigen bzw. einseitigen Tests.

Angenommen, es werde nach Abweichungen des Mittelwertes μ einer Grundgesamtheit von einem vorgegebenen Sollwert μ_0 gefragt, dann sind folgende Fragestellungen möglich:

a) zweiseitiger Test $\qquad H_0: \mu = \mu_0, \qquad H_a: \mu \neq \mu_0.$ (16.1)

b) einseitiger Test 1. $H_0: \mu \leq \mu_0, \qquad H_a: \mu > \mu_0,$ (16.2)

$\qquad\qquad\qquad$ 2. $H_0: \mu \geq \mu_0, \qquad H_a: \mu < \mu_0.$ (16.3)

Neben dem Parametertest, bei dem die Hypothese einen Wert für den unbekannten Parameter festlegt, unterscheidet man noch die sog. Anpassungstests. Bei diesen wird gefragt, ob der Stichprobenbefund eine Entscheidung erlaubt, daß die Verteilung einer interessierenden Zufallsvariablen in der Grundgesamtheit einer bestimmten theoretischen Verteilung, etwa der Normalverteilung, entspricht.

16.2 Fehlermöglichkeiten bei statistischen Tests

Da die Entscheidungen eines statistischen Tests auf stochastischen Ergebnissen basieren, nämlich auf Stichprobenrealisierungen, besteht immer ein gewisses Risiko einer Fehlentscheidung. Allerdings läßt sich für den langfristigen Durchschnitt die Wahrscheinlichkeit solcher Fehlentscheidungen berechnen. Dazu unterstellt man, daß die Nullhypothese H_0 richtig sei. Man wählt dann eine Stichprobenfunktion, deren Verteilung von H_0 abhängt. Mit $p(E|H_0)$ wird die Wahrscheinlichkeit bezeichnet, daß die Stichprobenfunktion die Realisation E annimmt, unter der Bedingung, daß H_0 gilt. Man interessiert sich nun für solche Realisierungen E, deren Wahrscheinlichkeit des Eintreffens klein ist, unter der Bedingung, daß H_0 gilt. Diese Wahrscheinlichkeit bezeichnet man mit α, d.h. es sei $p(E|H_0) \leq \alpha$. Beobachtet man nun bei einer Stichprobenerhebung den Wert E als Realisation der Stichprobenfunktion, so spricht dieses Ergebnis gegen die Nullhypothese H_0, da es offenbar vernünftiger ist, diese Hypothese abzulehnen, als bei einer einzigen Stichprobenerhebung die Realisation eines relativ seltenen Ereignisses zu erwarten. Aus der Beobachtung eines Ereignisses E, für das $p(E|H_o) \leq \alpha$ gilt, folgert man also, daß H_o praktisch widerlegt sei. Eine solche Entscheidung ist zwar nicht logisch zwingend, aber sie ist empirisch fast sicher. Die Größe $p(E|H_o)$ stellt somit eine Maßgröße für die Zuverlässigkeit der Entscheidung dar. Je kleiner $p(E|H_o)$ ist, um so eher wird man die Nullhypothese H_o verwerfen. Ist dagegen $p(E|H_o) > \alpha$, so lehnt man H_o nicht ab, da ihr das Ereignis E nicht widerspricht. Man hat dann aber lediglich etwas beobachtet, das unter der Voraussetzung von H_o nicht selten zu erwarten war und daher auch nur wenig über H_o aussagt. Wenn die Realisierungen einer Hypothese H_o nicht widersprechen, so sagt man 'H_o sei nicht falsch'. Dies bedeutet nicht, daß H_o richtig sein muß, da ja noch andere Hypothesen außer H_o nicht falsch sein können. Daraus folgt eine wichtige praktische Konsequenz. Man kann eine Arbeitshypothese H nie direkt bestätigen, daher wird man versuchen, eine Gegenhypothese H_o aufzustellen, um diese dann zu widerlegen. Damit würde man die Arbeitshypothese H dann indirekt bestätigen. Das Verfahren ist aber nur dann schlüssig, wenn die Hypothese H_o die einzige Gegenhypothese zu H ist.

Bei der Prüfung einer statistischen Hypothese zerlegt man die Menge der möglichen Realisierungen von Stichprobenresultaten in zwei zueinander disjunkte Teilmengen, die mit K_α und $\overline{K}_\alpha$ bezeichnet werden sollen. Diejenigen Ergebnisse E, für die nach Vorgabe einer Irrtumswahrscheinlichkeit α die Beziehung $p(E|H_o)$ > α gilt, zählt man zur Menge $\overline{K}_\alpha$, und diejenigen, für die $p(E|H_o) \leq \alpha$ gilt, zählt man zur Menge K_α. Die Menge K_α bezeichnet man als den kritischen Bereich des entsprechenden Testes. Wenn die Stichprobenrealisation in den kritischen Bereich K_α fällt, wird die Nullhypothese H_o abgelehnt. Die Größe α gibt somit den Anteil an, mit dem im Durchschnitt die Nullhypothese H_o abgelehnt wird, obwohl sie richtig ist. Man bezeichnet α auch als Signifikanzniveau des Tests. Der komplementäre Wert $1-\alpha$ gibt nun nicht an, wieviele Entscheidungen, die aufgrund des Testes gefällt werden, im Durchschnitt richtig sind. Diese Auslegung ist falsch! Man kann lediglich sagen, daß man höchstens den Anteil α richtiger Hypothesen H_o irrtümlich ablehnt.

Die Wahl des Signifikanzniveaus (Irrtumswahrscheinlichkeit) α ist an sich willkürlich und hängt von der jeweiligen Problemstellung ab. Grundsätzlich läßt sich sagen, je kleiner man α wählt, um so vorsichtiger ist man bei der Ablehnung von H_o. Bei kleinem α spricht man von einer hohen, bei großem α von einer niedrigen Signifikanzstufe. Eine Hypothese, die bei einem Wert von α = o,o5 bereits abgelehnt wird, kann bei einem Wert von α = o,o1 durchaus noch 'nicht abgelehnt' werden.

Es haben sich verschiedene Werte für die Irrtumswahrscheinlichkeit α eingebürgert, die wichtigsten sind:

1. Man gibt eine Irrtumswahrscheinlichkeit von α = o,o5 vor, was einem Prozentsatz von 5% entspricht. Dabei wird das Risiko einkalkuliert, daß man im Durchschnitt bei 5 von 1oo Fällen ein Fehlurteil riskiert.

2. Man gibt eine Irrtumswahrscheinlichkeit von α = o,o1 vor, was einem Prozentsatz von 1% entspricht. In diesem Fall werden schon wesentlich höhere Ansprüche an die Zuverlässigkeit des Untersuchungsergebnisses gestellt. Jetzt erlaubt man im Durchschnitt nur eine falsche Entscheidung unter 1oo Fällen.

3. Bei Untersuchungen von ganz besonderer Wichtigkeit wählt man eine Irrtumswahrscheinlichkeit von α = o,oo1, was einem Prozentsatz von einem Promille entspricht. Jetzt erlaubt man nur noch das Risiko einer Fehlentscheidung unter 1ooo Fällen.

Je kleiner der Wert von α ist, um so schwieriger wird ein Test reale Abweichungen von der Hypothese H_o aufdecken. Dies gilt besonders dann, wenn die Abweichungen gering und der Stichprobenumfang n klein ist. Ob eine bestehende Abweichung von der Hypothese H_o erkannt wird, hängt nämlich außer von α auch noch vom Stichprobenumfang n ab. Bei genügend kleinem Stichprobenumfang liefern die meisten statistischen Tests bezüglich fast aller Hypothesen H_0 als Resultat die Nicht-Ablehnung. Daher muß man auch die Konsequenzen der Entscheidung eines statistischen Tests bei seiner Beurteilung berücksichtigen.

Dazu muß man die Fehlermöglichkeiten untersuchen, die bei der Prüfung statistischer Hypothesen auftreten können. Diese lassen sich in zwei Gruppen einteilen:

1. Die Nullhypothese H_0 wird verworfen, obwohl sie richtig war. Dieser Fehler heißt Fehler erster Art. Seine Wahrscheinlichkeit wird durch die Irrtumswahrscheinlichkeit (bzw. das Signifikanzniveau) α bestimmt und soll folglich auch mit α bezeichnet werden.
2. Die Nullhypothese H_0 wird nicht verworfen, obwohl sie falsch ist. Dieser Fehler wird als Fehler zweiter Art bezeichnet. Die Wahrscheinlichkeit für den Fehler zweiter Art soll mit β bezeichnet werden.

Schematisch werden die vier möglichen Entscheidungen bei einem statistischen Test in der Tabelle 16.1 dargestellt.

Tabelle 16.1: Entscheidungsmöglichkeiten bei einem statistischen Test.

Entscheidung des Tests	Zustand der Wirklichkeit	
	H_0 gilt	H_0 ist falsch
H_0 abgelehnt	Fehler 1. Art Wahrscheinlichkeit α	richtige Entscheidung
H_0 nicht abgelehnt	richtige Entscheidung	Fehler 2. Art Wahrscheinlichkeit β

Beispiel 16.1 :

Von Katharina II. von Rußland wird überliefert, daß sie einmal gesagt haben soll: 'Es ist besser, 1o Schuldige freizusprechen, als einen Unschuldigen zu hängen'.

434

Unter dem Gesichtpunkt eines statistischen Tests lassen sich
die Fehlermöglichkeiten bei dieser Entscheidung wie folgt darstellen:

Entscheidung von Katharina II.	tatsächlicher "Zustand" der Angeklagte ist	
	schuldig	nicht schuldig
Freispruch	Fehler 1. Art	richtige Entscheidung
Hinrichtung	richtige Entscheidung	Fehler 2. Art

Bei diesem "statistischen Test" erlaubte also Katharina II.
eine zehnmal so große Wahrscheinlichkeit für den Fehler 1.Art
als für den Fehler 2.Art.

Verändert man bei konstantem Stichprobenumfang n die Irrtumswahrscheinlichkeit α, so ändert sich dadurch die Wahrscheinlichkeit β für den Fehler zweiter Art im entgegengesetzten Sinn.
Bei einer Verkleinerung der Irrtumswahrscheinlichkeit α vergrößert man damit die Wahrscheinlichkeit β für den Fehler zweiter Art. Nur wenn der Stichprobenumfang n beliebig vergrößert
werden darf, lassen sich α und β beliebig klein machen. Da sich
der Stichprobenumfang n aber in der Praxis meist nicht beliebig
vergrößern läßt, muß man, je nachdem welche Fehlentscheidung
folgenschwerer ist, im konkreten Fall die entsprechende Wahrscheinlichkeit, α oder β, vorgeben.

16.3 Das Prinzip eines statistischen Tests

Das Prinzip eines statistischen Testes soll anhand der folgenden Geschichte erläutert werden, die von R.A. Fisher stammt:

Bei einer Gesellschaft behauptet eine Dame X: Setzte man ihr
eine Tasse Tee vor, der etwas Milch beigegeben wurde, so könne
sie im allgemeinen einwandfrei schmecken, ob zuerst Tee oder ob
zuerst Milch eingegossen worden sei. Wie prüft man diese Behauptung?

Sicher nicht so: Zwei äußerlich völlig gleichartige Tassen vor-

setzen, wobei in die erste zuerst Milch und dann Tee (Reihenfolge MT) und in die zweite zuerst Tee und dann Milch (TM) eingegossen wurde. Würde man jetzt die Dame wählen lassen, so hätte sie offenbar eine Chance von 50% die richtige Antwort zu geben, auch wenn ihre Behauptung falsch ist.

Besser ist folgendes Vorgehen: Acht äußerlich gleiche Tassen
nehmen, vier davon in der Reihenfolge MT, die vier anderen in
der Reihenfolge TM füllen. Die Tassen zufällig über den Tisch
verteilen; dann die Dame herbeirufen und ihr mitteilen, daß
von den Tassen je vier vom Typ TM bzw. MT sind, ihre Aufgabe sei,
die vier TM-Tassen herauszufinden. Jetzt ist die Wahrscheinlichkeit, ohne Sonderbegabung die richtige Auswahl zu treffen, sehr
gering geworden. Aus 8 Tassen kann man nämlich auf

$$\binom{8}{4} = \frac{8 \cdot 7 \cdot 6 \cdot 5}{4 \cdot 3 \cdot 2} = 7o \text{ Arten 4 auswählen;}$$

nur eine dieser 7o Kombinationen ist die richtige. Die Wahrscheinlichkeit, ohne Sonderbegabung, also zufällig, die richtige
Auswahl zu treffen, ist daher mit 1/7o = o,o143 oder etwa 1,4%
sehr gering. Wählt die Dame nun wirklich die 4 richtigen Tassen,
so werden wir die Nullhypothese - Frau X hat diese Sonderbegabung nicht - fallen lassen und ihr diese besondere Fähigkeit zu-
erkennen. Dabei nehmen wir eine Irrtumswahrscheinlichkeit von
1,4% in Kauf. Natürlich können wir diese Irrtumswahrscheinlichkeit dadurch noch weiter verringern, daß wir die Anzahl der
Tassen erhöhen (z.B. auf 12, je zur Hälfte nach TM bzw. nach MT
gefüllt, Irrtumswahrscheinlichkeit $\alpha \approx o,1\%$).

Charakteristisch ist für unser Vorgehen:
Wir stellen zunächst die Nullhypothese auf und verwerfen sie
genau dann, wenn sich ein Ergebnis einstellt, das bei Gültigkeit der Nullhypothese unwahrscheinlich ist.

Stellen wir eine Hypothese auf, die wir mit statistischen Methoden prüfen wollen, so interessiert uns, ob eine vorliegende
Stichprobe die Hypothese stützt oder nicht. Im Teetassen-Bei-
spiel würden wir die Nullhypothese verwerfen, wenn die Dame die
4 richtigen Tassen wählt. In jedem anderen Fall behalten wir

die Nullhypothese bei. Wir müssen also bei jeder möglichen
Stichprobe eine Entscheidung treffen. Im Beispiel wäre auch
die Entscheidung vertretbar, die Nullhypothese zu verwerfen,
wenn die Dame mindestens 3 richtige Tassen wählt.

Um der Schwierigkeit zu entgehen, sich in jedem konkreten
Fall die Entscheidung vorher überlegen zu müssen, sucht man
nach Verfahren, die eine solche Entscheidung stets herbeiführen. Ein solches Verfahren, das für jede Stichprobe die Entscheidung, ob das Stichprobenergebnis die Hypothese stützt
oder nicht, herbeiführt, heißt statistischer Test.

16.4 Parametertests

Die meisten statistischen Tests werden mit Hilfe einer Prüfgröße
entschieden. Eine solche Prüfgröße wird nach einer bestimmten
Vorschrift aus einer gegebenen Stichprobe berechnet. Der Test
besteht dann darin, daß diese Prüfgröße mit einer kritischen Größe
verglichen wird. Dieser Vergleich liefert dann eine Entscheidung
darüber, ob die aufgestellte Nullhypothese abgelehnt werden muß
oder nicht.

16.4.1 Signifikanztests

Beispiel 16.2:

In einem Unternehmen wird Wein maschinell abgefüllt. Die Abfüllmaschine war auf einen Sollwert von 7oo ccm pro Flasche
eingestellt worden. Nach einer gewissen Laufzeit möchte man
wissen, ob die Maschine diesen Sollwert noch einhält oder nicht.
Zu diesem Zweck wird eine Zufallsstichprobe vom Umfang n = 1oo
Flaschen aus der Produktion entnommen und auf ihren Inhalt geprüft. Es ergab sich ein Stichprobenmittelwert von $\bar{x}$ = 699,2 ccm
pro Flasche.
Man fragt nun: Ist diese beobachtete Abweichung vom Sollwert
rein zufällig zustande gekommen, d.h. sind die Flaschen, die in
die Stichprobe gelangten, rein zufällig zu schlecht gefüllt,
oder ist diese Abweichung signifikant, d.h. deutet sie auf eine
fehlerhafte Einstellung der Maschine hin?
In diesem Fall lautet die Nullhypothese

$$H_o: \mu = \mu_o = 7oo \text{ ccm}.$$

Als Alternativhypothese H_a wählt man jetzt alle möglichen Abweichungen von dem Wert μ_o = 7oo, d.h.

$$H_a: \mu = \mu_1 \neq 7oo \text{ ccm.}$$

Nach unserer Terminologie handelt es sich hierbei um einen zweiseitigen Signifikanztest. Die Nullhypothese H_o wird verworfen, wenn die Stichprobenrealisation $\bar{x}$ in den kritischen Bereich K_α fällt. Es muß daher zunächst dieser kritische Bereich für eine vorgegebene Irrtumswahrscheinlichkeit α konstruiert werden.

Man unterstellt nun, daß die Füllmenge X, die von der Verpakkungsmaschine abgefüllt wird, eine Zufallsvariable sei, die $N(\mu,\sigma^2)$-verteilt ist, mit dem Mittelwert $\mu = 7oo$ ccm und der Varianz $\sigma^2 = 16 \text{ ccm}^2$. Als Stichprobenfunktion wählt man das arithmetische Mittel $\bar{X}$ der Stichprobe. Dieses ist bei einem Stichprobenumfang n nach $N(\mu,\frac{\sigma^2}{n})$-verteilt. Diese Verteilung ist in Abb. 16.1 skizziert.

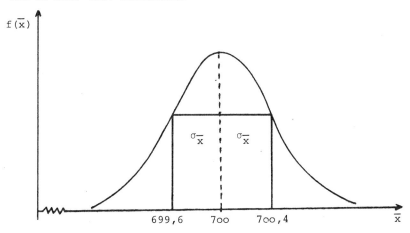

Abb. 16.1: Wahrscheinlichkeitsdichte der Zufallsvariablen $\bar{X}$

Um die Nullhypothese H_o zu testen, muß die Stichprobenfunktion $\bar{X}$ so normiert werden, daß man eine $N(0,1)$-verteilte Zufallsvariable Z erhält, die als Testvariable bezeichnet wird. Dies erfolgt durch die Transformation

438

$$Z = \frac{\overline{x} - \mu_o}{\sigma/\sqrt{n}} \; : \; N(0,1)\text{-verteilt.}$$

Man wird nun die Nullhypothese H_o ablehnen, wenn der Absolutbetrag der Stichprobenrealisation dieser normierten Zufallsvariablen

(16.4)
$$|z_{pr}| = \left| \frac{\overline{x} - \mu_o}{\sigma/\sqrt{n}} \right|$$

in einem kritischen Bereich K_α liegt, der symmetrisch um den Mittelwert μ der Grundgesamtheit so konstruiert wird, daß dies nur mit einer vorgegebenen Irrtumswahrscheinlichkeit α eintreffen wird, falls die Nullhypothese H_o gilt (vgl. Abb. 16.2).

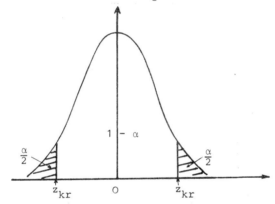

Abb. 16.2: Lage des kritischen Bereiches bei einem zweiseitigen Signifikanztest

Die Bestimmungsgleichung für die Grenzen z_{kr} des kritischen Bereiches K_α für einen zweiseitigen Signifikanztest lautet

(16.5)
$$P(|Z| \geq z_{kr}|H_o) = \alpha.$$

Dabei bezeichnet $P(|Z| \geq z_{kr}|H_o)$ die Wahrscheinlichkeit, daß $|Z| \geq z_{kr}$ ist, falls die Nullhypothese H_o gilt. Aus Abb. 16.2 erkennt man, daß die Nullhypothese H_o mit der Irrtumswahrscheinlichkeit α abgelehnt wird, falls $- Z \leq z_{\alpha/2}$ und $Z \geq z_{1-\alpha/2}$ ist. Wegen der Symmetrie der Normalverteilung gilt $- z_{\alpha/2} = z_{1-\alpha/2}$.

Damit wird die Nullhypothese H_o abgelehnt, falls

$$|z| \geq z_{1 - \alpha/2}$$

ist.

Es wird jetzt eine Irrtumswahrscheinlichkeit von $\alpha = 0{,}05$ vor-gegeben. Aus der Tabelle der Standardnormalverteilung erhält man für den kritischen Wert

$$z_{kr} = z_{1 - \alpha/2} = z_{o,975} = 1{,}96 .$$

Aus dem Stichprobenmittelwert $\bar{x} = 699{,}2$ erhält man die standar-diesierte Testgröße

$$z_{pr} = \frac{\bar{x} - \mu_o}{\sigma/\sqrt{n}} = \frac{699{,}2 - 7oo}{4/\sqrt{1oo}} = -\frac{o{,}8}{o{,}4} = -2{,}o .$$

Damit erhält man

$$|z_{pr}| \geq z_{kr}, \text{ nämlich } 2{,}o \geq 1{,}96 ,$$

d.h. die Nullhypothese, daß der Mittelwert 7oo ccm beträgt wird mit einer Irrtumswahrscheinlichkeit von 5% abgelehnt.

Hätte man dagegen als Irrtumswahrscheinlichkeit den Wert $\alpha = 0{,}o1$ gewählt, würde sich der kritische Wert zu

$$z_{kr} = z_{1 - \alpha/2} = z_{o,995} = 2{,}575$$

ergeben. Damit erhält man aber

$$|z_{pr}| < z_{kr}, \text{ nämlich } 2{,}o < 2{,}575 .$$

Dies bedeutet, daß die Nullhypothese bei einer Irrtumswahrschein-lichkeit von 1% nicht abgelehnt werden kann.

Es soll jetzt der Fall eines einseitigen Signifikanztestes be-trachtet werden, bei dem gefragt wird, ob der Mittelwert μ der Flaschenfüllung mindestens 7oo ccm beträgt. Dies bedeutet, daß man die Nullhypothese

$$H_o : \mu \geq \mu_o = 7oo \text{ ccm}$$

gegen die Alternativhypothese

440

$$H_a: \mu < \mu_o = 7oo \text{ ccm}$$

testet.

Der kritische Bereich K_α wird jetzt durch die Bezichung

(16.6) $\qquad P(Z \le z_{kr} | H_o) = \alpha$

bestimmt.

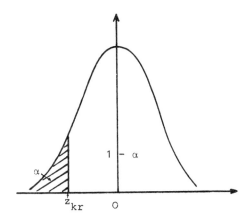

Abb. 16.3: Lage des kritischen Bereiches bei einem einseitigen Signifikanztest

Aus Abb. 16.3 erkennt man, daß die Nullhypothese H_o abgelehnt wird, falls $Z \le z_{kr} = z_\alpha = - z_{1-\alpha}$ ist.

Aus dem Stichprobenmittelwert $\bar{x} = 699,2$ ergab sich die standardisierte Testgröße $z_{pr} = - 2,o$. Nach Vorgabe einer Irrtumswahrscheinlichkeit α kann man z_{kr} bestimmen.

a) $\alpha = o,o5$ $\qquad\qquad\qquad$ b) $\alpha = o,o1$

$\qquad z_{kr} = z_\alpha = - z_{1-\alpha}$ $\qquad\qquad z_{kr} = z_\alpha = - z_{1-\alpha}$

$\qquad\quad = - z_{o,95} = - 1,645.$ $\qquad\quad = - z_{o,99} = - 2,33.$

Die Nullhypothese H_o wird abgelehnt, wenn

$$Z \le z_{kr} = - z_{1-\alpha}$$

ist, d.h.

a) $- 2,o \le - 1,645;$ $\qquad\qquad$ b) $- 2,o \ge - 2,33.$

Man erkennt, daß auch hier die Nullhypothese H_O bei einer Irrtumswahrscheinlichkeit von 5% abgelehnt, aber bei einer solchen von 1% nicht abgelehnt werden kann.

Es werde noch der Fall betrachtet, bei dem der Mittelwert einem vorgegebenen Sollwert μ_O nicht überschreiten soll. In diesem Fall lautet die Nullhypothese

$$H_O: \mu \leq \mu_O = 7oo \text{ ccm,}$$

und die Alternativhypothese

$$H_a: \mu > \mu_O.$$

Diese Fragestellung könnte bei unserem Problem   deshalb von Interesse sein, weil ein Überschreiten des Sollwertes die Flaschen zum Überlaufen bringen würde. Angenommen, bei einer Stichprobenuntersuchung von n=1oo Füllungen habe sich ein Mittelwert von $\overline{x}$=7o1 ccm ergeben. Kann die Nullhypothese H_O mit einer Irrtumswahrscheinlichkeit von 1% verworfen werden?

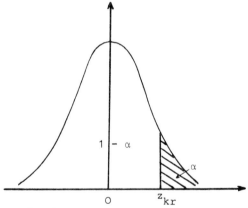

Abb. 16.4: Lage des kritischen Bereiches bei einem einseitigen Signifikanztest

Zunächst muß der kritische Bereich K_α für diesen Test festgelegt werden. Seine Bestimmungsgleichung lautet

(16.7) $$P(Z \geq z_{kr}|H_O) = \alpha.$$

Aus Abb. 16.4 erkennt man, daß die Nullhypothese H_O abgelehnt wird, falls $Z \geq z_{kr} = z_{1-\alpha}$ ist.

Aus dem Stichprobenmittelwert $\bar{x} = 7o1$ erhält man für die standardisierte Testgröße

$$z_{pr} = \frac{\bar{x} - \mu_o}{\sigma/\sqrt{n}} = \frac{7o1 - 7oo}{4/\sqrt{1oo}} = \frac{1}{o,4} = 2,5.$$

Für $\alpha = o,o1$ erhält man

$$z_{kr} = z_{1-\alpha} = z_{o,99} = 2,33.$$

Damit erhält man

$$2,5 \geq 2,33 ,$$

und die Nullhypothese, H_o: $\mu \leq \mu_o = 7oo$ ccm, muß mit einer Irrtumswahrscheinlichkeit von 1% abgelehnt werden.

Eine zusammenfassende Übersicht über die Entscheidungen bei den Signifikanztests findet sich in Tabelle 16.2.

Tabelle 16.2: Übersicht über die kritischen Bereiche und die Entscheidungsregeln bei Signifikanztests.

Nullhypothese H_o:	kritischer Bereich K_α	Entscheidung H_o wird abgelehnt, falls
$\mu = \mu_o$	$P(|Z| \geq z_{kr}|H_o) = \alpha$	$|z_{pr}| \geq z_{1-\alpha/2}$
$\mu \geq \mu_o$	$P(Z \leq z_{kr}|H_o) = \alpha$	$|z_{pr}| \leq - z_{1-\alpha}$
$\mu \leq \mu_o$	$P(Z \geq z_{kr}|H_o) = \alpha$	$|z_{pr}| \geq z_{1-\alpha}$

16.4.2 Alternativtests

Bisher hatten wir uns mit Signifikanztests beschäftigt, d.h. statistische Tests, bei denen nur über die Ablehnung bzw. Nicht-Ablehnung einer Nullhypothese H_o entschieden werden muß. Es sind nun aber auch Problemstellungen denkbar, bei denen man zwischen einer einfachen Nullhypothese H_o und einer einfachen Alternativhypothese H_a entscheiden muß. Diese Problemstellung soll an dem folgenden Beispiel erläutert werden.

Beispiel 16.3:

Eine automatisch arbeitende Abfüllmaschine packt Butterpakete
mit 250 g Inhalt ab. Die Einhaltung des Füllgewichtes soll
überprüft werden. Dazu wird eine Stichprobe von n = 1oo Pake-
ten willkürlich ausgewählt. Das arithmetische Mittel der Füll-
gewichte dieser Pakete ergab $\bar{x}$ = 253 g. Kann man annehmen,
daß sich das mittlere Füllgewicht auf 255 g erhöht hat, so
daß die Anlage neu justiert werden muß, um keinen Zucker zu
'verschenken'?

In diesem Fall soll die Nullhypothese

$$H_0: \mu = \mu_0 = 250$$

gegen die Alternativhypothese

$$H_a: \mu = \mu_1 = 255$$

getestet werden.

Lehnt man aufgrund des Stichprobenergebnisses die Nullhypothese
H_0 ab, so bedeutet dies gleichzeitig, daß man die Alternativhypothese H_a annimmt und umgekehrt. Man spricht daher auch von
einem Alternativtest.

Es werde jetzt unterstellt, daß die Packungsgewichte der Abfüllmaschine normalverteilte Zufallsvariablen seien, deren Varianz
σ^2 = 225 betrage. Wenn die Nullhypothese H_0 richtig sein soll,
sind die Gewichte somit nach N(250, 225)-verteilt, und wenn
die Alternativhypothese H_a richtig sein soll, sind die Gewichte
somit nach N(255, 225)-verteilt. Der Verlauf der Dichtefunk-
tionen der beiden Verteilungen ist in Abb. 16.5 wiedergegeben.

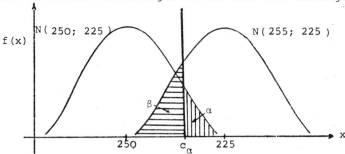

Abb. 16.5: Lage der kritischen Bereiche bei einem Alternativtest

Nach Vorgabe einer Irrtumswahrscheinlichkeit α läßt sich dann ein kritischer Wert c_α bestimmen. Wenn die Stichprobenrealisation diesen kritischen Wert überschreitet, bedeutet dies, daß man die Nullhypothese ablehnt, somit die Alternativhypothese annimmt und die Abfüllmaschine neu justieren muß. Die Bestimmung dieses kritischen Wertes c_α erfolgt über eine standard-normal-verteilte Zufallsvariable aus der Beziehung

$$\frac{c_\alpha - \mu_o}{\sigma/\sqrt{n}} = z_{kr} = z_{1-\alpha}.$$

Man erhält daraus

(16.8) $$c_\alpha = \mu_o + z_{1-\alpha} \cdot \frac{\sigma}{\sqrt{n}}.$$

Für unser Beispiel 16.3 erhält man für eine vorgegebene Irrtumswahrscheinlichkeit von 5% bzw. 1%:

1. $\alpha = 0,05$; $c_\alpha = 250 + z_{0,95} \cdot \dfrac{15}{\sqrt{100}}$

   $= 250 + 1,645 \cdot 4 = 252,47.$

2. $\alpha = 0,01$; $c_\alpha = 250 + z_{0,99} \cdot \dfrac{15}{\sqrt{100}}$

   $= 250 + 2,33 \cdot 1,5 = 253,49.$

Fassen wir noch einmal zusammen: Der kritische Bereich K_α für diesen Test wird durch die Beziehung

(16.7) $$P(Z \geq z_{1-\alpha} | H_o) = \alpha$$

bestimmt. Ergibt sich nun ein Wert für die Stichprobenrealisation, der in diesen kritischen Bereich K_α fällt, so wird die Nullhypothese als unverträglich mit dem Stichprobenbefund abgelehnt. Damit ist allerdings nicht bewiesen, daß die Nullhypothese falsch ist. Man kann lediglich sagen, daß der Stichprobenbefund mit einer Irrtumswahrscheinlichkeit, die höchstens gleich α ist, auf einen statistisch gesicherten Unterschied bzw. auf eine signifikante Abweichung von der Nullhypothese hinweist.

Das Komplement zum kritischen Bereich wird bei einem solchen Alternativtest auch Annahmebereich genannt. Die Tatsache, daß

ein Stichprobenergebnis im Annahmebereich liegt, kann aber
nicht als Beweis für die Richtigkeit der Nullhypothese aufgefaßt werden. Ein solches Ergebnis deutet lediglich dadauf hin,
daß der Stichprobenbefund mit einer gewissen Wahrscheinlichkeit nicht im Widerspruch zur Nullhypothese steht.
Analog zu den Ausführungen bei den Signifikanztests ergeben
sich vier Entscheidungsmöglichkeiten. Von diesen sind, je nach
dem Zustand in der Grundgesamtheit, zwei korrekt und die beiden
anderen falsch.

Zustand in der Grundgesamtheit Entscheidung	H_0 ist richtig (H_a ist falsch)	H_0 ist falsch (H_a ist richtig)
H_0 wird verworfen (H_a wird angenommen)	Fehler 1. Art Wahrscheinlich- keit α	richtige Entschei- dung Wahrscheinlichkeit $1 - \beta$
H_0 wird nicht verworfen (H_a wird nicht angenommen	richtige Entscheidung Wahrscheinlich- keit $1 - \alpha$	Fehler 2. Art Wahrscheinlichkeit β

16.5 Die Gütefunktion eines statistischen Tests

Für die praktische Anwendung sind die Konsequenzen der Entscheidungen eines statistischen Tests für seine Beurteilung von gros-
ser Bedeutung. Durch die Vorgabe der Irrtumswahrscheinlichkeit
α wird die Wahrscheinlichkeit für den Fehler 1.Art festgelegt.
Danach läßt sich auch die Wahrscheinlichkeit für einen Fehler
2. Art bestimmen.
Für das Beispiel 16.3 soll die Wahrscheinlichkeit β für einen
Fehler 2. Art bei einer Irrtumswahrscheinlichkeit von α = o,o5
bestimmt werden. Diese Wahrscheinlichkeit bestimmt sich aus

(16.9) $P(\overline{X} \leq c_{\alpha} | H_a) = \beta$

    bzw. $P(\overline{X} \leq 252,47 | \mu_1 = 255) = \beta.$

Damit lautet die Bestimmungsgleichung für β

(16.10) $\beta = P(\dfrac{\overline{X} - \mu_1}{\sigma/\sqrt{n}} \leq \dfrac{c_{\alpha} - \mu_1}{\sigma/\sqrt{n}}),$

$$= P\left(\frac{\overline{X} - \mu_1}{\sigma/\sqrt{n}} \leq \frac{252,47 - 255}{15/\sqrt{100}}\right),$$

$$= P\left(\frac{\overline{X} - \mu_1}{\sigma/\sqrt{n}} \leq -1,687\right).$$

Aus der Tabelle der Verteilungsfunktion der standardisierten Normalverteilung liest man dann ab

$$\beta = 0,046.$$

Dieses Ergebnis besagt, daß man bei diesem statistischen Test im Durchschnitt bei 4,6% der Entscheidungen einen Fehler 2.Art zuläßt, d.h. im Durchschnitt wird bei etwa 1 von 2o Entscheidungen die Nullhypothese H_o nicht verworfen, obwohl sie falsch ist.

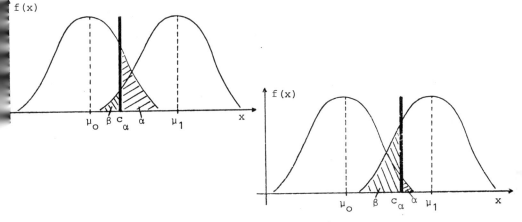

Abb. 16.6: Zusammenhang zwischen den Wahrscheinlichkeiten für die Fehler 1. und 2. Art

Verringert man die Irrtumswahrscheinlichkeit auf $\alpha = 0,01$, d.h. läßt im Durchschnitt nur noch bei einer Entscheidung unter 1oo die Möglichkeit eines Fehlers 1. Art zu, dann erhöht sich dadurch, wie man leicht nachrechnen kann, die Wahrscheinlichkeit für den Fehler zweiter Art auf $\beta = 0,158$. Dies bedeutet, daß im Durchschnitt bei fast jeder sechsten Entscheidung die Nullhypothese H_o nicht verworfen wird, obwohl sie falsch ist.

Dieses Beispiel zeigt, daß die Güte eines statistischen Tests nicht durch eine geringe Wahrscheinlichkeit für den Fehler 1. Art ausgedrückt werden kann. Bei konstantem Stichprobenumfang n bedeutet eine kleinere Wahrscheinlichkeit für den Fehler 1. Art automatisch eine größere Wahrscheinlichkeit für den Fehler 2. Art.
Die Größe des Fehlers 2. Art hängt von der Wahl des Fehlers 1. Art ab, und zwar sowohl von dessen Größe als auch von der Lage des kritischen Bereiches K_α. Dieser Zusammenhang soll am folgenden Beispiel gezeigt werden.

Beispiel 16.4:

Die Wahrscheinlichkeitsverteilung einer diskreten Zufallsvariablen unter den Hypothesen H_o und H_a sind in der folgenden Tabelle gegeben:

x	1	2	3	4	5	6	7	Σ
$f(x\|H_o)$	o,o1	o,o2	o,o3	o,o5	o,o5	o,o7	o,77	1,oo
$f(x\|H_a)$	o,o3	o,o9	o,1o	o,1o	o,2o	o,18	o,3o	1,oo

Es soll ein Hypothesentest mit einem Fehler 1. Art von $\alpha = 0,10$ durchgeführt werden. Es lassen sich dazu die folgenden kritischen Bereiche bilden, die alle einen Fehler 1. Art von $\alpha = 0,10$ aufweisen, aber unterschiedliche Fehler 2. Art.

Kritischer Bereich	α	β	$1-\beta$	
(2,3,4)	o,1o	o,29	o,71	
(2,3,5)	o,1o	o,39	o,61	
(4,5)	o,1o	o,3o	o,7o	
(3,6)	o,1o	o,28	o,72	←
(1,2,6)	o,1o	o,3o	o,7o	

Es ist also bei diesem Beispiel möglich, für einen Fehler 1. Art von $\alpha = 0,10$ fünf verschiedene kritische Bereiche und damit auch fünf verschiedene Tests aufzustellen, die unterschiedliche

Fehler 2. Art besitzen. Damit stellt sich die Frage, welchen
dieser kritischen Bereiche man auswählen soll, um den für diese Problemstellung günstigsten Test zu bestimmen. Es liegt nahe,
denjenigen Test auszuwählen, der bei gegebenem Fehler 1. Art
den kleinsten Fehler 2. Art aufweist, d.h. den Test, der die
Größe 1-β maximiert.

Bei gegebenem Fehler 1. Art erfolgt eine Aussage über die Güte
des Tests, somit aufgrund der Wahrscheinlichkeit, mit der eine
falsche Nullhypothese H_o vom Test als falsch erkannt wird. Diese Wahrscheinlichkeit beträgt genau 1-β und entspricht der Wahrscheinlichkeit keinen Fehler 2. Art zu machen. Dies bedeutet,
daß bei einem konkreten statistischen Test das Signifikanzniveau (Irrtumswahrscheinlichkeit) α nicht die entscheidende Rolle
spielt, die man zunächst vermuten könnte. Wichtiger ist es, die
Wahrscheinlichkeit β, einen Fehler 2. Art zu machen, zu minimie-
ren, bzw. die Wahrscheinlichkeit 1-β zu maximieren.

Man bezeichnet die Größe 1-β als Gütefunktion eines statistischen Testes

(16.11) $$1 - β = P(Z \in K_α | H_a),$$

und kürzt sie mit G ab.

Die Wahrscheinlichkeit, daß eine falsche Nullhypothese H_o abgelehnt wird, hängt natürlich vom Wert der tatsächlich gültigen
Hypothese ab. Dies hat zur Folge, daß der Wert der Gütefunktion
eines Testes eine Funktion des Wertes der tatsächlich gültigen
Hypothese ist.

Es werde der einseitige Signifikanztest

$$H_o: μ \leq μ_o = 7oo \text{ ccm}$$

des Beispiels 16.2 betrachtet. Die Gütefunktion G(μ) ist jetzt
eine Funktion des Parameters μ, dem wahren Wert des Mittelwertes der Grundgesamtheit. Der Wert der Gütefunktion wird für
Werte von μ nahe dem hypothetischen Wert $μ_o$ sehr klein sein
und mit wachsendem Abstand des wahren Wertes μ vom hypothetischen Wert $μ_o$ zunehmen.

Beispiel 16.5:

Es soll die Gütefunktion $G(\mu)$ für eine Irrtumswahrscheinlichkeit von 5% bestimmt werden. Die Nullhypothese H_o wird abgelehnt, wenn

$$Z = \frac{\overline{X} - \mu_o}{\sigma/\sqrt{n}} \geq z_{1-\alpha} = z_{0,95} = 1,645$$

ausfällt. Damit erhält man für die Gütefunktion

$$G(\mu) = 1 - \beta = P(\frac{\overline{X} - \mu_o}{\sigma/\sqrt{n}} \geq 1,645 \mid \mu \neq \mu_o)$$

Um $G(\mu)$ zu bestimmen, werden folgende Umformungen vorgenommen

$$G(\mu) = P(\frac{\overline{X} - \mu + \mu - \mu_o}{\sigma/\sqrt{n}} \geq 1,645)$$

$$= P(\frac{\overline{X} - \mu}{\sigma/\sqrt{n}} \geq 1,645 - \frac{\mu - \mu_o}{\sigma/\sqrt{n}})$$

$$= 1 - P(\frac{\overline{X} - \mu}{\sigma/\sqrt{n}} \leq 1,645 - \frac{\mu - \mu_o}{\sigma/\sqrt{n}}).$$

Da die Größe $Z = \frac{\overline{X} - \mu}{\sigma/\sqrt{n}}$ nach $N(0,1)$-verteilt ist, erhält man

$$G(\mu) = 1 - F_{NV}(1,645 - \frac{\mu - \mu_o}{\sigma/\sqrt{n}}).$$

Setzt man speziell $\mu = \mu_o$, so erhält man

$$G(\mu_o) = 1 - F_{NV}(1,645 - \frac{\mu_o - \mu_o}{\sigma/\sqrt{n}}) = 1 - F_{NV}(1,645) = 0,05.$$

Dies bedeutet, daß im Fall der Gültigkeit der Nullhypothese die
Wahrscheinlichkeit für ihre Ablehnung geanu der vorgegebenen Irrtumswahrscheinlichkeit, d.h. dem Fehler 1. Art, entspricht. In
diesem Fall ist der Wert der Gütefunktion unabhängig vom Stichprobenumfang n. Für $\mu \neq \mu_o$ dagegen ist die Gütefunktion vom
Stichprobenumfang n abhängig. Für die beiden Stichprobenumfänge
n = 9 und n = 25 wird der Verlauf der Gütefunktion in Abb. 16.7
skizziert.

Tabelle 16.2: Wertetabelle der Gütefunktion

μ	$7{,}00$	$7{,}01$	$7{,}02$	$7{,}03$	$7{,}04$	$7{,}05$	$7{,}06$
$G(\mu)$; n= 9	0,05	0,19	0,44	0,73	0,91	0,98	1,00
n=25	0,05	0,34	0,80	0,98	1,00		

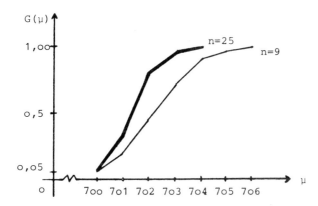

Abb. 16.7: Verlauf der Gütefunktion $G(\mu)$ für das Beispiel 16.2

Aus dem Verlauf der Gütefunktion erkennt man, daß diese umso
steiler verläuft, je größer der Stichprobenumfang n ist. Die
größere Steilheit der Gütefunktion bedeutet aber, daß der betreffende Test um so besser zwischen μ und μ_o unterscheiden
kann. Daher ist die richtige Wahl des Stichprobenumfanges n
für eine erfolgreiche praktische Anwendung von statistischen
Tests von großer Bedeutung. Der Stichprobenumfang n sollte so
gewählt werden, daß alle praktisch wesentlichen Abweichungen
zwischen μ und μ_o auch tatsächlich erkannt werden. Andererseits
sollte der Stichprobenumfang nicht größer als nötig gewählt
werden, denn es ist sinnlos, praktisch unbedeutende Unterschiede als statistisch **signifikant** nachzuweisen.

Die bisher entwickelten statistischen Tests setzten voraus,
daß die betreffende Zufallsvariable X in der Grundgesamtheit
nach $N(\mu,\sigma^2)$-verteilt ist, wobei die Varianz σ^2 als bekannt

vorausgesetzt wurde. Nun wird diese Annahme bei praktisch relevanter Problemstellung sicher nur selten erfüllt sein. Wenn bei normalverteilter Zufallsvariable die Varianz σ^2 der Grundgesamtheit unbekannt ist, kann man diese durch den Wert der Schätzfunktion $S^2(\overline{X})$ ersetzen. Um aber sicherzustellen, daß die Stichprobenfunktion wieder normalverteilt ist, muß man einen Stichprobenumfang von $n \geq 100$ fordern. Wenn die Zufallsvariable X in der Grundgesamtheit einer beliebigen Verteilung gehorcht, deren Mittelwert μ und Varianz σ^2 bekannt sind, dann erlaubt der zentrale Grenzwertsatz bei Stichprobenumfängen von $n \geq 100$ die Anwendung der entwickelten statistischen Tests. Eine Übersicht über die verschiedenen Anwendungsmöglichkeiten wird in der Tabelle 16.3 gegeben.

Tabelle 16.3: Übersicht über die Anwendung der behandelten statistischen Tests

Grundgesamtheit	σ^2 bekannt	σ^2 unbekannt
$N(\mu,\sigma^2)$-verteilt	für alle n	$n \geq 100$
beliebig verteilt mit bekanntem μ	$n \geq 100$	$n \geq 100$

Die in diesem Abschnitt besprochene Einführung in die Testtheorie bezieht sich somit nur auf den Fall einer normalverteilten Grundgesamtheit mit bekannter Varianz σ^2 oder für große Stichprobenumfänge $n \geq 100$. Oft ist man aber nicht in der Lage, Stichproben mit diesem Umfang zu ziehen. In diesem Fall, d.h. für Testverfahren bei kleinen Stichprobenumfängen, benötigt man andere Testverteilungen, die den Rahmen dieser Einführung übersteigen.

452

Aufgaben zu Kapitel 16

Aufgabe 1

Auf einer vollautomatisch arbeitenden Verpackungsmaschine werden
Mehlpakete mit einem durchschnittlichen Füllgewicht von 2ooo g
und einer Standardabweichung von $\sigma = 12o$ g abgefüllt.
Aufgrund einer Stichprobe vom Umfang n = 4oo soll überprüft werden, ob sich das durchschnittliche Füllgewicht der Mehlpakete
auf 2o2o g erhöht hat. Wegen der dadurch entstehenden Verluste
von durchschnittlich 2o g pro Packung müßte die Anlage vorüber-
gehend stillgelegt und neu eingestellt werden.

a) Geben Sie einen Test an, aufgrund dessen bei einer Irrtumswahrscheinlichkeit von 1% entschieden werden kann, ob die Maschine neu eingestellt werden muß, oder ob ohne Überprüfung
   der Anlage weiterproduziert werden kann.

b) Erläutern Sie an diesem Beispiel, was man unter einem Fehler
   1.Art und einem Fehler 2.Art versteht.

c) Wie groß ist im vorliegenden Fall die Wahrscheinlichkeit, einen
   Fehler 1.Art zu machen?

d) Wie groß ist die Wahrscheinlichkeit für einen Fehler 2.Art?

e) Wie groß wäre die Wahrscheinlichkeit für einen Fehler 1.Art
   bei einem kritischen Wert von c = 2o1o g?

f) Auf welche Weise lassen sich der Fehler 1.Art und der Fehler
   2.Art gleichzeitig verringern?

g) Erläutern Sie an diesem Beispiel den Begriff der Gütefunktion.

Aufgabe 2

Ein Hersteller von Fernsehröhren garantiert seinen Kunden eine
mittlere Lebensdauer der von ihm hergestellten Röhren von 14oo
Stunden. Die Standardabweichung betrage 6o Stunden.
Zur Überprüfung der von dem Hersteller garantierten mittleren
Lebensdauer entnimmt ein Kunde einer sehr großen Lieferung eine
Stichprobe von 1oo Röhren, für die eine mittlere Lebensdauer von
1388 Stunden festgestellt wird.

a) Wird der Kunde aufgrund der Stichprobe die Lieferung bei einer
   Irrtumswahrscheinlichkeit von 5% annehmen oder ablehnen?

b) Welche Entscheidung wird der Kunde bei einer Irrtumswahrscheinlichkeit von 1% treffen?

Aufgabe 3

1969 gaben die privaten Haushalte in der Bundesrepublik monatlich durchschnittlich 75 DM für Bildung und Unterhaltung aus (Ergebnis aus der Einkommens- und Verbrauchsstichprobe 1969). σ betrage 4o DM.

1972 benötigt ein Unternehmen der Phonogeräteindustrie die neuesten Daten, um seinen Absatzplan aufstellen zu können. Bei einer Stichprobe vom Umfang $n = 1oo$ ergibt sich $\bar{x} = 83$ DM.

Testen Sie die Hypothese, daß die Ausgaben der privaten Haushalte in der Bundesrepublik für Bildung und Unterhaltung gegenüber 1969 nicht gestiegen sind gegen die Alternativhypothese, daß die Ausgaben auf 85 DM gestiegen sind.
Geben Sie den kritischen Bereich an für

a) $\alpha = 0,05o$ und b) $\alpha = 0,01o$.

Nehmen Sie die Hypothese H_o bei einer Fehlerwahrscheinlichkeit von o,05 an?
Geben Sie in beiden Fällen die Größe des Fehlers 2.Art β an.

Aufgabe 4

Ein Gummiproduzent gibt an, daß die Lebensdauer der von ihm hergestellten Schläuche eine normalverteilte Zufallsvariable sei mit dem Mittelwert 4o ooo km und einer Standardabweichung von $\sigma = 6$ ooo km.

a) Zur Prüfung dieser Angabe werden 4oo Schläuche ausgewählt. Es ergab sich eine durchschnittliche Lebensdauer von 39 600 km. Prüfen Sie mit einer Irrtumswahrscheinlichkeit von 5%, ob aufgrund dieses Stichprobenergebnisses geschlossen werden kann, daß sich die durchschnittliche Lebensdauer verringert hat.

b) Durch die Anwendung eines neuen Produktionsverfahrens soll sich die durchschnittliche Lebensdauer um 1 ooo km erhöht haben. Eine Stichprobe von 4oo Schläuchen ergab jetzt eine durchschnittliche Lebensdauer von 4o 800 km.

1. Testen Sie mit einer Irrtumswahrscheinlichkeit von 1% die Hypothese, daß sich die durchschnittliche Lebensdauer der Schläuche um 1 ooo km erhöht hat.

2. Berechnen Sie den Fehler 2.Art.

3. Erläutern Sie die Fehlermöglichkeiten eines statistischen Tests.
Was versteht man unter der Gütefunktion eines statistischen Tests und welche Eigenschaft sollte sie besitzen?

Aufgabe 5

Auf einer Drehbank wurden in der Vergangenheit Wellen hergestellt, die im Durchschnitt einen Durchmesser von 14o mm hatten. Die Standardabweichung ist aus langjähriger Erfahrung bekannt und beträgt $\sigma = 4mm$. Zur Überprüfung der Arbeitsgenauigkeit der Maschine wur-

den aus der laufenden Produktion 144 Wellen zufällig ausgewählt.
Die in die Stichprobe gelangten Wellen hatten einen durchschnittlichen Durchmesser von $\bar{x}$ = 139,2 mm.

a) Testen Sie die Hypothese H_0: $\mu = \mu_0 = 140$ mm gegen die Alternativhypothese $\mu \neq \mu_0$ bei einer Irrtumswahrscheinlichkeit von
   5%.
   Wie ist die Arbeitsgenauigkeit der Maschine aufgrund des Tests
   zu beurteilen?

b) Ist es in diesem Fall sinnvoll, einen zweiseitigen Test vorzunehmen?

Aufgabe 6

Nach Ansicht eines Fabrikanten von Kunststoffolien ist die Wahrscheinlichkeit, daß eine Folie schadhaft ist, p = o,1.
Bei Kontrollen der laufenden Produktion werden in längeren Abständen Stichproben der Länge n = 1oo gezogen.

a) Der Fabrikant hält eine Korrektur des Produktionsprozesses
   für notwendig, wenn 13 oder mehr Folien in einer Stichprobe
   Mängel aufweisen. Wie groß ist die Wahrscheinlichkeit, daß
   unter der Hypothese des Fabrikanten 13 oder mehr Folien schadhaft sind?

b) Nach verstärkten Reklamationen hält es der Fabrikant für notwendig, zu überprüfen, ob er die Hypothese H_0: $p_0 = $ o,1 für
   das Auftreten schadhafter Folien nicht zu Gunsten der Alternativhypothese H_a: $p_1 = $ o,2 verwerfen sollte. Er entscheider
   sich für die 2.Hypothese, wenn 13 oder mehr Folien in einer
   Stichprobe Mängel aufweisen. Berechnen Sie die Größe des
   Fehlers 1.Art und des Fehlers 2.Art.

c) x sei die Anzahl schadhafter Folien in einer Stichprobe der
   Länge n = 1oo. Welchen kritischen Bereich würden Sie wählen,
   wenn die Wahrscheinlichkeit für den Fehler 1.Art höchstens
   $\alpha = $ o,1 sein soll?
   Wie groß ist für diesen kritischen Bereich der Fehler 2.Art?
   Welche Möglichkeiten gibt es, den Fehler 2.Art zu verringern?

d) Testen Sie die Hypothese H_0: $p_0 = $ o,1 gegen die Alternativhypothese H_a: $p_1 > $ o,1 (mit $\alpha = $ o,1).
   Bestimmen Sie den kritischen Bereich und β_{max}.

LIERATURVERZEICHNIS

A: Einige Standardlehrbücher über die Methodenlehre der Statistik

Bartel, H. "Statistik", UTB Taschenbücher, Gustav Fischer
       Verlag, Stuttgart, Band I:1974, Band II:1972

Flaskämper, P. "Allgemeine Statistik", Hamburg 1953

Hansen, Gerd "Methodenlehre der Statistik", Verlag Franz Vahlen,
       München 1974

Kellerer, Hans "Statistik im modernen Wirtschafts- und Sozial-
       leben", Rowohlt Taschenbücher, Hamburg 1966

Kreyszig, Erwin "Statistische Methoden und ihre Anwendungen",
       Vandenhoeck & Ruprecht, Göttingen 1975

Pawlowski, Zbigniew "Einführung in die mathematischer Statistik",
       Verlag Harri Deutsch, Zürich 1971

Pfanzagl, Johann "Allgemeine Methodenlehre der Statistik",
       Walter de Gruyter Verlag Berlin,
       Teil I:1972, Teil II:1974

Schaich, E., Köhle, D., Schreiber, W. und Wagner, F.
       "Statistik", Verlag Franz Vahlen München,
       Band I:1974, Band II:1975

Wallis, W.Allen und Roberts, Harry V. "Methoden der Statistik",
       Rudolf Haufe Verlag, Freiburg 1969

Wetzel, Wolfgang "Statistische Grundausbildung für Wirtschafts-
       wissenschaftler", Walter de Gruyten Verlag, Berlin
       Teil I: Beschreibende Statistik 1971,
       Teil II: Schließende Statistik 1973

B: Einige Lehrbücher über spezielle Bereiche der Statistik

Creutz, G. und Ehlers, R. "Statistische Formelsammlung",
       Verlag Harri Deutsch, Thun 1976

Feichtinger, Gustav "Bevölkerungsstatistk",
       Walter de Gruyter Verlag, Berlin 1973

Härtter, E. "Wahrscheinlichkeitsrechnung für Wirtschafts- und
       Naturwissenschaftler", UTB Taschenbücher, Gustav Fischer
       Verlag, Stuttgart 1974

Kellerer, Hans "Theorie und Technik des Stichprobenverfahrens",
       Einzelschriften der Deutschen Statistischen Gesellschaft,
       Nr.5, München 1963

Lippe, von der, Peter "Wirtschaftsstatistik",
       Gustav Fischer Verlag, Stuttgart 1973   457

C: Unveröffentlichte Schriften, die bei der Darstellung in
diesem Buch berücksichtigt wurden

Blind, A. "Einführung in die Allgemeine Methodenlehre der
Sozialwissenschaftlichen Statistik",
"Bevölkerungs- und Wirtschaftsstatistik",
Skripten, herausgegeben vom Statistischen Seminar
der Universität Frankfurt, 1971

Ferschl, Franz "Methodenlehre der Statistik",
Skripten, herausgegeben von der Statistischen Abteilung des Instituts für Gesellschafts- und Wirtschaftswissenschaften der Universität Bonn, 1970

Grohmann, Heinz "Statistik",
Skripten, herausgegeben vom Institut für Statistik
und Methematik des Fachbereichs Wirtschaftswissenschaften der Universität Frankfurt, 1975